教育部高等学校材料类专业教学指导委员会规划教材

国家级一流本科专业建设成果教材

材料工程基础

肖汉宁　杨建校　郭文明　主编
欧阳婷　雷智锋　覃　航　李　伟　张嘉伦　参编

FUNDAMENTALS OF MATERIALS ENGINEERING

化学工业出版社

·北京·

内容简介

《材料工程基础》是为适应材料科学与工程学科发展和创新型工程人才培养的需求而编写的，书中整合了材料制备与加工应用涉及的基本原理、共性技术和材料性能评价所需的工程知识。全书共分为 7 章。第 1 章绪论，介绍材料工程的内涵；第 2 章材料的气态生长理论与技术，介绍用物理气相沉积和化学气相沉积方法制备材料；第 3 章材料的液态成型原理与技术，介绍金属的凝固原理与成型技术，陶瓷、玻璃、聚合物的液态成型原理与技术；第 4 章材料的塑性成型理论与技术，介绍金属、陶瓷和聚合物制备和塑性变形原理与成型技术；第 5 章材料的固相反应与粉末烧结技术，介绍固相反应原理与粉末烧结理论，以及各种先进的烧结技术；第 6 章材料制备新技术，重点对单晶生长理论与技术、纤维与复合材料的制备技术和增材制造技术进行了系统阐述；第 7 章材料的服役环境与失效分析，重点阐述在腐蚀、摩擦磨损、疲劳和辐照环境下材料的结构损伤、性能变化与失效机理。

本书可作为高等学校材料类专业本科和研究生的教材，也可供材料领域的科研工作者和工程技术人员参考。

图书在版编目（CIP）数据

材料工程基础 / 肖汉宁，杨建校，郭文明主编.
北京 ： 化学工业出版社，2025. 6. -- （教育部高等学校
材料类专业教学指导委员会规划教材）. -- ISBN 978-7
-122-47561-9

Ⅰ. TB3

中国国家版本馆 CIP 数据核字第 2025Y9K406 号

责任编辑: 陶艳玲　　　　　　　　　文字编辑: 张亿鑫
责任校对: 宋　玮　　　　　　　　　装帧设计: 史利平

出版发行: 化学工业出版社
　　　　　（北京市东城区青年湖南街 13 号　邮政编码 100011）
印　　　装: 北京云浩印刷有限责任公司
787mm×1092mm　1/16　印张 18¼　字数 451 千字
2025 年 7 月北京第 1 版第 1 次印刷

购书咨询: 010-64518888　　　　　售后服务: 010-64518899
网　　　址: http://www.cip.com.cn
凡购买本书，如有缺损质量问题，本社销售中心负责调换。

定　　价: 58.00 元　　　　　　　　　版权所有　违者必究

  "材料工程基础"是高等学校材料科学与工程一级学科专业课程体系中一门重要的学科基础课程。本教材是为了适应高等学校材料科学与工程类学科发展和创新型工程人才的培养需求而编写的。

  本教材内容是编者在多年从事"材料工程基础"本科教学实践的基础上，整合材料制备与应用涉及的基本原理、共性技术和材料性能评价所需的工程知识编写而成，这些基础的材料工程知识对材料专业本科生开展材料创新研究、材料制备和性能评价与工程应用是必不可少的。本教材从材料的物质形态出发，系统阐述了由气态、液态和固态制备材料和材料成型的基本原理、技术特点与工程应用实例，介绍了单晶、纤维、复合材料、增材制造等新材料和新制备技术以及工程材料的服役环境与失效机制。本教材注重材料工程知识的系统性和逻辑性，同时引入材料制备的新原理、新技术、新方法，强调基本原理与前沿技术的交叉渗透、理论知识与工程实践的有机结合。

  为了更好地构建材料科学与工程专业人才应达成的知识体系，本教材特别关注了"材料科学基础"与"材料工程基础"在知识点方面的紧密联系和区别，在基本理论与原理方面与"材料科学基础"中的相关知识点进行了有效衔接与延伸拓展。同时，根据"三全育人"的要求，在内容上合理引入思政元素，弘扬工匠精神，强调"料要成材、材要成器、器要好用"的材料工程理念，树立"一代材料、一代装备、一代产业"的使命担当。

  本教材适合作为高等学校材料类专业本科生的教材及研究生的教学参考书，也可供从事与材料相关的科研、设计、生产与应用的人员阅读参考。

  本教材由湖南大学肖汉宁、杨建校、郭文明担任主编，欧阳婷、雷智锋、覃航、李伟和张嘉伦参加了本教材部分章节的编写。肖汉宁拟定了本教材的编写大纲和编写方案，并撰写了第1章"绪论"；杨建校撰写了第2章"材料的气态生长理论与技术"和第6章"材料制备新技术"，张嘉伦参加了第6章6.1节的撰写；欧阳婷撰写了第3章"材料的液态成型原理与技术"；雷智锋和李伟撰写了第4章"材料的塑性成型理论与技术"；郭文明撰写了第5章"材料的固相反应与粉末烧结技术"；覃航撰写了第7章"材料的服役环境与失效分析"。全书由肖汉宁统稿。

鉴于本教材涉及的内容广泛，知识点多，因作者的知识面和水平有限，难免存在不足，恳请读者批评指正。

编者

2025 年 5 月于长沙

目 录

第 1 章 绪论

第 2 章 材料的气态生长理论与技术

第 5 章 // 材料的固相反应与粉末烧结技术

第 6 章 // 材料制备新技术

第 7 章　材料的服役环境与失效分析

参考文献

绪论

本章介绍了材料科学与材料工程的联系与区别、材料工程的内涵及研究对象、材料的分类方法等。本章简要阐述了材料的制备工艺与技术、材料加工技术、材料设计与材料基因工程。本章的重点是掌握材料科学与材料工程的联系与区别，了解材料的制备技术与加工技术。

1.1 材料科学与工程概要

材料科学与工程作为一门一级学科，在我国已有近 30 年的发展历程。什么是材料科学？什么是材料工程？材料科学与材料工程的联系与区别有哪些？这是作为材料科学与工程专业的学生首先应该了解的问题。材料科学是表征和发现材料的基本属性（如组成、结构、性能）和基本规律（即描述组成-结构-性能之间的内在联系）的科学，是指导开展材料研究、设计、制备、性能评价和工程应用的理论基础；材料工程则是开展材料制备与加工、进行新材料设计、优化制备工艺技术、提升材料性能、拓展材料应用领域所需的工程化理论与技术。由此可见，材料科学旨在发现材料的内在属性和科学规律，材料工程则是运用材料科学的基础理论进行新材料研究和技术创新，二者相互联系，相互促进，缺一不可。

材料是人类文明的物质基础。纵观人类发展历史，从新石器（陶器）时代、青铜器时代到铁器时代，都是以当时人类发明并应用的重要材料作为划分标志的。在近代，新材料更是引领科技进步的先导。半导体材料的发现催生了电子信息产业，并有力推动了工业技术向自动化和智能化的方向发展；复合材料的出现弥补了单一材料性能上的不足，大大拓宽了材料的应用范围，推动了航空航天、新能源、交通运输等技术和产业的发展；核材料的发现使人类找到了能源利用的新途径，也推动了核武器和核工业的发展。

材料是现代科技进步的先导。"一代材料、一代装备、一代产业"，指的是新材料推动了相关技术的进步，进而涌现出基于新材料的先进装备，再发展为推动社会进步的新兴产业。如半导体材料单晶硅的发现，促进了人类对电子技术的新认识，进而开发出晶体管和集成电路，推动了电子信息产业的高速发展，将人类社会带入信息化和智能化时代。现有材料的性能提升和新型材料的发现将一直是推动科技进步的原动力。从铁到钢，再到高强度结构钢，其强度、刚度和硬度获得成倍提高，由此满足了精密车床、重型船舶、大飞机等装备的发展需求；从普通玻璃到钢化玻璃，再到超薄玻璃和玻璃纤维，不仅满足了建筑用玻璃的需求，更是推动了玻璃幕墙、大屏幕电视、折叠式显示屏和大尺寸风电叶片的发展；以工程塑料、合成橡胶和化学纤维为代表的高分子材料为航空航天、汽车工业、化工轻工等新兴和传统产业发展注入了新的活力，成为工业领域和人们日常生活中不可缺少的重要材料。

材料的分类方法很多。按材料组成的基本属性，可分为金属材料、无机非金属材料、高分子材料三大类，随着复合材料的发展，有时也会将复合材料作为第四类材料；按材料的性能特征，可分为导电材料、绝缘材料、高强度材料、超硬材料等；按材料的应用领域，可分为建筑材料、化工材料、电子材料、航空航天材料等；按材料的发展历程，可分为传统材料和新型材料，如普通的钢铁、陶瓷、玻璃、水泥、塑料等属于传统材料，但用新技术新工艺制备的高强度钢、特种陶瓷、功能玻璃、特种水泥、高强度或耐高温的塑料则属于新型材料。新型材料在工艺技术成熟、制备成本大幅降低、应用领域推广后，可变为传统材料，如普通的塑料和化学纤维等。一些传统材料，采用新的工艺技术使其性能提升或获得新的功能后，可转变为新型材料，如将传统的石墨材料剥离为石墨烯后，获得了许多石墨不具备或远优于石墨的性能和功能，石墨烯就成为了新型材料。由于材料的性能特征和应用领域千差万别，不同分类方法会存在一定程度的交叉和偏差，而且同一种材料也具有不同的功能属性，如碳材料就包括金刚石、石墨、石墨烯、碳纤维、炭黑等，它们的性能和应用领域也大不相同。因此，我们应从不同角度科学理解材料分类的多样性。

1.2 材料的制备工艺与技术

材料的制备工艺与技术包括材料的冶炼、合成、成型、烧结、表面处理等工艺与技术。在不同种类材料和不同应用领域，材料的制备工艺与技术也存在较大差异，如金属材料通常需经过冶炼、成型、热处理等工艺；无机非金属材料则通常需经过原料粉碎研磨、成型、烧结等工艺；高分子材料则包括合成、交联、固化等工艺。

一种新的材料制备技术的重大突破，必然带动制备成本的大幅降低，是推动新材料走向产业化和大规模工程化应用的关键。如芯片加工中光刻技术的不断进步，从 2014 年的 14nm 发展到 2022 年的 3nm，使计算机的运行速度实现数量级的提升，推动了包括计算机、智能手机等电子信息产业的快速发展，加速了人类社会向智能化方向发展的进程。

本书将从材料制备时的基本形态（即气态、液态和固态）出发，对材料制备的基础理论、技术原理、主要工艺和技术方法分别进行阐述。

从气态制备材料的工艺技术主要有物理气相沉积（PVD）和化学气相沉积（CVD），这些工艺技术多用于制备薄膜或厚膜材料，有时也用来对基体材料进行表面改性处理，如在金属刀具表面沉积一层金刚石膜后，刀具的使用寿命可成倍增长。PVD 和 CVD 技术也可用于生长纳米线、纳米晶阵列和二维材料。基于 PVD 或 CVD 技术发展的分子束外延（MBE）技术已在微电子和光电子领域获得广泛应用，如用该技术制备的单层石墨烯晶体的面积可达数平方厘米。

从液态制备材料最典型的工艺是金属的铸造。将金属熔融后可直接铸造出需要的零部件，铸件尺寸可从数毫米到数米，从铸件到最终零部件的加工量较小或无须加工，因此，铸造在金属材料成型中应用非常广泛。特别是利用 21 世纪发展起来的精密铸造技术，得到的产品完全无须加工，不仅节省了材料，也提高了生产效率，大幅降低了金属零部件的制造成本。传统的陶瓷液态成型工艺称为注浆，它是将陶瓷粉料在水中分散调制为高固相含量的泥浆后浇注到石膏模中，石膏模吸水后泥浆在石膏模表面均匀凝固，干燥后经高温烧结得到陶瓷制品。随着先进陶瓷制备工艺与技术的进步，陶瓷的液态成型工艺又相继发展了热压铸、凝胶注和流延成型等技术。多数高分子材料是采用液态成型工艺制备的，包括采用注塑或吹塑工艺制备的大多数塑料制品和塑料薄膜，用熔融纺丝或溶液纺丝工艺制备的合成纤维等。在复合材料的制备方面，长达 100 多米的大型风电叶片（玻璃纤维增强树脂基复合材料）也是用液态成型工艺制备的。

可塑法制备材料主要包括金属材料的塑性加工、陶瓷和高分子材料的可塑法成型等。金属材料的塑性加工包括锻造、挤压、冲压、拉拔等工艺与技术。在金属材料的塑性加工中，不仅可通过材料的加工变形得到所需形状和尺寸的产品，而且通过塑性变形可有效调控金属的微观组织结构，提升材料的性能。金属的塑性加工可分为热加工和冷加工，可塑性好且加工变形量不大时，可采用冷加工，否则需加热到一定温度之上来提高金属的塑性变形能力，以避免或消除加工带来的结构缺陷。陶瓷材料的可塑法成型包括拉坯、旋（滚）压、挤制、注射等。高分子材料的可塑法成型主要有热压、挤制、注射等。

从固态制备材料的工艺技术主要包括金属的粉末冶金和陶瓷的烧结，两者虽然材质不同，但制备的工艺过程和技术原理是相近的。陶瓷自古以来就离不开烧结工艺，它是将天然或人工合成的原料经破碎并研磨到一定细度后，经液态、可塑态或固态工艺成型，干燥后在合适的温度下进行烧结，得到坚硬致密的陶瓷产品。粉末冶金技术是先将金属破碎或熔融雾化造粒为微米级或更小的颗粒，然后采用粉体的干压、等静压或注射等成型工艺制备坯体，再在合适的温度下烧结为致密的金属产品。采用粉末冶金技术可在较低温度（金属熔点的一半左右）下制备难熔金属制品，也可制备尺寸小且形状复杂的金属制品。

2010 年后快速发展的材料制备新技术——增材制造技术，又称 3D 打印技术，它是将计算机辅助设计（CAD）与材料成型技术有机融合，以数字模型文件为基础，通过软件与数控系统将专用的金属材料、非金属材料以及医用生物材料等按照挤压、熔融、光固化、喷射等方式逐层堆积（打印），直接制造出实用终端产品的技术。目前 3D 打印技术主要包括熔融沉积成型（FDM）技术、光固化成型（DPL）技术、液态浆料挤出成型（LDM）技术、激光选区熔融成型（LSM）技术等。增材制造技术已开始在航空航天、电子信息、生物医学、汽车、建筑等领域获得日益广泛的应用。

1.3　材料的加工技术

材料加工在材料的工程应用中主要有两个目的：一是通过加工获得所需形状和尺寸精度的产品；二是通过加工来改变材料的组织结构，提升材料的性能。

金属材料的加工主要包括机加工和热处理。机加工是采用专用设备如车床、铣床、刨床、磨床、钻床对坯件进行车、铣、刨、磨、钻的去除加工，以获得所需形状和尺寸的产品，这类加工技术也称为减材制造。线切割是金属材料的一种高效切割加工技术，它是通过电火花放电原理对金属材料进行精密切割加工，可实现切缝宽度小于 0.3mm 的曲线切割。热处理通常用于对金属材料进行调质或改性处理，它是将金属材料按一定的温度制度加热到某特定温度后再冷却的过程，包括退火、正火、淬火和回火，俗称"四把火"。退火的冷却速度较慢，能有效消除工件在加工过程中产生的残余应力，使化学成分更均匀，获得更好的塑性和韧性；正火的冷却速度介于退火和淬火之间，可以细化晶粒，使组织均匀化，从而提高金属的强度、硬度和韧性；淬火是将加热的工件表面快速冷却，包括油淬、水淬和空淬，能获得更多的亚稳态组织，使材料的表面硬度和强度显著提高；回火的目的是减低或消除淬火工件中的内应力，或降低其表面硬度，以提高其延性或韧性。金属材料的锻造和轧制通常也是在一定温度下完成的，这种加工技术将材料的成型与热处理有机结合，在获得产品所需形状尺寸的同时，也完成了对金属材料的热处理，使材料的组织结构改善，性能获得明显提升。

陶瓷材料由于硬而脆，常见的机加工技术难以满足陶瓷材料的加工需求。用于陶瓷加工的工具材料多为超硬材料，即金刚石和立方氮化硼。切割陶瓷需用镀金刚石线或镀金刚石刀片，或者用陶瓷或金属结合的烧结金刚石或立方氮化硼刀具。陶瓷的研磨抛光也需用碳化硅或碳化硼一类的高硬度材料。由于陶瓷的加工难度大，为尽量避免陶瓷制品的后加工，通常采用对成型后的陶瓷坯体进行预加工（修坯）的方法，烧结后只需通过研磨抛光就能实现陶瓷产品所需的尺寸精度和表面光洁度。

材料连接也是材料加工技术的重要组成部分。对于同种金属或塑料之间的连接，多采用焊接工艺，可拆卸式的活动连接则多采用螺栓连接。在电子信息领域，通常需将陶瓷部件与金属进行连接或封接，此时需对陶瓷表面进行金属化处理，包括覆铜或覆银的低温（900～1000℃）金属化和以钨-钼为主要组成的高温（1450～1550℃）金属化。金属化后的陶瓷部件可采用钎焊、低温共烧（LTCC）或高温共烧（HTCC）工艺与金属或其它材料进行连接。

1.4　材料设计与材料基因工程

材料设计包括从量子、原子、微观、宏观不同角度对材料的组成-结构-性能进行数学建模和理论计算，以揭示材料组成和结构与性能之间的内在联系，进行材料的剪裁与复合等。

材料的量子设计是基于量子力学和量子化学理论，从原子的电子运动轨道出发，运用第一性原理对电子的能态及其相互作用进行数学建模与理论计算，可描述原子间化学键形成或拆分的能量变化，进而说明同种或不同原子间进行化学合成或分解的难易程度。材料的量子设计是开展光电子材料设计与研究的基础。

材料的原子设计是基于能带理论和晶体学基础，通过对晶体结构中各原子的价态和能带进行分析计算，来描述晶体结构的稳定性和半导体特性。向单一晶体中掺入异质原子后，异质原子便在晶体中形成点缺陷，可能使晶体的稳定性降低，或出现半导体特性，如向单晶硅中掺入硼或磷后便构成 p 型或 n 型半导体。因此，材料的原子设计是开展半导体材料研究的基础。

材料的微观设计是基于显微材料学基础，对材料的晶相组成、晶粒尺寸、晶界等进行设计与调控，通过对材料组织结构的调控来优化材料的力学、热学、电学、磁学、光学等性能。如引入第二相纳米粒子、晶须、纤维等可对材料进行强韧化；而洁净的晶界则可获得更好的热学、电学和光学等性能。

材料的宏观设计包括产品或零部件的外形和结构设计等，对材料性能的有效发挥以及最终产品的综合性能和使用寿命有重要影响。如高速运动物体（火箭、飞机、高铁等）的流线形设计可大幅降低风阻，提升速度并降低能耗；结构件的圆形或弧形设计可减少或消除应力集中，延长使用寿命；许多材料特别是非金属材料承受压应力的能力是承受拉应力的数倍，因此，桥梁和隧道的拱形设计可让构件材料承受的拉应力转变为压应力，这充分发挥了材料的力学特性。钢化玻璃和预应力混凝土的强度大幅提升也是缘于给构件表面制造了预压应力。

材料基因工程是借鉴生物基因组概念，认为材料的组成和结构（基因）是决定材料性能的根本要素。因此，可通过调整材料的组成或配方、改变材料的组织结构或制备工艺，从而发现并制备出具有特定性能的新材料。材料基因工程包括海量的材料基因数据库建立、高通量材料计算方法和高通量材料实验方法三大要素，其实质是通过高通量计算来指导高通量实验，结合基于材料基因数据库的大数据分析，加速材料"发现-研发-生产-应用"全过程，大幅缩短材料的研发周期，降低研发成本，这将是材料领域科技创新模式的重要变革。

高通量计算是利用超级计算平台与集成化、高通量的材料计算方法和软件结合，实现材料模拟、快速计算、材料性质的精确预测和新材料的设计，为新材料的研发提供理论依据，从而提升新材料的研发效率和设计水平。

高通量材料集成计算技术利用第一性原理、分子动力学与位错动力学、相图计算、相场计算等方法，快速并行模拟实验中成分与性能优化的传统试错研发过程，并基于材料科学基础知识，迅速筛选出有利于目标性能的材料组成与微观结构特征，从而可加速新材料的研发进程并降低研发成本。

高通量实验平台是发展材料基因组技术必须具备的条件之一，它可以为材料基因数据库提供数据支撑，为计算模拟工作提供计算目标。它是通过对材料组成和结构的高通量模拟计算，建立材料组成-结构-性能关系的数据库，从而预测出具有最佳性能的材料组成和结构。它可将材料研发从传统的费时费钱的大量"试错"实验中解放出来，直接进行具有最优性能的验证实验即可。

习题

1. 材料科学与材料工程研究的对象有何异同？
2. 为什么材料是科学技术进步的先导？
3. 进行材料设计时应考虑哪些因素？
4. 何谓材料基因工程？高能量计算对材料研究有何意义？
5. 简述金属、陶瓷和高分子材料的主要加工方法。
6. 如何区分传统材料与先进材料？

第 2 章

材料的气态生长理论与技术

材料的气态生长是将高温的蒸气在低温区冷凝或在衬底上沉积和生长出固体材料的方法，主要包括物理气相沉积（physical vapor deposition，PVD）和化学气相沉积（chemical vapor deposition，CVD）。PVD 是将原料加热至高温，使之气化，然后再凝聚成固体材料的方法，适用于制备氧化物、碳化物和金属等。CVD 是用挥发性金属化合物的蒸气，通过气相化学反应合成固体材料的方法制备固体材料，适用于制备氧化物，以及制备液相法难以直接合成的氮化物、碳化物、硼化物等非氧化物。总之，材料的气态生长关键是使固体或液体蒸发成气体或利用各种气态前驱体以获得气源，加热方式主要可采用电阻加热或高频感应、等离子体、电子束、激光加热等，制备的固体形态有薄膜、晶须、晶粒和非晶粉末等。本章重点介绍从物质气态形式制备材料的理论和技术，并比较 PVD 和 CVD 的技术、工艺特点和应用领域。难点是理解材料能态、蒸发-凝聚理论、气态材料的受控传输和沉积生长机理。

2.1　气相生长理论

2.1.1　蒸发-凝聚

气相法的核心理论是蒸发-凝聚，即用电阻炉、高频感应炉、电弧或等离子体等将原料加热至高温，使之气化，在具有很大温度梯度的环境中冷凝，最后凝聚成薄膜、厚膜、块体或者超微粉体。

气相法包括两个基本过程：材料在高温蒸发源上的蒸发和气化原子在低温衬底（承接蒸发气体原子的载片）上的凝聚。蒸发源温度越高、装置的真空度越大，则蒸发速率越高。当材料的蒸气原子碰到低温的衬底时，蒸气在基体表面达到过饱和状态时发生凝聚。

凝聚过程不能简单理解为气化原子像落尘似的铺积到衬底的表面上，因为无规律的铺积只能形成无定形结构的松散堆层。气化原子飞抵衬底以后，还要在衬底的表面上历经一定的运动过程。以真空蒸镀为例，这一过程大致可以分为以下几个阶段。

① 飞抵衬底的气化原子，除一部分被反射外，其余的被吸附在衬底表面上。

② 吸附原子在衬底表面上进行表面扩散运动，一部分在运动中因相互碰撞而结合成聚团，另一部分经过一段滞留时间后被再蒸发而离开衬底表面。

③ 聚团可能因与表面扩散原子发生碰撞而增大，也可能因单原子脱离而变小，甚至解体。当聚团增大到所包含的原子数超过了某一临界值时，该聚团便成为稳定的核。

④ 核因捕获表面扩散原子和直接飞抵的气化原子而不断生长。

⑤ 核之间发生相互吞并，连续生长，形成薄膜。

2.1.2　晶体形核与生长

（1）表面吸附

由于固体表面发生了原子或分子排列的中断，因此表面原子或分子处于非平衡态，或者说存在着大量的不饱和键，它们具有吸引外来原子或分子的能力，这种现象称为吸附。吸附过程将使固体表面自由能减小，通常会放出一定热量，称为吸附热。吸附可分为两类：一类仅包含原子电偶极矩之间作用力的范德瓦耳斯力，称为物理吸附；另一类是原子之间化学键作用力，即发生明显的化学反应，称为化学吸附。

从能量角度来看，外来原子被吸附在固体表面，是因为吸附态的能量比自由态要小。从图 2-1 所示的吸附能曲线可见，分子在表面引力作用下向固体表面靠近。当距离表面 r_p 时，由于范德瓦耳斯力作用，分子被物理吸附。由于它的能量比自由态低，故此过程会自动发生并放出物理吸附热 Q_p。如果分子进一步靠近表面，斥力显著增加，引起能量增加，这时除非发生化学吸附，吸附分子才能进一步靠近固体表面。在吸附能曲线上，物理吸附与化学吸附相交于 x 点，只有能量小于或等于 E_a 的那些分子，才能发生化学吸附，直至到达能量最小位置 r_c，并放出化学吸附热 Q_c。

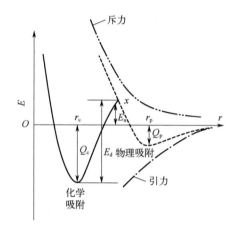

图 2-1　吸附能曲线

（r—分子到固体表面的距离；E—系统的能量；r_p—物理吸附平衡位置；Q_p—物理吸附放出的热量；

r_c—化学吸附平衡位置；Q_c—化学吸附放出的热量；E_d—解吸能量）

（2）形核

通常入射到衬底上的气化原子束流的温度要比衬底的温度高。当气化原子飞抵衬底后，与衬底原子相互作用而迅速失去了多余的能量，与衬底达热平衡时被吸附，反之若原子仍保持足够大的能量，则可能脱附逸出。吸附在衬底表面上的原子，在其被再蒸发之前，将在衬底表面上进行表面扩散运动。在运动中，或因它们之间相互碰撞，或因被吸附能较大的位置所捕获而形成核。新相的形核过程可以分为两种类型，即自发形核与非自发形核。

① 自发形核　自发形核指的是整个形核过程完全是在相变自由能的推动下进行的。在薄膜与衬底之间浸润性较差的情况下，薄膜的形核过程可以近似地被认为是一个自发形核的过程。新相核心可以直接来自气相中的原子，也可以吸纳经由衬底表面扩散来的原子。同时，核心中的原子也可能重新返回气相，或经衬底表面的扩散而脱离核心。

② 非自发形核　非自发形核指的是除了有相变自由能作推动力之外，还有其它的因素起着帮助新相核心生成的作用力。与自发形核时的情况相仿，非自发形核也存在临界核心半径，非自发形核过程的核心形状与自发形核时有所不同，但二者所对应的临界核心半径相同。非自发形核过程的临界自由能变化 $\Delta G_{\text{non}}^{*}$ 还可以写成 $\Delta G^{*} \times A$ 两部分之积的形式。第一项是自发形核过程的临界自由能变化 ΔG^{*}，而后一项则为非自发形核相对于自发形核过程能量势垒降低的因子 A。接触角越小，即衬底与薄膜的浸润性越好，则非自发形核的能垒降低得越多，非自发形核的倾向也越大。

在薄膜沉积的情况下，核心常出现在衬底的某个局部位置上，如晶体缺陷、原子层形成的台阶、杂质原子处等。这些位置或可以降低薄膜与衬底间的界面能，或可以降低使原子发生键合时所需的激活能。因此，薄膜形核的过程在很大程度上取决于衬底表面能够提供的形核位置的特性和数量。

形核率是指单位时间内单位表面上由临界尺寸的原子团长大的核心数目。

气相沉积的形核率主要受形核功因子和原子扩散概率因子影响。由于气相沉积的冷速可达 $10^{7} \sim 10^{10} \text{K/s}$，过冷度比凝固过程的大很多，气相沉积的临界晶粒尺寸很小，衬底散热速度快，晶核不易长大，此时形核率主要受形核功因子的影响。室温沉积的晶粒大多为纳米尺寸晶粒，甚至为非晶，尤其是合金和高熔点化合物较易得到非晶。衬底加热时沉积，晶粒会显著长大。

2.1.3　生长理论

（1）生长模式

① 岛状生长模式　当被沉积物质与衬底之间的浸润性较差时，被沉积物质的原子或分子更倾向于自己相互键合形成三维岛状，从而避免与衬底原子键合。

该模式分为形核阶段、小岛阶段、网络阶段和连续薄膜阶段。沉积在衬底表面的蒸气原子发生迁移，凝聚成原子团簇，甚至形成稳定的晶核。各个稳定的晶核通过捕获吸附在衬底表面上的原子或直接接受入射原子，在三维方向长大而成为小岛。小岛在生长过程中相遇合并成大岛，大岛进而形成网状薄膜。随着网状薄膜的生长，薄膜沟道中形成新的小岛而逐渐被填满，形成连续薄膜。

② 层状生长模式　当被沉积物质与衬底之间浸润性好且晶格错配度很小时，被沉积物质的原子更倾向于与衬底原子键合，沉积原子以共格/半共格形式在衬底表面堆叠，薄膜始终采取二维扩展的模式沿衬底表面铺开。

当衬底为单晶体时，吸附的蒸气原子可与晶体形成共格外延生长：沉积薄膜与衬底具有相同的晶格类型，在它们的特定晶面（通常是低指数密排面）上生长，称为同结构外延生长；沉积薄膜与衬底具有不同的晶格类型，在它们的特定晶面上形成共格界面生长，称为异结构外延生长。

③ 层状-岛状生长模式　当被沉积物质与衬底之间浸润性好但晶格错配度较大时，沉积原子初期以层状生长（形成 $1 \sim 2$ 个原子层），膜厚增加导致较大的晶格畸变，重新倾向于聚集成岛状进行生长。当层状外延生长表面是表面能比较高的晶面时，为了降低表面能，力图将暴露的晶面改变为低表面能晶面，在沉积物生长到一定厚度之后，生长模式也会由层状模式向岛状模式转变。

在上述各种生长模式（图 2-2）中，开始时层状生长的自由能较低，但在生长过程中，岛状生长模式在能量上变得更为有利。

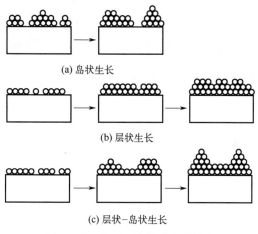

(a) 岛状生长

(b) 层状生长

(c) 层状-岛状生长

图 2-2　三种不同的薄膜生长模式

（2）生长过程

形核初期形成的孤立核心将随着时间的推移而逐渐长大，这一过程除了涉及吸纳单个气相原子和表面吸附原子之外，还涉及核心之间的相互吞并和联合过程。岛状核心的生长过程如图 2-3 所示。

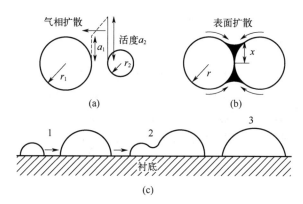

图 2-3　岛状核心的生长过程［（a）奥斯瓦尔多吞并；（b）熔结；（c）原子团迁移］

① 奥斯瓦尔多吞并过程　设想在形核过程中已经形成了各种不同大小的许多核心，随着时间的推移，较大的核心将依靠吞并较小的核心而长大。这一过程的驱动力来自岛状结构的薄膜力图降低自身表面自由能的趋势。较小核心中的原子将具有较高的活度，因而其平衡蒸气压也将较高。因此，当两个尺寸大小不同的核心互为近邻的时候，尺寸较小的核心中的原子有自发蒸发的倾向，而较大的核心则会因其平衡蒸气压较低而吸纳蒸发来的原子。结果是较大的核心吸收原子而长大，而较小的核心则失去原子而消失，最终形成多数尺寸较为相近的岛状核心。

② 熔结过程　熔结是两个相互接触的核心相互吞并的过程，表面能的降低趋势仍是整个过程的驱动力。在此过程中，原子的扩散可能有两种机制，即体扩散机制和表面扩散机制。

很显然，表面扩散机制对熔结过程的贡献往往会更大一些。接触点附近界面能升高，原子扩散激活能降低，表面扩散优先进行，从而接触核心间发生吞并。

③ 原子团的迁移过程　在衬底上的原子团还具有相当的活动能力，其行为有些像小液珠在桌面上的运动。原子团的迁移是由热激活过程所驱使的，其激活能与原子团的半径有关。原子团越小，激活能越低，原子团的迁移也越容易。原子团的运动将导致原子团间相互发生碰撞和合并。

正是在上述机制的作用下，原子团之间相互发生合并过程，逐渐形成了连续的沉积结构。

2.2　物理气相沉积

2.2.1　定义与原理

物理气相沉积（PVD）是利用高温热源将原料加热至高温，使之气化或形成等离子体，然后在基体上冷却凝聚成各种形态（如薄膜、晶须、颗粒等）的技术。通常，PVD 的高温热源包括电阻、电弧、高频电场或等离子体等，并由此衍生出各种 PVD 技术，其中以真空蒸镀、溅射镀膜和离子镀最为常用。

物理气相沉积的基本过程包括气相物质的产生、输送和沉积三个基本过程。

（1）气相物质的产生

镀料加热蒸发或者采用具有一定能量的离子轰击靶材（镀料）进行激发产生气相物质。

（2）气相物质的输送

气相物质的输送要求在真空中进行，这主要是为了避免与气氛中的气体碰撞，妨碍气相镀料到达基片。在高真空度（真空度$\geq 10^{-2}$Pa）的情况下，镀料原子很少与残余气体分子碰撞，基本上是从镀料源直线前进到达基片的。在低真空度（如真空度为 10Pa）时，镀料原子会与残余气体分子发生碰撞而绕射，但只要不使镀膜速率过于降低还是允许的。若真空度过低，镀料原子频繁碰撞会相互凝聚为微粒，则镀膜过程无法进行。

（3）气相物质的沉积

气相物质在基片上沉积是一个凝聚过程，根据凝聚条件的不同，可以形成非晶态膜、多晶膜或单晶膜。在镀料原子凝聚成膜的过程中，也可以同时用具有一定能量的离子轰击膜层，目的是改变膜层的结构和性能。

2.2.2　真空蒸镀

真空蒸镀（真空蒸发沉积）是在真空条件下通过加热使特定物质蒸发，并使其沉积于基片表面的一种技术。该技术最早由法拉第于 1857 年提出，现已发展为常用的镀膜技术之一，广泛应用于电容器、光学薄膜、塑料制品等领域的真空蒸镀和沉积镀膜。例如，光学镜头表面的减反膜和增透膜通常采用真空蒸镀法制备，以有效提升镜片的光学性能。

真空蒸镀装置如图 2-4 所示。蒸发物质如金属、化合物等置于坩埚内或挂在热丝上作为蒸发源，待镀工件如金属、陶瓷、塑料等基片置于坩埚前方。待系统达到高真空后加热坩埚使其中的物质蒸发。蒸发物质的原子或分子以冷凝方式沉积在基片表面。薄膜厚度可由数百埃（1Å=0.1nm）至数微米。膜厚取决于蒸发源的蒸发速率和时间，并与源和基片的距离有关。对于大面积镀膜，常采用旋转基片或多蒸发源的方式以保证膜层厚度的均匀性。同时从蒸发源到基片的距离应小于蒸气分子在残余气体中的平均自由程，以免蒸气分子与残气分子碰撞引起化学作用。

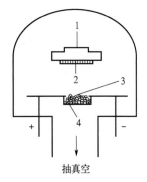

图 2-4　真空蒸镀装置示意图
1—衬底；2—基片；3—蒸发物质（原料）；4—坩埚

（1）蒸镀原理

和液体一样，固体在一定温度下会或多或少地气化（升华）形成蒸气。在高真空中将镀料加热到高温，相应温度下的饱和蒸气向上挥发，若将基片设在蒸气源的上方阻挡蒸气流，则蒸气在基片上凝固形成膜层。为了弥补凝固消耗的蒸气，蒸发源要以一定的比例持续供给蒸气。蒸发镀膜与其它真空镀膜方法相比，具有较高的沉积速率，可镀制单质和不易热分解的化合物膜。使用多种金属作为蒸镀源可以得到合金膜，也可以直接利用合金作为单一蒸镀源，得到相应的合金膜。

（2）蒸发方法

蒸发方法主要有三种类型：一是用电阻加热。利用难熔金属如钨、钽制成舟箔或丝状，通以电流，加热在它上方的或置于坩埚中的蒸发物质。电阻加热源主要用于蒸发镉、铅、银、铝、铜、铬、金和镍等材料。二是用高频感应电流加热坩埚和蒸发物质。三是用电子束轰击材料使其蒸发。其适用于蒸发温度较高（不低于 2000℃）的材料。此外，还有电弧加热、激光加热、微波加热等方式。

（3）真空蒸镀的特点

真空蒸镀具有操作方便，沉积参数易于控制；制膜纯度高，厚度可控；可在电镜监测下进行镀膜，可对薄膜生长过程和生长机理进行研究；膜沉积速率快，还可多块同时蒸镀；薄膜生长机理比较单纯等特点。

真空蒸镀的缺点表现为不易获得结晶结构的薄膜，薄膜与基片附着力小，工艺重复性不够好，还存在分馏问题。

（4）真空蒸镀的用途

如果要沉积合金，则在整个基片表面和膜层厚度范围内都必须得到均匀的组分。如图 2-5 所示，有单电子束蒸发源沉积和多电子束蒸发源沉积两种基本方式，多电子束蒸发源是由相互隔开的几个坩埚组成，坩埚数量按合金元素的多少来确定，蒸发后几种组元同时凝聚成膜。

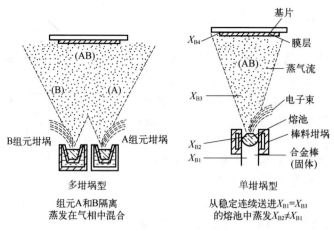

图 2-5　单蒸发源和多蒸发源蒸镀合金示意图

蒸镀只适用于镀制对结合强度要求不高的某些功能膜，如用作电极的导电膜、光学镜头的增透膜等。蒸镀用于镀制合金膜时，在保证合金成分方面要比溅射镀膜困难得多，但在镀制纯金属时，蒸镀可以发挥出镀膜速率快的优势。蒸镀纯金属膜中，90%是铝膜，目前在制镜工业中已经广泛采用蒸镀铝代银，从而节约贵金属。

2.2.3　溅射镀膜

溅射镀膜又称阴极溅射法，是利用高能粒子轰击靶材表面，使靶材表面的原子或原子团获得能量并逸出表面，并在基片表面沉积形成薄膜的方法，主要分为高频溅镀和磁控溅镀。溅射镀膜装置如图 2-6 所示，通常将欲沉积的材料制成板状的靶材，固定在阴极上，将镀膜的工件置于正对靶面的阳极上，距靶几厘米。系统达到高真空后充入 1～10Pa 惰性气体（通常为氩气），在阴极和阳极之间施加数百至上千伏的直流或射频电压，两极间即产生辉光放电。放电产生的正离子在电场作用下飞向阴极，与靶表面原子碰撞，受碰撞从靶面逸出的靶原子称为溅射原子，其能量在一至几十电子伏范围，在电场作用下溅射原子在工件表面沉积成膜。

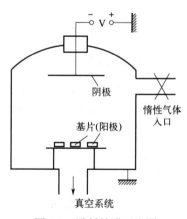

图 2-6　溅射镀膜示意图

阴极溅射法中，被溅射原子的能量较大，初始原子撞击基质表面即可进入几个原子层深度，这有助于薄膜层与基质间的良好附着。同时，改变靶材料可产生多种溅射原子，形成多层薄膜且不破坏原有系统。溅镀的缺点是靶材的制造受限制、镀膜速率低等。溅射法广泛应用于由硅、钛、铌、钨、铝、金和银等元素形成的薄膜，碳化物、硼化物和氮化物等耐高温材料在金属工具表面形成的薄膜，及光学设备上防太阳光的氧化物薄膜等。相似的设备也可用于制备非导电的有机高分子薄膜。

（1）辉光放电

辉光放电是在 10^{-2}～10Pa 真空范围内，在两个电极之间施加高压时产生的放电现象，它是溅射镀膜的基础。气体放电时，两电极之间的电压和电流的关系不能用简单的欧姆定律来描述。正常辉光放电的电流密度与阴极物质、气体种类、气体压力、阴极形状等因素有关，但其值总体来说较小。气体放电进入辉光放电阶段即进入稳定的自持放电过程，由于电离系数较高，产生较强的激发、电离过程，因此可以看到辉光。

（2）影响溅射率的因素

溅射率受多种因素影响，包括入射离子的能量、入射角度和离子种类等。一般而言，当入射离子能量降低时，溅射率迅速下降；若能量低于某一临界值，溅射现象无法发生，该临界值称为溅射阈值能量。对于多数金属，其值为20~40eV。在靠近阈值的低能区（20~100eV），溅射率随能量迅速上升，近似呈平方关系；在中等能区（150~400eV），溅射率与离子能量近似成正比；而在较高能量区（400~5000eV），溅射率增长趋缓，与能量呈平方根关系。当能量继续升高至数万电子伏特时，因能量渗透深度增加、非弹性损耗加剧，溅射率反而下降。

入射离子为 Ne、Ar、Kr、Xe 等惰性气体时可得到高的溅射率，在通常的溅射装置中，从经济方面考虑多用氩气。溅射率随靶材原子序数的变化呈周期性改变，靶材原子 d 壳层电子填满程度增加，溅射率变大，即铜、银、金等溅射率最高，钛、锆、铌、钼、铪、钽、钨等最低。溅射率的量级一般为 10^{-1}~10 个原子/离子。溅射出来的粒子动能通常在 10eV 以下，大部分为中性原子和少量分子，离子一般在 10%以下。

（3）直流二极溅射

直流二极溅射装置如图 2-7 所示，被溅射靶（阴极）和成膜的基片及其固定架（阳极）构成溅射装置的两个极。阴极接上 1~3kV 的直流负高压，阳极通常接地。工作时先抽真空，再通氩气，使真空室内达到溅射气压。接通电源，阴极靶上的负高压在两极间产生辉光放电并建立起一个等离子区，其中带正电的氩离子在阴极附近的阴极电位降作用下，加速轰击阴极靶，使靶材表面溅射，并以分子或原子状态沉积在基片表面，薄膜的成分由靶材决定。

直流二极溅射优点是装置结构简单，在大面积的工件表面上可以制取均匀薄膜，缺点是沉积速率低，不适宜镀 10μm 以上的厚膜。

（4）磁控溅射

1974 年 Chapin 发明了适用于工业应用的平面磁控溅射靶，推动了溅射镀膜在工业生产中的应用。磁控溅射的镀膜速率与二极溅射相比提高了一个数量级，镀膜时基片的温升低，对膜层的损伤小。

磁控溅射技术的关键是在阴极靶表面上方形成一个正交电磁场（磁场与电场正交，磁场方向与阴极表面平行，见图 2-8）。一方面，当溅射产生的二次电子在阴极位降区被加速为高能电子后，不是直接飞向阳极，而是在正交电磁场作用下来回振荡，近似于做摆线运动，并不断地与气体分子发生碰撞，把能量传递给气体分子，使之电离，而自身变为低能电子，最终沿磁力线漂移到阳极，进而被吸收。这就避免了高能粒子对基底的强烈轰击，消除了二极溅射中基底被轰击加热和被电子辐照引起损伤的根源，体现了磁控溅射中基底"低温""低损伤"的特点。另一方面，因为磁控溅射产生的电子来回振荡，一般要经过上百米的飞行才最终被阳极吸收，而气体压力为 10^{-1}Pa 量级时电子的平均自由程只有 10cm 量级，所以电离效率很高，易于放电，它的离子电流密度比其它形式的溅射高出一个数量级以上，溅射效率高

达 $10^2 \sim 10^3 \mathrm{nm/min}$，这体现了高速的特点。

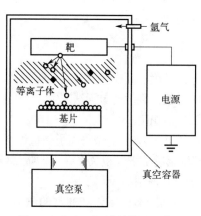

图 2-7　直流二极溅射装置示意图

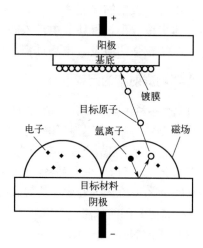

图 2-8　磁控溅射示意图

磁控溅射靶可分为平面靶和柱状靶两类。目前在工业生产中多用矩形平面靶，如已有长度达 4m 的矩形靶用于镀制玻璃窗的隔热膜，让基片连续不断地从矩形靶下方通过，同时还能在成卷的聚酯带上镀制各种膜层。柱状靶因其自身旋转，避免了溅射死角，提高了靶材的利用率，其应用市场在不断拓展。

2.2.4　离子镀

（1）原理及特点

离子镀是蒸发物质的分子被电子碰撞电离后以离子沉积在固体表面。它是真空蒸镀与阴极溅射技术的结合。离子镀系统如图 2-9 所示，将基片台作为阴极，外壳作阳极，充入工作气体（氩气等惰性气体）以产生辉光放电。从蒸发源蒸发的分子通过等离子区时发生电离。正离子被基片台负电压加速迁移到基片表面。未电离的中性原子（约占蒸发料的 95%）也沉积在基片或真空室壁表面。电场对离子化的蒸气分子的加速作用（离子能量几百～几千电子伏）和氩离子对基片的溅射清洗作用，使膜层附着强度大大提高。离子镀工艺综合了蒸发（高沉积速率）与溅射（良好的膜层附着力）工艺的特点，并有很好的绕射性，可为形状复杂的工件镀膜。另外，离子镀还改善了其它方法所得到的薄膜在耐磨性、耐腐蚀性等方面的不足。

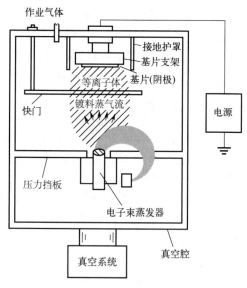

图 2-9　离子镀系统示意图

离子镀是在真空条件下，利用气体放电使气体或被蒸发物质部分离子化，在气体离子或被蒸发物离子轰击作用的同时把蒸发物或其反应物沉积在基底上。它兼具蒸镀的沉积速度快和溅射镀的离子轰击清洁表面的特点，膜层附着力强、绕射性好、可镀材料广泛。离子镀是镀膜与离子轰击改性同时进行的镀膜过程。

离子镀一般来说是离子轰击膜层，实际上有些离子在行进中与其它原子发生碰撞时可能发生电荷转移而变成中性原子，但其动能并没有变化，仍然继续前进轰击膜层。离子轰击，确切说应该是既有离子又有原子的粒子轰击，粒子中不但有氩粒子，还有镀料粒子，在镀膜初期还会有由基片表面溅射出来的基材粒子。对于耐磨超硬膜而言，采用离子镀的主要目的是提高膜层与基底之间的结合强度。这一方面得益于离子轰击过程中对基底表面的高效清洗作用，可有效去除污染层和氧化层；另一方面，离子轰击还能促进形成一层由镀材原子与基底原子混合构成的界面过渡层，该过渡层有助于降低因膜层与基底热膨胀系数不匹配所产生的界面热应力，从而增强膜层的附着力与耐久性。如果离子轰击的热效应足以使界面处产生扩散层，形成冶金结合，则更有利于提高结合强度。蒸镀的膜层其残余应力为拉应力，而离子轰击产生压应力，可以抵消一部分拉应力。离子轰击可以提高镀料原子在膜层表面的迁移率，这有利于获得致密的膜层。离子能量过高会使基片温度升高，使镀料原子向基片内部扩散，这时获得的就不再是膜层而是渗层，离子镀就转化为离子渗镀。离子渗镀的离子能量为1000eV左右。

离子镀的缺点是氩离子的轰击会使膜层中的氩含量升高，另外择优溅射会改变膜层的成分。离子镀要在真空、气体放电的条件下完成镀膜和离子轰击过程。离子镀设备主要由真空室、蒸发源、高压电源、离子化装置、放置工件的阴极等部分组成。国内外常用的离子镀类型有空心阴极离子镀、多弧离子镀、离子束辅助沉积等。离子束辅助沉积技术是在蒸镀的同时，用离子束轰击基片，离子束由宽束离子源产生。与一般的离子镀相比，采用单独的离子源产生离子束，可以精确控制离子的束流密度、能量和入射方向。同时离子束辅助沉积技术沉积室的真空度很高，可获得高质量的膜层。

（2）离子镀的类型

① 空心阴极离子镀　以钽管为阴极，镀料为阳极。弧光放电时，电子轰击镀料使其熔化便实现蒸镀，其装置如图 2-10 所示。蒸镀时，基片加上负偏压即可从等离子体中吸引氩离子向其自身轰击，从而实现离子镀。金属原子的转化率为 20%～40%；基片上加 20～50V 负偏压。

空心阴极离子镀广泛用于镀制 TiN 超硬膜、TiN 仿金装饰膜等，镀 TiN 膜的高速钢刀具寿命可提高 3 倍以上，甚至有高达数十倍的报道。由于基片所加偏压不高，可以避免刀具刃部变钝。此外，轰击离子能量为数十电子伏，远大于表面的物理吸附能（0.1～0.5eV），也大于化学吸附能（1～10eV），因此还能起清洗作用，可以避免膜层表面粗糙和降低镀膜速率。

② 多弧离子镀　阴极为镀料靶材，电弧引燃。引弧阳极与阴极触发，形成的弧斑直径为 0.01～100μm；弧斑移动速率约 100m/s，使靶材气化，其装置如图 2-11 所示。尽管弧斑的温度很高，但整个靶材由于加以水冷，温度只有 20～50℃，可以认为是冷阴极。其优点为生产效率高，可保证膜与靶材成分一致，且不必通氩气；缺点是膜层粗糙，结构疏松，耐腐蚀性差。

③ 双离子束镀　采用两个宽束离子源，一个进行溅射镀膜，另一个直接轰击基片，其装置如图 2-12 所示。双离子束镀是一种制备优质薄膜的重要方法，主要特点是运用一个功率较大的溅射离子源产生高密度的高能离子轰击靶材，可以在高真空下实施高速溅射沉积。辅助离子源用来改善薄膜的致密度，适合在低温下制备超低光学损耗膜和多层膜。

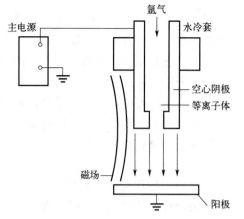

图 2-10 空心阴极离子镀示意图

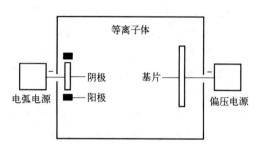

图 2-11 多弧离子镀装置示意图

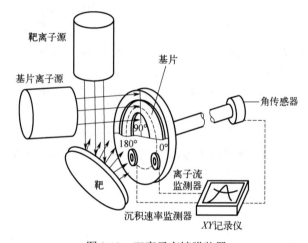

图 2-12 双离子束镀膜装置

④ 离子注入 将大量离子注入基片，与基片元素发生化学反应，形成化合物镀膜。该方法的特点如下所述。

a. 可以在低温下进行，成膜质量很好。

b. 可以精确控制入射离子的能量大小、束流强度和时间等，是研究薄膜改性良好的工艺手段。

c. 与离子束沉积成膜相比，离子注入成膜法使用的离子束能量要大得多，为 20~400keV，束流强度通常在几十至几千微安（μA）。

d. 束流强度越大，注入效率越高，成膜速率也就越快。

2.2.5 不同类型 PVD 方法的比较

真空蒸镀、溅射镀、离子镀 3 种 PVD 方法的比较如表 2-1 所示。

真空蒸镀：其优点为工艺简单、纯度高，通过掩膜易于形成所需要的图形；缺点为蒸镀化合物时由于热分解现象难以控制组分比，低蒸气压物质难以成膜。

溅射镀：其优点为附着性能好，易于保持化合物、合金的组分比；不足为需要溅射靶，靶材需要精制，且利用率低，不便于采用掩膜沉积。

离子镀：其优点为附着性能好，化合物、合金、非金属均可成膜；不足为装置及操作较复杂，不便于采用掩膜沉积。

表 2-1　物理气相沉积的三种基本方法的比较

项目		真空蒸镀	溅射镀	离子镀
沉积粒子能量	中性原子	0.1～1eV	1～10eV	0.1～1eV（还有高能中性原子）
	入射离子			数百～数千电子伏
压强/×133Pa		10^{-6}～10^{-5}	0.02～0.15	0.005～0.02
沉积速率/（μm/min）		0.1～70	0.01～0.5	0.1～50
膜层特点	密度	低温时密度较小但表面平滑	密度大	密度大
	气孔	低温时多	气孔少，但混入溅射气体多	无气孔，但膜层缺陷较多
	附着力	不太好	较好	很好
	内应力	拉应力	压应力	依工件条件而定
	绕镀性	差	较好	较好
被沉积物质的气化方式		电阻加热、电子束加热、感应加热、激光加热	镀料原子不是靠热源加热蒸发，而是靠阴极溅射靶材获得沉积原子	辉光放电型离子镀（蒸发式、溅射式和化学式）、弧光放电型离子镀
镀膜的原理及特点		工件不带电，在真空条件下金属加热蒸发沉积到工件表面，沉积粒子的能量与加热时的温度相对应	工件为阳极，靶为阴极，利用氩原子的溅射作用将靶材原子击出而沉积在工件表面上，沉积原子的能量由被溅射原子的能量决定	沉积过程在低气压气体放电等离子体中进行，工件带负偏压，表面在受到离子轰击的同时，被沉积蒸发物或其反应物而形成镀层

2.2.6　影响 PVD 的工艺因素

（1）基体的预处理

基体的表面状态对薄膜的附着力有重要影响。薄膜能够附着在基体上，是范德瓦耳斯力、扩散附着、机械锁合、静电引力和化学键力等多种作用力的综合结果。如果基体表面存在污染或不清洁，薄膜将无法与基体直接接触，导致范德瓦耳斯力显著减弱，扩散附着无法实现，从而大幅降低附着性能。一般气相沉积膜层很薄，基体表面的粗糙不平会导致难以形成均匀连续的膜层，影响其性能。所以在镀膜前一般要对基体进行机械抛光及严格的清洗（去油、去污、去氧化物等），还可用超声波清洗以增强清洗效果。一般认为，高能离子轰击基体表面可排除表面吸附的气体及有机物，提高表面清洁度，改善形核和生长状态，提高界面结合强度，但对功能薄膜而言，离子轰击还可能存在辐射损伤问题。研究认为，采用常规清洗方法只能去除物理吸附物，湿化活化法（如酸洗和碱洗）只能暂时或部分去除吸附物，干化活化法（离子轰击）的效果最为理想。

（2）镀膜工艺条件

以溅射镀膜为例。溅射设备的结构复杂，需要控制的参数很多，在实验、生产中镀膜附着性能受基体温度、溅射功率、溅射气体纯度及压力、靶材纯度等因素的影响。

①　基体温度　提高基体温度有利于薄膜和基体原子的相互扩散，而且会加速化学反应，从而有利于形成扩散附着和化学键附着，使膜层附着性增加。在铁板上蒸镀 0.1μm 厚的铝膜

时，当蒸镀温度大于 150℃时，附着强度急剧上升。基体温度对薄膜在界面处的形核和生长也有很大影响，低温沉积时，原子活性低、形核密度低、界面存在孔隙；高温沉积时，原子活性增大、形核密度高、界面孔隙少、界面结合较强、附着力高。但基体温度过高会使薄膜晶粒粗大，增加膜中热应力，从而影响薄膜的其它性能。

② 溅射功率　在气压一定的条件下，溅射功率增加，会使放电载体如 Ar 气的电离度提高，从而提高溅射速率，膜层与基板的黏附能力及膜层致密性都有所提高，缩短了溅射时间，提高了膜层质量。相反，溅射功率太低，原子沉积速度慢，则结构疏松，膜层附着力差。在磁控溅射离子镀中，对工件施加高压可得到较宽的过渡层，过渡层的存在对增加附着力有利。

③ 溅射气体纯度及压力　以常用的氩气为例，溅射过程中， Ar 离子在撞击靶面的同时，也有一部分混入溅出的靶原子中，沉积在基板表面。因此，如果 Ar 气纯度不够，或溅射时混入了太多杂质，则会在膜层中形成很多缺陷，溅射一定厚度膜层后，膜层明显疏松，硬度增加，这对金属层质量的影响很大，而且 Ar 气气压的高低也影响膜层的质量。溅射气压较低时，入射到衬底表面的原子没有经过很多次碰撞，能量较高，有利于提高沉积时原子的扩散能力，提高沉积组织的致密度和附着力。如气压太低，则不能启辉或启辉不足，轰击靶材的氩离子数目太少；如气压过高，氩离子与靶材原子的碰撞中，靶材原子损失的动能太多，造成沉积到基板上的原子能量低，也影响膜层的附着力和致密性。

④ 靶材的纯度　靶材的纯度越高，溅射出来的杂质粒子越少，镀膜均匀性越好。细晶靶材的溅射速率比粗晶靶材快，晶粒尺寸相差较小的靶，沉积薄膜的厚度分布较均匀，并有利于提高薄膜的附着力。

（3）热处理

对薄膜材料进行热处理一般会增加膜与基体的附着力，退火温度越高，附着力提高越大。采用直流磁控溅射技术在金刚石颗粒表面沉积金属铬膜时，在超高真空条件下进行 300～600℃的退火处理，发现铬与金刚石发生了强烈的界面扩散，铬膜附着力增加。若溅射镀膜前基体表面的部分区域不清洁，则会使薄膜与基体之间的附着力不均匀，热处理时薄膜的内应力和附着力的共同作用可能导致薄膜开裂，或产生大量针孔。

（4）材料的选择

不同的薄膜/衬底材料的组合对附着力有重要影响。膜与基体之间的匹配性不好，如弹性模量或热膨胀系数差异过大，会使膜层内应力过高而引起脱落。键合类型差别较大、浸润性能较差的物质之间不易形成较强的键，如 Au 在 SiO_2 衬底上的附着力就较差。易形成界面化合物的元素之间可以形成较强的附着力，如 Au 可以在 Cu 基底上良好附着。为提高薄膜的附着性能，可以在薄膜与基体之间加入其它材料组成中间过渡层。如在 Au 和 SiO_2 之间沉积一层 Ti 可以显著提高薄膜的附着力；在单晶硅片沉积 Cu 膜前，可先沉积一层薄的 Cr 层作为衬底，以防止 Cu-Si 反应并增强附着性。目前，各种 PVD 涂层产品的膜层与基体之间通常设置过渡层。这些过渡层的共同特点是采用与基体材料匹配性良好或能够缓解应力的材料作为底层，并逐步过渡至最终的涂层成分，从而有效提高涂层的附着力和耐久性。

2.3 化学气相沉积

2.3.1 定义与原理

化学气相沉积（CVD）是利用气态物质在固体表面（或附近区域）进行化学反应，进而在该固体表面上生成沉积物的过程。CVD 反应温度一般在 1000℃以上，因此限制了这一技术的应用范围。但由于 CVD 技术具有沉积膜层纯度高、沉积层与基体的结合力强，以及可以得到多种复合膜层等特点，这一技术备受重视和广泛应用。CVD 技术可沉积各种单晶、多晶或非晶态无机薄膜，具有设备简单、操作方便、工艺重现性好、适于批量生产和成本低廉等优点。

CVD 包括以下三个过程：产生挥发性化合物、把挥发性化合物输运到沉积区、发生化学反应生成固态产物。化学反应可在衬底表面或衬底表面以外的空间进行，反应过程如下：

① 反应气体向衬底表面扩散；
② 反应气体被吸附于衬底表面；
③ 在表面进行化学反应、表面移动、成核及膜生长；
④ 生成物从表面解吸；
⑤ 生成物在表面扩散。

2.3.2 CVD 系统

CVD 反应示意图如图 2-13 所示。CVD 系统一般包括源运输、反应室、尾气处理、控制系统等部分。

CVD 系统必须具有以下功能：①将反应气体及其稀释剂通入反应器，并能进行测量与调节；②能为反应部位提供热量，并通过自动系统将热量反馈至加热源，以控制沉积温度；③将沉积区域内的副产物气体抽走，并能安全处理。

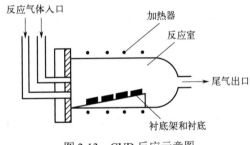

图 2-13 CVD 反应示意图

反应器是 CVD 装置最核心的部件，反应器的几何形状和结构材料由该系统的物理、化学性能及工艺参量决定。反应器系统都应满足上述三种主要功能，同时还应具有效率高、结构简单、成膜工艺稳定等特点，使生产出的各批膜的厚度均匀、成分均匀、纯度高、结构缺陷及局部污染少，在电能损耗及化学用料方面经济，操作简便、安全，日常维护简单等。

为了获得高质量的 CVD 膜，CVD 工艺必须严格控制。主要控制参量有：①反应器内的温度；②所有进入反应器的气体量与成分；③保温时间及气体流速；④低压 CVD 必须控制压强。

2.3.3 CVD 分类

CVD 根据系统工作压力主要分为两种类型：常压（AP）和低压（LP）。除一些常压 CVD 系统（APCVD）外，大多数器件的薄膜是在低压系统中淀积的，称为低压 CVD 系统（LPCVD）。

根据反应室的壁温，可分为热壁和冷壁。冷壁系统直接加热衬底托架或衬底，加热采用感应或热辐射方式，反应室壁保持冷的状态。热壁系统加热衬底、衬底托架和反应室壁。冷壁CVD系统的优点在于反应仅在加热的衬底托架处进行。在热壁系统中，反应遍布整个反应室，反应物残留在反应室的内壁上，需要经常清洗，以避免污染衬底。

此外，在工作时，CVD系统使用两种能量供给源：热辐射和等离子体。热源是炉管、热板和射频感应。特别是与低压相结合的等离子体增强化学气相沉积（PECVD）系统提供了特有的低温和优良的薄膜成分和台阶覆盖等功能优势。

2.3.4 CVD 的工艺与特点

（1）热丝辅助 CVD

热丝辅助化学气相沉积（HFCVD）是将 CH_4 等前驱气体按照一定比例通入反应腔体，这些气体经过 2200℃以上的热丝（如钨丝）加热分解或化合形成产物，通过扩散到达基体并吸附在其表面上，在常规的 700~1000℃的沉积温度下，成核并生长成连续的薄膜。热丝法最大不足是薄膜生长速度慢，一般为 0.5~2μm/h，而且热丝对反应气体的离化率较低，易产生金属污染，降低薄膜质量。但由于设备和制备成本较低、易实现大面积沉积、工艺控制性好等优点，HFCVD 仍是目前工业上应用最广泛的金刚石膜制备方法。金刚石涂层刀具主要使用 HFCVD 法制备。

HFCVD 法需要控制的因素较多，任何一个因素控制不好，都会影响薄膜质量，甚至沉积不出薄膜。此外，由于 HFCVD 法制备金刚石需要用钨丝等作为热源，高温下的金属丝对氧化性和腐蚀性气体很敏感，同时金属丝在高温碳化后会变脆，容易断裂，且金属丝在高温下难免会有所挥发，沉积到基体表面，从而在晶体中引入杂质，因此限制了 HFCVD 法的应用。

（2）等离子体 CVD

等离子体可增强化学反应，使沉积温度降低，原因是在低温等离子体中，电子、离子、中性粒子具有不同的温度，电子的温度比普通气体分子的平均温度高 10~100 倍，其能量足以使反应气体分子键断裂并导致化学活性粒子（活化分子、离子、原子等）的产生，使本来需要在高温下进行的化学反应由于反应气体的电子激活而在相当低的温度下即可进行。人们把该过程称为等离子体增强化学气相沉积（PECVD），简称等离子体化学气相沉积。

在 PECVD 过程中，等离子体中的高能电子在低温下足以打断气体分子间键合，产生活化的原子基团，使化学反应能够在较低的温度下进行并沉积成膜，其动力学过程为：

① 气体分子与等离子体中的高能电子发生碰撞，产生出活性粒子。

② 活性粒子可以直接扩散到衬底，也可以与其它气体分子或活性粒子发生相互作用，进而形成沉积所需的化学基团。

③ 沉积所需的化学基团扩散到衬底表面。

④ 气体分子也可能没有经过上述活化过程而直接扩散到衬底附近。

⑤ 到达衬底表面的各种化学基团发生各种沉积反应并释放出反应产物。

PECVD 技术具有沉积温度低、沉积速率快、绕镀性好、薄膜与基体结合强度高、设备操作维护简单等优点。PECVD 法调节工艺参数方便灵活，容易调整和控制薄膜厚度、组分和结构，沉积出多层复合膜及多层梯度复合膜等优质膜。

PECVD 技术也存在如下不足：

① 温度的精确测量和温度的均匀性难保证。

② 腐蚀污染问题。因为化学反应中有反应产物及副产物，要解决腐蚀性产物对真空泵的腐蚀问题，还要解决排气的污染控制问题。

③ 沉积膜中的残留气体问题。一般来讲，沉积温度高、速度慢，可减少残留气体量。用 PECVD 法所得 TiN 薄膜中的氯含量随沉积温度的升高而降低；在 Si_3N_4 膜中，若含氢量多，则会影响膜的介电性能。

（3）激光 CVD

激光 CVD（LCVD）是指基片放入反应室样品架上，材料气体充入反应室同时用真空泵排气。激光通过反应室窗口分平行和垂直样品两种方式入射。水平照射情况下，材料气体吸收光后分解，生成物移向样品基片沉积即形成薄膜。垂直照射基片表面吸附的材料分子也可光分解，特别是照射部位有局部加热效应，对薄膜沉积更为有利。LCVD 近年来之所以得到迅速发展，主要是由于它具有如下独特的优点。

① 低温化　高温热平衡晶体生长必然伴随着化学比的偏离，因此，为获得高质量的单晶，总希望降低生长温度。而 LCVD 选定波长能够在低温切断材料气体分子键，使其分解结晶。此外，在低温状态下晶体表面的原子活动减弱，这对高质量的单晶生长也是十分有益的。低温化生长不仅有利于提高单晶质量，而且对相互扩散系数大的材料间或掺有大扩散系数杂质材料间形成异质结都是不可缺少的。

② 可以实现无掩膜加工　半导体器件工艺过程需要多次掩膜，这样不仅延长制作过程，而且容易使表面层变质或污染。LCVD 可在不暴露于大气的特定环境下完成掺杂和结晶生长，因此对无污染干法工艺十分有利。

③ 可以制作新的人工材料　即某种波长的光，只能使特定的原材料分解，因此选择不同波长的光可制作出各种组成的材料。尤其是原子层单位的薄层生长和局部生长，将来如用更短波长的激光可制成各种量子阱材料。

（4）金属有机化合物 CVD

金属有机化合物化学气相沉积（MOCVD）是在气相外延生长（VPE）的基础上发展起来的一种新型气相外延生长技术，它与常规 CVD 的区别仅在于使用金属有机化合物和氢化物作为原料气体。

MOCVD 技术是一种采用Ⅲ族元素的有机化合物和Ⅴ族元素的氢化物作为晶体生长原材料，通过热分解实现气相外延生长的工艺。Ⅲ族金属有机化合物通常选用烷基化合物，如甲基或乙基的铝（Al）、镓（Ga）和铟（In）化合物。这些化合物通常是高蒸气压的液体，通过将氢气或惰性气体通入装有液体化合物的鼓泡器，使其蒸气被携带出来，与Ⅴ族元素的氢化物（如 NH_3、PH_3、AsH_3、SbH_3 等）混合后一同通入反应器。当混合气体流经加热的衬底表面时，会在衬底上发生热分解反应，从而形成化合物晶体薄膜。热分解反应具有不可逆性，例如三甲基镓[$Ga(CH_3)_3$，TMGa]与砷烷（AsH_3）反应生成砷化镓（GaAs），其化学反应方程式如下：

$$Ga(CH_3)_3+AsH_3 \longrightarrow GaAs+3CH_4 \qquad (2-1)$$

当想要生长三元化合物晶体（$Ga_{1-x}Al_xAs$）时，在上述反应系统中通入三甲基铝[$Al(CH_3)_3$，TMAl]，则能得到 $Ga_{1-x}Al_xAs$，反应方程式如下：

$$xAl(CH_3)_3+(1-x)Ga(CH_3)_3+AsH_3 \longrightarrow Ga_{1-x}Al_xAs+3CH_4 \qquad (2-2)$$

这些反应受质量传输速率限制，因此，多元化合物晶体的组分 x 是由 TMGa 和 TMAl 的比来确定的，而外延层的膜厚则由它们的浓度之和以及生长时间来确定。

MOCVD 的特点如下：

① 用来生长化合物晶体的各组成元素和掺杂剂都能以气体状态通入反应器中，因此，可以通过改变气体混合器的阀门和调节各种气体流量来控制外延层的特性（如成分、导电类型、载流子浓度和膜厚等）。此外，在形成多元化合物或多层薄膜方面，也比较容易。

② 反应器中的气体流速比一般的 CVD 技术大 10 倍左右，因此，当需要改变多元化合物的成分和杂质浓度时，可迅速改换反应器中的气体，从而能把外延层的杂质分布降低、过渡层减薄。对于生长多元的多层薄膜来说，这无疑是个很大的优点。

③ 晶体的生长以热分解方式进行，因此，需要控制的参数少，只要将衬底温度控制到一定温度即可，从而简化设备。如果采用与硅烷热分解类似的外延装置，就可以在大面积衬底或多个衬底上进行外延生长，这有利于大批量生产。

④ 晶体的生长速度与Ⅲ族原料的供给量成正比，因此，通过改变供给量（如改变Ⅲ族原料的源温、蒸气压，或改变流经鼓泡器的携带气体的流量），就能大幅度地改变晶体的生长速度（$0.05\sim1\mu m/min$）。用这种方法可以生长从几十埃到几十微米厚的外延层。

⑤ 用来生长晶体的原料是非腐蚀性的，也不存在 HCl 等卤族化合物。因此，生长设备的构成材料（金属、石墨、石英）以及衬底材料等基本不被腐蚀，减少了自掺杂的影响。

与其它外延方法比，MOCVD 最易实现低压外延生长。当采用低压生长方式时，则进一步带来如下优点：能减少由衬底杂质引起的自掺杂现象，能减少生长外延层时发生的存贮效应和过渡效应，衬底-外延层和外延层-外延层界面的杂质分布都比常压方法获得的窄；在低压下减少了气相中发生的化学反应，从而有利于大面积外延层的生长。

2.3.5 影响 CVD 的工艺因素

CVD 沉积层的质量主要取决于沉积反应机理的内在联系、反应条件、衬底、源物质、载气和反应器装置等因素。CVD 沉积层质量主要表现为化学组成及纯度、晶格结构完整性和物理化学性能等。

（1）反应混合物分压

反应混合物的供应是决定膜层质量的重要因素之一。气相沉积的必要条件是气相过饱和度，气相物质的分压决定了固相的成核和生长、沉积速率和材料的结构。若反应物分压过大，表面反应和成核过快，会损害结构的完整性，甚至导致非晶沉积。若分压过小，成核密度太小，则不易得到均匀的外延层。反应物分压之间的相互比例决定了沉积物的化学计量。例如，Ⅲ-Ⅴ族、Ⅱ-Ⅵ族化合物半导体，Nb_3Sn 和 Nb_3Ge 等超导材料，特别是 $GaAs_{1-x}P_x$、$Ga_{1-x}In_xSb$、$Al_xGa_{1-x}As$ 等混晶材料，主要靠调整气相反应物分压比获得所需化学组成的沉积物，形成一定禁带宽度和物理性能的材料。

（2）沉积温度

沉积温度是 CVD 主要的工艺条件。同一反应体系，在不同温度下，沉积物形态可以各异（单晶、多晶、非晶，甚至不沉积）。温度影响沉积过程各步骤及它们的相互关系，对沉积物质量影响的程度与沉积机制有关。提高沉积温度对表面过程速率影响更为显著：①可导致表面控制向质量转移控制转化；②提高成晶粒子的迁移能力和能量；③外延层单晶性和表面形貌得到改善。

在相同的气相分压下，由于沉积温度不同，固相组成相差很大。通常，在热力学因素对沉积过程起控制作用的体系中，固相组成与气相分压、沉积温度具有确定的对应关系，以致可以通过热力学计算定量预估这些因素。沉积温度影响气相过饱和度和气态物质的相对活性。实践表明，沉积温度对杂质的渗入影响显著，不同晶面的影响程度也不同。例如，在 GaAs 气相外延中，沉积温度对（100）面影响最大。载流子浓度随温度的变化跟沉积速率的趋向一样，表明温度会改变杂质的沉积动力学。

CVD 工艺应合理选择反应体系，衬底温度应尽可能低，并精确控制沉积区温度。目前，大规模集成电路工艺中，已广泛采用以金属有机化合物［如 $Ga(CH_3)_3$-AsH_3-H_2］为源的所谓低温（300～500℃）CVD 技术，代替原有的高温氧化、高温扩散等工艺。

（3）衬底晶面

衬底晶面取向影响沉积速率，也严重影响沉积层质量。晶面上原子的种类和密度、生长台阶排布的状况，影响成核和生长。晶面的极性决定了从气相中吸附杂质的种类和相对数量。晶面取向严重影响外延层的纯度和物理参量。

（4）系统内总压和气体总流速

系统内总压直接影响输运速率，由此决定生长层的质量。常压系统很少考虑总压力的影响；低压 CVD 可显著改善沉积层的均匀性和附着性。

气体总流速：在开管气流系统中，气体总流速影响反应物向生长表面的输运速率，以致改变过程的控制步骤。提高总流速，过程由质量转移控制向表面控制转化，生长速率显著提高。

（5）反应系统装置

反应系统必须严格密封，避免空气中氧和水汽等向沉积系统渗漏，特别是生长非氧化物材料时。反应管的结构形式决定气体的混合程度和均匀性，影响沉积速率和沉积层的均匀性。采用流体力学的理论模型可阐明气流状态规律，指导反应系统内部结构设计。反应管及气体管道的材料选择应满足不会污染反应容器的原则。

2.3.6 CVD 的应用

CVD 主要用于微电子工业，在其它的领域也得到了日益广泛的应用，如建筑和汽车玻璃镀膜、光纤的制造、太阳能电池板的镀膜、催化剂表面改性以及许多其它应用等。

在微电子工业领域，CVD 主要被应用于外延生长高质量单晶层以及确保薄膜厚度均匀一致的产品场景。CVD 沉积的材料包括 Si、SiO_2、TiN、W 和 GaAs 等。其它材料的沉积工艺也有所发展，如 Cu 和 Al。总的来说，在任何金属和绝缘层被沉积之前，膜层温度可以达到 500～1000℃，但在金属和绝缘层被沉积之后，膜层温度必须小于 500℃。与大部分其它的 CVD 工艺相比，前驱体在性能（涂层纯度、挥发性、沉积速率）方面的优势可以弥补其成本高的不足。

在玻璃工业中，CVD 技术被广泛用于制备大型平板玻璃的镀层。常用的镀层薄膜材料包括 SnO_2、TiN 和 SiO_2。CVD 技术可与玻璃的浮法成型工艺相结合，在玻璃生产的流水线上完成 CVD 镀膜（热镀膜）。因为玻璃相对低的售价和沉积较大的表面积，因此只有不昂贵的前驱体才是经济的，常用的前驱体为金属卤化物和烷基卤化物。CVD 可制备各种保护性涂层，这些涂层包括工具上的硬质涂层，其中金属碳化物材料是最常用的涂层材料。

CVD 法可以制造各种用途的薄膜，包括绝缘体薄膜、半导体薄膜、导体及超导体薄膜以及防腐耐磨的薄膜。可做绝缘体的 CVD 薄膜有 SiO_2 膜、Al_2O_3 膜及其它金属氧化物膜、混合氧化物膜（硅酸盐玻璃膜、硼硅酸盐膜、砷硅酸盐膜、铝硅酸盐膜）、氮化硅膜及氮氧化硅膜等。半导体 CVD 薄膜主要有IV族元素的 Si、Ge 及 C 半导体膜，还有III～V族的化合物如 AlN、AlP、AlAs、GaN、GaP、GaAs 等半导体膜。这些膜层广泛用于光电子器件、太阳能电池、微波器件以及电子发射体等。

2.3.7 PVD 与 CVD 的比较

表 2-2 汇总对比了 PVD 与 CVD 两种方法的特点。

表 2-2　PVD 与 CVD 比较

项目	PVD	CVD
物质源	生成膜物质的蒸气、反应气体	含有生成膜元素的化合物蒸气、反应气体等
激活方法	消耗蒸发热、电离等	提供激活能、高温、化学自由能
制作温度	250～2000℃（蒸发源） 25℃至合适温度（基片）	150～2000℃（基片）
成膜速率	5～250μm/h	25～1500μm/h
用途	装饰，电子材料制备，光学镀膜	材料精制，装饰，表面保护，电子材料制备
可制作薄膜的材料	所有固体（C、Ta、W 困难）、卤化物和热稳定化合物	碱及碱土类以外的金属（Ag、Au 困难）、碳化物、氮化物、硼化物、氧化物、硫化物、金属化合物、合金

工艺温度高低是 CVD 和 PVD 之间的主要区别。例如，温度对于高速钢镀膜特别重要，CVD 法的工艺温度超过了高速钢的回火温度，用 CVD 法镀制的高速钢工件，必须进行镀膜后的真空热处理，以恢复硬度，但镀后热处理又会产生不允许的变形。

CVD 工艺对进入反应器工件的清洁要求比 PVD 工艺低一些，因为附着在工件表面的一些有机物很容易在高温下烧掉。此外，高温下得到的镀层结合强度更好。

CVD 镀层往往比 PVD 镀层略厚，CVD 镀层的表面略比基体的表面粗糙。相反，PVD 镀膜如实地反映材料的表面，不用研磨就具有很好的金属光泽，这在装饰镀膜方面十分重要。

CVD 反应发生在低真空的气态环境中，具有很好的绕镀性，所以密封在 CVD 反应器中的所有工件，除去支承点之外，全部表面都能完全镀好，甚至深孔、内壁也有镀膜。相对而言，所有的 PVD 技术由于气压较低、绕镀性较差，因此工件背面和侧面的镀制效果不理想。

在 CVD 工艺过程中，要严格控制工艺条件，否则，系统中的反应气体或反应产物的腐蚀作用会使基体脆化，高温会使镀层的晶粒粗大。

操作运行安全问题。PVD 是一种完全没有污染的工序，属于"绿色制造"。而 CVD 的反应气体、反应尾气都可能具有一定的腐蚀性、可燃性及毒性，反应尾气中还可能有粉末状以及碎片状的物质，因此必须对设备、环境、操作人员采取一定的措施加以防范。

习题

1. 从气态制备材料的方法主要有哪些？
2. 何谓物理气相沉积？其沉积机制如何？
3. PVD 主要有哪三种方法？各有何特点？
4. 真空蒸镀主要有哪些方法？
5. 什么是溅射镀膜？磁控溅射有何优势？
6. 离子镀有何特点？它与离子注入的区别是什么？
7. 什么是化学气相沉积？CVD 主要有哪些方法？
8. CVD 反应有哪些？各有何特点？
9. 简述 CVD 方法的优缺点。
10. 比较 PVD 和 CVD 工艺的区别。
11. 如何降低 CVD 工艺的沉积温度？

第 3 章

材料的液态成型原理与技术

本章介绍材料的液态成型原理与技术。首先从液态物质（流体）的特性出发，介绍流体的基本物理性质及其流动的相关概念。在建立宏观流动概念的基础上，对不同结构和特性的材料（金属、陶瓷、玻璃和聚合物）液态成型原理及技术进行介绍。本章将重点介绍金属液态成型中的凝固理论，并介绍基于该理论的铸造工艺，其最基本的方法是砂型铸造。此外，还有多种特种铸造方法，如熔模铸造、消失模铸造、压力铸造、真空铸造、金属型铸造、离心铸造、连续铸造等。陶瓷的液态成型主要有注浆成型、热压铸成型、凝胶注成型和流延成型。玻璃的液态成型主要介绍浮法和溢流法玻璃成型。聚合物的液态成型主要介绍以高分子溶液为原料的液态成型方式，包括注塑成型、流延成型和涂敷等。

3.1　流体及其基本物理性质

3.1.1　流体与流动相关基本概念

（1）流体的定义与连续介质假说

物质的宏观性质由其微观结构决定。固体、液体、气体是自然界中物质的三种基本形态。从物理性质来看，同种物质的液态与固态相比，密度一般只有百分之几的变化，表明液体分子排列的紧密程度和固体差别不大，也存在强的相互作用。然而从宏观表现上看，液体却与气体一样具备流动性，无法像固体一样保持一定的形状。因此在流体力学的讨论中，将液体和气体共同归属流体的范畴。

与固体分子排列类似，液体分子的排列也具有一定规律结构，但在每个局部有序排列的液体分子群中，分子数比固体晶粒中的分子数少很多，且其成员不断改变，每个液体分子在一个液体分子群中的平均逗留时间仅 10^{-10}s。实验表明，在物质分子作有序排列的晶格中，某些位置上会出现空缺。空缺的数量随着温度的升高而增加。但只要空缺还是孤立地存在，物体在宏观上就仍然保持晶体的形态。当温度升高到一定程度时，晶体中大量存在的空缺就会合并，从而形成若干个空缺合成的"空洞"。分子凭借这些空洞实现位置迁移，在宏观上表现出流动性，这就是液体。因此容易理解为什么液体的力学特性类似气体，而其它一些物理特性却类似固体。

讨论液体的流动行为时，如果从分子动力学角度去理解，远不能解决流体运动中的大量宏观力学问题。因此，研究流体在外力作用下的宏观运动规律，运用的是连续介质力学，即流体力学。连续介质理论考虑的流体单元，称为流体"质元"，简称流体元。流体元可看作由大量流体质点构成的微小单元，流体质点的相对运动引起流体元的变形。在此基本假设下，液体可以看作是物体的宏观运动，即大量分子的平均行为，而不是单个分子的个别行为，因而可以不去考虑物质的分子结构和单个分子的运动细节。二者的区别在于，流体分子的微观运动由分子自身的热运动决定，而流体团的宏观运动则由外力引起，且流体团的物理量值是以流体质点为中心的周围临界体积范围内流体分子相关特性的统计平均值。当流体团未受外力作用而处于静止状态时，内部的分子仍在剧烈运动，只不过所有分子速度矢量的统计均值为零而已。当流体团在外力作用下运动时，宏观速度由零变成有限值。

从流体的宏观特性出发，流体的定义为受任何微小剪切力作用都会产生连续变形的物质。连续剪切变形就是通常所说的"流动"。

（2）流动类型

流动是分子质量中心的移动，即流体中的相邻质点产生的相对移动。在流动过程中，相邻的流体单元发生相对运动，形成两种基本的流动形式：剪切流动和拉伸流动。在剪切流动中，流体元相互重叠或流过，而在拉伸流动中，相邻流体元相互靠近或远离，剪切与拉伸变形和流动的示意图见图 3-1。

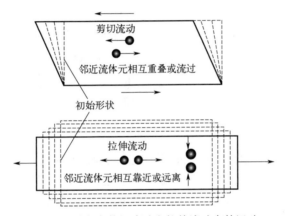

图 3-1 质点在剪切流动和拉伸流动中的运动

（3）黏度

流体分子间存在相互作用力，因此流动过程中分子间就会产生反抗分子相对位移的摩擦力，流体的黏度是分子间内摩擦力的宏观度量，也是对流体流动阻力的度量。高黏度流体不易流动；低黏度流体更具流动性。对于给定的流动速度，所产生的力随着黏度的增加而增加；而对于给定的力，流动速度随着黏度的增加而减小。牛顿最先描述了理想液体流动的基本定律，并给出了黏度的表达形式：

$$\eta = \frac{\tau}{\dot{\gamma}} \tag{3-1}$$

式中，τ 为剪切应力；η 为黏度；$\dot{\gamma}$ 为剪切速率。

图 3-2 显示了两个板之间流体的层流剪切，有助于理解剪切应力和剪切速率的定义。平行板间充满黏性流体，下板静止不动，上板以速度 u 在自己平面内均速平移，产生了如图 3-2 所示的层流剪切流场。

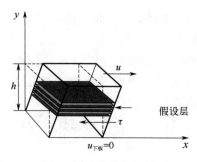

图 3-2　简单剪切流场

在图 3-2 中，将剪切流动视为假设层相互滑动的运动。在最简单的情况下，每一层的速度相对于其下方的相邻层线性增加，在上界面也就是移动板处流体速度最大 u_{max}。因此在流动方向（x 方向）垂直的方向（y 方向）上，由于层间分子摩擦力的存在，速度 u 产生梯度，被称为剪切速率，即

$$\dot{\gamma} = \mathrm{d}u / \mathrm{d}y \tag{3-2}$$

由流动产生的单位面积的力称为剪切应力 τ，即

$$\tau = F / S \tag{3-3}$$

作用力 F 以切线方向施加于上板与下部液体的剪切面积 S 上，使液层产生流动。对于给定的作用力，可维持一定的流动速度，其值由液体的内部阻力（黏度）控制。

$$\tau = \eta \frac{\mathrm{d}u}{\mathrm{d}y} \tag{3-4}$$

（4）流动曲线和黏度曲线

式（3-4）可以用图 3-3 表示。通常把剪切应力与剪切速率的关系曲线称为流动曲线。牛顿流体的流动曲线是一条通过原点的直线，剪切黏度就是该直线的斜率，是一个常数。黏度曲线与流动曲线是一致的，进行黏度测试时，总是先得到流动曲线，然后经数学处理便可绘制出相应的黏度曲线。不同流动体系的流动特性都可从它们的流动曲线和黏度曲线的形状得到基本了解。

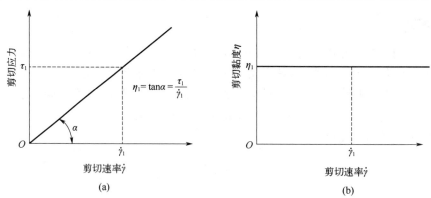

图 3-3　牛顿流体的流动曲线［（a）剪切应力-剪切速率曲线；（b）剪切黏度-剪切速率曲线］

（5）流体类型

偏离牛顿流体流动特征的流体被称为非牛顿流体。非牛顿流体流动的基本特征为在一定

温度和压力下，其剪切应力与剪切速率不成正比关系，即黏度不是常数，而是随剪切应力或剪切速率变化而变化的（见图 3-4）。塑性流体在定常态剪切流动中，除少数接近牛顿流体的特征外，大多数在加工过程中显示出非牛顿流体的流动行为。非牛顿流体可分为广义非牛顿流体和有时效的非牛顿流体两大类。

① 广义非牛顿流体　剪切应力仅与剪切变形速率有关的非牛顿流体称为广义非牛顿流体，可以用下式表示：

$$\eta_a = \eta_a(\dot{\gamma}) \tag{3-5}$$

式中，η_a 为表观黏度。

它包括假塑性流体、胀塑性流体和宾汉流体三种，如图 3-4 所示。

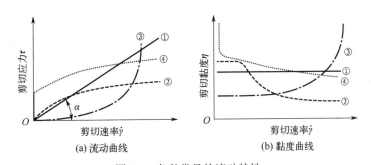

图 3-4　各种常见的流动特性

①—牛顿流体；②—假塑性流体；③—胀塑性流体；④—有屈服强度的假塑性流体——宾汉流体

对于假塑性流体，在定常态（稳态）剪切流动中，其黏度随剪切速率增加而减小（剪切变稀）。从图 3-4 的曲线②可见，其流动曲线偏离起始阶段的部分可看作有类似塑性流动的特性。尽管曲线没有明显的屈服应力，但曲线的切线不通过原点，与纵轴交于某 τ 值，就像有一个屈服值，所以称为假塑性流体。大多数聚合物熔体和浓溶液属于这类流体。

对于胀塑性流体，在定常态剪切流动中，其黏度随剪切速率增加而增加，如图 3-4 中的曲线③。在加入大量填充剂的体系和某些聚氯乙烯糊中能见到这种流体。

对于宾汉流体，如图 3-4 中的曲线④所示。当剪切应力低于屈服应力 τ_y 时，流体静止并具有一定刚度，当剪切应力超过 τ_y 时，流体流动，并呈线性关系。

② 有时效的非牛顿流体　这类流体的表观黏度不仅与应变速率有关，而且与剪切持续时间有关，即

$$\eta_a = \eta_a(\dot{\gamma}, t) \tag{3-6}$$

式中，t 为剪切持续时间。这类流体包括触变流体、震凝流体和黏弹性流体。

对于触变流体，在恒定剪切速率下，其黏度随剪切作用时间的增加而降低（如图 3-5 所示），属于这类流体的有涂料、印刷油墨和番茄酱等。这种触变性对于应用是很有益的。在高剪切速率下施工时，黏度低则有利于涂料流动，便于施工；在低剪切速率下（施工前和施工后），黏度高则可防止沉降和流挂。用手糊法生产玻璃纤维增强聚酯基复合材料（玻璃钢）时，往往在聚酯树脂中添加 1%～3%的触变添加剂，以便于施工，也可防止流淌。

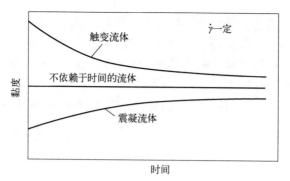

图 3-5　有时效性的非牛顿流体的黏度-时间曲线

震凝流体的流变特性与触变流体相反，即流体在恒定剪切速率下，其黏度或剪切应力随剪切时间的增加而增大。当剪切应力一定时，流体的表观黏度或剪切速率随时间的延长而增加。应当指出，凡触变流体均可视为假塑性流体或宾汉流体，但假塑性流体和宾汉流体未必是触变流体；同样，震凝流体可视为胀塑性流体，但胀塑性流体未必是震凝流体，关键在于是否与时间相关。

黏弹性流体是兼具黏性效应和弹性效应的流体。以聚合物为主的流体属于这类流体。黏弹性流体在剪切应力作用下，不但表现出黏性流动，产生不可逆变形，而且表现出弹性，产生可回复的变形，但后者有一与时间相关的松弛过程。黏弹性流体除了与表观黏度、剪切持续时间有关之外，还与剪切流动中表现出的法向应力差效应有关。高分子材料流变与半固态金属流变的区别在于后者不考虑法向应力差效应。

3.1.2　简单模型流动分析

在液态材料加工成型过程中，由于加工成型方式的不同，流体受到各种外力的作用，形成相应的简单流动或复杂流动。其中，简单流动有挤出过程中圆截面口模内的压力流动、压延或塑炼过程中两辊之间间隙内的拖曳流动等，复杂流动有挤出机挤出过程中螺杆与机筒之间的剪切、拉伸和压力等组合的流动，以及密炼机混炼过程中转子与密炼室之间的剪切拉伸和压力等组合的流动。尽管上述某些流动形态十分复杂，但大多可视为若干简单流动的组合。如将这些流动简化为简单的模型流动，研究这些流动及其规律，则有助于深化对实际加工流场的认识，具有理论和工程意义。本节将分别对一些典型的简单模型流动进行分析，如平行板间的拖曳流动和圆管中的压力流动。

（1）平板间的拖曳流动

对流体不加压力而靠边界运动产生的力场，由黏性作用使流体随边界流动，也被称为库特（Couette）流动，例如由运动的平面、圆柱面、锥面带动的流动。最简单的拖曳流动是平板间的拖曳流动（图 3-6）。各种流变仪（如平板流变仪、锥板流变仪以及旋转流变仪）都可对拖曳流动进行表征。高分子熔体的流动就是典型的拖曳流动，如橡胶在辊筒上的流动。双辊混炼时辊间流动、涂覆流动都属于平行板间的拖曳流动。

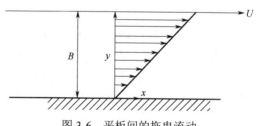

图 3-6　平板间的拖曳流动

当层流时，运动方程简化为

$$\frac{\mathrm{d}\tau}{\mathrm{d}y}=0 \qquad (3\text{-}7)$$

即剪切应力为常数，剪切速率也为常数。假设流场为 $u=[u_{x(y)},0,0]$ 可得：

$$\frac{\mathrm{d}u_x}{\mathrm{d}y}=常数 \qquad (3\text{-}8)$$

边界条件 $y=0$ 时，$u_x=0$；$y=B$ 时，$u_x=U$，因此

$$u_x=\frac{Uy}{B} \qquad (3\text{-}9)$$

（2）圆管中的压力流动

圆形管道是很多成型加工设备和检测设备中最常用的流道形式，如注射成型系统的喷嘴、浇道和浇口，挤出机的机头通道以及纤维纺丝的喷丝板孔道等大多为圆形通道。

如图 3-7 所示，外径为 R、内径为 r、长度为 L 的水平放置圆管，牛顿流体在外力作用下在该圆管中由左向右稳定流动，两端压力差为 Δp，对其剪切应力为

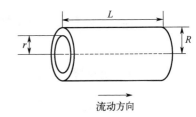

图 3-7　无限长圆管中的稳定流动示意图

$$\tau=\frac{\Delta p \times r}{2L} \qquad (3\text{-}10)$$

对于牛顿流体，由于黏度为常数，剪切速率同样与半径 r 成正比。

$$\dot{\gamma}=\frac{\Delta p \times r}{2\eta L} \qquad (3\text{-}11)$$

因此在半径为 R(即管壁处)时，$\dot{\gamma}$ 达到最大值，如式（3-12）所示。牛顿流体在圆管中稳定流动时的剪切应力和流速分布如图 3-8 所示。

$$\dot{\gamma}_{\mathrm{w}}=\dot{\gamma}_{\mathrm{max}}=\frac{\Delta p \times R}{2\eta L} \qquad (3\text{-}12)$$

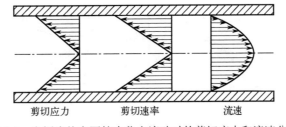

图 3-8　牛顿流体在圆管中稳定流动时的剪切应力和流速分布

非牛顿性高分子流体的黏度不是常数，故其在圆管中稳定层流时从理论上很难推导出这些计算方程。于是人们在牛顿性高分子流体公式中引入非牛顿指数 n 进行修正，便得到计算非牛顿性高分子流体在圆管中稳定层流时的经验公式。

$n<1$ 的非牛顿性高分子流体在圆管中稳定层流时的速度分布为非线性，而且曲线也变平坦，如图 3-9 所示。

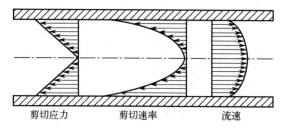

剪切应力　　　　剪切速率　　　　流速

图 3-9　非牛顿流体在圆管中稳定流动时的剪切分布和流速分布

3.2　金属的液态成型基础

3.2.1　液态金属凝固理论

3.2.1.1　液态金属的结构和性质

液态金属材料成型是现代工业零部件毛坯的重要来源，液态金属的成型过程指液态金属向固态转变时的凝固过程。液态时金属的结构特征与凝固过程中金属体积的变化、溶质分配、热量传递、气体和夹杂物有密切关系，并最终影响零部件毛坯相组织的形成、性能变化和成型效率。

（1）液态金属的结构

金属的结构主要靠带正电荷的原子和在原子间运动的公有电子云之间的库仑力维系。它们之间既有引力又有斥力，其相互作用关系如图 3-10 所示。设 A、B 为两个金属原子，在一定温度下，A、B 两原子在平衡位置不停振动。当它们距离小于 r_0 时，斥力增大，使两原子

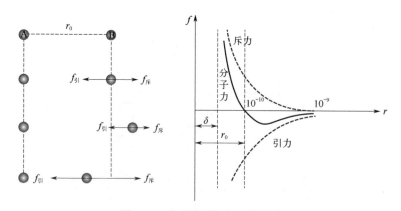

图 3-10　金属离子间相互作用力

不易靠近；而当距离大于 r_0 时，斥力减少，引力迅速增加，r_0 是斥力和引力的平衡点，在此处势能 W 最小。由图 3-10 还可看出，金属原子间的这种势能与原子间距离 r 的关系曲线极不对称，r 增加的势能 W 是水平渐近，而 r 减小是几乎垂直渐近。也就是说，当温度升高时，随着势能 W 的增加，原子间距离 r 会增加，金属产生体积膨胀。除了原子间距的加大会造成金属膨胀外，空穴的产生也是造成金属膨胀的重要原因。

温度越高，原子能量越大，空穴数目也越多，造成金属体积的膨胀也越大。据测定，在熔点附近，空穴的数目可以达到原子总数的 1% 左右，体积膨胀达 3%～5%，金属的其它性质如电阻、黏性等也会发生显著变化，金属由固体进入液体状态。在金属熔点附近，金属吸收大量熔化潜热，但温度却不升高。

金属的熔化并不是原子间结合的全部消失，与气态不同，液体金属内原子的分布仍具有一定规律性。这可由金属熔化后体积仅增加 3%～5%（即原子间距仅增加 1%～1.5%）以及熔化潜热只有气化升华热的 3%～7% 间接证实，即熔化时原子间的结合能仅减少了百分之几。

（2）液态金属的结构特点

液态金属的特性介于气态和固态之间，且更接近于固态。在金属原子由固态转变为液态时，其熵值的增加并不多，这意味着金属由固态转变为液态时，原子排列的结构紊乱程度并没有明显增加。

液态金属的结构特点主要表现为以下几点。

① 原子间距增加不大，原子间结合力仍很强，在一定范围内仍保持较强的固态特性，即"近程有序"。

② 液态金属内存在许多"原子集团"，原子集团热运动很强，能量起伏大，因此原子集团一直处于变化之中，是瞬时的、游动的，可变大、变小或消失。

③ 原子集团之间的距离较大，存在"空穴"，"空穴"可由游离原子、杂质原子、裂纹或气泡构成，"空穴"也是瞬时的、游动的。

④ 原子集团的平均尺寸和游动的速度与温度有关，温度越高，其平均尺寸越小，游动速度越快。

⑤ 同种元素及不同元素之间的原子间结合力存在差别，结合力较强的原子容易聚集在一起，表现为游动原子集团之间存在着成分差异。

3.2.1.2 液态金属的主要特性

与液态金属加工相关的几个主要特性如下。

（1）熔点

金属及合金的熔点是其内部质点相互作用的结果，即原子结合键牢固程度的外在体现。由于键的牢固程度与原子体积大小有关，所以金属的熔点也与原子体积大小有关。在元素周期表中，同族或同周期元素，随着原子序数的增加，元素的原子半径和熔点均呈周期性变化。合金元素的加入会减弱原子间的作用力而使熔点降低。对于除共晶成分合金之外的大部分合金，其熔点不是一个确定值，而是存在一个固-液两相共存的温度区间，其区间大小与合金种类及化学成分有关。

（2）液态金属的黏度

液态金属的黏度与温度和成分密切相关。温度升高，黏度降低；液态金属中的固态杂质数量增多，黏度增加；合金元素的变化也影响黏度变化，如含碳量增加，黏度降低。一般而言，共晶点附近的合金黏度最低。

（3）液态金属的表面张力

液态金属的表面张力主要是指液体表面的质点受到周围环境质点（如气相、固相等）对它不平衡的作用力所产生的垂直于液面且指向液体内部之力。液、固两相接触所产生的这种表面张力也可称为界面张力。表面张力的大小既与液体本身性质有关，又与它接触的相的性质有关。

3.2.1.3　液态金属的铸造性能

铸造性能（简称为可铸性或液态成型性）是液态金属对一定铸造工艺的适应程度，即获得形状完整、轮廓清晰、品质合格的铸件的能力。如果液态金属的可铸性差，必然带来铸造生产成本提高或无法得到合格铸件的后果。衡量液态金属可铸性的指标有流动性和充型能力。

（1）流动性

液态金属的流动性对铸造工艺的实现和产品质量有最直接的影响。流动性差时，铸件易产生浇不足、冷隔、气孔和夹渣等铸造缺陷；流动性好，易于充满整个型腔，有利于气体和非金属夹杂物上浮和对铸件进行补缩。对流动性的表征，可采用黏度来度量，非牛顿流体可测试液态金属的流动行为进行表征。工程实践中，液态金属的流动性常用螺旋形流动性试样（图3-11）的长度衡量，浇出的试样愈长，说明流动性愈好。在常用铸造合金中，灰铸铁、硅黄铜的流动性最好，铸钢的流动性最差。

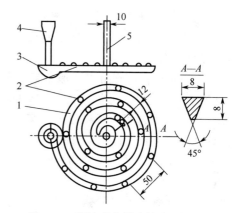

图 3-11　螺旋形金属液体流动性试样
1—试样铸件；2—试样凸台；3—内浇道；4—浇口杯；5—冒口

影响合金流动性的因素如下。

a. 化学成分对合金流动性的影响最为显著。纯金属和共晶成分的合金，由于在恒温下结晶，液态合金从表层逐渐向中心凝固，固、液界面比较光滑，因此对液态合金的流动阻力较小。同时，由于共晶成分合金的凝固温度最低，可获得较大的过热度，能推迟合金的凝固，故流动性最好。其它成分的合金是在一定温度范围内结晶的，由于初生树枝状晶体与液态金属两相共存，粗糙的固、液界面使合金的流动阻力加大，合金的流动性显著下降。

b. 合金的物理性质，主要是比热容、密度、热导率、结晶潜热和黏度等，对金属的流动性也有一定的影响。比热容和密度大的合金，因其本身含有较多的热量，在相同的过热度下保持液态的时间长，因而流动性好；热导率小的合金，由于热量散失慢，保持流动的时间长，在凝固期间液固共存的两相区窄，流动阻力小，故流动性也好。在结晶过程中需要释放的合金的结晶潜热越多，则凝固进行得越缓慢，流动性也越好。但是，结晶潜热对流动性的良好作用能否发挥，还取决于合金的结晶特性。通常，结晶潜热对纯金属、共晶成分合金能充分发挥作用，而对结晶温度范围较宽的合金影响不太显著。液态金属的黏度不仅与其成分有关，而且还与温度、夹杂物含量及状态有关。一般来说，黏度对流动性的影响表现在充型后期很短的时间内，由于在凝固结晶的后期，通道面积缩小或液流中出现液固混合物时，因温度下降而使黏度显著增加，此时黏度对流动性才表现出较大的影响。

（2）充型能力

充型能力是指金属液体充满铸型型腔，获得轮廓清晰、形状准确的铸件的能力。合金的充型能力首先取决于液态合金的流动性，流动性越好则充型能力越好。此外，充型能力还受很多工艺因素（如铸型性质、浇注条件及铸件结构等）影响。表 3-1 列出了影响充型能力的主要因素，包括合金的流动性、浇注温度、充型压力、铸型中的气体、铸型的传热系数、铸型温度、浇注系统的结构、铸件的折算厚度、铸件的复杂程度。

表 3-1 影响充型能力的因素和机制

影响因素	描述	影响机制
合金的流动性	液态金属的流动能力	流动性好，易于浇出轮廓清晰、薄而复杂的铸件，有利于非金属夹杂物和气体的上浮和排除，易于对铸件的收缩进行补缩
浇注温度	浇注时金属液的温度	浇注温度越高，充型能力越强
充型压力	金属液体在流动方向上所受到的压力	压力越大，充型能力越强，但压力过大或充型速度过快会发生喷射、飞溅和冷隔现象
铸型中的气体	浇注时因铸型发气而形成的在铸型内的气体	能在金属液与铸型间产生气膜，减小摩擦阻力，但发气太大，铸型的排气能力又小时，铸型中的气体压力会增大，阻碍金属液的流动
铸型的传热系数	铸型从其中的金属吸取并向外传输热量的能力	传热系数越大，铸型的激冷能力就越强，金属液在其中保持液态的时间就越短，充型能力下降
铸型温度	铸型在浇注时的温度	温度越高，液态金属与铸型的温差越小，充型能力越强
浇注系统的复杂程度	浇道结构的复杂情况	结构越复杂，流动阻力越大，充型能力越差
铸件的折算厚度	铸件体积与表面积之比	折算厚度大，散热慢，充型能力好
铸件的复杂程度	铸件结构的复杂状况	结构复杂，流动阻力大，铸型充填困难

浇注温度越高，液态金属的黏度越小，且由于过热度高，液态金属在铸型中保持流动能力的时间越长，故充型能力越强。在生产中，对于薄壁铸件或流动性差的合金，为改善其充型能力，可在一定范围内提高浇注温度。但过高的浇注温度会使合金吸气增多，氧化严重，而且使铸件的一次结晶变得粗大，容易产生缩孔、缩松、黏砂等铸造缺陷。因此，每种铸造合金都有一个合适的浇注温度范围。例如，一般铸钢的浇注温度为 1520~1620℃，铝合金为 680~780℃。薄壁复杂铸件一般取浇注温度的上限，厚大铸件取浇注温度的下限。充型压头是指在浇注过程中液态金属在流动方向上所受的压力。充型压头越高，充型能力越好。在生产中提高充型能力可采用增大直浇道的高度的方式以增加液态金属静压头。金属液的充型速度不宜过快，否则会发生金属液飞溅，使金属氧化和产生"铁豆"等缺陷。

浇注速度太快时，型腔中气体来不及排出，从而使反压力增加，可能造成浇不足或冷隔等缺陷。

3.2.1.4 金属的吸气性及对铸件质量的影响

金属在熔炼过程中会有气体溶入；在浇注过程中若浇包未烘干、铸型浇注系统设计不当、铸型透气性差以及浇注速度控制不当等会使型腔内气体不能及时排出，从而使气体进入金属液，增加金属液中的气体含量，这就是金属的吸气性。铸件中往往会有各种气体，但一般主要成分是氢，其次是氮和氧。

（1）金属液吸收气体的过程

金属液吸收气体可划分为以下四个基本过程。
① 气体分子撞击金属液表面。
② 气体分子在高温金属液表面上离解为原子状态。
③ 气体原子根据其与金属元素之间亲和力的大小，以物理吸附方式或化学吸附方式吸附在金属表面。
④ 气体原子发生扩散，进入金属液内部。

前三个是吸附过程，最后一个是扩散过程。实际上金属液吸收气体时，这四个过程是同时存在的，由于扩散决定金属液的吸气速度，因此④最关键。完成上述吸气过程需要一定时间，随金属液温度的提高，在未达到金属液的饱和浓度以前，气体与金属接触时间越长，吸收气体量越多，一直达到该状态下的饱和浓度为止。

（2）气体在金属液中的溶解度

在一定温度和压力条件下，金属液吸收气体的饱和浓度称为该条件下气体的溶解度。常用每100g金属含有的气体在标准状态下的体积（$cm^3/100g$）来表示，有时也用溶解气体对金属的质量分数表示。影响气体在金属液中溶解度的因素主要有温度、金属的化学成分和气体在金属液面上的平衡分压。随温度升高，气体在金属中的溶解度增大。

（3）气体的析出方式与气孔

随温度下降，溶解于金属液中的气体会不断析出。气体析出可通过以下三种方式。
① 气体以原子态扩散到金属表面，然后脱离吸附（蒸发）。
② 与金属液内某些元素形成化合物，以非金属夹杂物形式析出。
③ 以气泡形式从金属液中逸出。

气体以扩散方式析出只有在非常缓慢的冷却条件下才能充分进行，这在实际生产中往往难以实现，且析出的气体量也受到很大限制。因此，气体的析出通常是以后两种形式为主。

金属液与铸型、熔渣之间相互作用或金属与内部某些组元发生化学反应产生的气体，若不能及时排出则会留在铸件内形成气孔，通常称其为反应性气孔。如果铸型为砂型，砂型受热时其中的挥发性物质就会产生气体，当砂型的排气能力较差时，所形成的气体在界面上形成的气压超过一定值时，气体就会侵入金属液中，部分溶入金属液，而未溶的气体则会形成气泡，冷凝后成为气孔，这种气孔称为侵入性气孔。

为了减少合金的吸气性，可采取缩短熔炼时间、选用烘干过的炉料、提高铸型和型芯的透气性、降低造形材料中的含水量和对铸型进行烘干等措施。

（4）气体对铸件质量的影响

金属液凝固后，气体可以不同形式存在于铸件中。它们对铸件的质量会产生不同程度的影响。气体溶解于固溶体中会降低固溶体的韧性。如溶解于 Fe 中的 H 可引发氢脆倾向，析出时产生的气孔不仅会减少铸件的有效截面积，还会造成局部应力集中，甚至成为零部件断裂的裂纹源。尤其是形状不规则的气孔，如裂纹状气孔和尖角形气孔，不仅会增加缺口的敏感性使金属强度下降，而且还会降低零部件的疲劳强度。如果气体与其它元素形成夹杂物，如各种氧化物、氮化物等存在于铸件中，同样会降低铸件的力学性能。

金属液中含有气体也会影响到它的铸造性能。铸件凝固时析出气体所形成的反压力，会阻碍金属液的补缩，造成缩松或缩孔。

3.2.1.5 液态金属凝固热力学及动力学

凝固热力学及动力学的主要任务是研究液态金属由液态变成固态的热力学及动力学条件。凝固是体系自由能降低的自发过程，如果仅是如此，问题就简单多了。凝固过程中各种相的平衡产生了高能态的界面。这样，凝固过程中体系自由能一方面降低，另一方面又增加，而且阻碍凝固过程的进行。因此液态金属凝固时，必须克服热力学能障及动力学能障，凝固过程才能顺利完成。这部分可参考"材料科学基础"课程中的相关理论。

3.2.1.6 金属凝固过程中的传热

热量传递是液态金属凝固过程中的重要工程现象。高温的液态金属浇注铸型时，金属所含的热量（包含凝固潜热）将通过液态金属、已凝固的固态金属、金属-铸型的界面和铸型而传出。液态金属在这个传热过程中存在两个主要界面，即金属的固液界面和固相金属-铸型间的界面，并且这两个界面随凝固进程而发生动态迁移。值得注意的是，金属和铸型间界面的接触通常是不紧密的，存在接触热阻或界面热阻，这是影响热量传递的重要因素。由于凝固开始后，型壁处的液态金属逐步变为固相，并在凝固前沿释放出潜热，同时由于铸型的膨胀和金属的凝固收缩，金属和铸型界面的热阻发生变化，可能形成间隙（或气隙），并使传热方式发生变化（以对流换热为主要传热方式），其热量传递也大受影响。

金属在铸型中的凝固过程伴随三种传热方式：传导、对流和辐射。在凝固过程中，热传导是最主要的传热方式，其次是对流，辐射的影响最小。液态金属的成型过程中，铸型或锭模传热直接影响晶体的形核和生长、液态金属在凝固过程中的流动及补缩的大小和分布，从而对晶体形貌和溶质的偏析以及铸件的最终性能产生影响。

由于铸件/铸型界面的换热是一个非常复杂的现象，界面热交换系数的确定迄今为止仍然是铸件凝固过程数值模拟的难点。它在微观上同时存在着金属与铸型的接触导热、金属与铸型间隙中气体的导热以及表面间的热辐射等。实际中，主要通过引入金属/铸型界面换热系数 h 来处理这种换热条件，其边界条件的表达式为

$$-\lambda_1 \left(\frac{\partial T}{\partial n} \right) \bigg|_{w1} = h \left(T_{w1} - T_{w2} \right) \tag{3-13}$$

式中，λ_1 为铸件材料的热导率，W/(m·K)；$\partial T / \partial n$ 是温度在边界法向方向的投影，表示温度沿边界法向的变化率；下标 w1、w2 为铸件与铸型表面；T_{w1}、T_{w2} 为铸件温度、铸型表面的温度，K。

国内外对界面换热的研究方法一般是先实测间隙或温度，然后计算出界面换热参数，进而将这些参数直接或作些处理后应用于其它铸件的凝固模拟。

（1）温度场

温度场是各个时刻物体内各点温度分布的总称，包括非稳态温度场 $T=f(x, y, z, t)$ 和稳态温度场 $T=f(x, y, z)$。铸件温度场的研究主要关注各时刻凝固区域的大小及变化、凝固前沿向中心推进速度、缩孔和缩松位置和凝固时间等，为设计浇注系统和控制凝固过程提供科学依据。研究方法可采用实测法、数学解析法、数值模拟法等。

影响铸件温度场的因素包括金属的热扩散率、结晶潜热和凝固温度。金属的热扩散率越大，温度均匀化的能力就越大，温度梯度就越小，温度分布曲线就越平坦。金属的结晶潜热大，向铸型传热时间长，铸型内表面温度高，则铸件断面的温度梯度减小，温度场平坦。金属的凝固温度越高，铸件表面、铸型内表面温度越高；铸型内外表面温差越大，且铸型的热导率在高温段随温度的升高而升高，则铸件温度场梯度越大。

（2）铸型性质

铸型吸热速度快，铸件凝固速度快，温度场梯度就大。铸型的蓄热系数越大，铸件的冷却能力就越强，温度梯度越大。铸型的预热温度越高，冷却作用越小，温度梯度也小。金属铸造的铸型预热温度为 200～300℃；熔模铸造的铸型预热温度为 600～900℃。

（3）浇注条件

浇注温度很少超过液相线 100℃，过热量很少。由于砂型铸造过热量散失尽才凝固，则增加过热程度（提高铸型温度）使铸件温度梯度减小；金属型铸造的铸型导热大，过热量又小，浇注温度的影响较小。

（4）铸件结构

厚铸件含更多热量，铸型加热到更高温度，则厚铸件温度梯度小。

铸件的形状：铸件表面积相同情况下，向外部凸出的曲面，如球面、圆柱表面、L 形铸件的外角，散出的热量由较大体积的铸型所吸收，铸件的冷却速度大。冷却速度：外角＞平面＞内角。防止内角处热裂的途径：加大内圆角半径或在内直角处放置外冷铁。

3.2.1.7 铸件的凝固和收缩

（1）铸件的凝固

① 铸件的凝固方式 在铸件的凝固过程中，其断面上一般存在 3 个区域，即固相区、凝固区和液相区，如图 3-12 所示。3 个区域中，对铸件质量影响较大的主要是液相和固相并存的凝固区的宽窄。铸件的凝固方式就是依据凝固区的宽度 S[图 3-12（b）]来划分的。

a．逐层凝固：纯金属或共晶成分合金在凝固过程中因不存在液、固并存的凝固区

［图 3-12（a）和（d）］，故断面上外层的固体和内层的液体由一条界线（凝固前沿）清楚地分开。随着温度的下降，固体层不断加厚，液体层不断减少，直达铸件的中心，这种凝固方式称为逐层凝固。

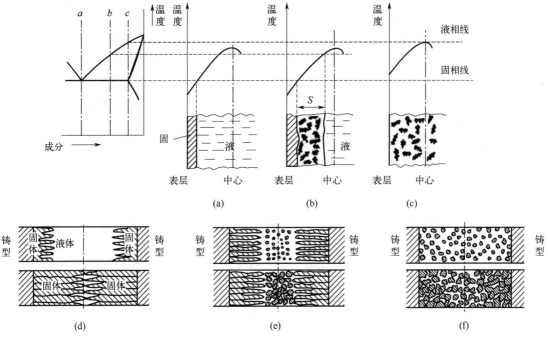

图 3-12　铸件的凝固方式和凝固断面示意图
［(a) 和 (d)：逐层凝固；(b) 和 (e)：中间凝固；(c) 和 (f)：糊状凝固］

b．糊状凝固：如果合金的结晶温度范围很宽，且铸件的温度分布较为平坦，则在凝固的某段时间内，铸件表面并不存在固体层，而液、固并存的凝固区贯穿整个断面［图 3-12（c）和（f）］。这种凝固方式与水泥类似，即先呈糊状而后固化，故称为糊状凝固。糊状凝固一般只在合金的结晶温度范围很窄且铸件截面上的温度梯度又极小的条件下发生，结晶后的铸态组织多呈较发达的等轴晶组织。

c．中间凝固：大多数合金的凝固介于逐层凝固和糊状凝固之间［图 3-12（b）和（e）］，称为中间凝固，即外层为发达的柱状晶或树枝晶，而内层或中心部位为等轴晶。

通常，逐层凝固时金属的充型能力强，易获得内部致密的铸件；而糊状凝固则难以获得内部致密的铸件。显然，影响金属凝固方式的主要因素是金属的凝固温度范围和铸件凝固期间固、液相界面前沿的温度梯度。合金结晶温度范围越窄，铸件凝固期间固、液相界面前沿的温度梯度越大，则铸件凝固时越趋于逐层凝固；相反，合金结晶的温度范围越宽，铸件凝固期间固、液相界面前沿的温度梯度越小，则铸件凝固时越趋于糊状凝固。

② 影响凝固区宽度的因素　凝固方式取决于凝固区的宽度。凝固区宽度主要受合金结晶温度间隔和铸件断面上温度梯度两个因素的影响。

a．合金结晶温度间隔的影响。纯金属和共晶合金，无结晶温度间隔，凝固过程中凝固区域宽度很小甚至趋近零，一般呈典型的逐层凝固方式。对结晶温度间隔很大的合金，当断面上的温度梯度比较小时，铸件凝固期间各个时刻凝固区域很宽，甚至贯穿整个铸件断面，这时凝固则呈现典型的糊状凝固。大部分铸造合金有一定的结晶温度间隔，凝固区宽度可介于上述两种情况之间，即中间凝固。

b. 温度梯度的影响。合金的结晶温度间隔确定之后，凝固区宽度主要取决于温度梯度。当温度梯度很大时，宽结晶温度间隔的合金可以有较小的凝固区域，趋于中间凝固至逐层凝固。例如，高碳钢在金属型铸造中的凝固情况就趋近这种情况。当温度梯度很小时，凝固区宽度一般较大，甚至趋于糊状凝固。例如，工业纯铝在砂型铸造中的凝固为典型的糊状凝固，而在金属型中铸造时则为逐层凝固。

③ 凝固方式对铸件质量的影响　铸件质量与其凝固方式密切相关。凝固方式影响铸件的充型能力、补缩条件、缩孔类型、热裂纹愈合能力等，进而影响铸件的致密性和合格率。

逐层凝固时，凝固区域窄，凝固前沿较平滑，充型通道光滑，阻力小，充型能力好。液体补缩的通道短，阻力小，补缩比较容易。当铸件凝固后期收缩受阻出现热裂纹时，裂纹由于液体重新充填而愈合的可能性较大。逐层凝固便于获得致密而优质的铸件。

糊状凝固时，凝固区域宽，枝晶发达，由于流动阻力大，因此流速小，充型能力差。液体补缩的通道长，补缩困难。结果形成分散的缩孔和缩松。糊状凝固时热裂倾向严重，铸件的致密性差。

在常用合金中，灰铸铁、铝硅合金等倾向于逐层凝固，逐层凝固易于获得紧实铸件；球墨铸铁、锡青铜、铝铜合金等倾向于糊状凝固，为获得紧实铸件常需采取适当的工艺措施，以便于补缩或减小其凝固区域。

（2）铸件的收缩

铸件收缩是指金属在从浇注、凝固到冷却至室温的过程中，所引起的铸件的体积与尺寸的缩减，它由金属的物理本性决定。

铸件形成的过程通常要经历如下三个收缩阶段（图 3-13）。

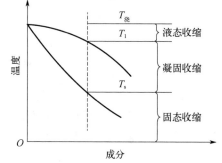

图 3-13　铸件收缩的三个阶段

a. 液态收缩：从浇注温度到凝固开始温度间产生的收缩。

b. 凝固收缩：从凝固开始温度到凝固终止温度间产生的收缩。

c. 固态收缩：从凝固终止温度至室温间产生的收缩。

铸件的收缩率为上述三个阶段收缩率的总和。

因为铸件的液态收缩和凝固收缩表现为铸件体积、长度尺寸的缩减，故其常用单位体积收缩量（即体积收缩率）或长度上的收缩量（即线收缩率）来表示。常用合金中，铸钢的收缩率最大，灰铸铁最小。

应当注意，由于铸件凝固是一个渐进的过程，上述三个阶段的收缩现象在铸件整体成型过程中在不同部位是交叉进行的，这就给铸件的收缩控制带来了困难，这也是多种铸造缺陷产生的根源。

收缩对铸件质量的影响如下所述。

a. 缩孔和缩松：金属液在铸型中的冷却和凝固过程中，若液态收缩与凝固收缩所造成的空间得不到金属液的补充，就会在铸件的厚大部位及最后凝固部位形成一些孔洞。

其中，在铸件中集中分布且尺寸较大的孔洞称为缩孔；分散且尺寸较小的孔洞称为缩松，如图 3-14 所示。缩孔和缩松都会使铸件的力学性能降低，缩松还是造成铸件渗漏的重要原因。因此，缩孔和缩松都属于铸造缺陷，必须根据技术要求采取适当的工艺措施予以防止。

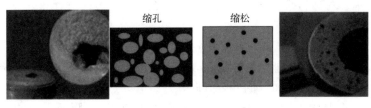

图 3-14　金属的缩孔和缩松

缩松形成的基本原因是金属的液态收缩和凝固收缩。形成的基本条件是金属的结晶温度范围较宽，呈糊状凝固。

金属液态收缩和凝固收缩越大，收缩的容积就越大，越易形成缩孔。浇注温度越高，液态收缩也越大，越易产生缩孔。结晶间隔大的合金，易产生缩松；纯金属或共晶成分的合金，易形成缩孔。表 3-2 详细列出了缩孔和缩松在形貌和形成特点上的比较。

表 3-2　缩孔和缩松的特点比较

特性	分布特征	存在部位	容积大小	形状特征	发生材料
缩孔	集中	通常位于铸件的上部或最后凝固区域	较大	倒锥状	常见于近共晶成分的合金
缩松	分散	可能出现在铸件的特定区域	细小	不规则	常见于远共晶成分的合金

对气密性、力学性能、物理性能或化学性能要求很高的铸件，必须设法减少缩松。

在铸件的生产中，通常采用顺序凝固的原则来使铸件各个部分的凝固收缩均能得到液态金属的补充，而将缩孔转移到冒口之中。所谓顺序凝固，是指通过在铸件上可能出现缩孔的厚大部位安置冒口，在铸件上从远离冒口或浇口到冒口或浇口之间建立一个递增的温度梯度，从而实现由远离冒口的部分向冒口的方向顺序凝固。因此，先凝固区域的收缩由后凝固部位的金属液补充，后凝固部位的收缩由冒口中的金属液来补充，从而使铸件各个部位的收缩都能得到补充，将缩孔移至冒口处，在铸件清理时将其去除，由此可避免在铸件中产生缩孔与缩松等缺陷。为了实现顺序凝固，在安置冒口的同时，还可以在铸件的某些较厚大部位放置冷铁，以加大局部区域的凝固速度。

也可采用同时凝固原则保证铸件结构上各部分之间没有温差或温差尽量小，使各部分同时凝固。同时凝固和顺序凝固比较，顺序凝固用于收缩大或壁厚差距较大易产生缩孔的铸件，如铸钢、铝硅合金等。顺序凝固补缩作用好，铸件致密，但铸件成本高，内应力大。同时凝固适用于凝固收缩小的灰铸铁。铸件内应力小，工艺简单，节省金属，组织不致密。

b. 铸造应力：在固态收缩阶段，铸件收缩不均衡，会引起铸造应力。按其形成原因，可分为机械应力、热应力和相变应力。机械应力是因铸件收缩受阻而产生的应力。热应力是由铸件各部位冷却速度不一致、温度不一致而导致的收缩不一致造成的。相变应力是具有固态相变的铸件在相变时因体积变化而产生的应力。一般情况下，最终在厚壁处呈现为压应力，薄壁处则呈现为拉应力。

c．变形：当铸件中存在应力时，会使其处于不稳定状态，如铸造应力超过金属的屈服强度时，则会产生塑性变形，使铸件发生弯曲或扭曲。因此铸件的铸造应力是引起铸件变形的根本原因。当铸造应力过大时，还易在铸件的应力集中部位产生裂纹或引起铸件开裂。为防止铸件以及加工后零件的变形、开裂，除采用正确的铸造工艺外，在进行零件设计时，应该力求铸件形状简单、对称和厚薄均匀。此外，还应在铸造后及时进行热处理，尽量消除铸造应力。

d．开裂：当铸造应力进一步增大超过金属的塑性变形极限（抗拉强度）时，铸件便会开裂。金属的成分、组织和性能是影响铸件开裂的主要因素。通常使导热性降低和塑性韧性变差的合金成分和组织会增大铸件的开裂倾向。开裂分为热裂纹和冷裂纹。

热裂纹是铸件在凝固末期或凝固后不久由铸件固态收缩受阻而引起的。热裂纹是铸钢件、可锻铸铁件和某些轻合金铸件生产中常见的铸造缺陷之一。热裂纹在晶界萌生并沿晶界扩展，其形状粗细不均，曲折而不规则。

冷裂纹是铸件凝固后冷却到弹性状态时，因局部铸造应力大于金属强度极限引起的。冷裂纹总是发生在冷却过程中承受拉应力的部位，特别是拉应力集中的部位。冷裂纹与热裂纹不同，冷裂纹往往是穿晶扩展，外形呈宽度均匀细长的直线或折线状，断口表面干净有金属光泽或呈轻度氧化色，裂纹走向平滑，而非沿晶界发生，与热裂纹有显著的不同。冷裂纹肉眼可见，可根据其宏观形貌及穿晶扩展的微观特征与热裂纹区别。例如，随碳含量及合金元素含量的增加，钢的热导率降低，增大了钢的冷裂倾向，如高锰钢中碳锰含量高，虽然凝固后的基体组织为奥氏体，塑、韧性好，但在冷却过程中沿奥氏体晶界析出较多的碳化物使钢的脆性增大，故易产生冷裂。对此类合金的铸造更需注重降低铸造应力，并注意对铸件进行及时的热处理。

防止铸件变形、开裂的措施包括合理选择合金成分、合理设计铸件结构、调整铸型的性质、改善浇注条件等。

3.2.2　金属液态成型技术

3.2.2.1　铸造概述

铸造是指将熔融的液态金属倒入特定形状的铸模使其凝固的成型方式。生产中，铸造工艺包括砂型铸造、金属型铸造、熔模铸造、低压铸造、压力铸造、消失模铸造等。因零部件的功用、材质、结构、批量，尤其是技术要求的不同，铸造生产得到的铸件绝大多数是毛坯，还需经切削加工或其它处理才能成为用于装配的零部件。铸造的优点在于适应性很广，铸件的形状、大小、材质和生产批量几乎不受限制，工艺灵活性大，成本较低，原辅材料广泛。铸件与最终零部件的形状相似、尺寸相近，属近净尺寸成型技术，降低了复杂零部件的成型和加工成本。

铸造在国民经济中占有重要地位，铸造业的发展标志着一个国家的工业实力。从铸件在机械产品中所占比重可知其重要性：在机床、内燃机、重型机械中，铸件占70%～90%；在风机、压缩机中占60%～80%；在农业机械中占40%～70%；在汽车中占20%～30%。铸造的主要问题：铸造工艺过程较繁杂，使铸件常出现缩孔、缩松、气孔、夹渣、变形等缺陷，导致铸件品质不易控制，且生产周期较长，对环境有一定污染，操作者的劳动环境较差等。

铸造一般按造型方法来分类，通常分为普通砂型铸造和特种铸造。普通砂型铸造包括湿砂型、干砂型、化学硬化砂型三类。特种铸造是砂型铸造以外的其它铸造方法的统称，按造型材料的不同，可分为两大类：一类以天然矿产砂石作为主要造型材料，如熔模铸造、壳型铸造、负压铸造、泥型铸造、实型铸造、陶瓷型铸造等；另一类以金属作为主要铸型材料，如金属型铸造、离心铸造、连续铸造、压力铸造、低压铸造等。

3.2.2.2 砂型铸造

砂型铸造是应用最广泛的铸造工艺，砂型铸造件占铸件总产量的80%以上。砂型铸造工艺流程如图3-15所示。

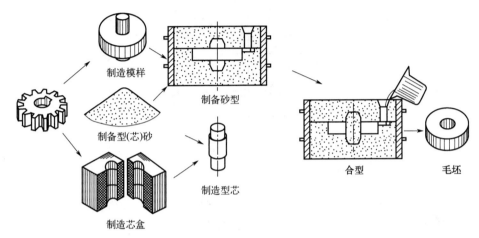

图3-15 砂型铸造工艺流程

砂型由原砂、黏结剂和添加物组成，在外力作用下成型并达到一定的紧实度。砂型铸造的主要工序有制造模样与芯盒、制备造型材料、造型、造芯、合型、熔炼金属、浇注、落砂、清理与检验等。有的铸件需用干型铸造，造型与造芯之后，还必须将砂型和芯子送进烘房进行烘干。湿型铸造中的芯子一般也需烘干使用。

（1）砂型铸造的种类

常用的砂型有湿型、干型、表面干型和各种化学自硬砂型。

① 湿型　在硅砂中加入适量的黏土和水分，混制而成的型砂称为湿型砂。用湿型砂制备砂型，浇注前不烘干的砂型称为湿型。铝合金与镁合金铸件、小型铸铁件的生产常使用湿型。湿型可缩短铸件生产周期，生产率高。由于不必烘干及不需要相应的烘干装置，故节省了投资及能耗，易于实现机械化和自动化生产。

② 干型　经过烘干的砂型称为干型。烘干后增加了砂型的强度和透气性，显著降低了发气性，大大减少了气孔、砂眼、夹砂等缺陷。干型的缺点是生产周期长，需要烘干设备增加燃料消耗，难于实现机械化和自动化。干型主要用于质量要求高、结构复杂的中大型铸件的单件、小批量生产。

③ 表面干型　砂型表面仅有一层很薄（15～20mm）的型砂被干燥，其余部分仍然是湿的型砂，称为表面干型。表面干型介于湿型和干型之间，常用于生产中大型铝合金铸件和铸铁件。

④ 化学自硬砂型　靠型砂自身的化学反应硬化，一般不需要烘干或只经低温烘烤的砂

型，称为化学自硬砂型。其优点是强度高，节约能源，效率高。但成本较高，且易产生黏砂等缺陷。自硬砂型目前使用较多的有水玻璃砂型以及树脂砂型等，各种铸件均可采用。

（2）铸型的组成

铸型主要由上型、下型、型腔、芯子、浇注系统等部分组成，如图 3-16 所示。上型与下型之间有一个接合面称为分型面。

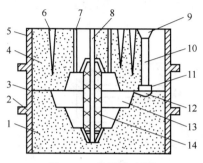

图 3-16　铸型装配图

1—下型；2—下砂箱；3—分型面；4—上型；5—上砂箱；6—通气孔；7—出气口；8—型芯通气孔；9—外浇口；

10—直浇道；11—横浇道；12—内浇道；13—型腔；14—芯子

① 型砂与芯砂　型砂、芯砂要具有"一强三性"，即一定的强度、透气性、耐火性和退让性。型砂用于制造砂型，芯砂用于制造芯子，每生产 1t 合格铸件大约需要 5t 型砂和芯砂。型砂和芯砂的性能对铸件质量有很大的影响，合理地选择和配制型砂与芯砂，对提高铸件质量和降低铸件成本具有重要意义。

a．强度　成型之后抵抗外力破坏的能力称为强度。强度高的铸型在搬运、合型时不易损坏，浇注时不易被熔融金属冲塌，铸件可避免产生砂眼、夹砂和塌箱等缺陷。

b．透气性　透过气体的能力称为透气性。熔融金属浇入铸型时，砂型中会产生大量气体，熔融金属随温度下降也会析出一些气体。这些气体如不能从砂型中排出，就会使铸件形成气孔。

c．耐火性　在高温熔融金属的作用下，不软化、不熔化的性质称为耐火性。耐火性差的型（芯）砂容易使铸件表面产生黏砂缺陷，导致铸件切削加工困难。

d．退让性　铸件凝固时体积会缩小，型砂与芯砂随铸件收缩而被压扁的性能称为退让性。退让性好的型（芯）砂不会阻碍铸件的收缩，从而使铸件避免产生裂纹，减少应力。

由于芯子被熔融金属包围，所以芯砂的性能要求比型砂要高。型砂与芯砂主要由石英砂、黏结剂和水泥混合而制成，有时加入少量煤粉或木屑等辅助材料。石英砂的主要成分是 SiO_2，其中含有少量杂质。砂粒应均匀且呈圆形。砂粒细小则有利于增加型（芯）砂的强度，但其透气性差，耐火性低。生产中要根据熔融金属温度的高低选择不同粒度的石英砂。通常，铸钢砂较粗，铸铁砂较细，有色金属铸造砂更细。

常用的黏结剂有普通黏土和膨润土。黏结剂加水之后质点之间便产生表面张力使砂粒相互黏结，因此型砂具有一定的强度。型砂中的黏结剂有水玻璃、树脂等其它物质。在型砂中加入少量煤粉可以增加型砂的耐火性，以提高铸件的表面质量。加入少量木屑可以增加型砂的退让性。

一般铸件采用湿砂型铸造，即造型之后铸型不烘干，合型之后即可浇注。大型铸件或重要的铸件以及铸钢件，多采用干型铸造，即造型后将铸型置于烘房中烘干，使铸型中的水分挥发。干型的强度更高，透气性更好。芯子一般用来使铸件获得内腔，浇注时，芯子周围被高温熔融金属包围。因此，芯砂应有更高的性能，要求高的芯子要采用桐油、树脂等作为黏结剂。芯子一般需烘干以后使用。

② 涂料 为了提高铸件表面质量和防止铸件表面黏砂，铸型型腔和芯子外表面应刷上涂料。铸铁件的涂料为石墨粉加水，铸钢件以石英粉作为涂料。涂料中加入少量黏土可以增加黏性。为提高铸件质量，可在湿砂型的型腔中撒上一层干石墨粉（称为扑料）。

③ 模样与芯盒 模样用来获得铸件外部形状，芯盒用以造出芯子以获得铸件的内腔。制造模样与芯盒的材料有木材、铝合金或者塑料等。

制造模样要考虑铸造生产的特点。为了便于造型，要选择合适的分模面；为了便于起模，在垂直于分型面的模样壁上要做出一定斜度；模样上壁与壁连接处要以圆角过渡，其称为铸造圆角；铸件需要切削加工的表面上要留出切削时切除的多余金属，即留出加工余量；有内腔的铸件，在模样上应做出安放芯子的芯头；考虑到金属凝固冷却后尺寸会变小，所以模样的尺寸要比零件大一些，这个额外的尺寸称为收缩量。

（3）造型

制作砂质铸型的工艺过程称为造型。造型是砂型铸造关键且最基本的工序，其是否合理对铸件质量和成本有着重要的影响。通常分为手工造型和机器造型两大类。

① 手工造型 手工造型是指填砂、紧实和起模工艺流程都用手工来完成。特点：操作方便灵活、适应性强，对模样、砂箱的要求不高，模样生产准备时间短，投资少。但生产率低，铸件的精度及表面质量均不高，对工人的技术要求较高，劳动强度大，铸件质量不易保证。适用于各种批量的铸造生产（尤其适用于单件、小批生产）。

实际生产中，一个铸件可用多种方法造型，造型方法具有很大的灵活性。应根据铸件的结构特点、形状和尺寸、生产批量、使用要求及车间具体条件等进行分析比较，以确定最佳方案。

② 机器造型 机器造型是用机器完成填砂、紧实和起模工艺过程。这是现代车间大批量制作砂型的主要方法，能够显著提高劳动生产率，改善劳动条件，并提高铸件的尺寸精度、表面质量，使加工余量减小。机器造型按紧实方式的不同，分为压实造型、振压造型、抛砂造型和射砂造型4种基本方式。

（4）制芯

当铸造有空腔的铸件，或铸件的外壁内凹，或铸件具有影响起模的外凸时，经常要用到型芯，制作型芯的工艺过程称为制芯。型芯可用手工制作，也可用机器制作。形状复杂的型芯可分块制作，然后黏合成整体。浇注时芯子被高温熔融金属包围，所受到的冲刷及烘烤比铸型更强烈，因此芯子比铸型应具有更高的强度、透气性、耐火性与退让性。

芯砂的组成与配比比型砂要求更严格。一般芯子用黏土砂，要求较高的芯子用桐油砂或树脂砂等。芯砂中一般使用新砂，很少用旧砂。为了增加芯砂的透气性与退让性，芯砂中可适当加锯木屑。造芯时芯子中应放入芯骨以提高其强度。小芯子用铁丝作芯骨，中型与大型芯子要用铸铁浇注或用钢筋焊接成骨架。为了吊运方便，芯子上要做出吊环。制芯时应该做出通气道，使芯子产生的气体能顺利地排出来。芯子的通气道要与铸型的排气孔连通。大型芯子的芯部常放入焦炭以增加透气功能。芯子制成以后，表面要涂一层涂料以防止铸件内腔黏砂，然后放入烘房，在250℃左右烘干，以提高芯子的强度。

（5）浇注系统

浇注系统是将液态金属导入铸型型腔的通道，其主要功能是：将铸型型腔与浇包连接起来，并平稳地导入液态金属；挡渣及排除铸型型腔中的空气及其它气体；调节铸型与铸件各部分的温度分布以控制铸件的凝固顺序；保证液态金属在最合适的时间范围充满铸型，不使金属过度氧化，有足够的压力头，并保证金属液面在铸型型腔内有必要的上升速度等。设计合理的浇注系统还能调节铸件的凝固顺序，防止产生缩孔、裂纹等缺陷。

浇注系统主要由外浇口（浇口杯）、直浇道、横浇道和内浇道组成。浇注过程中，液态金属首先浇入漏斗形的浇口杯，以缓解对直浇口底部过分严重地直接冲蚀，并可阻止熔渣进入铸型型腔（尤其是大型铸件，浇口杯挡渣特别重要）；当金属液由浇口杯流过直浇道时，直浇道在浇注期间应始终充满，直浇道应具有一定锥度，以便在底部产生较高的流速，且不致将空气吸入；金属液由直浇道流入横浇道（在多数情况下，会设置多个横浇道以优化金属液的分配和挡渣效果），并通过横浇道均匀分配到各个内浇道，横浇道的设计有助于熔渣的上浮和收集，防止其流入型腔内。与型腔直接相连的是内浇道，其断面形状多为梯形或半圆形。内浇道的作用是控制熔融金属流入型腔的速度与方向。为防冲毁芯子，内浇道不宜正对着芯子。应说明的是，对大多数铸造技术方法而言，浇注系统的主要组成部分是相同的。浇注系统与铸件品质密切相关，设计不当会引起较严重的热损耗，还会使金属液流中的涡流比例增加，从而使卷入浇注系统中气体的量增加，铸件中气孔缺陷、夹渣、浮渣等缺陷也将相应增加。

设计合理的浇注系统首先应考虑金属种类、铸件几何形状、造型方法、铸型材料和浇注压力等要素；其次，应考虑如何通过优化浇注系统设计来减少金属液的浪费，并有效减小冒口的尺寸，从而提高金属液的利用率。总之，进行浇注系统设计时，应尽可能使其结构简单、紧凑，以利于提高液态金属的利用率。

（6）冒口及冷铁

冒口（图3-17）是铸型内用以储存金属液的空腔，在铸件形成时补给金属液。

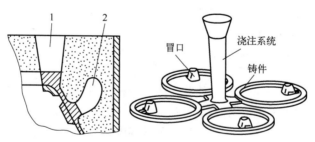

图 3-17　冒口结构示意图
1—明冒口；2—暗冒口

冒口的作用：

① 补偿铸件凝固时的收缩，即将冒口设置在铸件最后凝固的部位，由冒口中的金属液补偿其体收缩，使收缩形成的孔洞移入冒口，防止铸件产生缩孔、缩松缺陷。

② 调整铸件凝固时的温度分布，控制铸件的凝固顺序。铝、镁合金铸件及铸钢件的生

产中，一般使用较大的冒口，冒口内蓄积了大量的液态金属并且散热很慢，对凝固前的温度调整和凝固过程中的温度分布产生一定的影响。

③ 排气、集渣。

④ 利用明冒口观察型腔内金属液的充型情况。

根据设置冒口的目的和作用，所设计的冒口应满足以下基本条件。

① 冒口的凝固时间应大于或等于铸件（被补缩部分）的凝固时间。

② 冒口应有足够大的体积，以保证有足够的金属液来补充铸件的液态收缩和凝固收缩。

③ 与铸件上被补缩部位之间必须存在补缩通道，否则冒口不可能起补缩作用。为保持补缩通道通畅，扩张角应始终向着冒口。对于结晶温度间隔较宽、易于产生分散性缩松的合金铸件，还需要将冒口与浇注系统、冷铁等配合使用，使铸件在较大的温度梯度下，自远离冒口的末端区逐渐向着冒口方向实现明显的顺序凝固。

冷铁是为增加铸件局部冷却速度，在型腔内部及工作表面安放的激冷物。冷铁的作用：

① 与浇注系统和冒口配合控制铸件凝固顺序。

② 加速铸件的凝固速度，细化晶粒组织，提高铸件的力学性能。

③ 划分冒口的补缩区域，控制和扩大冒口的补缩范围，提高冒口的补缩效率。如设置于机床导轨处的冷铁，加快了该特殊部位的冷却速度，可达到细化基体组织、提高其表面硬度和耐磨性的目的。

冷铁分为内冷铁和外冷铁。将金属激冷物插入铸件型腔中需要激冷的部位，使合金激冷并同铸件融为一体，这种金属激冷物称为内冷铁，内冷铁主要用于黑色金属厚大铸件如锤座、锤砧等。外冷铁与铸件不熔接，用后可以回收，重复使用，分为直接外冷铁和间接外冷铁两类。直接外冷铁只与铸件的部分内外表面接触而不熔接在一起，实际上它成为铸型或型芯的部分型腔表面。航空工业常用的铝镁铸造合金，大量使用直接外冷铁来排除铸件的缩松等缺陷。间接外冷铁同被激冷铸件之间有 10～15mm 厚的砂层相隔，故又称隔砂冷铁、暗冷铁，它有时用于铸钢件的生产。冒口和冷铁的综合运用是消除铸件缩孔、缩松的有效措施。

3.2.2.3 特种铸造

特种铸造的成型原理和基本作业模块与砂型铸造是相同的，它们之间的不同处是实现或完成某个或某些工艺过程或工序（尤其是制备铸型）的手段或方法不同，这就使特种铸造的工艺方法较多，如金属型铸造、熔模铸造、压力铸造、低压铸造、离心铸造、消失模铸造、连续铸造等。特种铸造中铸型用砂较少或不用砂，采用特殊工艺装备，具有铸件精度和表面质量高、铸件内在性能好、原材料消耗低、工作环境好等优点。但铸件的结构、形状、尺寸、重量、生产批量等往往受到一定限制。

（1）金属型铸造

金属型铸造是指液态金属在重力作用下充填金属铸型并在型中冷却凝固而获得铸件的一种成型方法，由于金属型可以重复使用，寿命可达数万次。近年来，为了防止浇注时金属液流动过程中形成紊流，卷入气体，采用倾转浇注已成为重力金属型的主流方式。

与砂型铸造相比，金属型铸造具有如下优点。

① 金属型的热导率和热容量大，金属液的冷却速度快，铸件组织致密，力学性能好。如铝合金铸件的抗拉强度可增加10%～20%，断后伸长率约提高1倍。

② 能获得较高尺寸精度和表面质量好的铸件，减少了加工余量。

③ 铸件晶粒较细，力学性能好。

④ 由于可使用砂芯或其它的非金属型芯，金属型铸造可生产具有复杂内腔结构的铸件如发动机缸体或缸盖等。

⑤ 易于实现自动化和机械化，生产效率高。

金属型铸造的主要缺点是金属的激冷作用大，本身无退让性和透气性，因此铸件容易出现冷隔、浇不足、变形及裂纹等缺陷，不宜生产大型、形状复杂和薄壁铸件。由于金属型的制作成本高，其不适合单件或小批量铸件的成型。受金属型材料熔点限制，其也不适用于熔点高的合金铸件。金属型铸造主要适用于铝、镁等轻有色合金铸件的制造，如活塞、连杆、汽缸盖等，也可用于生产黑色金属铸件如磨球、铸锭等。

（2）熔模铸造

熔模铸造通常是将易熔材料制成模样，在模样表面包覆若干层耐火材料制成型壳，再将模样熔化排出型壳，从而获得无分型面的铸型，经高温焙烧后即可填砂浇注的铸造方案，常称为"失蜡铸造"，如图 3-18 所示。

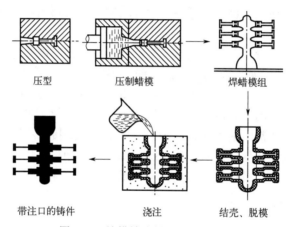

压型　　　　　　　压制蜡模　　　　　　焊蜡模组

带注口的铸件　　　　　浇注　　　　　结壳、脱模

图 3-18　熔模铸造制造工艺流程图

熔模铸造的优点：

① 铸件精度高、表面质量好，是少或无切削加工工艺的重要方法之一，其尺寸精度高，表面粗糙度小，如熔模铸造的涡轮发动机叶片，铸件精度已达到无加工余量的要求。

② 可制造形状复杂铸件，其壁厚最小可达 0.3mm，铸出孔径最小为 0.5mm。对由几个零件组合成的复杂部件，可用熔模一次铸出。

③ 铸造合金种类不受限制，用于高熔点和难切削合金，优越性更显著。

④ 生产批量基本不受限制，既可批量生产，又可单件制造。

其缺点是工序繁杂，生产周期长，原辅材料费用比砂型铸造高，生产成本较高，铸件不宜太大、太长，一般限于 25kg 以下。主要用于生产形状复杂、精度要求高或很难进行其它加工的小型零件。

（3）压力铸造

压力铸造是指将液态或半液态合金浇入压铸机的压室中，使之在高压和高速下充填型腔，并在高压下凝固结晶而获得铸件的一种铸造方法。

金属液受到很高比压强的作用，因此流速很高，充型时间极短。高压力和高速度是压铸的两大特点，也是压铸与其它铸造方法最根本的区别所在。通常压射比压在几兆帕至几十兆帕范围内，有时甚至高达 500MPa；充填速度为 0.5～120m/s，充型时间很短，一般为 0.01～0.2s，最短只有千分之几秒。

压铸法的优点：

① 产品质量好　由于压铸型导热快，金属冷却迅速，同时在压力下结晶，铸件具有细的晶粒组织，提高了铸件的强度和硬度，比普通铸件强度提高 25%～30%。此外，铸件尺寸稳定，互换性好，可生产薄壁复杂零件。

② 生产效率高　压铸模使用次数多，适合大批量生产。

③ 经济效益良好　金属利用率高，高压铸件的加工余量小，一般只需精加工和铰孔便可使用，从而节省了大量的原材料和加工费用。

压铸法的缺点：

① 压铸型结构复杂，设备费用高。压铸机、熔化炉、保温炉、压铸模等费用都较高，准备周期长，所以，只适用于定型产品的大量生产。

② 液态金属充型速度高，流态不稳定，型腔中的气体很难完全排出，加之在金属型中凝固快，实际上不可能补缩，铸件易产生气孔和缩松。铸件壁越厚，这种缺陷越严重，因此，压铸一般只适合壁厚在 6mm 以下的铸件。

③ 压铸件的塑性低，不宜在冲击载荷及有震动的情况下工作。

④ 高熔点合金压铸时，铸型寿命低。

综上所述，压力铸造适用于有色合金、小型、薄壁、复杂铸件的生产，考虑到压铸其它技术上的优点，铸件需求量在 2000 件以上时，才可考虑采用压铸。

压铸工艺的三大要素分别是压铸合金、压铸机、压铸模。压铸工艺则是将三大要素有机组合并加以运用的过程，使各种工艺参数满足压铸生产的需要。

压铸合金应具备的特性：

① 易于压铸：流动性、收缩性、出模性等需满足压铸的要求。

② 力学性能：强度、延伸性、脆性等满足产品的设计要求。

③ 机械加工性：易于加工及加工表面的质量能达到产品设计的要求。

④ 表面处理性：抛光、电镀、喷漆、氧化等要求能达到产品设计的要求。

⑤ 抗腐蚀性：产品在最终的使用环境下具有一定的抗腐蚀性。

压铸机一般分为热室压铸机和冷室压铸机两大类。热室压铸机压室浸在保温坩埚的熔化液态金属中，压射部件不直接与机座连接，而是装在坩埚上面。冷室压铸机的压室与保温炉是分开的。压铸时，从保温炉中取出液体金属浇入压室后进行压铸。冷室压铸机按其压室结构和布置方式又分为卧式压铸机和立式压铸机两种。

① 热室压铸机　热室压铸机如图 3-19 所示，其特点是压室与熔化炉连成一体，压室浸在熔化的液态金属中，其压射机构安置在保温坩埚上面。当压射冲头 3 上升时，金属液 1 通过进口 5 进入压室 4 中，随后压射冲头下压，金属液沿通道 6 经喷嘴 7 充填压铸型 8。冷凝后冲头回升，多余金属液回流至压室中，然后打开压型取出铸件。

热室压铸机的特点是生产工序简单、生产效率高、易于实现自动化，金属液消耗少，工艺稳定，压入型腔的金属液干净、无氧化夹杂，铸件质量好。但由于压室和冲头长时间浸在金属液中，影响其使用寿命。目前，大多数用于压铸锌合金等低熔点合金铸件，也有用于压铸镁铝铸件。

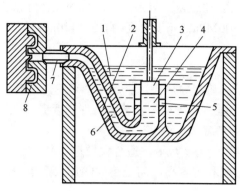

图 3-19　热室压铸机

1—金属液；2—坩埚；3—压射冲头；4—压室；5—进口；6—通道；7—喷嘴；8—压铸型

② 冷室压铸机　其压室与保温炉是分开的。压铸时，要从保温炉中将金属液倒入压室后进行压铸。立式和卧式两种压铸机相比较，在结构上仅仅压射机构不同，立式压铸机有余料切断、顶出功能，因而结构比较复杂，故增加了维修的困难。卧室压铸机压室简单，维修方便。在工艺上，立式压铸机压室内空气不会随金属液进入型腔，便于开设中心浇口，但由于浇口过长，金属耗量大，充填过程中能量损失也较大。卧式压铸机金属液进入型腔的流程短，压力损失小，有利于传递最终压力，便于提高比压，故使用较广。冷室压铸机多用液压驱动，压力较大，适用于熔点较高的合金，如铜、铝和镁合金等。

（4）低压铸造

低压铸造是反重力铸造方法，是指液态金属在气体压力作用下自下而上地充填型腔并凝固而获得铸件的一种铸造方法。由于所用的压力较低，所以称为低压铸造。

工作时，向储有金属液的密闭坩埚中通入不大于 0.8MPa 的压缩空气或惰性气体，使金属液自下而上通过升液管压入铸型型腔，并保持一定的压力（或适当增压），直到铸件凝固为止。然后去除液面压力，升液管及浇注系统中的未凝固金属液在重力作用下流回坩埚后打开铸型即可取出铸件，取出铸件后准备下一次生产循环。

低压铸造的优点：

① 提高了铸型寿命和铸件质量。低压铸造既克服了重力铸造流动性差、铸件成型不良和易形成缩孔及缩松的缺点，又克服了压力铸造填充速度过快，对铸型型腔的冲刷作用大，使铸型寿命降低和易在铸件上产生气孔的缺点。低压铸造中金属流充型平稳，能有效避免金属液的紊流、冲击和飞溅，减少卷入气体和氧化，提高了铸件合格率。

② 浇注和凝固的压力和速度可根据需要进行调整。填充压力适当，适合各种铸型（金属型、砂型等）。

③ 有较好的补缩作用。在压力作用下充型和冷凝，能对浇口起补缩作用；金属利用率提高至 90%～98%，且能实现自上而下的顺序凝固，铸件组织致密，力学性能好，对大薄壁件的铸造尤为有利。

④ 多采用金属铸型。当采用砂型时，由于铸型强度低，安装比较麻烦，生产效率低，

应用较少；采用金属铸型则生产效率高，应用较广。

⑤ 低压铸造设备简单，易实现机械化和自动化，劳动强度低，劳动条件好。

低压铸造主要缺点：升液管寿命短，且在保温过程中金属液易氧化和产生夹渣；由于充型和凝固过程较慢，因此单件生产周期较长，一般在 6～8min/件，生产效率较低，不适宜黑色金属；进行低压铸造需解决坩埚以及坩埚与铸型间的密封问题；设备投资大，造价高，不适宜小批量生产等。

低压铸造主要用来铸造一些质量要求高的铝合金和镁合金铸件，如气缸体、缸盖、曲轴箱和高速内燃机的铝活塞等薄壁件。

（5）离心铸造

离心铸造是指将液态金属浇入高速旋转（通常 250～1500r/min）的铸型中，使金属在离心力的作用下充填型腔并凝固成型的铸造方法。离心铸造必须在专门的设备——离心铸造机（使铸型旋转的机器）上完成。根据铸型旋转轴在空间位置的不同，离心铸造机可分为卧式离心铸造机和立式离心铸造机两种，其原理示意图如图 3-20 所示。

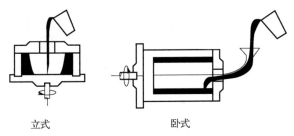

立式　　　　　　　　卧式

图 3-20　离心铸造机原理示意图

立式离心铸造主要用来生产高度小于直径的圆环类铸件，有时也可用此种离心铸造机浇注异形铸件。在立式铸造机上安装及稳固铸型比较方便，因此，不仅可采用金属型，也可采用砂型、熔模型壳等非金属型。卧式离心铸造机主要用来生产长度大于直径的套筒类和管类铸件。

由于液体金属是在旋转状态及离心力作用下完成充填、成型和凝固过程的，所以离心铸造具有如下特点：

① 铸型中的液体金属能形成中空圆柱形自由表面，不用型芯就可形成中空的套筒和管类铸件，因此可简化管、筒类铸件的生产工艺过程。

② 离心力作用，显著提高液体金属的充填能力，改善充型条件，可用于浇注流动性较差的合金和壁较薄的铸件。

③ 有利于铸件内液体金属中的气体和夹杂物的排除，并能改善铸件凝固的补缩条件。因此铸件的组织致密，缩松及夹杂等缺陷较少，铸件的力学性能好。

④ 可减少甚至不用浇冒口系统，降低了金属消耗。

⑤ 对于某些合金（如铅青铜等）容易产生重度偏析。

⑥ 铸件内表面较粗糙，有氧化物和聚渣产生，且内孔尺寸难以准确控制。

⑦ 应用面较窄，仅适合外形简单且具有旋转轴线的铸件如管、筒、套、辊、轮等的生产。也可生产部分简单的小型异形铸件。

⑧ 可以实现双金属铸造。

离心铸造主要用来大量生产管筒类铸件，如铁管、铜套、缸套、双金属钢背铜套、耐热钢辊道、无缝钢管毛坯等，还可用来生产轮盘类铸件，如泵轮、电机转子等。

（6）消失模铸造

消失模铸造（又称实型铸造）是将与铸件尺寸形状相似的石蜡或泡沫模型黏结组合成模型簇，刷涂耐火涂料并烘干后，埋在干石英砂中振动造型，在负压下浇注，使模型气化，液体金属占据模型位置，凝固冷却后形成铸件的铸造方法，如图 3-21 所示。

消失模铸造是一种液态金属精密成型技术，随着消失模铸造中的关键技术不断突破，其应用增长速度也不断加快。与普通砂型铸造比，消失模铸造具有如下优点：

① 简化了模型，无须起模。

② 铸件尺寸精度和表面光洁度显著提高。

③ 简化了工艺，填砂的过程就是造型的过程，使劳动强度和劳动条件大幅度改善，在相同产量的情况下，对工人的技术熟练程度要求降低。

④ 带有孔或者内腔的铸件不需要下芯。

⑤ 采用无任何黏结剂的干砂造型，消除了水、黏结剂和附加物带来的铸造缺陷。

⑥ 易于实现机械化、自动化生产，工序的减少和必需设备的简化，使投资减少。

⑦ 节材、节能，旧砂回收率可达 95%以上，不需要像黏土砂生产线那样的砂处理成套设备。

⑧ 铸件成本可降低 10%～40%（铸钢件成本可降低 40%左右，铸铁件可降低 10%～20%）。

（7）连续铸造

连续铸造指将熔融金属连续不断地浇注到被称为结晶器的特殊容器中，凝固的铸件不断从结晶器的另一端被引出，从而获得任意长度的等横截面铸件的铸造方法，如图 3-22 所示。

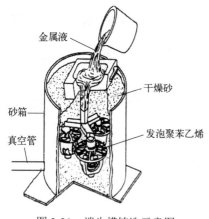

图 3-21　消失模铸造示意图

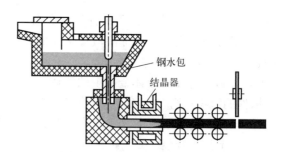

图 3-22　水平式连续铸造示意图

连续铸造分为立式连续铸造和水平式连续铸造。

在水平式连续铸造机上，结晶器轴线水平布置，在其型腔部位是一石墨衬套。结晶器一端与保温炉相连，故液体金属可自动地充填结晶器型腔。铸锭的拔出是脉冲式的，即拔出一定长度后，稍停，再拔，如此周而复始地进行。铸锭的拔出速度由夹辊的转数控制，当铸锭达到一定长度时，飞锯架以与铸锭相同的速度向右移动，同时飞锯进刀将铸锭切断。

在我国，连续铸管生产工艺得到了广泛的应用。相较于离心铸造，连续铸管技术要求相对较低，所需设备也较为简单，这使得它在生产成本和操作难度上具有一定优势。然而，这种工艺生产的铁管在质量上通常不如离心铸造的产品。连续铸管工艺适合生产直径在 100～1300mm、长度在 5～10m 范围内的铁管。这些连续铸造的铁管广泛应用于供水、排水系统以及煤气输送管道等领域。连续铸造具有如下特点：

① 铸坯质量好，铸件迅速冷却，其结晶细，组织较致密。连续浇注、结晶的过程又会使铸件在整个长度上的组织均匀。

② 因无浇冒口，可节省金属消耗。收得率从型铸的 84%～88%提高到 95%～96%。

③ 生产工序简单，与型铸相比，连续铸造节省了初轧开坯等工序；生产过程易于机械化和自动化，生产效率高。

④ 如将连续铸造获得的高温铸锭，立即进行轧制加工，则可省去一般轧制前对铸锭的加热工序，可使能耗减少 1/2～1/4，还可提高生产效率。

⑤ 应用范围有一定局限性，只能生产断面不变的长铸件。

连续铸造过程中金属的凝固过程与普通铸造的凝固过程并无本质上的区别，凝固后的毛坯组织形态与普通铸锭也无本质区别。但是连续铸造过程中，结晶器均为水冷式结构，其冷却强度大，晶粒较细小，但柱状晶发达，等轴晶数量较少，因此，铸锭内部组织容易出现缩孔、缩松、偏析、夹杂物及表面裂纹等缺陷。这些缺陷是由连续铸造生产的快速凝固方式所决定的。

① 由于在快速凝固过程中形成的发达树状晶在铸锭的中心区域后部相互搭接，堵塞了液体的补缩通道，形成封闭区，当这部分液体收缩时，无液体补缩，形成缩孔和缩松。

② 尽管连续铸造的冷却速度比较快，在铸坯最后凝固的中心区域仍不可避免地形成各种形式的成分偏析，也正是由于冷却速度快，熔体内部的气体和夹杂物来不及上浮留在铸锭的内部形成各种缺陷。

③ 铸坯已凝固外壳与结晶之间存在相对运动，尽管它们之间的摩擦力很小，因刚刚凝固形成的坯壳很薄，加之晶界上强度又很低，极易被拉裂，一旦拉裂则此时金属液已无法充填而形成裂纹。另外，在铸坯的表面避免不了存在横向沟槽，这些部位也易在拉力的作用下形成裂纹。

提升连续铸造毛坯的质量是一个复杂的系统性问题，仅依靠单一方法难以完全消除存在的缺陷。为了在生产过程中提高连续铸造毛坯的质量，已经实施了多项技术措施，并取得了积极的效果，具体措施包括：

① 确保优质金属液　这涉及控制钢水的温度、化学成分、脱氧程度以及净化处理的效果，以确保金属液的质量。

② 使用良好的设备　连续铸造设备由多个单机组成，其中关键部分包括结晶器、电磁搅拌系统、结晶器振动装置、冷却系统和拉坯机构。这些设备的正常运行对连续铸造的成功至关重要。

③ 优化连铸工艺　这包括对金属液的温度、浇注流速以及冷却强度进行精确控制，是生产优质连续铸造毛坯的重要保障。

④ 应用辅助技术　如耐火材料、保护渣和电磁搅拌等技术，这些是提升连续铸造毛坯

质量的主要手段。

⑤ 保持过程的稳定性　这是获得优质连续铸造毛坯的最基本条件，稳定性对于整个生产过程的质量控制至关重要。

用连续铸造法可以浇注钢、铁、铜合金、铝合金、镁合金等断面形状不变的长铸件，如铸锭、板坯、棒坯，管和其它形状均匀的长铸件。有时，铸件的端面形状也可与主体有所不同。

表 3-3 对几种常用铸造方法（砂型铸造、熔模铸造、金属型铸造、压力铸造、低压铸造和离心铸造）进行了比较。

表 3-3　几种常用铸造方法的比较

比较项目	铸造方法					
	砂型铸造	熔模铸造	金属型铸造	压力铸造	低压铸造	离心铸造
适用合金种类	各种合金	不限，以铸钢为主	不限，以非铁合金为主	非铁合金	以非铁合金为主	铸钢、铸铁、铜合金
适用铸件大小	不受限制	几十克至几十千克	中、小铸件	中、小件，几克至几十千克	中、小件，有时达数百千克	零点几千克至十多吨
铸件最小壁厚/mm	铸铁>3~4	0.5~0.7 孔ϕ0.5~2.0	铸铝≥3 铸铁≥5	铝合金 0.5，铜合金 2	2	优于同类铸型的常压铸造
铸件加工余量	大	小或不加工	小	小或不加工	较小	外表面小，内表面较大
表面粗糙度 Ra/μm	50~12.5	12.5~1.6	12.5~6.3	6.3~1.6	12.5~3.2	取决于铸型材料
铸件尺寸公差/mm	100±1.0	100±0.3	100±0.4	100±0.3	100±0.4	取决于铸型材料
工艺出品率[①]/%	30~50	60	40~50	50~60	50~60	85~95
毛坯利用率[②]/%	70	90	70	95	80	70~90
投产的最小批量/件	1	1000	700~1000	1000	1000	100~1000
生产率（一般机械化程度）	低中	低中	中高	最高	中	中高
应用举例	床身、箱体、支座、轴承盖、曲轴体、缸盖、水轮机转子	刀具、叶片、自行车零件、刀杆、风动工具等	铝活塞、水暖器材、水轮机叶片、一般非铁合金铸件等	汽车化油器、缸体、仪表和照相机的壳体和支架等	发动机缸体、缸盖、壳体、箱体，船用螺旋桨，纺织机零件等	各种铸铁管、套筒、环叶轮、滑动轴承等

①工艺出品率=铸件质量/(铸件质量+浇冒口系统质量)×100%。

②毛坯利用率=零件质量/毛坯质量×100%。

3.3　陶瓷的液态成型

3.3.1　注浆成型

注浆成型指的是在石膏模的毛细管力作用下，含有一定水分的陶瓷浆料脱水硬化形成所需形状坯体的过程。注浆成型过程可以分为吸浆成坯和巩固脱模两个阶段。

① 吸浆成坯阶段：在这一阶段，由于石膏模的吸水作用，先在靠近模型的工作面上形成一薄泥层，随后泥层逐渐增厚达到所要求的坯体厚度。在此过程的开始阶段，成型动力是模型的毛细管力。在模型的毛细管力作用下，靠近模壁的泥浆中的水、溶于水的溶质质点及

极小的坯料颗粒被吸入模内的毛细管中。由于水分被吸走，泥浆颗粒互相靠近，依靠模型对颗粒、颗粒对颗粒的范德瓦耳斯力而贴近模壁，形成最初的薄泥层。此外，在浇注的最初阶段，石膏模中的离子与泥浆中的离子进行交换，也促进了泥浆凝固成泥层。在薄泥层形成后的浇注成型过程中，成型动力除模型的毛细管力作用外，还有泥浆中的水通过薄泥层向模内扩散的作用。其扩散动力为泥层两侧水分的浓度差和压力差。此时，泥层好像一个滤网。随着泥层增厚，水分扩散阻力逐渐增大。当泥层增厚到预定的坯厚时，倒出余浆，即形成了雏坯。

② 巩固脱模阶段：虽然在吸浆成坯阶段模内已经形成规定厚度的坯体，但并不能立即脱模，而必须在模内继续放置，使坯体水分进一步降低。通常将这一过程称为巩固过程。在这一过程中，由于模型继续吸水及坯体表面水分蒸发，坯体水分不断减小，且坯体厚度方向的水分渐趋均匀，并伴有一定的干燥收缩。当水分降低到某一点时，坯体内水分减少的速度会急剧变小。此时由于坯体收缩并且有了一定的强度，脱模变得比较容易。

注浆成型的工艺特点：

① 适于成型各种复杂形状、不规则、薄胎及大型厚胎陶瓷制品，如花瓶、茶壶等日用产品，坐便器、面盆等大型卫生洁具。

② 坯体结构均匀，干燥与烧成收缩大。

3.3.1.1 注浆成型方法

注浆成型有两种基本方法：空心注浆和实心注浆。为了强化注浆过程，还有压力注浆、真空注浆与离心注浆等方法。

（1）空心注浆（单面注浆）

空心注浆所用石膏模没有型芯。泥浆注满模型经过一定时间后，模型壁黏附着具有一定厚度的坯体。然后将多余泥浆倒出，坯体形状在模型固定下来，如图3-23所示。这种方法适用于浇注小型薄壁的产品，如花瓶、壶等。空心注浆所用泥浆密度较小，一般在 $1.65 \sim 1.8 \text{g/cm}^3$，否则倒浆后坯体表面有泥缕和不光滑现象。其它参数如下：流动性一般为 $10 \sim 15\text{s}$，稠化度不宜过大（$1.1 \sim 1.4$），细度一般比双面注浆的要细，$60 \mu\text{m}$ 筛筛余 $0.5\% \sim 1\%$。

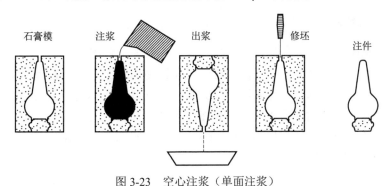

石膏模　注浆　出浆　修坯　注件

图 3-23　空心注浆（单面注浆）

（2）实心注浆（双面注浆）

实心注浆是将泥浆注入两石膏模面之间（模型与模芯）的空穴中，泥浆被模型与模芯的工作面吸收，由于泥浆中的水分不断减少，因此注浆时必须陆续补充泥浆，直到空穴中的泥浆全部变成坯时为止。显然，坯体厚度与形状由模型与模芯之间的空穴形状和尺寸来决定，因此没有多余的泥浆倒出，其操作过程如图 3-24 所示。该方法可以制造两面有花纹及尺寸大而外形比较复杂的制品，如挂盘、异形餐具、瓷板、卫生洁具等。实心注浆常用较浓的泥浆，一般密度在 1.8g/cm³ 以上，以缩短吸浆时间。稠化度较大（1.5～2.2），细度可粗些，60μm 筛筛余 1%～2%。

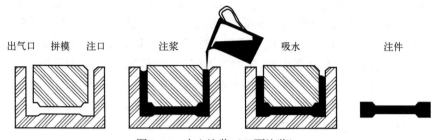

图 3-24　实心注浆（双面注浆）

3.3.1.2　石膏模及泥浆的性能要求

浇注过程本质上是一种物理的脱水过程。良好的注浆过程应能在较短的时间内形成雏形坯，成坯后应有充分保持形状的能力和比较容易脱模。这些主要取决于泥浆的性能、石膏模型的吸水能力和浇注时的泥浆压力。

（1）对石膏模型的要求

① 模型设计合理，易于脱模。各部位吸水性均匀，能保证坯体各部位干燥收缩一致，即坯体的致密度一致。

② 模型的孔隙不大，吸水性好。相同材质的石膏模型，气孔率高则强度下降。生产中注浆成型的石膏模气孔率要求达到 40%～50%，可塑成型的石膏模气孔率则要求 30%～40%，且这些气孔又要求呈毛细孔状态。不同的产品对模型的力学强度要求也不相同。使用时石膏模不宜太干，其含水量一般控制在 4%～6%，过干会引起制品的干裂、气泡、针眼等缺陷，同时缩短使用寿命，过湿会延长成坯时间，甚至难以成型。

③ 模型工作表面应光洁，无空洞，无润滑油迹或肥皂膜。

（2）对泥浆的要求

泥浆性能是影响成坯速度、坯体保形性和脱模性能的主要因素。

注浆成型用泥浆必须具有良好的流动性，以保证使用时泥浆能在管道中流动并能充满模型的各个部位，空浆后得到的坯体表面平滑光洁，并且可以减少或避免注件气泡、缺泥及泥缕等缺陷的产生。泥浆流动性用相对黏度和相对流动性来表示。相对黏度是泥浆在同一温度下，搅拌后静置 30s 从恩氏黏度计中流出 100mL 所需时间（t_2）与流出同体积水所需时间（t_1）之比，即 t_2/t_1。而相对流动性为相对黏度的倒数（即 t_1/t_2）。

影响泥浆流动性的主要因素有：

① 注浆坯料中黏土原料与瘠性原料的配比量　黏土原料多，尤其是塑性强的黏土多时，泥浆黏度大，流动性差。因此工厂常用适当增加瘠性物料或加入少量黏土熟料的方法来调整流动性。

② 稀释剂种类和用量　常用稀释剂有水玻璃、腐殖酸钠、三聚磷酸钠等，其用量根据泥浆特性确定一般在 0.5%以下。

③ 泥浆中固相颗粒的粒度和形状　在一定浓度的泥浆中，固相颗粒越细，细颗粒含量

越多，则颗粒间平均距离越小，位移时需克服的阻力越大，流动性越小。颗粒形状对泥浆黏度也有一定影响，它们之间的关系可用爱因斯坦提出的下列经验公式表示：

$$\eta = \eta_0 \left(1 + K\varphi\right) \qquad (3\text{-}14)$$

式中，η 为悬浮液黏度；η_0 为液体介质黏度；φ 为悬浮液中固相体积分数；K 为形状系数。各种不同颗粒形状的 K 值分别是：球形 2.5；椭圆形 4.8；层片状 53；棒状 80。由式（3-14）可见，球形颗粒与其它不规则的颗粒相比，会提高泥浆流动性。还可以看出，悬浮液中固相体积分数大，泥浆密度增加，也会降低其流动性。工厂在生产中根据不同的成型方法和产品，将注浆料的密度控制在合适的范围。

（3）稀释剂的种类与选用

一般来说，泥浆含水量越低流动性越差，而注浆工艺要求泥浆含水量尽可能低而流动性又要足够好，即需制备流动性足够好的浓泥浆，生产上为获得这种含水量低而流动性好的浓泥浆，采取的措施是加入稀释剂。

陶瓷工业生产中常采用的稀释剂分为以下三类。

① 无机电解质　这是最常用的一类稀释剂，如水玻璃、纯碱、三聚磷酸钠、六偏磷酸钠等。泥浆的黏度，与加入电解质的种类和数量及泥浆中黏土的类型有密切关系。一般来说，电解质用量为干坯料质量的 0.2%～0.5%。水玻璃对增强高岭土泥浆的悬浮能力效果最好，它不仅显著地降低其黏度，而且在相当宽的电解质浓度范围内其黏度是很低的，这有利于生产操作。对含有机物的紫木节土泥浆，纯碱的稀释作用较水玻璃好。生产中常同时采用水玻璃和纯碱（Na_2CO_3）作稀释剂，以调整吸浆速度和坯体的软硬程度。因为单用水玻璃时，坯体脱模后硬化较快，外水分失去快，致密发硬，容易开裂。单用纯碱时，脱模后坯体硬化较慢，内外水分差别小，坯体较软，或者外硬内软。使用电解质时，要注意其质量。纯碱受潮会变成碳酸氢钠，碳酸氢钠会使泥浆絮凝。水玻璃（Na_2SiO_3）是一种可溶性硅酸盐，它的组成用 SiO_2/Na_2O 的摩尔比（称为水玻璃的模数）来表示，当其模数大于 4 时，长期放置会析出胶体 SiO_2。用作稀释剂的水玻璃模数一般为 3 左右。

② 有机酸盐类　如腐殖酸钠、单宁酸钠、柠檬酸钠、松香皂等。这类有机稀释剂的稀释效果比较好。腐殖酸钠的用量一般 <0.25%，若过量，泥浆黏度将增大，这与无机电解质的稀释规律相似。

③ 聚合电解质　陶瓷工业中采用这类稀释剂的历史远短于上述两类稀释剂。聚合电解质常用于不含黏土原料的泥浆的稀释。常用的有阿拉伯树胶、桃胶、明胶、羧甲基纤维钠盐等有机胶体，其用量少时会使料浆聚沉，适当增多时会稀释浆料，用量一般在 0.3% 左右。

3.3.1.3　强化注浆方法

为缩短注浆时间，提高注件质量，在基本注浆方法的基础上，发展了一些新的注浆方法，这些方法统称为强化注浆。

（1）离心注浆

使模型在旋转情况下进浆，料浆在离心力的作用下紧靠模壁形成致密的坯体。泥浆中气泡较轻，易集中在中间最后破裂排出，故可提高吸浆速度与制品质量。

离心注浆要求泥浆中的颗粒分布范围窄，否则大颗粒集中在靠近模型的坯体表面，而小颗粒集中在坯体内，造成坯体组织不均匀，干燥时收缩不一致。

（2）真空注浆

采用专门设备在模型外抽真空，或将加固后的石膏模放在真空室中负压操作，以增大石膏模内外压差，提高注浆成型时的吸浆速度，这样可以缩短坯体形成时间，提高坯体致密度和强度，同时减少坯体的气孔和针孔。

（3）压力注浆

通过加大泥浆压力的方法来增大注浆过程推动力，加速水分扩散，从而加速吸浆速度，还可减少坯体的干燥收缩和脱模后坯体的水分。注浆压力越大，成型速度越快，生坯强度越高。压力注浆最简单的方式就是提高盛浆桶的位置，利用泥浆自身的重力从模型底部进浆，也可利用压缩空气将泥浆注入模型。根据泥浆压力大小，压力注浆可分为微压注浆、中压注浆、高压注浆。微压注浆的注浆压力一般在 0.05MPa 以下；中压注浆的压力在 0.05～0.20MPa；大于 0.20MPa 的称为高压注浆。压力注浆还受模型强度的限制，高压注浆必须采用高强度的树脂模具。

（4）热浆注浆

热浆注浆是在模型两端设置电极，当泥浆注满后，接交流电，利用泥浆中电解质的导电性加热泥浆，把泥浆升温至 50℃左右，可降低泥浆黏度，加快吸浆速度。

3.3.2 热压铸成型

3.3.2.1 工艺原理

利用蜡类材料热熔冷固的特点，将陶瓷粉料和熔化的蜡料、黏结剂等加热搅拌成具有流动性与热塑性的蜡浆，然后在压缩空气的作用下，使之迅速充满模具空腔，保压冷凝后便可脱模获得蜡坯。在惰性粉粒的保护下，将蜡坯进行高温排蜡，清除保护粉粒后得脱蜡的坯体，然后进行烧结得到陶瓷制品。

热压铸成型工艺流程图如图 3-25 所示。用于热压铸的陶瓷粉应为瘠性粉料，黏土类矿物原料必须预先煅烧。粉料细度：在工艺上一般控制 60μm 筛余不大于 2%，并要全部通过 0.1mm 孔径的筛。试验证明，若能进一步减小大颗粒尺寸，使其不超过 60μm，并尽量减少 1～2μm 的细颗粒，则能制成性能良好的蜡浆和产品。此外，粉料的含水量应控制在 0.2%以下。使用含水过多的粉料配成的蜡浆黏度大，甚至无法调成均匀的浆料。粉料在与石蜡混合前需在烘箱中加热至 60～80℃，再与熔化的石蜡混合搅拌，陶瓷粉过冷易凝结成团块，难以搅拌均匀。

图 3-25 热压铸成型工艺流程图

石蜡既是粉料的分散剂，又是增塑剂，具有很好的热流动性、润滑性和冷凝性，石蜡的用量在 6%～12% 之间。石蜡是亲油而憎水的，而瓷粉一般是亲水疏油的，需加入适当的表面活性物质如油酸、硬脂酸、蜂蜡等，对瓷粉表面进行改性处理，使其表面变为亲油的，才能与石蜡形成良好的结合。这些表面活性物质不仅能提高蜡浆的热流动性和冷凝蜡坯的强度，而且可以减少石蜡的用量，防止瓷粉分层，改善蜡浆成型性能并提高蜡坯强度。表面活性剂的用量一般在 0.1%～1% 之间。

以 Al_2O_3 陶瓷热压铸成型作为应用实例。蜡浆配制：以 Al_2O_3 为 100%、加油酸 0.3%～0.7%、石蜡 16%～18%。热压铸成型时，蜡浆温度一般为 65～75℃、模具温度为 15～25℃、注浆压力为 0.3～0.5MPa 及压力持续时间通常为 0.1～0.2s。热压铸蜡坯在烧结之前，要先埋入疏松、惰性的吸附剂（一般采用 γ-Al_2O_3 粉料）中加热（一般为 900～1100℃）进行排蜡处理，以获得具有一定强度的不含蜡的坯体。若蜡坯直接烧结，将会因石蜡的流失、失去黏结而解体，不能保持其形状。

3.3.2.2 热压铸特点

热压铸适用于矿物原料、氧化物、非氧化物等多种原料成型，特别适合批量生产外形复杂、表面质量好、精密度高的中小型制品，且设备较简单，操作方便，模具磨损小，生产效率高。热压铸是各种复杂电子陶瓷元件的主要成型工艺。但坯体密度较低，烧结收缩较大，易变形，不宜制造壁薄、大而长的制品，且工序较繁，粉料煅烧、高温排蜡耗能大，生产周期较长。

3.3.3 浆料原位凝固成型

陶瓷浆料原位凝固成型技术的成型原理不同于依赖多孔模吸浆的传统注浆成型，而是借助一些可操作的物理反应（温度诱导絮凝成型和胶态振动注模成型等）或化学反应（如凝胶注模成型和直接凝固注模成型等）使注模后的陶瓷浆料快速凝固为陶瓷坯体。同时该技术使得坯体在固化过程中避免收缩，浆料进行原位固化，避免了浆料在固化过程中可能引起的浓度梯度等缺陷，从而提升成型坯体的均匀性和可靠性。10 多年来，陶瓷原位凝固技术受到人们的高度重视，注凝成型、直接凝固成型、温度诱导絮凝成型和胶态振动注模成型等得到发展，在今后的一段时期内，这一技术仍将是陶瓷液态成型工艺的重要发展方向。

陶瓷浆料原位凝固成型具有如下特点。

① 减少了有机物的添加量，减少了脱脂时间。

② 陶瓷浆料具有很高的固相体积分数，一般大于 50%，使成型坯体具有高密度。

③ 近净尺寸成型，可成型复杂形状的部件。

④ 成型坯体结构均匀、内部缺陷少，提升了烧结后材料的可靠性。

⑤ 成型坯体具有较高的强度，可对坯体进行各种机加工，从而使烧结后陶瓷的机加工量减少或为零。

3.3.3.1 注凝成型

注凝成型是美国橡树岭国家实验室于 20 世纪 90 年代初发明的。注凝成型工艺流程如图 3-26 所示。该工艺是传统胶态成型与化学理论的完美结合，其构思是将有机聚合物单体及陶瓷粉末颗粒分散在介质中制成低黏度、高固相体积分数的浓悬浮液，并加入交联剂、引发剂及催化剂，然后将这种浓悬浮液（浆料）注凝合成三维网络状聚合物凝胶，陶瓷颗粒被原位固化成坯体。由于该工艺与其它传统成型工艺相比具有许多优点，该工艺引起陶瓷界内专家的普遍关注，该技术得到快速发展，并已在实际中获得推广应用。

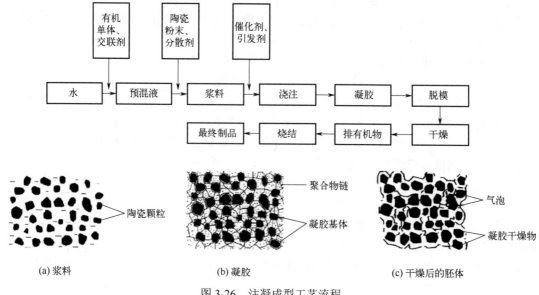

图 3-26　注凝成型工艺流程

根据使用的介质不同，可分为水基注凝成型和非水基注凝成型。非水基注凝成型所使用的介质为有机溶剂，它适合于那些遇水反应的陶瓷颗粒的成型。水基注凝成型用水作介质，可适用于大多数陶瓷颗粒（Al_2O_3、SiC、ZrO_2 等）的成型，是一种普适工艺。对于水基注凝成型，目前最有效的有机聚合物单体是丙烯酰胺，它分散在陶瓷颗粒中，在交联剂、引发剂和分散剂的作用下聚合，形成聚丙烯酰胺，把陶瓷颗粒结合在一起，形成较高强度的坯体。天然凝胶大分子如明胶、琼脂糖也可作为凝胶剂使用。

注凝成型主要影响因素：

① 配方参数控制　包括固相体积分数、单体或交联剂的比例及含量，以及引发剂、催化剂的用量。此外，pH 值和分散剂的选择也对注凝成型有重要影响。

② 浆料的除气处理　如果气泡未得到妥善处理，它们会在凝胶过程中引起氧阻隔问题，导致凝胶坯体内部或表面残留缺陷。这些缺陷在烧结后可能成为瓷体缺陷或开裂源。有效的除气手段包括筛网过滤、振动除气和真空搅拌除气。

③ 氧阻隔　注凝技术的基本原理是有机单体在引发剂作用下发生碳自由基聚合反应。然而，反应过程中产生的碳自由基遇到空气中的氧会迅速结合形成稳定的过氧自由基，失去活性，导致链反应中断，这种现象称为氧阻隔。这会导致与空气接触的表面料浆不发生凝胶固化，干燥后这部分未凝胶化的粉体可能发生开裂或剥落，这是丙烯酰胺凝胶体系用于陶瓷注凝成型的一个普遍存在的问题。为了解决氧阻隔问题，可以采取以下措施：首先，可以在真空或非氧气氛保护的环境下进行凝胶固化，将注凝装置置于真空或充入非氧气氛的装置中进行；其次，可以使用抗氧阻隔剂，如在氧化铝料浆中加入非离子型水溶性聚乙烯吡咯烷酮（PVP）；最后，可以采用隔离空气法，即在料浆浇注入模具后，在发生凝胶固化前向其表面覆盖一薄层醇类有机溶剂（如乙二醇、丙三醇等），以隔离料浆与空气。

④ 凝胶坯体的干燥与收缩　湿度、温度和通风条件对湿凝胶坯体的干燥脱水和变形收缩至关重要。如果坯体干燥速度太快，则可能会产生较大的变形和裂纹，影响坯体和产品的最终性能。为了防止变形和开裂，坯体干燥的初期阶段应处于湿度相对较低的环境下。脱模开裂主要是由单体和交联剂比例不协调造成的，而干燥开裂的主要原因是固体体积分数过低引起坯体中无机相收缩过大等。

⑤ 有机物的烧除工艺　考虑有机物在不同温度下的分解速度及完全烧除的最高温度来制定合理的烧除工艺或方法制度，以缩短烧除时间并避免坯体变形和开裂。

注凝成型工艺特点：

① 整体均匀性好、可靠性高。由于低黏度、高固相含量的浆料呈液态，可流动并填充模具，且颗粒原位固化，成型坯体各部位具有相同的密度，产品的均匀性和可靠性提高。

② 坯体强度高，可加工成复杂形状的部件。由于有机聚合物的作用，坯体强度达 20～40MPa，可加工出形状复杂、尺寸更精确的部件。

③ 有机物含量少，排除容易。浆料有机物一般只占液相介质的 10%～20%，相当于陶瓷粉末质量的 3%～5%，无须采用热压铸的单独排胶工序进行去除，可实现排胶烧结一次完成，节约能源，降低成本。

④ 近净尺寸成型。凝胶定型过程与注模操作是完全分离的，成型坯体组分和密度均匀、缺陷少，坯体收缩小，提高了可靠性。该工艺无须贵重设备，且对模具的材质无特殊要求，故成本低。

3.3.3.2　直接凝固注模成型

（1）直接凝固注模成型

直接凝固注模成型是由瑞士苏黎世联邦工学院开发的一种净尺寸原位凝固胶态成型的方法。直接凝固成型流程图如图 3-27 所示。这一技术巧妙地将胶体化学与生物化学结合起来用于陶瓷的成型中，其核心思想是利用胶体颗粒的静电稳定机制，不依赖表面活性剂，制备出高固相含量（体积分数超过 55%）、低黏度的浆体。在将浆体注入非孔模具后，引入酶和相应的底物（如尿素酶和尿素），触发酶催化底物水解的反应。这一反应导致浆体的 pH 值发生变化或释放出离子，降低双电层的 Zeta 电位，促使固相颗粒相互吸引并聚集，从而实现浆体在模具内的原位固化。

当氧化物颗粒与水接触时，表面层就会发生水化反应生成氢氧化物，水化之后颗粒表面化学特性由加入的 H^+ 或 OH^- 所发生的化学反应所控制：

$$MOH_{(表面)} + H^+_{溶液} \xrightarrow{K_1} MOH_2 \tag{3-15}$$

$$MOH_{(表面)} + OH^-_{溶液} \xrightarrow{K_2} MO_{(表面)} + H_2O \tag{3-16}$$

式中，M 为金属离子（如 Al^{3+}）；K_1 和 K_2 为反应速率常数。上述两个反应速率常数决定颗粒表面的等电点（IEP）：

$$IEP = \frac{1}{2}(pK_1 + pK_2) \tag{3-17}$$

对于分散在液体介质中的微细陶瓷颗粒，所受作用力主要有胶粒双电层斥力和范德瓦耳斯力，而重力、惯性力等影响很小。

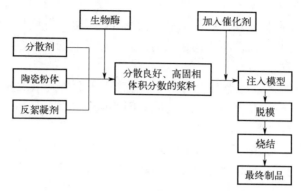

图 3-27　直接凝固成型流程图

根据胶体化学 DLVO 理论，胶体颗粒在介质中的总势能 U_t 是排斥势能 U_r 和吸引势能 U_a 的总和，即 $U_t = U_r + U_a$。这两种相反的作用力决定了胶体的稳定性。如图 3-28 所示，当 pH 值变化时颗粒表面电荷随之变化。远离 IEP，双电层斥力起主导作用，使胶粒呈分散状态。当增加与颗粒表面电荷相反的离子浓度时，双电层压缩；或者改变 pH 值靠近等电点均可使颗粒间排斥能减小或为零，而范德瓦耳斯力占优势，总势能显著下降，浆料体系由高度分散状态变成凝聚状态，若浆料具有足够高的固相体积分数（>50%），则凝固浆料将具有足够高的强度成型脱模。

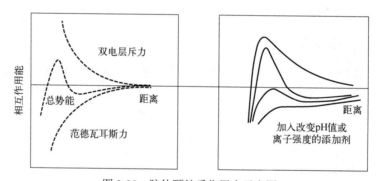

图 3-28　胶体颗粒受作用力示意图

（2）直接凝固成型的特点

反应可控制，浆料浇注前不产生凝固，浇注后可控制反应进行，使浆料凝固产物对坯体性能或最终烧结性能无影响，反应可在常温下进行，不需要或只需少量有机添加剂（小于1%），脱脂容易，坯体密度均匀，相对密度高（55%～70%），可成型大尺寸形状复杂的陶瓷部件。主要问题是浆料固相含量不够高，干燥容易变形或湿坯强度不高。

3.3.3.3　温度诱导絮凝成型

温度诱导絮凝成型是瑞典表面化学研究所开发的一种近净尺寸原位凝固成型工艺，主要利用了胶体的空间位阻稳定特性。温度诱导絮凝成型流程图如图 3-29 所示，基本原理是选择在有机溶剂中溶解度随温度变化的分散剂（大分子表面活性物质），分散剂的一端吸附在颗粒表面，另一端伸向有机溶剂中，起空间稳定粉末颗粒的作用。把分散好的高固相体积分数（>

50%）的浆料注模后，降低温度，使分散剂在有机溶剂中的溶解度减少，空间稳定作用下降，从而使浆料产生原位絮凝。保持温度脱模，再降低压力使溶剂升华，最终得到坯体。

图 3-29　温度诱导絮凝成型流程图

选用溶剂要求随温度的降低体积收缩或膨胀很小，一般选用戊醇。分散剂选用聚酯类分散剂（如 HypermerKD-3），它随温度降低到−20℃时其分散功能失效，致使黏度升高，原位凝固。该类分散剂在有机溶剂中的溶解度具有可逆性，随温度回升分散剂的溶解度增大，恢复分散功能，因此溶剂的干燥或排除不能使用升温的方法。

温度诱导絮凝成型的优点在于有机物的用量特别低且成型后不合格的坯体可作为原料重新使用。

3.3.4　流延成型

流延成型又称带式浇注法、刮刀法，是一种目前比较成熟的能够获得高质量、超薄型瓷片的成型方法。流延成型时，料浆从料斗下部流至向前移动着的薄膜载体上，使用刮刀将浆料均匀地铺在载体表面上。坯膜的厚度由刮刀与载体的间隙控制，坯膜连同载体进入巡回热风烘干室，烘干温度必须在浆料溶剂的沸点之下，否则会使坯膜出现气泡，或由于湿度梯度太大而产生裂纹。从烘干室出来的坯膜可与载体分离，经切割加工成"生料带"。流延成型可以制备厚度从 10μm 到 1mm、宽度可达 500mm、长度可达数十米的生料带。

（1）流延成型的特点

① 设备不太复杂，可连续操作，自动化程度高，工艺稳定，生产效率高。
② 成型制品性能均匀，致密度高，尺寸精确度和平整度好（尤其是大面积薄片）。
③ 流延成型的坯料因溶剂和黏结剂等含量高，因此烧成收缩率较高。

陶瓷流延片可应用于电容器、压电薄膜、压电传感器、基板、多孔结构过滤器和燃料电池隔膜等。

（2）流延成型用料及选择

流延成型用料主要包括陶瓷粉料、溶剂、分散剂、黏结剂、增塑剂，必要时还需要除泡剂和匀化剂等。

陶瓷粉体的颗粒尺寸和形貌对颗粒堆积以及浆料的流变性能会产生重要影响。为了使成型的素坯膜中陶瓷粉体颗粒堆积致密，陶瓷颗粒尺寸的最佳范围一般为 1~4μm，比表面积为 2~5m²/g，颗粒形貌以球形为佳。

溶剂的主要作用是溶解黏结剂、增塑剂和其它添加剂，分散粉粒，并为浆料提供合适的黏度。在溶剂的选择方面要考虑以下几个因素：

① 能很好地溶解分散剂、黏结剂和增塑剂。
② 能分散陶瓷粉料。

③ 在浆料中保持化学稳定性，不与粉料发生化学反应。

④ 为浆料提供合适的黏度。

⑤ 能在适当的温度下蒸发或烧除。

⑥ 保证素坯无缺陷固化。

⑦ 使用安全，对环境污染小且价格便宜。

水溶性的黏结剂和增塑剂可用溶剂为水和乙醇。聚乙烯醇缩丁醛的溶剂有甲醇、乙醇、丙醇、丁醇、环己酮、三氯乙烯、醋酸乙酯等。

分散剂是通过空间位阻稳定或静电位阻稳定机制使陶瓷粉末在浆料中处于悬浮状态。粉料颗粒在流延料浆中分散均一与否将直接影响素坯的质量及其烧结特性，进而影响烧结体的致密性、气孔率和力学强度等一系列特性。分散剂的分散效果是决定流延制膜成败的关键。

黏结剂的作用是分散于陶瓷粉粒之间，连接颗粒，使流延片具有一定的强度。选择黏结剂需要考虑的因素有：

① 素坯的厚度。

② 所选用溶剂的类型及其匹配性，应不妨碍溶剂挥发和不产生气泡。

③ 易于烧除，无残留物。

④ 能起稳定浆料和抑制颗粒沉降的作用。

⑤ 有较低的塑性转变温度，以确保在室温下不发生凝结。

⑥ 与载体材料不相黏，易于分离。

流延成型用黏结剂有聚乙烯醇（PVA）及聚乙烯醇缩丁醛（PVB）。PVB 是一种乙烯醇醛类树脂，通过聚乙烯醇和丁醛的缩合反应制得。PVB 的缩醛度一般在 73% 到 77% 之间，而羟基的含量则在 1% 到 3% 的范围内。这些化学成分的具体含量会直接影响 PVB 的性能。较高的缩醛度通常意味着更好的耐水性和耐化学性；羟基含量的多少则影响 PVB 的溶解性和与其它材料的相容性。PVB 具有较长的支链结构，这使得它具有良好的黏结性能。使用 PVB 制成的膜片不仅柔顺性好，而且具有较好的弹性。作为一种热塑性树脂，PVB 在流延成型工艺中表现出优异的综合性能。

增塑剂的加入是为了保证素坯膜的柔韧性，降低黏结剂的玻璃化转变温度，使黏结剂在较低的温度下，链分子在外力的作用下卷曲和伸展，增加形变量，增塑剂与黏结剂互溶，塑化效率高，化学性能稳定、挥发慢。增塑剂也有两类：用聚乙烯醇作黏结剂时，可用甘油、磷酸、乙二醇、丁二醇等；用聚乙烯醇缩丁醛作黏结剂时，可用邻苯二甲酸二丁酯、癸二酸二丁酯、二丁基邻苯二甲酸二丁酯等。

（3）流延成型工艺过程

图 3-30 总结了用流延法制备陶瓷基片的工艺步骤。

浆料制备是流延成型中的第一个关键步骤。浆料由粉料（一般＜3μm）、溶剂、分散剂、黏结剂、增塑剂和功能助剂（抗聚凝剂、消泡剂、烧结助剂等）组成。浆料制备时要满足以下几个要求：

① 尽可能降低有机物的含量，且有机物通过热分解后可以完全排除；

② 在满足浆料流变性的要求下尽量提高固相含量；

③ 在满足浆料分散性的要求下尽量降低分散剂的含量；

④ 优化增塑剂和黏结剂的比例。

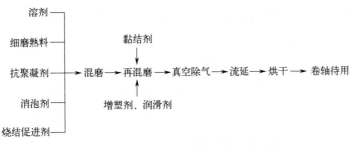

图 3-30　流延法制备陶瓷基片的工艺步骤

这些要求的目的是确保获得的流延片材能够满足以下条件：①干燥过程中没有缺陷（如裂纹等）；②干燥后要有一定的强度以便进行切割、钻孔等；③要有非常均匀的微观结构和光滑平整的表面；④有好的叠层性能，可用于叠层工艺；⑤有非常好的烧结性能等。

并非所有的流延浆料都能达到以上要求，只有选择合适的粉料、分散剂、黏结剂、增塑剂以及流延工艺的参数才可能满足以上要求。同时还应注意选择的分散剂、黏结剂、增塑剂的纯度，尽量减少引入的杂质。

就浆料流动特性而言，为了使流延膜的厚度保持不变，具有光滑的表面和均匀的组织结构，用于流延成型的浆料应为假塑性流体。成型开始后，刮刀会给浆料施加一个剪切应力，在剪切应力的作用下浆料的黏度降低，从而可以在载体上形成一层均匀的膜；当刮刀通过浆料后，剪切应力消失，黏度升高到初始状态，浆料的流动性变差，保持流延膜的成分均一不变。为了避免浆料在刮刀通过后还长时间保持低黏度状态，浆料不应具有触变性，即应力撤销后黏度立即升高。

目前，大多数流延操作使用有机溶剂，但发展趋势是水基系统。选择溶剂时需要考虑膜片厚度和表面质量。薄膜片由高挥发性溶剂系统（如丙酮或甲基乙基酮）组成，而较厚（＞0.25mm）胶带必须由浆液中干燥较慢的溶剂（如甲苯）组成，因此允许使用高颗粒浓度。另一个重要的选择是黏结剂-增塑剂系统，因为用于流延浆料的浓度很高，它必须提供膜片所需的强度和灵活性，并且在膜片烧结之前必须容易烧尽。如果黏结剂烧尽过程是在高温氧化气氛中进行，则许多有机系统很容易满足这一要求。然而，一些陶瓷系统需要使用可在非氧化性气氛中去除的黏结剂-增塑剂系统。

如图 3-31 所示，流延设备的关键部件是刮刀组件。它由可调刮刀组成，安装在一个带有储浆料罐的框架上。式（3-18）从理论上分析了浇注过程中浆料的流动行为，以评估流延浇注参数对膜片厚度的影响。

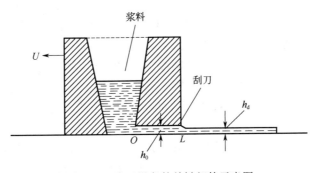

图 3-31　流延设备的关键部件示意图

假设在一个简单的浇注流延装置中存在牛顿黏性泥浆和层流，则干燥之后的膜带厚度 h_d 为

$$h_d = \frac{\alpha\beta}{2} \times \frac{\rho_w}{\rho_d} h_0 \left(1 + \frac{h_0^2 \Delta p}{6\eta U L} \right) \tag{3-18}$$

式中，α（<1）和 β（<1）为校正系数；ρ_w 和 ρ_d 分别为浆液和干带的密度；h_0 和 L 分别为刮刀的高度和厚度；Δp 为压差（由储液罐中浆液的高度确定）；η 为浆液的黏度；U 为刮刀相对于载体表面的速度。

根据式（3-18），如果括号中的第二项远小于 1，则干燥膜带的厚度将与刮刀的高度 h_0 成正比。当 h_0 值小于 200μm 时，如果参数 η、U、L 和 Δp 保持在一定范围内，则式（3-18）中各参量之间关系成立。而大的 h_0 值会使实际情况与式（3-18）产生偏差。η、U 和 L 的值越小，偏差越明显。因此，L 值非常小的刀刃形式的刮刀不适用于流延。尽管在流延领域使用了多种刀片设计和形状，但在实践中发现平底形式的刮刀更适合流延成型，并且有基于式（3-18）的理论支持。当必须在较长的胶带上保持均匀的厚度时，常采用双刮刀工艺。

流延出的浆料膜经过干燥才能从载体上剥落下来。制定合适的干燥工艺是获得高质量膜带的重要因素，尤其是在水基流延体系内，干燥工艺尤为重要。如果干燥工艺制定不当，流延膜就可能出现气泡、针孔、皱纹、干裂等缺陷，甚至出现不易从载体上脱落等问题。流延膜在一个有空气流动的密闭容器中干燥，应缓慢升高干燥温度。由于溶剂从表面蒸发，膜带黏附在载体表面，因此干燥过程中的收缩发生在膜带的厚度上。通常，干燥膜带的厚度约等于刮刀高度的一半，干燥膜带由约 50%（体积分数）的陶瓷颗粒、30%（体积分数）的有机添加剂和 20%（体积分数）的孔隙率组成。

3.4 玻璃的液态成型

玻璃的液态成型是将熔融玻璃液转变为具有固定几何形状制品的过程。成型是玻璃生产的一个重要工艺过程，对玻璃制品的产量、质量和经济效益影响很大。

3.4.1 玻璃的主要成型性质

玻璃的成型过程是极其复杂的多种性质的综合作用。其成型过程分为成型和定形两个阶段，但成型和定形是同时开始、连续进行的。定形实际上是成型的延续，所需要的时间比成型长。成型时，玻璃液通过机械运动得到一定形状，即在外力作用下，质点移动，达到所需形状。成型过程中，随着温度的降低，玻璃由黏性流体转变为黏弹性体，再转变为弹性固体。此过程与玻璃液的流变性质（黏度、表面张力、可塑性、弹性等）以及这些性质的温度变化特征有关。定形时，由于冷却和硬化，玻璃液由黏性液态向可塑态和脆性固态转变，此过程与玻璃液及周围介质的热物理性质（比热容、热导率、传热系数等）有关。

在玻璃成型过程中，机械作用对玻璃液的影响是显著的，这与玻璃液在特定温度条件下的流变特性密切相关。具体来说，机械作用的效果取决于玻璃液在受到外力（如压力、拉力等）作用时，其内部质点的移动行为和变形能力。在高温状态下，玻璃的黏度和表面张力是影响其流变行为的关键指标，而在温度较低时，材料的弹性特性则变得尤为突出。因此，玻璃液的流动和变形不仅受外力的影响，还受到其内在物理性质的制约。

玻璃液的冷却和硬化，主要取决于在成型中连续地与周围介质进行热传递所产生的温度场。这种热现象受到传热过程的制约，与玻璃液本身及其周围介质的热物理性质，即比热容、热导率、传热系数等有关。

（1）黏度

黏度是贯穿整个玻璃工艺过程最重要的参数之一。玻璃液黏度随温度下降而增大的特性是玻璃制品成型和定形的基础。玻璃制品成型开始和终结时的黏度与玻璃组成、成型方法，以及制品形状、大小和质量等因素有关。不同的成型方法要求不同的黏度。如玻璃纤维开始成型的黏度为 $10^{1.5} \sim 10^2 Pa \cdot s$，浇注成型时黏度在 $10^2 \sim 10^5 Pa \cdot s$，平板玻璃为 $10^{1.5} \sim 10^3 Pa \cdot s$，玻璃瓶罐为 $10^{1.75} \sim 10^{2.25} Pa \cdot s$，拉管及人工成型为 $10^3 \sim 10^5 Pa \cdot s$，压延成型要求玻璃液在压延前应有较低的黏度以保持良好的可塑性，在压延后，玻璃液的黏度应迅速增加，以保证固型，成型的终结黏度为 $10^5 \sim 10^7 Pa \cdot s$。一般玻璃的成型黏度范围为 $10^2 \sim 10^6 Pa \cdot s$。玻璃液的黏度过小，流变性就过大，成型操作难以进行；黏度过高时，玻璃成型需要消耗过大的能量。通过控制温度，使玻璃液的黏度改变，即改变玻璃液的流变性，以达到成型和定形。此外，由玻璃液的温度和成分不均引起的黏度不均，在成型过程中会给制品带来负面影响，如产生玻筋等。

玻璃是短程有序、长程无序的非晶体结构，其黏度随温度降低而增大，由于玻璃没有结晶温度（熔点），从玻璃液到固态玻璃的转变，黏度是连续变化的。其黏度-温度曲线是一平滑曲线，而不像金属或盐类等晶体结构有突变点。玻璃成型范围可选择在黏度-温度曲线的弯曲部分，这时的玻璃液最适合成型。

工艺上将玻璃液在冷却过程黏度不断增大的现象称为玻璃的硬化（固化），玻璃液黏度与时间的关系称为玻璃的硬化速度，玻璃的硬化速度曲线是确定成型制度的主要依据，它表示在单位时间内玻璃液的冷却速度。显然硬化速度与玻璃的黏度-温度特性相关，热加工温度范围（黏度为 $10^3 \sim 10^9 Pa \cdot s$）较宽的玻璃称为长性玻璃，较窄的称为短性玻璃。长性玻璃成型时硬化较慢，可延长成型操作时间，适宜生产形状复杂的制品，成型操作范围较宽。当需加速成型速度、提高生产能力时，希望制品能尽快固化，以避免变形，在这种情况下，可以通过调整玻璃的化学组成来加快其硬化速度，即通过改变玻璃的组成来缩短其热加工温度范围，从而提高硬化速度。

黏度系数不仅随温度的降低而下降，而且与冷却速度有关，这表明温度的降低使硬化速度增加。

黏度-温度曲线如图 3-32（a）所示，该曲线没有将时间因素考虑在内，只能定性说明玻璃硬化速度的快慢。为了将玻璃黏度与成型机器的动作联系起来，玻璃的硬化速度采用黏度-时间曲线，即黏度的时间梯度来定量地表示，如图 3-32（b）所示。

图 3-32（c）是一些工业玻璃的黏度-温度曲线，它说明了不同组成和结构对玻璃熔体黏度的影响。玻璃的组成、结构不同，玻璃熔体质点之间的作用力也不同，黏滞活化能也就不同，所以玻璃的组成和结构对玻璃的黏度影响很大。

利用玻璃黏度的可逆性，可以在成型过程中多次加热玻璃，使之反复达到所需的成型黏度，以制造形状复杂的制品。在吹制成型中，黏度还可以自动调节玻璃制品的壁厚。局部薄壁会使这一区域的黏度提高，从而使玻璃变硬，难以进一步被拉伸；而厚壁部分温度较高，黏度较小，易于被拉伸，最终使制品壁厚比较均匀。

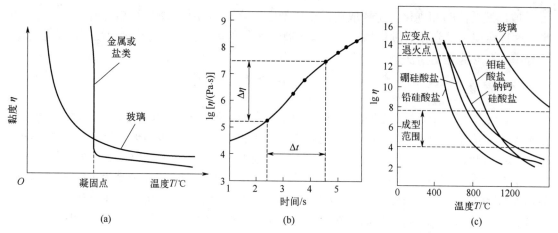

图 3-32　工业玻璃的黏度-温度曲线 [（a）玻璃与金属或盐类的黏度-温度曲线比较；（b）工业玻璃的黏度-时间曲线；（c）不同工业玻璃的黏度-温度曲线]

（2）表面张力

在液体中，表面分子和内部分子受力情况是不同的，所具有的能量也不同，如图 3-33 所示。内部分子受到周围分子的作用力是对称的，它们相互抵消，合力为零，所以液体内部分子的移动不需要做功；表面的分子同时受到液体内部分子和空气分子的作用力，液体内分子的作用力大于空气分子，表面分子受到一个指向液体内部的合力，所以若将液体内部的分子移动到表面（扩张表面），必须对它做功。在系统条件（温度、压力、组成）不变的情况下：

$$dW = \sigma dA \qquad (3-19)$$

式中，dW 为所做的表面功；σ 为表面能或表面张力；dA 为增加的表面积。

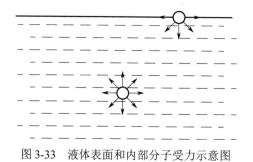

图 3-33　液体表面和内部分子受力示意图

以玻璃为例，表面张力是指玻璃与另一相接触的界面（一般指空气）上，在恒温恒容下增加单位表面积时所做的功。它的国际单位是 N/m 或 J/m²。硅酸盐玻璃的表面张力一般为 220～380mN/m，比水的表面张力大 3～4 倍，也比熔融的盐类大，与熔融金属数值相近。由于液体的基本特性是无法承受剪切应力，因此，液体的表面张力在数值上与表面能相等。

在成型过程中表面张力也起着重要的作用。表面张力倾向于使液体的表面积尽可能缩小，对于玻璃成型同样具有显著影响。玻璃的表面张力是温度和黏度的函数。随着温度的降低，表面张力会有所增加，尽管这种变化相对较小——通常来说，温度每升高 100℃，表面张力会降低大约 1%。在高温状态下，玻璃的表面张力作用速度快，但在低温或高黏度条件下，其作用速度会显著减慢。例如，当黏度为 $10^3 Pa·s$ 时，表面张力能在几秒内发挥作用；当黏度增加到 $10^4 Pa·s$ 时，这个过程可能需要几分钟；而当黏度进一步增加到 $10^8 Pa·s$ 时，则可能需要数小时才能观察到表面张力的效果。因此，在较低温度或高黏度的成型条件下，表面张力对玻璃成型过程的影响相对较小，此时其它因素如黏性和弹性可能成为影响成型的主要力量。

在成型过程中，人工挑料、吹制小泡和滴料供料等操作都要借助表面张力，以便使玻璃材料形成所需的特定形状。利用表面张力，不用模型就可以拉制圆管或圆棒，能使料滴轧制成玻璃球，通过表面张力对料泡和料滴形状进行控制，玻璃制品的烘口、火抛光也需借助表面张力使瓶口或杯口变圆润。近代浮法玻璃的生产原理也是基于玻璃和熔融的锡液表面张力的相互作用和重力作用，从而获得可以和抛光玻璃表面质量相媲美的优质平板玻璃。此外，由表面张力决定的润湿性，对玻璃与金属和其它材料的封接有重要影响，如玻璃熔体的表面张力会影响液、固表面润湿程度和陶瓷材料坯、釉的结合程度。

在拉引浮法玻璃的过程中，表面张力可能引起边缘的收缩和厚度的增加，为克服这种由表面张力引起的收缩，需要采取拉边器等措施。此外，在压制成型时，表面张力可能会使锐利的边缘变得圆滑，从而无法得到清晰的花纹。

表面张力是由玻璃熔体表面分子受力不均匀引起的，表面分子之间的作用力越大，表面分子受力不均匀越严重，所以一切可以改变熔体质点之间作用力的因素都可以影响表面张力的大小。

温度对玻璃熔体表面张力的影响明显，随着温度升高，质点热运动加剧，体积膨胀，相互作用减弱，因此，液气界面处的质点在界面两侧所受的作用力差异也随之减少，表面张力降低。通常温度每升高 $100℃$，表面张力下降 $4×10^{-3} N/m$。关于玻璃表面张力和温度的关系，有以下经验公式：

$$\sigma = \sigma_0 \left(1 - b\Delta T\right) \tag{3-20}$$

式中，b 为与组成有关的经验常数；σ_0 为一定条件下的初始表面张力；ΔT 为温度差。

式（3-20）表明玻璃的表面张力随温度的增加而线性下降，但实际变化情况如图 3-34 所示，只有在高温（约软化点以上）段吻合比较好，在较低温度下，曲线出现转折，不符合上述经验公式。这是因为式（3-20）的前提条件是假设玻璃熔体的质点不缔合或离解，而实际上硅酸盐熔体随着温度的变化，复合硅氧阴离子团会发生缔合或分解，因此在软化点附近出现转折，与式（3-20）不一致。

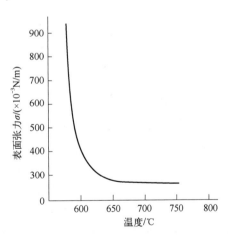

图 3-34　钾铅硅酸盐玻璃的表面张力与温度关系

产生表面张力作用力的实质是熔体质点间的化学键，因此化学键的强弱对表面张力的影响很大。化学键越强，表面张力越大；反之，化学键越弱，表面张力越小。硅酸盐玻璃熔体中既含有共价键又含有离子键，所以其表面张力介于典型的共价键和离子键液体之间。化学键类型相同的情况下，晶格能越大、单位晶胞边长越小，表面能越大。

（3）弹性

在成型过程中，玻璃经历从高温冷却到室温，随着黏度的增大，由黏性液体逐渐进入弹性固体的范围，称为黏弹性范围。对于瓶罐玻璃，黏度为 10^6Pa·s 以下时为黏性液体；黏度为 $10^6 \sim 10^{14}$Pa·s 之间为黏弹体；黏度在 10^{14}Pa·s 以上时为弹性固体。在黏弹性范围内，既有黏性作用，又存在弹性作用。在成型过程中，如果玻璃处于黏性状态，不论如何调节玻璃的流动，都不会产生缺陷（如微裂纹等）。而处于黏弹性范围时，如果应力作用过快，玻璃可能发生脆裂。

（4）比热容、热导率、热膨胀等热学性质

比热容、热导率、热膨胀等玻璃热学性质，影响成型过程中热传递速度，对玻璃的冷却和硬化速度以及成型温度制度影响较大。

比热容决定着玻璃成型过程中需要放出的热量。热导率表示单位时间内的传热量。玻璃的比热容、热导率对玻璃在成型过程中的冷却速度影响很大。玻璃热导率越大，比热容越小，玻璃的冷却速度就越快，成型速度也就越快。

玻璃的热膨胀或热收缩，以热膨胀系数表征，它与玻璃中应力的产生和制品尺寸的公差有很大关系。玻璃液的热膨胀比其在弹性范围内要大 2~4 倍，甚至 5 倍。瓶罐玻璃成型时，玻璃与模壁表面接触由于冷却而发生收缩，玻璃表面就存在着张应力。当玻璃仍处于液体状态时，由于质点流动，应力能够马上消除。但当玻璃部分到达弹性固体状态时，制品中产生残余应力，导致表面裂纹。此外，由于玻璃的热收缩，应当注意成型时的允许公差及模型尺寸。在生产电真空玻璃或成型套料制品时，玻璃与封接金属、玻璃与玻璃的热膨胀系数要匹配，否则会因应力过大而发生破裂。

3.4.2　玻璃的液态成型方法

玻璃制品的品种繁多、形状各异，成型方法也很多，下面介绍两种常用的液态成型方法：浮法和溢流法玻璃成型。

3.4.2.1　浮法玻璃成型

（1）浮法玻璃成型概述

浮法是平板玻璃成型工艺的一次革命。浮法工艺由英国皮尔金顿公司于 1952 年研发成功，并于 1959 年实现工业化生产平板玻璃。目前，浮法平板玻璃成型工艺已成为全球平板玻璃的主要生产工艺。皮尔金顿公司以浮法工艺拉制出优质的超薄玻璃而闻名全球。

浮法玻璃成型工艺过程为玻璃液在调节闸板的控制下经流道平稳连续地流入锡槽，在锡槽中漂浮在熔融锡液表面，在自身重力的作用下摊平、在表面张力作用下抛光、在主传动拉引力作用下向前漂浮，通过挡边轮控制玻璃带的中心偏移，在拉边机的作用下实现玻璃带的展薄或积厚以及冷却、固型等过程，成为优于磨光玻璃的高质量平板玻璃。

浮法工艺的主要特点是玻璃质量高，通过火抛光表面平整度高，接近或相当于机械磨光

玻璃；拉引速度快、原板宽、产量大，一条生产线最大产量达 1200t/d；产品规格全，玻璃厚度为 0.7～30mm；生产自动化程度和劳动生产率高。

玻璃液在前进的过程中经历了在锡液面上摊开、达到平衡厚度、自然抛光以及拉薄或积厚四个过程。浮法玻璃的成型设备因为是盛满熔融锡液的槽形容器而被称作锡槽，它是浮法玻璃成型工艺的核心，被看作浮法玻璃生产过程的三大热工设备之一。

（2）浮法玻璃成型工艺过程

浮法玻璃的生产系统如图 3-35 所示。熔窑中熔化好的玻璃液，在 1100℃ 左右的温度下，沿流道流入锡槽，由于玻璃的密度只有锡液密度的 1/3 左右，因而漂浮在锡液面上，完成玻璃的平整化过程，然后逐渐降温，在外力的作用下冷却成板。玻璃带冷却到 600～620℃，被过渡辊台抬起，在输送辊道牵引力作用下，离开锡槽，进入退火窑，消除应力，再经质量检测，纵横切割，装箱入库。为了防止锡液在高温下氧化，通常向锡槽通入弱还原性保护气体，以提高玻璃质量。

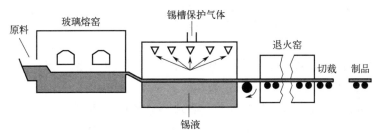

图 3-35　浮法玻璃的生产系统示意图

浮法玻璃成型是一个精细且连续的过程，涉及多个关键步骤，从玻璃液的摊开到平衡厚度的达成，再到抛光处理和厚度调整。

① 玻璃液在锡液面上的摊开与平衡厚度达成　浮法玻璃成型开始于将熔融玻璃液铺展在熔融锡液的表面。由于锡的密度大于玻璃，玻璃液能够漂浮在锡液上。在这一阶段，玻璃液在重力作用下自然摊开，厚度逐渐减薄，直至达到平衡厚度。平衡厚度是指玻璃液在表面张力和重力的共同作用下达到的稳定厚度。表面张力倾向于使玻璃液表面积最小化，而重力则促使玻璃液尽可能摊开。当这两种力达到平衡时，玻璃液的厚度不再变化，形成了一个均匀的液层。

② 玻璃液在锡液面上的抛光处理　浮法玻璃的抛光主要依靠玻璃液表面张力的作用来实现。通过控制降温速度和维持均匀的温度场，为表面张力发挥作用创造理想条件。浮法玻璃抛光过程的温度范围与摊平过程的基本相同（996～1065℃），玻璃液保持适宜的黏度，确保有足够的时间进行抛光。实践证明，均质玻璃液流入锡槽后在均匀的温度场（抛光区内）停留约 1min 就可以获得光洁平整的抛光表面。

③ 厚度调整（拉薄）　玻璃液在重力和表面张力平衡时，在锡液面上形成自然厚度约 7mm 的玻璃带。当拉引厚度小于自然厚度的玻璃时，必须对玻璃带施加一定的拉力。拉引力的增加，使玻璃宽度和厚度成比例减小，因为在玻璃带被拉薄的同时，表面张力的作用使玻璃带增厚或使带宽有所收缩，因此必须选择适宜的温度范围、采用合理的工艺参数和拉薄措施使拉薄过程顺利进行。实践证明，温度范围 769～883℃，有利于玻璃带的拉薄。为了得

到并维持玻璃带在拉薄区内所获得的宽度，在拉薄区玻璃带的两侧，可根据工艺要求安置若干拉边机。

（3）浮法玻璃成型工艺因素

对浮法玻璃成型起决定作用的因素有玻璃的黏度、表面张力和自身的重力。在这 3 个因素中，黏度主要起定型的作用，表面张力主要起抛光的作用，重力则主要起摊平作用。但是三者对摊平、抛光和展薄都有一定作用，这三者合理配合才能很好地进行浮法玻璃的生产。

玻璃液刚流入锡槽时，处于自身重力和液-液-气三相系统表面张力的作用下。随着玻璃液的不断流入，在自身重力影响下，玻璃液沿锡液表面摊开，并在锡液面上形成玻璃液的流体静压，作为玻璃带成型的源流。在 1025℃左右的温度范围内，在自身重力和表面张力的作用下，玻璃液以自然厚度（7mm 左右）向四周流动摊开，此过程称为玻璃的摊平过程，也是生产优质浮法玻璃的关键。生产实践证明，欲得到平整的玻璃带，必须具备下述条件。

① 适于平整化的均匀温度场　玻璃液在锡液面上摊平必须有适于平整化的温度范围。适于浮法玻璃自身摊平的温度范围为 996～1065℃。只有在此范围内，才能使玻璃带摊得厚度均匀、表面平整。

② 足够的摊平时间　玻璃的平整化除必须有一定的温度范围，以达到一定的表面张力外，还必须具备足够的摊平时间，以保证表面张力充分发挥作用。在 1050℃时，玻璃液在锡液表面上用约 1min，即可消除波纹而摊平，达到平整化的要求。

在锡槽设计和生产过程中，适当延长高温区长度或延长高温区作用时间，都对玻璃的平整化有利。但是，提高玻璃液和高温区温度，会降低玻璃黏度，虽然有利于加速玻璃带平整化过程，但若玻璃黏度降低过多，不足以推动玻璃液向前流动，导致产量降低。

（4）影响成型质量的因素

浮法玻璃成型需要多方面的配合，任何一方面出现问题均会造成玻璃质量的下降，严重时可导致停产，其中影响成型质量的因素主要包括锡槽温度制度、气氛制度、压力制度等。

① 温度制度　温度制度指的是沿锡槽长度方向的温度分布。温度制度是锡槽成型作业基础，对玻璃带的拉引速度，锡液的对流状态，玻璃的品种、规格、产量、质量等都有一定的影响。温度制度的确定取决于所生产的玻璃成分、带厚及拉引速度。

a. 流道温度过高时，玻璃液黏度降低，进入锡槽后摊开面积变大，造成玻璃带过薄、过宽，易引起沾边、满槽等事故。

b. 流道温度过低时，玻璃液黏度增大，摊平和抛光的条件不充分，玻璃表面质量会受到影响，易引起脱边、断板等事故，并存在成型时不易拉薄而积厚的困难。

c. 在流道温度波动情况下，玻璃带的边缘会不稳定，出现忽大忽小的变化，导致玻璃带的厚度也随之变化，这样容易引起脱边、沾边等事故。

d. 流道温度不均匀时，摊开的玻璃带在横向上会由温度的不均匀而造成黏度的不均匀，这时生产出来的玻璃产品容易出现"条纹"等质量缺陷。

② 气氛制度　锡的氧化物（SnO_2、SnO）严重污染玻璃，使玻璃出现雾点、锡滴、沾锡等缺陷，严重时玻璃甚至不透明，热处理（如钢化）呈现虹彩。因此，浮法玻璃生产要求锡槽内必须保持中性或弱还原气氛，以防止锡液氧化。现在锡槽中都采用 N_2+H_2 混合气体作保

护气体。

H₂ 对 SnO₂ 的还原能力与温度有关。实验证明，H₂ 对 SnO₂ 的还原能力随温度升高而增强。在锡槽中为了弥补低温区段 H_2 对 SnO_2（或 SnO）的还原能力，常采用增加 H_2 含量的做法。

③ 压力制度　锡槽内的压力制度比玻璃熔窑更严格，因为锡槽内压力过高，保护气体散失就越多，增加了保护气体的耗量，破坏保护气体的生产平衡，给生产带来不利影响，同时也会增加电耗。若锡槽处于负压状态，就会吸入外界空气，当锡槽内氧气含量超过允许值（$10cm^3/m^3$）时，就会有锡的氧化物产生。这一方面会增加锡耗，增加玻璃工艺成本；另一方面会污染玻璃，产生各种由锡氧化物造成的缺陷，如沾锡、雾点、钢化虹彩等。

正常生产情况下，锡槽内应维持微正压，一般以锡液面处的压力为基准，要求其压力为 3～5Pa，有时甚至维持在 10Pa 左右。

影响锡槽压力制度的因素：

a. 锡槽的温度制度　锡槽对保护气体而言属高温容器，因此保护气体在锡槽中对温度非常敏感，温度波动对压力制度有明显的影响。

b. 保护气体量及压力　锡槽空间应充满保护气体，若保护气体量不足，必然导致锡槽处于负压状态。保护气体量与其本身的压力成正比，压力降低，同样会导致保护气体的量不足，锡槽就会处在负压状态。

c. 锡槽的密封情况　直接影响压力制度，密封好，保护气体的泄漏量就少，压力稳定。

（5）锡槽结构

锡槽是浮法玻璃的关键成型设备，其结构大致分为三部分：进口端、出口端和主体部分。

① 进口端是连接熔窑末端和锡槽的通道，它由流道、流槽、安全闸板、调节闸板、顶碹、侧墙、挡焰砖、盖板砖和挡气砖等部分组成。

② 锡槽和退火窑之间的一段热工设施，叫出口端，也称过渡辊台，其结构在很大程度上决定了锡槽气密性的好坏。

③ 锡槽的主体分为等宽型和前宽后窄型两种，现在一般使用后者。主体部分即锡槽的主体结构包括槽底、胸墙、顶盖、钢结构、电加热、保护气体和冷却装置等部分。为了避免锡液氧化，从顶部或侧壁导入保护气体。锡槽顶部还设有电加热装置，以便满足投产前的烘烤升温、临时停产的保温以及正常生产时的温度调节等需要。锡槽底部应有一定的空间高度，以便布置风管冷却槽底，减少槽底钢壳的热变形。

3.4.2.2　溢流法玻璃成型

（1）溢流下拉法

溢流下拉法是目前制备显示屏用超薄玻璃的主要方法之一，如图 3-36 所示。在熔窑末端设有专制供料道，使熔融玻璃液从供料道进入 U 型溢流槽，当溢流槽内充满玻璃液时，玻璃液便从溢流槽两侧自然外溢下淌，在 U 型溢流槽的底部汇合成一体形成玻璃带，在重力作用下继续下落，再经机械下拉辊拉引成超薄玻璃。该工艺方法可拉制厚度最小仅为 0.1mm 的超薄玻璃，且由于所得制品表面未与任何材料接触，玻璃板平整度高、火抛光表面平滑、厚度均一。该工艺突出的优点是适应性强，可适用于多种玻璃组分，而且溢流下拉的超薄玻璃的表面质量与浮法玻璃相当且不需要抛光，因此至今仍是生产 TFT 玻璃的主要工艺方法。该工艺的缺点在于产量较小，因受溢流槽的尺寸所限，板宽较窄。该工艺技术一直在不断迭代，从20年前的1代线（玻璃板尺寸320mm×400mm）发展到目前规格最大的11代线（玻璃板尺寸3370mm×2940mm），主要用于生产50寸以上的电视。

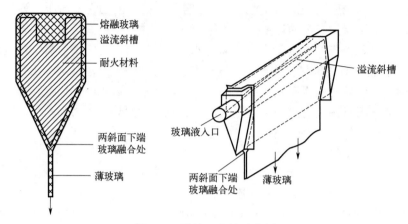

图3-36　溢流下拉法示意图

（2）溢流浮法

与上述溢流下拉法不同之处是溢流槽溢出的玻璃液汇合成玻璃带下落时，被下拉辊引入专用锡槽内的锡液面上，使其受到成型抛光及冷却二次加工。它能生产出1mm以下的优质超薄平板玻璃。

3.5　聚合物的液态成型

高聚物的成型加工，通常是在一定温度下使弹性固体、固体粉状或粒状、糊状或溶液状态的高分子化合物变形或熔融，经过模具或口型流道的压塑，形成所需的形状，在形状形成的过程中有的材料会发生化学变化（如交联），最终得到能保持所取得形状制品的工艺过程。聚合物具有独特的成型性能，如良好的可挤压性、可模塑性、可延展性和可纺性等，这些皆源于聚合物的可塑性。正是这种可塑性使聚合物通过各种成型方法生产出各式各样的制品，并得到了广泛的应用，因此主要的成型方法将在塑性成型相关章节进行阐述。本节主要对以高分子溶液为原料的液态成型方式（注塑成型、流延成型和涂覆成型）进行介绍。

3.5.1　高分子溶液的性质

高分子溶液指高聚物溶解在溶剂中形成的溶液，是处在热力学平衡状态的真溶液稳定体系。高分子溶液的流变性能与成型工艺密切相关。高分子极稀溶液的减阻作用在流体力学方面得到实际应用。高分子浓溶液在多个工业过程中扮演关键角色，包括合成纤维生产中的溶液纺丝和干法纺丝、片基生产中的溶液铸膜，以及塑料的增塑等。高分子化合物在形成溶液时，与低分子量的物质明显不同的是要经过溶胀过程，即溶剂分子慢慢进入卷曲成团的高分子化合物分子链空隙中，导致高分子化合物舒展开来，体积成倍甚至数十倍增长。不少高分子化合物与水分子有很强的亲和力，分子周围形成一层水合膜，这是高分子化合物溶液具有稳定性的主要原因。

高聚物的溶解比小分子化合物缓慢。溶解过程分为两个阶段：①高聚物的溶胀。由于非晶高聚物的分子链段的堆砌比较松散，且分子间的作用力弱，溶剂分子比较容易渗入非晶聚物内部，使高聚物体积膨胀；而非极性的结晶高聚物的晶区分子链堆砌紧密，溶剂分子不易渗入，只有将温度升高到结晶高聚物的熔点附近，才能使结晶转变为非晶态，溶解过程得以进行。在室温下，极性的结晶高聚物能溶解在极性溶剂中。②高分子分散。即以分子形式分散到溶剂中，形成均匀的高分子溶液。交联高聚物只能溶胀，不能溶解，溶胀度随交联度的增加而减小。

用于配制高分子溶液的树脂种类并不多，一般为某些无定型树脂，结晶性树脂应用较少。对溶剂的选择有如下要求：①对聚合物有良好的溶解能力，这可由聚合物和溶剂二者溶度参数相近的原则来选择，一般结晶和氢键对聚合物在溶剂中的溶解不利；②无色、无臭、无毒、不燃、化学稳定性好；③沸点较低；④成本低。

聚合物成型中用作原料的溶液其组成除聚合物与溶剂外，还可按需要加入增塑剂、稳定剂、色料和稀释剂等。稀释剂对聚合物来说，是一种有机非溶剂，也就是上述混合溶剂中的一个组分。加入稀释剂是为了降低黏度或成本，提高溶剂的挥发性。无定型聚合物与溶剂接触时，由于聚合物分子链段间有大量的空隙，溶剂分子会逐渐向空隙部分侵入，从而使聚合物分子发生溶剂化。溶剂化后聚合物的体积逐渐膨胀，即发生溶胀。此时聚合物颗粒呈黏性小团，再通过彼此间的黏结而成为较大的团块。如果对这种聚合物不加任何搅动，则聚合物分子经过几天或更长时间的继续溶胀，经过相互脱离和扩散的过程方能成为溶液。显然，以上这样漫长的自然溶解过程，在工业上是不允许的。加快溶解过程的关键是加速溶胀和扩散作用，其通常办法有采用疏松或颗粒较小的聚合物作原料，加热溶解，利用搅拌防止团块的形成或将团块搅散等。

结晶性聚合物的分子排列规整，分子间的作用力大，其溶解要比无定型聚合物困难很多，往往要提高温度，甚至温度要升高到它们的熔点以上，待晶型结构破坏后方能溶解。

聚合物溶液的黏度与溶剂的黏度、聚合物的性质和分子量以及温度等因素有关。溶剂性质不同，温度对溶液黏度的影响也不同。对良溶剂而言，由于溶剂的黏度随温度的上升而下降，溶液的黏度也随温度的上升而下降。在不良溶剂中，虽然溶剂的黏度也随温度的上升而下降，但在温度上升时，聚合物分子从卷曲状变为比较舒展，而使溶液的黏度上升。

3.5.2 注塑成型

注塑成型也称浇注成型。注塑成型是将浇注原料注入一定形状和规格的模具中，而后使其固化定型得到制品的过程。浇注原料一般为高分子单体溶液、经初步聚合或缩聚的浆状物和聚合物熔体等。固化定型包括完成聚合或缩聚反应、冷却等。

注塑成型所用浇注原料一般为液态材料，由于流动温度一般不是很高，可以使用各种模具材料如金属或合金、玻璃、木材、石膏、塑料和橡胶等成型。注塑成型设备简单，一般不需加压，对设备和模具的强度要求不高，对制品尺寸限制较小，所得制品大分子取向低、内应力也小，宜生产小批量的大型制品，因此，生产投资较少，可制得性能优良的大型制件。但生产周期较长，制品尺寸的精确性较差，部分制品需进行机械加工。

根据浇注液的性质及制品硬化的特点，注塑成型既可以是一个物理过程，也可以是一个物理-化学过程。目前的注塑工艺已在传统浇注基础上，逐步开发出灌注、嵌铸、压力浇注、旋转浇注和离心浇注等各种方法。

① 灌注：与浇注的区别在于，浇注完毕制品即由模具中脱出，而灌注时模具成为制品本身的组成部分。

② 嵌注：将各种非塑料零件置于模具型腔内，与注入的液态物料固化在一起，使之包封于其中。

③ 压力浇注：在浇注时对物料施加一定压力，有利于把黏稠物料注入模具中，并缩短充模时间，主要用于环氧树脂浇注。

④ 旋转浇注：把物料注入模内后，模具以较低速度绕单轴或多轴旋转，物料借重力分布于模腔内壁，通过加热、固化而定型，用以制造球形、管状等空心制品。

⑤ 离心浇注：将定量的液态物料注入绕单轴高速旋转并可加热的模具中，利用离心力将物料分布到模腔内壁上，经物理或化学作用而固化为管状或空心筒状的制品。

静态注塑可生产各种型材和制品（如滑轮等），其中有机玻璃是最典型的注塑制品；透明塑料嵌注常用来保存生物标本，制作工艺美术品或电气设备（如变压器和精密电子元件）；流延注塑常用来生产光学性能很高的塑料薄膜，如电影胶片；离心浇注可生产大直径的管材、大型轴套、齿轮、中空制品（如容器、小船壳体）等；聚氯乙烯溶胶塑料的搪塑成型可制造空心软质制品，如工业用手套、软管、玩具等；旋转成型可生产大型的容器。

3.5.2.1　静态浇塑

静态浇塑是浇注成型中比较简便和使用比较广泛的聚合物液态成型方法，是将液体材料靠自身质量慢慢倒入已备好的模具型腔中，靠液态材料的化学或物理聚合原理固化而成型。常用这种方法生产各种型材和制品的原料包括聚甲基丙烯酸甲酯（PMMA）、聚苯乙烯（PS）、碱催化聚己内酰胺、有机硅树脂、酚醛树脂、环氧树脂、不饱和聚酯和聚氨酯等。

静态浇塑原材料一般应满足下列要求：

① 注液的流动性好，易充满模具型腔。

② 浇注成型的温度应比聚合所得凝固产物的熔点低。

③ 原料在模具中固化时没有低分子副产物生成，制品不易产生气泡。

固化化学反应的放热及结晶等过程在反应体系中能均匀分布且同时进行，体积收缩较小，不易使制品因收缩不均出现缩孔或大的残余应力。

（1）静态浇塑工艺过程

包括模具准备、浇注液的配制和处理、浇注及硬化（或固化）、制品后处理四个步骤。

模具准备：包括模具的清洁、涂脱模剂、嵌件预处理与安放及模具预热等操作。

浇注液的配制和处理：按一定的配方将各组分（单体或预聚体等与引发剂、固化剂、促进剂及其它助剂等）配制成可流动成型的混合物。

浇注及硬化（或固化）：浇注液配置和处理完后以人工或机械的方法注入模具。注入时注意避免将空气卷入，必要时可以辅以排气操作（真空浇注）。物料在模具内完成聚合反应或固化反应硬化成为制品。硬化过程通常需要加热，升温宜逐步进行。升温过快，制品会出现大量气泡或收缩不均匀，产生内应力。硬化通常在常压或低压下进行，硬化温度和时间依树脂的种类、配方及制品厚度等而异。

制品固化后即可脱模，然后经过适当的后处理。后处理包括热处理、机械加工、修饰和装配等。

（2）嵌铸成型

静态浇注除广泛用于塑料型材、制品的浇注成型之外，还常用于将各种非塑料物件（嵌件）包封到塑料中，方法是在模具内预先安放经过处理的嵌件，然后将浇注液倾入模具中，在一定条件下固化成型，嵌件便被包裹在塑料中。这种静态成型技术称为嵌铸成型。嵌铸成型常用于各种动植物标本、样品、纪念品、艺术品的长期包封保存，以及"人造琥珀""人造玛瑙"等工艺品的制造。所用原料主要有聚甲基丙烯酸甲酯、不饱和聚酯及脲醛树脂等。环氧树脂、不饱和聚酯等塑料的嵌铸成型常用于某些电气设备中电气元件及零件的绝缘、防腐和防震封装。

3.5.2.2 离心浇注

离心浇注是一类借助离心力使浇注液成型的浇注成型工艺。具体方法是将浇注液浇入高速旋转的模具中，在离心力作用下使浇注液充满模具，并在模具中完成固化或冷却定形成为制品。离心浇注与静态注塑的区别在于模具要高速转动。其工艺原理与金属离心浇注类似。

离心浇注的成型力为模具高速旋转产生的离心力，其大小可通过转速调控，通常从几十转每分钟到两千转每分钟。离心浇注成型力较静态浇注大，因此可生产静态浇注难以生产的大型薄壁或厚壁制品；制品外表面光滑，内部均匀密实，很少有气孔、缩孔等缺陷，无内应力或内应力很小，力学性能高；制品精度较高，后加工量较小。离心浇注的缺点是成型设备较静态浇注复杂；由于离心力有方向性，离心浇注生产的制品大多为圆柱形或近似圆柱形的回转体结构，如大直径的管材、轴套、齿轮、滑轮、转子和垫圈等，难以成型外形比较复杂的制品。离心浇注常用于熔体黏度小、热稳定性好的热塑性塑料，如聚酰胺、聚烯烃等，也可用于己内酰胺生产单体浇铸尼龙制品等的成型。

3.5.2.3 旋转成型

旋转成型是一种用以成型中空塑料制品的方法，该成型方法是将定量的液状原料加入模具中，然后沿两垂直轴不断旋转模具并使之加热，在重力和热的作用下，模内熔融塑料逐渐均匀地涂布于模腔的整个表面，成型之后经冷却定型而获得制品。旋转成型容易与离心浇注方法混淆，其也称为滚塑。

旋转成型与离心浇注生产的制品类似，二者的区别在于离心浇注主要靠离心力的作用，故转速较大，通常从几十转每分钟到两千转每分钟。旋转成型主要是靠塑料自重的作用，除了受到重力的作用之外，几乎不受任何外力的作用，因而转速较慢，一般只有几转每分钟到几十转每分钟，故设备简单，有利于批量生产大型的中空制品（如直径和高均达数米的容器等）。旋转成型主要应用有保温箱、包装箱、大型儿童户外游乐组合设施、分类回收垃圾桶、道路交通隔离墩、船用运输槽罐等。旋转成型制品的厚度较挤出吹塑制品均匀，无熔接缝，废料少，产品几乎无内应力，因而也不易发生变形、凹陷等缺陷。

3.5.3 流延成型

流延成型是指将热塑性或热固性塑料溶于溶剂中配制成一定浓度的溶液，然后以一定速度流布在连续回转的基材（一般为无接缝的不锈钢带）上，通过加热使溶剂蒸发而使塑料固化成膜，最后从基材上剥离即为膜制品。某些高分子在高温下易降解或熔融黏度高，不易用挤拉、吹塑等方法加工成膜，可用流延浇注成膜。随着流延成型的发展，流延薄膜生产工艺发展为树脂经挤出机熔融塑化，从机头通过狭缝型模口挤出，使熔料紧贴在冷却滚筒上，然后再经过拉伸、分切、卷取。可以认为前者为湿法流延，后者为干法流延。从本质上说，流延法也是一种浇注成型，其模具是平面的连续基材。

溶剂流延法生产的薄膜较挤拉、吹塑薄膜具有更薄且厚度均匀性更好等优点。超薄且厚度平整性特别优良的薄膜是将溶胶流延在一个加热的汞池面上，经挥发去除溶剂成膜后，从汞面上捞起薄膜卷取而成。该工艺与浮法玻璃的生产工艺很相似，差别在于将锡槽换成了汞池。$1\sim3\mu m$ 的超薄膜只在某些高科技中使用，一般在包装材料中不采用，因为设备投资大，溶剂毒性大，而且需使用大量溶剂，溶剂回收设备及操作费用均较大，只有像玻璃纸等极少数不能或很难用挤出法生产的薄膜才使用溶剂法生产。

溶剂流延膜有以下特点：

① 薄膜的厚度可以很小，一般在 $5\sim8\mu m$，使用汞为载体的薄膜，称为分子膜，其厚度可以低至 $3\mu m$。

② 薄膜的透明度高、内应力小，多数用于光学性能要求很高的场景，如电影胶卷、安全玻璃的中间夹层膜等。

③ 薄膜厚度的均匀性好，不易掺入杂质，薄膜质量好。

④ 溶剂流延膜由于没有受到充分的塑化挤压，分子间距离大，结构比较缩松，薄膜的强度较低。

⑤ 生产成本高，生产速度低，能耗大，溶剂用量大，需考虑溶剂的回收及环保、安全等问题。溶剂流延法生产的薄膜有三醋酸纤维素酯、聚乙烯醇、氯醋树脂等。此外，聚四氟乙烯和 PC（聚碳酸酯）也常用溶剂流延法生产薄膜。热固性的合成胶液也常用于生产高耐热性的薄膜。

3.5.4　涂覆成型

早期的塑料涂覆技术从油漆的涂装技术演变而来，故传统意义上的涂覆，主要指用刮刀将糊状料等塑性溶胶均匀地直接或间接涂覆在基材（纸和布等平面连续卷材）上，然后对它进行热处理使其成为涂层制品（常见的如涂层纸和人造革）的工艺方法。

随着塑料成型技术的发展，涂覆用塑料从液态扩展到粉体，被涂覆基体从平面连续卷材扩展到立体形状的金属零件和专用成型模具。涂布方法也从刮涂发展到浸涂、辊涂和喷涂。涂覆成型可以生产不同性能的人造革制品。根据塑料层结构，人造革可分为普通革和发泡革。普通革是指不发泡的聚氯乙烯人造革，其塑料层的结构由底层和面层组成，一般由涂覆法和压延法生产。目前塑料涂覆的目的多种多样，致使涂覆技术的实施方法也各不相同，本节主要介绍成型模具涂覆（简称模涂）和平面连续卷材涂覆。

3.5.4.1　模涂

模涂是一类以成型模具为基体，在阴模内腔或阳模外表面涂布塑料层后，经硬化处理而制得壳、膜类开口空心塑料制品的涂覆方法。模涂用量最大的成型物料是聚氯乙烯增塑糊、聚烯烃和聚酰胺等热塑性塑料粉末。工业上常用的模涂方法是涂凝成型，这是一种将成型物料涂布在阴模大口型腔壁上，以制得敞口空心塑料制品的模涂工艺，与搪塑成型基本相似。涂凝成型是用糊塑料（塑性溶胶）制造空心软制品（软质聚氯乙烯玩具）的一种常用成型方法。

目前涂凝成型主要以聚氯乙烯增塑糊为成型物料，借助加热使糊塑料经历一系列的物理变化过程，工艺上常将促使糊塑料发生物理变化的加热称作糊塑料的"热处理"。热处理糊塑料时，按所发生物理变化性质的不同，将糊塑料向制品的转变过程划分为胶凝和塑化两个阶段。胶凝是指糊塑料从开始受热到形成具有一定力学强度固体物的物理变化过程。聚氯乙烯增塑糊在这一阶段的变化情况如图 3-37（a）、（b）和（c）所示。由图可以看出，糊塑料开始为微细树脂粒子分散在液态增塑剂连续相中的悬浮液，受热使增塑剂的溶剂化作用增强，致使树脂粒子因吸收增塑剂而体积胀大，如图 3-37（b）所示；随受热时间延长和加热温度的升高，糊塑料中液体部分逐渐减小，固体体积不断增大，树脂粒子间也愈加靠近，最后残余的增塑剂全被树脂粒子吸收，糊塑料就转变成一种表面无光且干而易碎的胶凝物，如图 3-37（c）所示。热处理糊塑料的塑化是指胶凝产物在继续加热的过程中，其力学性能渐趋最佳值的物理变化。塑化阶段糊塑料的变化情况如图 3-37（d）、（e）所示。由图可以看出，由于树脂逐渐被增塑剂所溶解，充分膨胀的树脂粒子先在界面之间发生黏结，随着溶解过程的继续推进，树脂粒子间的界面变得愈来愈模糊，如图 3-37（d）所示；当树脂完全被增塑剂溶解时，糊塑料即由不均一的分散体转变成均质的聚氯乙烯树脂在增塑剂中的浓溶液，这种浓溶液一般是透明的或半透明的，如图 3-37（e）所示。塑化完全的糊塑料，除颜料和填料等不溶物外，其余各组分已处于一种均匀的单一相中，而且在冷却后能长久地保持这种状态，这就使塑料制品具有较高的强度。

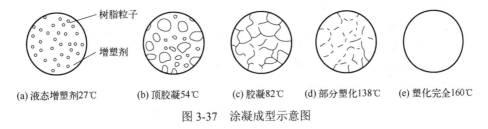

(a) 液态增塑剂27℃　　(b) 顶胶凝54℃　　(c) 胶凝82℃　　(d) 部分塑化138℃　　(e) 塑化完全160℃

图 3-37　涂凝成型示意图

3.5.4.2　平面连续卷材涂覆

这是一类以纸布和金属箔与薄板等非塑料平面连续卷材为基体，用连续式涂布方法制取塑料涂层复合型材的涂覆技术。平面连续卷材涂覆最常用的成型物料是聚氯乙烯糊，其次是氯乙烯-偏二氯乙烯共聚物乳液、氯乙烯-醋酸乙烯共聚物乳液、聚氨酯溶液和聚酰胺溶液等。重要的制品为涂覆人造革、塑料墙纸和塑料涂层钢板等，其中聚氯乙烯涂覆人造革的产量最大，技术上也最成熟。

聚氯乙烯涂覆人造革的成型方法依据涂布方式和所用工具的不同而有所区别。成型方法主要分为直接法和间接法，而涂布方式则主要分为刮刀法和辊涂法。直接涂覆法通常包括底层和面层分两次直接涂刮，或直接涂刮底层后贴合面层薄膜。该方法生产的发泡人造革一般具有三层结构：底层、发泡层和面层。在实际生产中，这三层可能全部通过刮刀直接涂覆，也可能底层和发泡层直接涂刮而面层为贴膜层。

与直接涂覆法不同，间接涂覆法生产的发泡人造革塑料层结构仅由发泡层和面层（涂饰层或贴膜层）组成。这是因为发泡人造革从载体（如钢带或纸）上剥离后，表面平整且发黏，需要进行表面处理以形成涂饰层。压延发泡人造革的塑料层结构与间接涂覆法发泡人造革相同。

刮刀法通常用于布基的刮涂，通过刮刀将塑性溶胶均匀涂覆在布基上。在刮涂过程中，涂层受到一定的拉力，并随布基连续向前移动，通过调节刮刀两侧的挡板来控制涂层的宽度。

辊涂法则是利用辊子将塑性溶胶均匀涂覆在基材上。辊涂装置上辊子的排列方式多种多样，其中逆辊涂胶法是目前常用的一种。逆辊涂胶法中，涂布糊塑料的辊子（涂胶辊）转动方向与基布运行方向相反。该方法分为顶部供料式和底部供料式两种，前者适用于黏度高的塑料溶胶，后者适用于黏度低的塑料溶胶。

逆辊涂布与刮刀涂布相比，虽然设备投资较大，但涂布的速度高、涂层的厚度均一性也较好，特别是涂层较薄时容易得到很光滑的人造革表面。而且由于糊塑料渗入基布缝少，其制得的人造革手感也较好。逆辊涂布较适用于黏度低的糊塑料，而不适用于高黏度糊塑料。刮刀涂布的情况则正好相反，黏度小于 0.5Pa·s 的糊塑料就不易刮涂。刮刀涂布由于糊塑料渗入基布缝较多，所制得的人造革手感不佳，而且基布上的缺陷会明显地在人造革表面上显现，因此很粗糙的帆布以及针织布和无纺布都不宜采用刮刀法涂布。基布上所涂的糊塑料层，在烘箱内加热时所经历的胶凝与塑化，与搪塑制品在热处理过程中所发生的物理变化相同，而基布预处理和半成品革的压花冷却和表面涂饰等操作与生产压延人造革相同。

习题

1. 简要说明液体的表观特征和微观特征。
2. 请说明流体类型和特点。
3. 请说明液态金属结构特点。
4. 金属的铸造性能主要包括哪些？
5. 影响铸件温度场的因素有哪些？
6. 影响液态金属充型能力的因素有哪些？如何提高充型能力？
7. 铸件的凝固方式有哪些？其主要的影响因素是什么？
8. 哪些金属倾向于逐层凝固？如何改变铸件的凝固形式？
9. 气体和非金属夹杂物对铸件质量有何影响？如何消除影响？
10. 什么是缩松和缩孔？其形成的基本条件和原因是什么？
11. 金属铸造的优点有哪些？主要问题有哪些？
12. 砂型铸造的常用类型及其特点有哪些？
13. 铸造应力是怎么产生的？简述铸件产生变形和开裂的原因及防止措施。
14. 什么是冒口和冷铁？其作用和采用原则是什么？
15. 常见的特种铸造方法有哪些？各有何特点？
16. 陶瓷的液态成型方法有哪些？各有何特点？
17. 陶瓷注浆成型中强化注浆方法有哪些？各有何特点？
18. 影响玻璃成型的主要因素有哪些？各因素是如何影响的？
19. 平板玻璃的主要液态成型方法有哪些？各有何特点？
20. 聚合物的液态成型方法有哪些？各有何特点？

材料的塑性成型理论与技术

本章系统论述了金属、陶瓷和聚合物的塑性变形原理和特征，在此基础上，重点介绍了三类材料的塑性成型技术。塑性成型技术是对坯料施加外力，使其产生塑性变形而改变形状，制造毛坯或制品的成型方法。金属的塑性成型工艺按照成型温度条件可以分为冷成型和热成型，按照坯件几何形状可以分为板料成型和体积成型；根据零件形状和工序的需要，板料成型的方法有冲压、旋压、超塑性吹塑等；体积成型有锻造、挤压、轧制等。陶瓷的可塑成型有拉坯、滚压、模压、挤制、轧模、注射等成型工艺。聚合物的塑性成型工艺主要有中空吹塑、热成型、薄膜的拉伸成型、合成纤维的拉伸、波纹管的成型等。本章的重点为三类典型材料的塑性成型原理、方法、特点及适用范围，难点为塑性成型理论。本章的目标是掌握塑性成型理论基础，了解三类典型材料的塑性成型方法。

4.1 塑性成型理论

材料在外力作用下产生应力和应变，即变形。当应力未超过材料的弹性极限时，产生的变形在外力去除后全部消除，材料恢复原状，这种变形是可逆的弹性变形；当应力超过材料的弹性极限，则产生的变形在外力去除后不能全部恢复，而残留一部分变形，材料不能恢复到原来的形状，这种残留的变形是不可逆的塑性变形。在锻压、轧制、拔制等加工过程中，产生的弹性变形比塑性变形要小得多，通常忽略不计。利用塑性变形而使材料成型的加工方法，统称为塑性加工。

4.1.1 金属的塑性变形机理

金属在外力作用下首先发生弹性形变，当外力超过一定值时，金属屈服并产生塑性形变。金属发生塑性变形通常是晶内变形、晶界变形和扩散蠕变三种形式的综合体现。

4.1.1.1 晶内变形

金属的晶内变形有晶内滑移和晶内孪生两种基本方式。

（1）晶内滑移

金属晶体在受到应力时，将在晶体晶面产生切应力分量，不同晶面上的切应力分量不同。当某一部分晶面上的切应力分量超过金属晶体弹性极限的临界切应力时，晶体一部分将沿该部分晶面和一定的晶向产生相对于另外一部分的滑移，即晶内滑移。这些晶面和晶向分别称为滑移面和滑移方向。滑移的结果就是产生宏观的塑性变形。一个滑移面和其上的一个滑移方向构成一个滑移系，滑移系越多，塑性变形越容易。

晶内滑移不是滑移面上所有原子沿着滑移方向同时做刚性的相对滑移，而是在局部区域先产生滑移，随着应力增大才逐渐扩大直至整个滑移面。该局部区域通常是存在位错的区域，在整个滑移面上作用的应力水平不高的情况下，该局部区域因为位错引起的应力集中已大到足以引起晶面滑移。当一个位错沿滑移面移动后，便使得晶粒产生一个原子间距大小的相对位移，如图 4-1 所示。位错移至晶粒表面产生一个原子间距的位移后，位错便消失了。为了使塑性变形能不断进行，就必须有大量新的位错出现，即在晶内滑移过程中，位错将不断增殖。

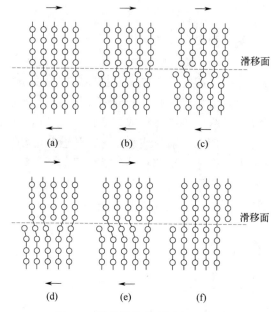

图 4-1　晶体滑移变形过程示意图

（2）晶内孪生

在切应力作用下，晶体一部分相对于其余部分沿一定晶面及晶向产生一定角度剪切变形的现象称为晶内孪生。发生孪生的晶面和晶向分别称为孪生面和孪生方向。发生孪生变形后，已变形部分与未变形部分以孪生面为对称面构成镜面对称关系，如图 4-2 所示。可以看出，孪晶与未变形的基体间以孪生面为对称面成镜面对称关系。孪生时原子一般平行于孪生面和孪生方向运动。孪生不改变晶体结构，孪生时，平行于孪生面的同一层原子的位移均相同，位移量正比于该层到孪生面的距离。

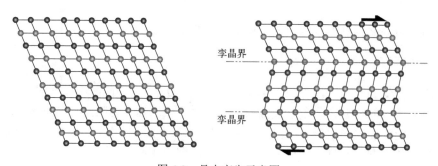

图 4-2　晶内孪生示意图

（3）晶内滑移与孪生的异同点

相同点：均是切应力下的剪切变形；均是塑性变形的一种基本方式；均不改变晶体结构；且均是位错运动的结果。

不同点：滑移变形后，晶体各部分的相对位向不发生改变，而孪生通过切变使晶格位向发生了改变，造成变形部分与未变形部分形成对称；滑移时原子在滑移方向的位移是原子间距的整数倍，而孪生时原子沿孪生方向的相对位移是原子间距的分数倍；滑移是不均匀切变，切变只集中在一些滑移面上进行，而孪生是均匀切变；孪生变形所需的切应力较滑移大得多，因此孪生一般在不易滑移的条件下发生，且孪生变形的速度接近声速。

4.1.1.2 晶界变形

金属多晶体受到应力作用时，当沿晶界处产生的切应力足以克服晶粒彼此之间相对滑移的阻力时，晶粒间彼此将发生相对滑移。此外，由于各晶粒所处的位向不同，所以各晶粒变形的难易程度就不同，各晶粒的变形程度和方位也相应不同。相邻晶粒的这种变形情况差异，必然导致相邻晶粒之间产生力的作用，由此可能导致晶粒之间发生相对转动。晶粒之间的这种滑移和转动是晶界变形的主要方式，如图 4-3 所示。此外，变形在晶粒内产生的畸变能还可能使得晶界沿晶界法向运动，发生晶界迁移。

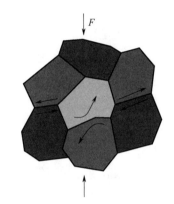

图 4-3　晶粒之间的滑动和转动示意图

4.1.1.3 扩散性蠕变

扩散性蠕变是在应力场作用下空位发生定向移动而引起的变形。在应力场作用下受拉应力的晶界的空位浓度高于其它部位晶界的空位浓度，导致各部位空位的化学势能存在差异，引起空位发生定向移动，即空位从垂直于拉应力的晶界放出，而被平行于拉应力的晶界所吸收。空位移动的实质是原子的定向迁移，但原子定向迁移的方向与空位定向移动的方向相反。原子的定向移动引起晶粒形状的改变而产生塑性变形。按照扩散途径的不同可以分为晶内扩散和晶界扩散。晶内扩散引起晶粒在拉应力方向上的伸长变形，或在受压方向上的缩短变形；而晶界扩散则产生类似晶粒转动的效果。扩散性蠕变既直接为塑性变形做贡献，也对晶界变形起调节作用。

4.1.2 陶瓷的塑性变形机理

陶瓷晶体多为离子键或共价键结合而成，具有明显的方向性和饱和性，同种离子相遇斥力极大。在室温或较低温度下，陶瓷结合键的特性使得其不易发生塑性变形，通常呈现典型的脆性断裂。不同的陶瓷材料在不同的条件下表现出不同的特性：单晶陶瓷中，只有少数晶体结构简单的陶瓷（如 MgO、KCl、KBr 等，均为 NaCl 型结构）在室温下具有一定塑性，而大多数陶瓷只有在高温下才表现出明显的塑性变形；工程陶瓷构件大多为多晶体，陶瓷的塑性来源于晶内滑移或孪生、晶界的滑移或流变，在较高的工作温度下，晶内和晶界可以出现塑性变形；非晶态陶瓷或玻璃，由于不存在晶体的滑移和孪生的变形机制，其塑性变形是通过分子位置的热激活交换来进行的，属于黏性流动变形机制，变形需要在一定温度下进行。

陶瓷的可塑性成型是在外力作用下，可塑性泥料发生塑性变形而制成坯体的方法。可塑性泥料是由固体物料、水分或有机溶剂和少量残留空气所组成的多相体系。当它受到外力作用而产生变形时，既不同于悬乳液的黏性流动，也不同于固体的弹性变形，而是同时具有"弹性-塑性"的流动变形过程。这种变形过程是"弹性-塑性"体所固有的力学性质（流变性）的体现。可塑性泥料的这种流变性特征可以通过如图4-4所示的塑性泥料的应力-应变图加以说明。

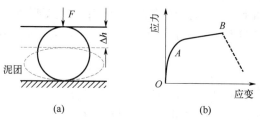

图4-4 泥料的塑性变形示意图（a）与塑性泥料的应力-应变图（b）
（F—外力；Δh—变形量）

当可塑泥料受到小于屈服应力作用（A点为屈服点）时，泥料出现的变形呈现弹性性质，应力与应变几乎成线性关系。撤除外力作用后，泥团能恢复原状。当应力超过屈服应力时，泥团呈现不可逆的塑性变形，直至增大到塑性极限应力，泥团出现裂纹而失去塑性（B点为破裂点），破裂点所对应的变形量为泥料的延展变形量。

在成型工艺中，泥料的流变特性决定着泥料的成型能力及其操作适应性，并通过屈服值和延展量这两个重要的参数进行描述。泥料的屈服值与延展变形量，二者相互依存。通常情况下，对同一坯料，当含水量低时，屈服值增高而延展变形量减小；含水量高时，屈服值则降低而延展变形量增大。即二者随含水量不同而相互转化，但是其乘积变化不大。积值越高，泥料的成型适应能力越强。为了适应各种不同的塑性成型方法，泥料不仅要有较高的屈服值，同时还应当有足够的延展变形量，也就是要求二者的积值尽量高。在实际生产中，可以通过调整泥料配方的可塑性原料（如黏土）种类和配比来调节泥料的流变特性，使其屈服值与延展变形量满足各种成型工艺方法的需求。因此，可以通过屈服值与破裂前延展变形量的乘积来评价泥料的塑性成型能力。

4.1.3 聚合物的塑性变形机理

聚合物在不同的温度下分别表现为玻璃态（或结晶态）、高弹态和黏流态三种物理状态。在一定的分子量范围内，温度和分子量对非晶型和部分结晶型聚合物物理状态转变的关系如图4-5所示。

非晶型聚合物在玻璃化转变温度T_g以上为类橡胶状，显示出橡胶的高弹性，在黏流温度T_f以上呈黏性液体状；部分结晶型聚合物在T_g下呈硬性结晶状，在T_g以上呈韧性结晶状，在接近熔点T_m时转变为具有高弹性的类橡胶状，高于T_m则呈黏性液体状。

聚合物在$T_g \sim T_{f(m)}$间，既表现液体的性质又显示固体的性质。塑料的二次成型加工就是在材料的类橡胶态下进行的，因此在成型过程中塑料既具有黏性又具有弹性，在类橡胶态下，聚合物的模量要比玻璃态时低，形变值大，但由于有弹性性质，聚合物仍具有抵抗形变和恢复形变的能力，要产生不可逆形变必须有较大外力作用。

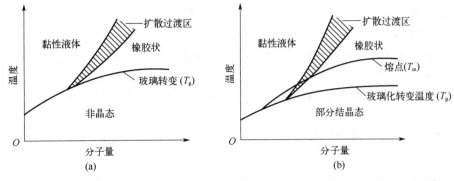

图 4-5　温度和分子量对聚合物的物理状态的影响 [（a）非晶型；（b）部分结晶型]

根据经典的黏弹性理论，聚合物在加工过程中的总形变由普弹形变、推迟高弹形变和黏流形变三部分组成。对于玻璃化转变温度 T_g 比室温高得多的无定形聚合物，二次成型加工是在 T_g 以上、黏流温度 T_f 以下，受热软化，并受外力作用而产生形变，忽略瞬时普弹形变，而塑性形变又很小，此时发生的形变主要是推迟高弹形变。

对于 T_g（或 T_m）比室温高得多的无定形（或结晶程度低的）聚合物，二次成型通常按下述方式进行：将该类聚合物在 T_g（或 T_m）以上的温度下加热，使之产生形变并成型为一定的形状；形变完成后将其置于接近室温下冷却，使形变冻结并固定。结晶聚合物形变过程则在接近熔点 T_m 的温度下进行。冷却定型过程中产生结晶，不可能再产生热弹性的回复，从而达到定型的目的。

聚合物在高弹态下表现出弹性和黏性，在加工过程中的变形是在外力和温度共同作用下，大分子形变和重排的结果。聚合物大分子在外力作用时与应力相适应的任何形变都不可能在瞬间完成。将大分子的形变经过一系列的中间状态过渡到与外力相适应的平衡态的过程看成是一个松弛过程，这一过程所需的时间称为松弛时间。聚合物的二次成型加工正是利用松弛过程对温度的这种依赖性，辅以适当外力，使聚合物在较高的温度下能以较快的速度、在较短的时间内经过形变形成所需形状的制品。

高分子在 $T_g \sim T_m$（或 T_f）之间，即处于高弹态时，高分子链段可以发生位移。如果其受到的应力大于屈服应力，则高分子在屈服应力的持续作用下，链段将在应力作用下发生协同运动，使得大分子链解缠绕和滑移，产生不可逆的塑性变形。在高弹态下，尽管大分子的运动本来就是"冻结"的，即其质心位置不能自行发生移动，但是在大于屈服应力的持续应力作用下，大分子链可以通过链段的有向协同运动产生滑移行为，这种移动行为是应力强制产生的，并且在高弹态才可能发生。

高分子发生大分子滑移的塑性变形行为时，由于分子间的内摩擦产生热量，高分子将出现温度升高的现象，导致塑性变形明显加快，高分子将在受拉伸区域出现"细颈"现象。这种塑性变形引起发热，使得高分子变软而塑性变形加速的作用称为应力软化。应力软化作用是高分子受拉伸而产生"细颈"现象的内在原因。高分子发生塑性变形，将导致高分子中的结构单元如链段、大分子和微晶发生沿应力方向取向。取向使得高分子间的间距减小，大分子间物理作用增大，引起高分子黏度升高，拉伸模量增加，使高分子变形出现硬化倾向。这种分子取向导致高分子抵抗变形能力提高的现象称为应力硬化。

在高分子方面，有时不把塑性变形与黏性变形严格区分，因为二者都是大分子链产生运动而使得材料发生不可逆的宏观变形，其机理是一致的。只是材料所处温度不同，前者是在大分子链运动被"冻结"的高弹态，后者是在大分子链可运动的液态，前者流动变形抗力大，后者流动变形抗力小。

与金属和陶瓷的塑性变形相比，高分子塑性变形的变形抗力较低，屈服强度较小，塑性变形量可以很大。同时，与金属和陶瓷的塑性变形不同的是，高分子的塑性变形不仅与应力大小有关，而且随时间的延长而增大，表现出时间依赖性，具有黏弹性特征。

4.2 金属的塑性成型

在物理特征上，任何固体自身都具有一定的几何形状和尺寸，固态成型就是改变固体原有形状和尺寸，从而获得预期形状和尺寸的过程。金属的塑性成型是指在不破坏金属自身完整性的条件下，利用外力作用使金属产生塑性变形，从而获得具有一定形状、尺寸和力学性能的原材料、毛坯或零件的加工方法，也称为压力加工或塑性加工。

要实现金属材料的固态塑性成型必须具备两个基本条件：被成型的金属材料具有一定的塑性；有外力作用在固态金属材料上。金属材料的固态塑性成型受内在、外在因素的影响，内在因素是金属本身能否进行固态塑性变形和可形变的能力大小，外在因素是需要多大的外力，且成型过程中两个因素相互制约。此外，外界条件如温度、变形速率等对内在、外在因素也有明显的影响。在金属材料中，低、中碳钢及大多数有色金属的塑性较好，可以进行塑性成型加工；但是铸铁、铸铝合金等材料塑性较差，不宜进行塑性成型。

工业生产中实现金属塑性成型的工艺多种多样，主要包括自由锻、模锻、板料冲压、轧制、挤压、拉拔等。

4.2.1 金属的塑性成型理论基础

塑性成型能使金属组织致密化、晶粒细化、力学性能提高。要实现金属材料固态塑性成型，就必须对金属材料在工业上实现该过程的可能性和局限性进行有效的、正确的评价和判断。

4.2.1.1 金属的塑性变形能力

材料的塑性成型性是材料经过塑性变形不产生裂纹和破裂以获得所需形状的加工性能。金属的塑性变形能力是衡量其压力加工工艺性好坏的主要性能指标，是金属塑性成型最重要的性能。金属的可锻性表示金属材料在塑性成型加工时获得优质毛坯或零部件的难易程度。金属的塑性成型性好说明该金属适合压力加工，可锻性差则表明该金属不宜压力加工。衡量金属的塑性成型性通常采用金属材料的塑性和变形抗力两个指标，材料的塑性越好，变形抗力越小，材料的塑性成型性越好，也就越适合压力加工。在工业生产中，优先考虑的是材料的塑性。金属的塑性成型性受金属的自身性质和成型加工条件等内在、外在因素的共同影响。

（1）金属的自身性质

① 材料的化学成分　不同的金属材料及不同成分含量的同类金属材料的塑性有较大的差异。铁、铜、铝、镍等的塑性较好；通常纯金属的塑性优于合金，如纯铝的塑性比铝合金要好，低碳钢的塑性比中碳钢好；合金元素生成了合金碳化物，形成了硬化相使钢的塑性降低，塑性变形抗力增加。一般情况下，钢中合金元素含量越高，塑性成型性能越差，杂质磷会使钢出现冷脆性，硫使得钢出现热脆性，降低钢的塑性成型性能。

② 材料的内部组织　不同的金属内部组织结构导致其塑性成型性有较大的差异。纯金属及单相固溶体合金的塑性成型性较好，成型抗力低；具有均匀细小等轴晶粒的金属，其塑性成型性能比晶粒粗大的晶粒好；钢的含碳量对其塑性成型性影响较大，含碳量小于 0.25%（质量分数）的低碳钢（如铁素体钢），珠光体含量很少，其塑性较好，且随着含碳量增加，钢中的珠光体含量逐渐增多，甚至出现硬脆的网络状渗碳体，使得钢的塑性显著降低，导致其塑性成型性变差。

（2）金属塑性成型加工条件

① 变形温度　对于大多数金属材料而言，提高变形温度，金属的塑性增加，成型抗力降低，是改善或提高金属塑性成型性的有效措施。这是由于原子的热运动增强，有利于滑移变形和再结晶。热塑性成型中将温度提升至再结晶温度以上，不仅可以提高金属塑性、降低成型抗力，而且可以使加工硬化不断被再结晶软化消除，其塑性成型性能进一步提升。

在热塑性成型时，金属在加热过程中不产生微裂纹、过热和过烧现象，同时还需缩短加热时间和节约燃料等。为保证金属在热变形过程中具有最佳变形条件和热变形后获得所要求的内部组织，需要正确指定金属材料的热变形加热温度范围。碳钢的锻造温度范围如图 4-6 所示，碳钢的初锻温度比固相线约低 200℃，温度过高会导致过热甚至过烧现象，致使金属的加热缺陷和烧损增多，甚至使得工件报废；终锻温度为 800℃左右，温度过低会因为出现加工硬化而使塑性下降，变形抗力急剧增加，变形难于进行。

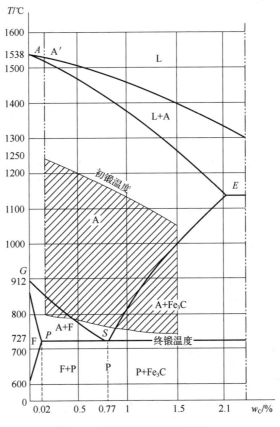

图 4-6　碳钢的锻造温度范围

② 变形速度 变形速度指单位时间内变形程度的大小，它对金属塑性成型的影响比较复杂。当变形速度低于 a 时，应变速度越小，金属的塑性成型性越好（图 4-7），这是加工硬化速度减慢，易被再结晶消除所致，故塑性差的金属宜采用压力机成型；而当变形速度高于 a 时，应变速度越大，金属的塑性成型性越好，这主要是金属在塑性变形过程中消耗的塑性变形能量有一部分转换成热能，当热能来不及散发时会使金属的温度升高（热效应），这有利于金属的塑性提高，变形抗力下降，金属的塑性变形能力得到改善。故对于强度高、塑性低、形状复杂的零件宜采用高速锤锻造、爆炸成型等应变速度高的加工方法。如高速锤的打击速度可达 20m/s，在短时间内释放高能量使得金属塑性成型易于进行。

③ 应力状态的影响 受力物体内某一点的各个截面上的应力状况称为物体内该点处的应力状态。一般压应力有利于防止裂纹的产生和扩展，压应力个数越多、数值越大，金属的塑性就越好；而拉应力的个数越多、数值越大，金属的塑性就越差。金属材料在经受不同方法变形时，所产生的应力大小和性质（压应力或拉应力）是不同的。金属塑性变形时，三个方向的压应力的数目越多，则金属表现的塑性越好；拉应力的数目越多，则塑性越差，对材料的塑性要求也越高。例如，拉拔时，变形区金属处于两向受压、一向受拉的状态，使得金属的塑性降低，故拉拔不适宜塑性差的金属；而挤压变形时，变形区金属处于三向受压状态，有利于提高金属的塑性，如图 4-8 所示。

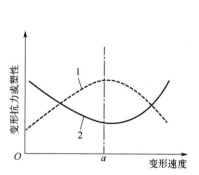

图 4-7 变形速度与塑性和变形抗力之间的关系
1—变形抗力曲线；2—塑性变化曲线

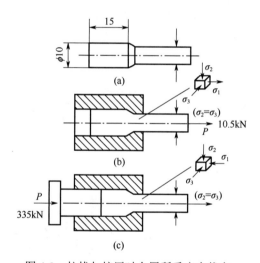

图 4-8 拉拔与挤压时金属所受应力状态
[（a）原始工件；（b）拉拔；（c）挤压]

金属的塑性成型性既取决于金属的本质，又取决于变形条件。在金属材料的塑性成型过程中，提高金属的塑性，降低变形抗力，创造最佳的变形加工条件，是实现金属塑性加工成型的根本途径。

4.2.1.2　金属塑性变形的基本规律

金属的塑性变形属于固态成型，其成型过程中存在一些基本的变化规律，如体积不变规律、最小阻力定律和加工硬化及卸载弹性恢复规律等。依据这些规律，通过控制坯料的变形，可有效提高生产效率和保证制品质量。

（1）体积不变规律

由于金属在塑性变形时密度的变化很小，可以认为变形前后体积保持不变，这称为体积不变规律。即某一主方向的微小应变等于另外两个方向的微小应变之和，且形变方向相反。如拔长过程，随坯料长度的增加，必然导致另两方向尺寸的减小；锻打镦粗时，坯料高度的减小量等于长度和宽度的增量之和。实际上，金属在塑性变形过程中，体积总有微小的变化，如锻造钢锭时，因气孔、缩松的减少，钢坯略有收缩，锻造过程中因加热氧化生成的氧化皮的脱落造成钢坯体积变化等。这些变化对整个金属坯料来说是微小的，尤其是在冷塑性成型中，故一般忽略不计。

（2）最小阻力定律

金属在塑性变形过程中，如果金属质点有向几个方向移动的可能，则金属各质点将沿着阻力最小的方向移动，宏观上变形阻力最小的方向上变形量最大，这就是最小阻力定律。它符合力学的一般原则，是塑性成型加工过程中最基本的规律之一。

通常金属在某一质点塑性变形时移动的最小阻力方向就是通过该质点向金属变形部分的周边所作的最短法线方向。因为质点沿这个方向移动时路径最短而阻力最小，所需要做的功就最小，所以，当金属有可能向各个方向变形时，最大的变形将向着大多数质点遇到最小阻力的方向进行。如坯料拔长时，为了提高拔长效率，必须控制坯料送进量与其直径或宽度之比小于1（一般取0.4～0.7）。

（3）加工硬化及卸载弹性恢复规律

金属在低于再结晶温度加工时，由于塑性应变而产生的强度和硬度增加的现象称为加工硬化。塑性变形过程中，由于晶粒沿变形方向被拉长，滑移面附近晶格产生畸变，并出现许多微小的碎晶。晶格畸变和碎晶导致变形阻力加大，金属的强度和硬度增高、塑性和韧性下降，并出现了残余应力。加工硬化是使金属强化的重要方法之一，特别适合不能用热处理强化的合金。加工硬化指数越大表示变形时硬化越显著，这将对后续变形不利。如20钢和奥氏体不锈钢的塑性都很好，但是奥氏体不锈钢的加工硬化指数较高，变形后再变形的抗力较20钢大很多，因此，其塑性成型性也较20钢差。

4.2.1.3 金属塑性变形对组织和性能的影响

金属固态塑性成型按照成型过程的温度可以分为两种类型：冷变形过程和热变形过程。

（1）冷变形过程及其影响

冷变形是指金属进行塑性变形时的温度低于该金属的再结晶温度。冷变形的特征是金属塑性变形后具有加工硬化现象，即金属的强度和硬度升高，塑性和韧性降低；冷变形是一种精密成型方法，有利于提高制品的强度、尺寸精度和表面质量；对于那些不能或不易通过热处理方法提高强度和硬度的金属构件（尤其是薄壁细长部件），利用金属在冷成型过程中的加工硬化来提高部件的强度和硬度既有效又经济。如冷冲压、冷锻、冷轧、冷拔等冷变形加工方式都广泛应用于制造半成品或成品。

冷变形过程中的加工硬化现象使金属材料的塑性变差，再进一步塑性变形较困难，故冷变形需要使用重型和大功率设备；加工坯料需要表面洁净、平整、无氧化皮等；加工硬化会使金属变形处的电阻升高、耐蚀性降低等，产生一定的负面效应。

（2）热变形过程及其影响

热变形是指金属材料在其再结晶温度以上进行的塑性变形过程。在金属热变形过程中，由于温度较高，原子的活动能力较强，变形所产生的硬化随即通过再结晶而消除。金属在热变形过程中一直保持着优异的塑性，不仅能使工件进行大量的塑性变形，而且由于在该温度下金属的屈服强度较低，故变形抗力低，易于发生变形。热变形使金属材料内部的缩松、气孔或空隙被压实，粗大（树枝状）的晶粒组织结构被再结晶细化，从而使金属内部组织结构致密细小，力学性能（特别是韧性）明显改善和提高。

金属材料经历热变形后，其内部晶粒间的杂质和偏析元素沿金属流动的方向呈线条状分布，再结晶改变了晶粒的形状，可定向伸长的杂质并不因再结晶的作用而消除，而是形成了纤维状组织，使金属材料的力学性能呈现方向性。即金属在平行于纤维方向具有最大的抗拉强度且塑性和韧性比垂直于纤维方向好，而垂直于纤维方向具有最大的抗剪切强度。为了充分利用纤维组织性能上的方向性，在设计和制造零件时，都应使零件在工作中所承受的最大正应力方向尽可能与纤维方向重合，最大剪切应力方向与纤维方向垂直，以提高零件的承载能力。如锻造齿轮毛坯，需要对棒料先进行镦粗加工，使其纤维呈放射状，有利于齿轮的受力；曲轴毛坯的锻造，需要先采用拔长再进行弯曲工序，使纤维组织沿曲轴轮廓分布，这样曲轴工作时不易断裂。一旦纤维组织形成后，就不能通过热处理方法消除，只有通过锻造方法使金属在不同方向变形，才能改变纤维的方向和分布。金属的热变形程度越大，纤维组织现象越明显。

4.2.2　金属塑性成型技术

金属塑性成型技术的选择和实施与材料、部件的几何形状、尺寸和工艺过程的实施条件（温度、压力和速度等）等有着紧密的关系。在工业化生产过程中，充分利用冷、热塑性变形及其相应的工艺特点制造各类合格的毛坯、零部件等。

4.2.2.1　轧制

轧制是金属材料在旋转轧辊的压力作用下，产生连续的塑性变形获得所要求的截面形状并改变其性能的方法［如图 4-9（a）所示］。轧制在机械制造业中得到较广泛的应用。轧制时坯料连续产生局部变形，生产效率高，材料消耗少，制备纤维连续分布，力学性能好。常用轧制工艺生产钢板、型材、线材、钢管以及设备的毛坯或零件［如图 4-9（b）所示］。根据轧辊轴线与坯料回转轴线的夹角和轧辊转向的关系不同，常见轧制方式分为纵轧、横轧和斜轧三种。

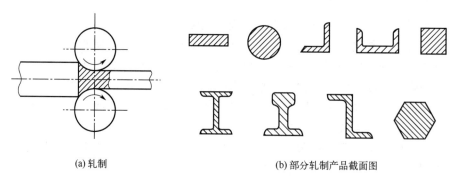

(a) 轧制　　　　　　　　　(b) 部分轧制产品截面图

图 4-9　轧制及产品截面图

（1）纵轧

轧辊轴线相互平行，旋转方向相反，轧件做直线运动的轧制。轧制型材时，轧辊表面需预制轧槽，由轧槽和轧隙组成的孔型决定了轧件的截面形状和尺寸，包括各种型材轧制、辊锻轧制、辗环轧制等。

辊锻轧制是由轧制过程发展起来的一种新锻造工艺。辊锻是使坯料通过装有圆弧形模块的一对相对旋转的轧辊时，坯料受压而产生塑性变形，如图 4-10 所示。它与轧制不同的是这对模块可装拆更换，以便生产出不同形状的毛坯或零件。

辊锻的变形压力只有一般模锻的 10%左右，但生产效率为模锻的 5 倍以上，且材料消耗少、无冲击、低噪声和劳动条件好。辊锻不仅可作为模锻前的制坯工序，还可直接生产制品，如各种扳手、钢丝钳、镰刀、锄头、犁铧、麻花钻、连杆、叶片和刺刀等。

辗环轧制是用来扩大环形坯料的外径和内径，以获得各种环状毛坯或零件的加工方法，如图 4-11 所示。驱动辊 1 由电动机带动旋转，摩擦力使坯料 2 在驱动辊 1 和从动辊 3 之间受到压力变形；驱动辊还可由油缸推动作上下移动，改变 1、3 两辊之间的距离，使坯料厚度逐渐变小。导向辊 4 用于保持坯料正确运送。信号辊 5 用来控制环坯直径，当环坯直径达到设定值与信号辊 5 接触时，信号辊旋转发出信号使驱动辊 1 停止工作。

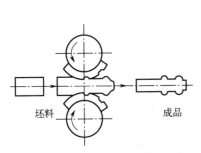

图 4-10　辊锻过程示意图

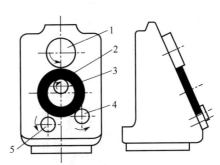

图 4-11　辗环轧制示意图

1—驱动辊；2—坯料；3—从动辊；4—导向辊；5—信号辊

用辗环轧制代替锻造生产环形锻件，可节省金属 15%～20%。这种方法生产的环类工件，其横截面可以是多种形状的，如火车轮箍、大型轴承圈、齿圈和法兰等。

（2）横轧

横轧是轧辊轴线与坯料轴线互相平行的轧制方法，如齿轮轧制。齿轮齿形轧制是一种无切削或少切削加工齿形的新技术，如图 4-12 所示。在轧制前将坯料外缘加热，然后将带齿形的轧轮做径向进给，迫使轧轮与坯料对辗。在对辗过程中，坯料上一部分金属受压形成齿谷，相邻部分的金属被轧轮齿部"反挤"而形成齿顶。直齿和斜齿均可用热轧成型。

楔横轧是用两个外表面镶有楔形凸块并作同向旋转的平行轧辊对沿轧辊轴向送进的坯料进行轧制成型的方法，两辊式楔横轧如图 4-13 所示。楔横轧还有平板式、三轧辊式和固定弧板式 3 种类型。楔横轧的变形过程主要是靠轧辊上的模型凸块压延坯料，使坯料径向尺寸减小、长度尺寸增加。它具有产品精度和品质较好、生产效率高、节省原材料、模具寿命较长且易于实现机械化和自动化等特点。但楔横轧限于制造阶梯轴类、锥形轴类等回转体毛坯或零件。

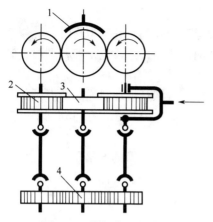

图 4-12　热轧齿形示意图

1—感应加热器；2—轧轮；3—坯料；4—导轮

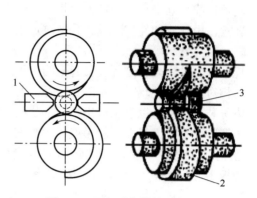

图 4-13　两辊式楔横轧示意图

1—导板；2—带楔形凸块的轧辊；3—轧件

（3）斜轧

斜轧也称螺旋斜轧，它是用两个带有螺旋形槽的轧辊，轧辊轴线与坯料轴线相交成一定角度，并做同方向旋转，使坯料在轧辊间既绕自身轴线转动，又向前推进，同时辊压成型，得到所需产品，如钢球轧制 [图 4-14（a）]、具有周期性花纹的工件轧制 [图 4-14（b）]、冷轧丝杆、带螺旋线的高速钢滚刀毛坯轧制等。

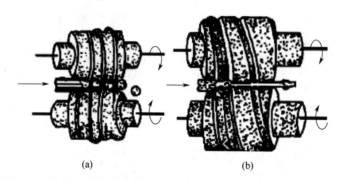

（a）　　　　　　　　　　　　　　（b）

图 4-14　螺旋斜轧示意图 [（a）钢球轧制；（b）周期性花纹轧制]

4.2.2.2　锻造

锻造是在加压设备及模具的作用下，使坯料、铸锭产生局部或全部的塑性变形，以获得具有一定几何尺寸、形状及内部质量的锻件的加工工艺，按所用的设备和模具的不同，分为自由锻造（自由锻）、模型锻造（模锻）和胎膜锻造三大类。

（1）自由锻

自由锻是指利用简单工具，通过冲击力或压力使金属材料在上、下砧铁之间或锤头与砧铁之间产生塑性变形而获得所需形状、尺寸以及内部质量的工件的一种锻压加工方法。金属只有部分表面受到工具限制，其余部分则为自由表面。自由锻成型的工艺特征如下。

成型过程中坯料整体或局部塑性成型，除与上、下砧铁接触的金属部分受到约束外，金属坯料在水平方向能自由变形流动，不受限制，故无法精确控制变形的发展。自由锻件的形状和尺寸取决于操作者的技术水平，但锻件质量不受限制。

自由锻对小型锻件通常以成型为主，对大型锻件和特殊钢则以改善内部质量为主。钢锭经锻造，粗晶被打碎，非金属夹杂物及异相质点被分散，内部缺陷被锻合，致密化程度提高，流线分布合理，综合力学性能显著提高。

自由锻要求被成型材料（黑色金属或有色金属）在成型温度下须具有良好的塑性。经自由锻成型所获得的锻件，其精度和表面品质差，故自由锻适用于形状简单的单件或小批量毛坯成型，特别是重型、大型锻件的生产。

自由锻可使用多种锻压设备，如空气锤、蒸汽-空气自由锤、机械压力机、液压机等，其锻造所用工具简单且通用性大，操作方便。但是，自由锻生产效率低，锻件加工余量大、精度低，劳动条件较差，只适用于简单的单件或小批量生产。

自由锻中可进行的工序较多，通常分为基本工序、辅助工序和精整工序三大类。

① 基本工序　基本工序是使坯料产生一定程度的热变形，逐渐形成锻件所需形状和尺寸的成型过程。基本工序有镦粗（坯料高度减小而截面增大）、拔长（坯料截面减小而长度增加）、冲孔、芯轴扩孔、芯轴拔长、切割、弯曲、扭转和错移等。实际生产中最常用的是镦粗、拔长和冲孔三种。

镦粗是使坯料高度减小、截面积增大的锻造工序，如图 4-15（a）所示。坯料的部分截面积增大称为局部镦粗，如图 4-15（b）～（d）所示。镦粗主要用于制造高度小、截面大的工件（如齿轮、圆盘等）的毛坯或作为冲孔前的准备工序。完全镦粗时，坯料应尽量用圆柱形，且长径比不能太大，端面应平整并垂直于轴线，镦粗时的打击力要足，否则容易产生弯曲、凹腰、歪斜等缺陷。变形量大时还可以打碎钢中碳化物，使其均匀分布，同时能提高锻件的横向力学性能，减小各向异性。

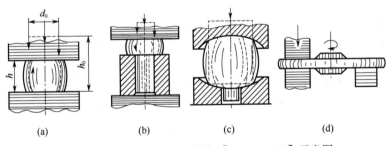

图 4-15　镦粗（a）和局部镦粗 [（b）～（d）] 示意图

拔长是缩小坯料截面积、增加其长度的工序。拔长实际是对坯料进行连续的局部镦粗，同时移动和转动坯料。常与镦粗结合起来提高锻造比，以使钢中碳化物和夹杂物破碎。拔长包括平砧上拔长（见图 4-16）、带芯轴拔长及芯轴上扩孔（见图 4-17）。平砧拔长主要用于制造长度较大的轴（杆）类锻件，如主轴、传动轴等。带芯轴拔长及芯轴上扩孔用于制造空心件，如炮筒、圆环、套筒等。拔长时要不断送进和翻转坯料（螺旋式翻转送料：每压下一次，坯料翻转 90°，翻转方向始终为同一个方向。反复翻转送料：坯料每次翻转 90°，坯料只有两个面与下砧接触，导致这两个面温度下降，变形均匀性降低。单面送料：沿整个坯料长度先压一遍，再翻转 90°压缩另一面），以使变形均匀，每次送进的长度不能太长，避免坯料横向流动增大，影响拔长效率。

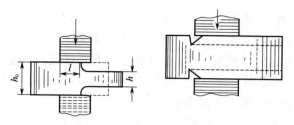

图 4-16 平砧上拔长示意图

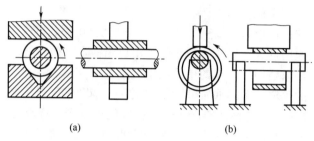

(a)   (b)

图 4-17 带芯轴拔长及芯轴上扩孔示意图 [（a）带芯轴拔长；（b）芯轴上扩孔]

冲孔是利用冲子在坯料上冲出通孔或盲孔的工序。生产中以开式冲孔为主，它包括实心冲子冲孔、空心冲子冲孔和垫环上冲孔三种类型。一般锻件通孔采用实心冲子双面冲孔（见图 4-18），先将孔冲到坯料厚度的 2/3～3/4 深，取出冲子，然后翻转坯料，从反面将孔冲透。冲孔主要用于制造齿轮坯、圆环和套筒等空心部件。冲孔前坯料须镦粗至扁平形状，并使端面平整；冲孔时坯料应经常转动，冲头要注意冷却。冲孔偏心时，可局部冷却薄壁处，再冲孔校正。对于厚度较小的坯料或板料，可采用单面冲孔。

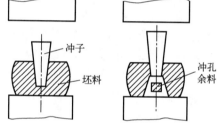

图 4-18 双面冲孔示意图

② 辅助工序 辅助工序是为了基本工序便于操作而进行的预先变形工序，如钢锭倒棱、预压钳把、分段压痕等。

③ 精整工序 精整工序是用以减少锻件表面缺陷，提高锻件表面质量而进行的工序，如鼓形滚圆、端面平整、弯曲校正、清除表面氧化皮等。精整工序用于要求较高的锻件，它在终锻温度以下进行。精整工序的变形量通常比较小。

自由锻工序是根据锻件形状和要求来确定的。一般锻件的大致分类及所采用的工序见表 4-1。

表 4-1 锻件分类及锻造用工序

锻件类别	图例	锻造用工序
盘类锻件		镦粗、冲孔、压肩、修整
轴及杆类锻件		拔长、压肩、修整
筒及环类锻件		镦粗、冲孔、芯轴拔长（或扩张）、修整

锻件类别	图例	锻造用工序
弯曲类锻件		拔长、弯曲
曲拐轴类锻件		拔长、分段、错位、修整
其它复杂锻件		拔长、分段、镦粗、冲孔、修整

　　自由锻造属于金属固态塑性成型，受固态金属材料本身的塑性和外力的影响，加之自由锻过程的特点，自由锻件的几何形状受到很大限制。在保证使用性能的前提下应尽量简化锻造工艺过程，部件设计时也应考虑自由锻的技术特征，保证锻件品质，提高生产效率。对于用自由锻制作毛坯的零件，其结构设计应注意以下原则。

　　应避免锥体、曲线或曲面交接以及椭圆形、工字形截面等结构出现在自由锻件上。锻造过程中须使用专用工具，锻件成型困难，锻造过程复杂，操作极不方便，如图 4-19 所示。

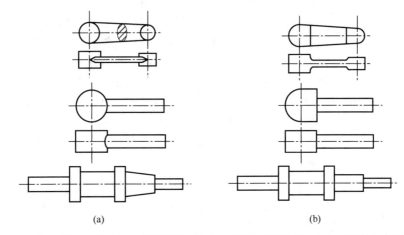

(a)　　　　　　　　　　　　　(b)

图 4-19　轴、杆类锻件结构比较示意图 [（a）成型性差的结构；（b）成型性好的结构]

　　应避免加强筋、凸台等结构出现在自由锻件上，因为这些结构难以用自由锻获得。如果采用专用工具或技术措施来生产，必将增加锻件成本，降低生产效率，如图 4-20 所示。

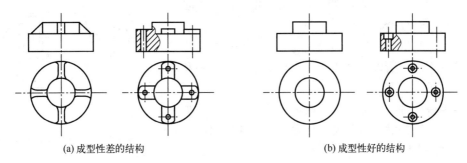

(a) 成型性差的结构　　　　　　　　　　　　　(b) 成型性好的结构

图 4-20　盘类锻件结构比较示意图

当锻件的横截面变化较大或形状较复杂时，可采用专用技术或工具；或将其设计成多个简单件，锻造后再用焊接或机械连接方法将其连接成整体，如图4-21所示。

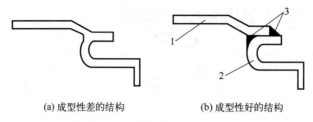

(a) 成型性差的结构　　　(b) 成型性好的结构

图 4-21　复杂件结构示意图

1、2—锻件；3—焊缝

（2）模型锻造

模型锻造是将加热或不加热的坯料置于锻模模腔内，然后施加冲击力使坯料发生塑性变形而获得锻件的锻造成型方法。模锻时坯料在模具模腔中被迫塑性流动变形，从而获得比自由锻质量更高的锻件。

模型锻造成型过程特征如下。

模锻时坯料由于三个方向受压而整体塑性成型。坯料置于锻模模腔中，当动模运动时，坯料发生塑性变形并充满模腔，最后由模锻件顶出机构顶出模腔。热成型要求被成型材料在高温下具有较好的塑性，热成型可用于生产各种形状的锻件，锻件形状仅受成型过程、模具条件和锻造力的限制；而冷成型则要求材料在室温下具有足够好的塑性。

热成型模锻件的精度和表面品质与锻模的精度、表面品质、氧化厚度和润滑剂等有关，但要达到零件配合面的最终精度和表面品质，还需进行车削、铣削、刨削等精加工；而冷成型件可获得较好的精度（约±0.2mm）与表面品质，不需进行或少进行机加工。

模锻可使用多种锻压设备，如蒸汽锤、机械压力机、液压机、卧式镦锻机等，锻压设备一般根据生产量和成型工艺选择。

模锻制品广泛用于飞机、汽车、拖拉机、军工和轴承等制造业中。据统计，按质量计算，飞机用锻件中模锻件约占85%，轴承中约占95%，汽车中约占80%，坦克中约占70%，机车中约占60%。最常见的锻件零件是齿轮、轴、连杆、手柄等，但模锻件限于150kg以下的零件。冷成型工艺（冷镦、冷锻）主要生产一些小型制品或零件，如螺钉、铆钉和螺栓等。锻模造价高，制备周期长，故模锻仅适合大批量生产。

模锻工序与锻件的形状和尺寸有关。每个模锻件都必须有终锻工序，所以工序的选择实际上是制坯工序和预锻工序的确定。

轮盘类模锻件指圆形或宽度接近于长度的锻件，如齿轮锻件、十字接盘、法兰盘锻件等，如图4-22所示。这类模锻件终锻时，金属沿高度和径向均产生流动。一般的轮盘类模锻件采用镦粗和终锻工序，对于一些高轮毂、薄轮辐的模锻件，采用镦粗-预锻-

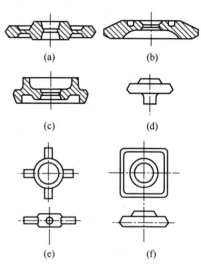

(a)　　　　　　(b)

(c)　　　　　　(d)

(e)　　　　　　(f)

图 4-22　轮盘类模锻件示意图

终锻工序，如图 4-22（c）和（e）所示。

长轴类模锻件的长度与宽度之比较大，终锻时金属沿高度与宽度方向流动，沿长度方向流动不大。长轴类锻件有主轴、传动轴、转轴、销轴、曲轴、连杆、杠杆和摆杆等，如图 4-23 所示。这类模锻件的形状多种多样，通常模锻件沿轴线在宽度或直径方向上的变化较大，这给模锻带来一定的不便和难度，因此，长轴类模锻件的成型较轮盘类模锻件困难，模锻工序也较多，模锻过程也较复杂。长轴类模锻件工序选择有预锻-终锻、滚压-预锻-终锻、拔长-滚压-预锻-终锻、拔长-滚压-弯曲-预锻-终锻等。工序越多，锻模的模腔数就越多，锻模的设计和制造加工就越难，成本也就越高。

模锻件成型过程中工序的多少与零件结构设计、坯料形状及制坯手段等有关。

由于在锻压机上不适宜进行拔长和滚压工序，因此锻造截面变化较大的长轴类锻件时，常采用断面呈周期性变化的坯料，如图 4-24 所示，这样可省去拔长和滚压工序；或者用辊锻机来轧制原坯料代替拔长和滚压工序，如图 4-25 所示。这样可使模锻过程简化，生产效率提高。

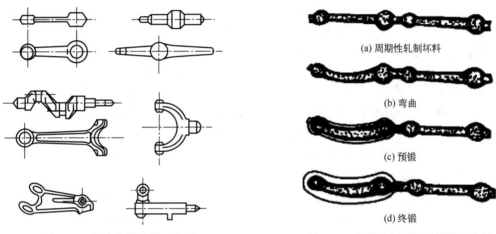

图 4-23　长轴类模锻件示意图　　　图 4-24　周期性断面坯料模锻示意图

为了保证和提高锻件质量，从锻模模腔锻出的模锻件需经过一些修整工序才能得到符合要求的锻件。修整工序包括切边、冲孔、校正、热处理、清理和精压等工序。

切边与冲孔：锻制完毕的模锻件周边都带有横向飞边，有通孔的锻件还存在连皮，须用切边模和冲孔模在压力机上将飞边和连皮切除。对于较大的模锻件和合金钢模锻件，常利用模锻后的余热进行切边和冲孔，其特点是所需切断力较小，但锻件在切边和冲孔时易产生轻度的变形；对于尺寸较小和精度要求较高的锻件，常在冷态下切边和冲孔，其特点为切断后锻件切面较整齐，不易产生变形，但所需的切断力较大。

切边模和冲孔模由凸模和凹模组成，如图 4-26 所示。切边凹模的通孔形状和锻件在分模面上的轮廓一样，通常凸模工作面的形状和锻件上部外形相符。冲孔凹模作为锻件的支座，应当将锻件放在模中并对准冲孔中心，冲孔连皮从凹模孔落下。

当锻件批量很大时，切边和冲连皮可在一个较复杂的复合式连续模上联合进行。

校正：在切边及其它工序中有可能引起锻件变形，因此对许多锻件特别是形状复杂的锻件在切边（冲连皮）之后还需进行校正。校正可在锻模的终锻模腔或专门的校正模内进行，大中型锻件一般在热态下校正，而小型锻件可在冷态下校正。

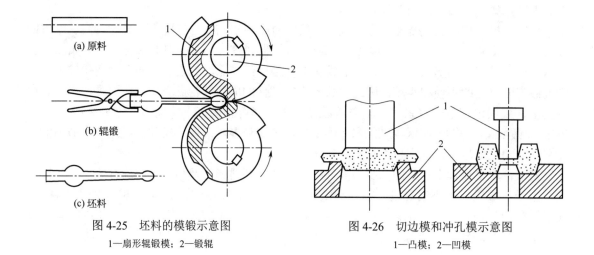

图 4-25　坯料的模锻示意图
1—扇形辊锻模；2—锻辊

图 4-26　切边模和冲孔模示意图
1—凸模；2—凹模

热处理：为了消除模锻件的过热组织或加工硬化组织、内应力等，改善模锻件的组织和加工性能。热处理一般用正火或退火。

清理：目的是去除在生产过程中形成的氧化皮、所沾油污及其它表面缺陷，以提高模锻件的表面品质。清理有下列几种方法：滚筒打光、喷丸清理、酸洗等。

① 滚筒打光　将锻件装入旋转的滚筒内，靠锻件互相撞击打落氧化皮，使表面光洁等。此法缺点是噪声大。刚性差的锻件可能产生变形，故一般适宜小件的清理。

② 喷丸清理　喷丸清理在有机械化装置的钢丸喷射机上进行，清理时锻件一边移动一边翻转，同时受到直径为 0.8～1.5mm 的钢丸的高速冲击。这种设备生产效率高，清理质量好且锻件表面留有残余压应力，但其投资较大。

③ 酸洗　酸洗在温度大约为 55℃、浓度为 18%～22% 的稀硫酸溶液中进行，酸洗后的锻件须立即在 70℃ 的水中洗涤。酸洗中，酸液挥发、飞溅等会污染环境，且其劳动条件较差，故应用不多。

对于要求精度高和表面粗糙度低的模锻件，除进行上述各修整工序外，还应在压力机上进行精压，如图 4-27 所示。

由上述模锻工序可知，模膛按其功用分为模锻模膛和制坯模膛两大类。

模锻模膛分为终锻模膛和预锻模膛两种。它的

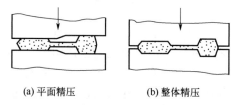

(a) 平面精压　　(b) 整体精压

图 4-27　精压示意图

形状与锻件的形状相同。终锻模膛的作用是使坯料最后变形到锻件所要求的形状和尺寸。因锻件冷却时会收缩，终锻模膛的尺寸应比锻件尺寸放大一个收缩量，一般钢件收缩量取 1.2%～1.5%。此外，沿模膛四周有飞边槽，飞边槽的作用主要是促使金属充满模膛，增加金属从模膛中流出的阻力，同时容纳多余的金属。对于具有通孔的锻件，由于不可能靠上、下模的凸出部分把金属完全挤压形成通孔，故终锻后在孔内留下一薄层金属，即冲孔连皮。将飞边和连皮切除以后，才能得到模锻件。预锻模膛的作用是使坯料变形到接近锻件的形状和尺寸，这样在进行终锻时，容易充满终锻模膛，同时也减小了终锻模膛的磨损，延长其使用寿命。预锻模膛和终锻模膛的主要区别是，前者的圆角和斜度较大，没有飞边槽。对于形状

简单或批量不太大的模锻件可不设置预锻模膛。

对于形状复杂的模锻件（尤其是长轴类模锻件），为了使坯料形状基本接近模锻件形状，使金属能合理分布和很好地充满模膛，须预先在制坯模膛内制坯，然后进行预锻和终锻。制坯模膛有以下几种。

① 拔长模膛　它用来减小坯料局部横截面积，以增加该部分的长度，如图 4-28 所示。若是第一道变形工序时，它还兼有清除氧化皮的作用。当模锻件沿轴向横截面相差较大时，用这种模膛进行拔长。此模膛一般设置在锻模的边缘，操作时坯料除送进外还需翻转。

② 滚压模膛　用来减小坯料某部分的横截面积，以增大另一部分的横截面积。它主要是使金属按模锻件形状分布。它对毛坯有少量的拔长作用，兼有滚光和去除氧化皮的功能。滚压模膛分开式和闭式两种，如图 4-29 所示。当模锻件沿轴线的横截面相差不大或修整拔长后的坯料时，采用开式滚压模膛；当模锻件的最大和最小截面相差较大时，采用闭式滚压模膛。操作时需不断翻转坯料。

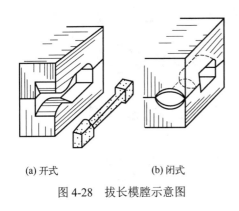

(a) 开式　　　　(b) 闭式

图 4-28　拔长模膛示意图

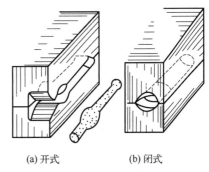

(a) 开式　　　　(b) 闭式

图 4-29　滚压模膛示意图

③ 弯曲模膛　用来改变原材料毛坯或已经拔长、滚挤过的坯料的轴线，使其符合锻件水平投影相似的形状。对于弯曲的杆类模锻件，需用弯曲模膛来弯曲坯料。坯料可直接或经其它制坯工序后放入弯曲模膛内进行弯曲变形，如图 4-30 所示。弯曲变形时金属轴向流动很小，没有聚料作用，但个别截面处可对坯料卡压。

④ 切断模膛　它是在上模与下模的角部组成的一对刀口，用来切断金属，如图 4-31 所

图 4-30　弯曲模膛示意图

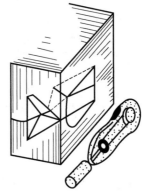

图 4-31　切断模膛示意图

示。单件锻造时，用它从坯料上切下锻件或从锻件上切下钳口部金属；多件锻造时，用它来分离成单个件。

除上述模膛外，还有成型模膛、镦粗台及击扁面等制坯模膛。制坯模膛增加了锻模体积和制造加工难度，加之有些制坯工序（如拔长、滚压等）在锻压机上不宜进行，故对截面变化较大的长轴模锻，目前多用辊锻机或楔形模横轧来轧制原（坯）料以替代制坯工序，从而大大简化锻模。

根据模锻件的复杂程度，所需变形的模膛数量不等，可将锻模设计成单膛锻模或多膛锻模。单膛锻模是在一副锻模上只有一个模膛，如齿轮坯模锻件就可将截下的圆柱形坯料直接放入单膛锻模中成型。多膛锻模是在一副锻模上具有两个及以上模膛的锻模。弯曲连杆模锻件的锻模为多膛锻模，如图 4-32 所示。锻模的模膛数越多，设计、制造就越难，成本也就越高。

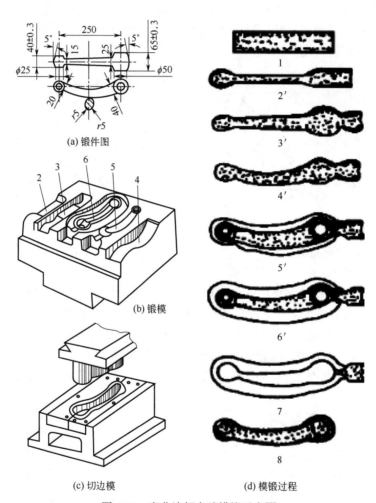

图 4-32　弯曲连杆多膛模锻示意图

1—料坯；2—拔长模膛；2′—拔长；3—滚压模膛；3′—滚压；4—弯曲模膛；4′—弯曲；5—预锻模膛；5′—预锻；6—终锻模膛；

6′—终锻；7—切边；8—锻件

将金属坯料置于终锻模膛内，从锻造开始到金属充满模膛锻成锻件为止，其变形过程可分为三个阶段。现以锤上模锻盘类锻件为例说明。

第一阶段为充型阶段。在最初的几次锻击时，金属在外力作用下发生塑性变形，坯料高度减小，水平尺寸增大，并有部分金属压入模膛深处。这一阶段直到金属与模膛侧壁接触达到飞边槽桥口为止，如图 4-33（a）所示。在该阶段模锻所需的变形力不大，变形力与行程的关系如图4-33（d）中 OP_1 线所示。

第二阶段为形成飞边和充满阶段。在继续锻造时，由于金属充满模膛圆角和深处的阻力较大，金属向阻力较小的飞边槽内流动，形成飞边。此时，模锻所需的变形力开始增加。随后，金属流入飞边槽的阻力因飞边变冷而急剧增大，这个阻力一旦大于金属充满模膛圆角和深处的阻力，金属便向模膛圆角和深处流动，直到模膛各个角落都被充满为止，如图 4-33（b）所示，这一阶段的特点是飞边完成强迫充填的作用。由于飞边的出现，变形力迅速增大，如图 4-33（d）中 P_1P_2 线。

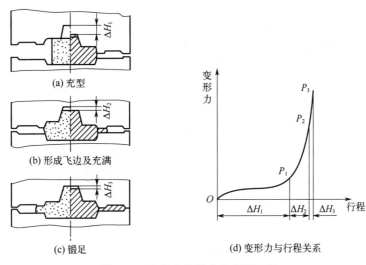

图 4-33　金属在模膛中的变形过程

第三阶段为锻足阶段。如果坯料的形状、体积以及飞边槽的尺寸等工艺参数都设计得恰当，则当整个模膛被充满时，正好就是锻到锻件所需高度而结束锻造之时，如图 4.33（c）所示。但是，由于坯料体积总是不够准确且往往偏大或者飞边槽阻力偏大，因此，虽然模膛已经充满，但上下模还未合拢，需进一步锻足。这阶段的特点是变形仅发生在分模面附近区域，以便向飞边槽挤出多余的金属，此阶段变形力急剧增大，直至达到最大值为止，如图 4-33（d）中 P_2P_3 线。由上可知，飞边有三个作用：强迫充填；容纳多余的金属；减轻上模对下模的打击，起缓冲作用。

影响金属充满模膛的因素有以下几点。

① 金属的塑性和变形抗力　塑性高、变形抗力低的金属较易充满模膛。

② 金属模锻时的温度　金属的温度高，则其塑性好、抗力低，易于充满模膛。

③ 飞边槽的形状和位置　飞边槽部宽度与高度之比（b/h）及槽部高度 h 是主要因素。b/h 越大，h 越小，则金属在飞边流动阻力越大。强迫充填作用越大，变形抗力也越大。

④ 锻件的形状和尺寸　具有空心、薄壁或凸起部分的锻件难于锻造。锻件尺寸越大，形状越复杂，则越难锻造。

⑤ 设备的工作速度　一般而言，工作速度较大的设备其充填性较好。

⑥ 充填模腔方式　镦粗比挤压易充型。

⑦ 其它　如锻模有无润滑、有无预热等。

为了确保锻件品质，利于模锻生产和降低成本、提高生产效率，设计模锻件时，应在保证零件使用要求的前提下，结合模锻工艺过程特点，使零件结构符合下列原则。

① 模锻零件必须具有一个合理的分模面，以保证模锻件易于从锻模中取出，且敷料最少，锻模制造容易。

② 零件外形力求简单、平直和对称，尽量避免零件截面间差别过大，或具有薄壁、高筋、高凸起等结构，以便于金属充满模腔和减少工序。

③ 尽量避免深孔或多孔结构。

④ 在可能的情况下，对复杂零件采用锻、焊组合，以减少敷料，简化模锻过程。

（3）胎膜锻造

胎模锻造是在自由锻造设备上使用不固定在设备上的各种称为胎模的单腔模具，直接将已加热的坯料（或用自由锻方法预锻成接近锻件形状的坯）终锻成型的锻造方法，它广泛应用于中、小批量的中、小型锻件的生产。

与自由锻相比，胎模锻造具有锻件品质好（表面光洁、尺寸较精确、纤维分布合理）、生产效率高和节约金属等优点。与固定锻模的模锻相比，其不需要专门的模锻设备，胎模锻具有操作比较灵活、胎模模具简单、容易制造加工、成本低、生产准备周期短等优点。它的主要缺点有胎模锻件比模锻件表面品质差、精度较低、所留的机加工余量大、操作者劳动强度大、生产效率和胎模寿命较低等。

胎模的种类较多，主要有以下几种。

① 扣模　用于锻造非回转体锻件，具有敞开的模腔，如图 4-34（a）所示。锻造时工件一般不翻转，不产生毛边。扣膜既用于制坯，也用于成型。

② 套筒模　主要用于回转体锻件，如齿轮、法兰等，有开式和闭式两种。开式套筒模一般只有下模（套筒和垫块）、没有上模（锤砧代替上模）。其优点为结构简单，可以得到很小或不带锻模斜度的锻件。取件时一般要翻转 180°。缺点是对上、下砧的平行度要求较严，否则易使毛坯偏斜或填充不满。闭式套筒模一般由上模、套筒等组成，如图 4-34（b）所示。锻造中金属于模腔的封闭空间中变形，不形成毛边。由于导向面间存在间隙，往往在锻件端部间隙处形成纵向毛刺，需对毛刺进行修整。此法要求坯料尺寸精确，否则会增加锻件垂直方向的尺寸或充不满模腔。

③ 合模　合模一般由上、下模及导向装置组成，如图 4-34（c）所示。用来锻造形状复杂的锻件。锻造过程中多余金属流向飞边槽，形成飞边。合模成型与带飞边的固定模模锻相似。

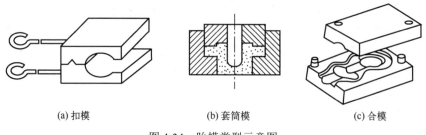

(a) 扣模　　　　　　　(b) 套筒模　　　　　　　(c) 合模

图 4-34　胎模类型示意图

4.2.2.3 板料冲压

板料冲压是利用装在冲床上的冲模对金属板料施加压力，使其产生变形或分离，从而获得具有一定形状和尺寸的零件或毛坯的加工方法。板料冲压的坯料通常是比较薄的金属板料，且加工时不需加热，故又称为薄板冲压或冷冲压，简称冲压。只有当板料厚度超过 8mm，才采用热冲压。

板料冲压是机械制造中的重要加工方法之一，它在现代工业的许多部门得到广泛的应用，特别是在汽车、拖拉机、电机、电器、仪器仪表、兵器及日用品生产等工业部门中占有重要地位。

冲压设备主要有剪床和冲床两类。剪床是把板料切成一定宽度的条料，以供下一步冲压加工。除剪切工作外，冲压工作主要在冲床上进行。冲床的传动（图 4-35）一般采用曲轴连杆机构，将电动机旋转运动转变为滑块的往复运动，从而实现冲压工作。

板料冲压和其它压力加工方法比较，具有如下特点。

① 板料冲压是在常温下进行的，要求原材料在常温下具有良好的塑性和较低的变形抗力。所以，板料冲压的原材料主要是含碳量在 0.1%～0.2%的低碳钢和低合金钢，以及塑性良好的铝、铜等有色金属。

② 金属板料经冷变形强化作用并获得一定的几何形状后，不产生切屑，变形中金属产生加工硬化。在耗料不大的情况下，能得到结构轻巧、强度和刚度较高的零件。

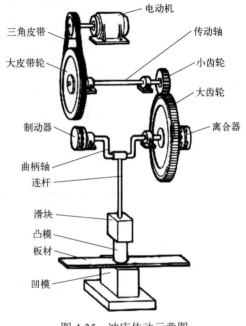

图 4-35　冲床传动示意图

③ 冲压件的尺寸要求靠高精度的模具保证，因此冲压件精度高、质量稳定、互换性好，一般不再进行机械加工，即可作为零件直接装配。

④ 冲压生产操作简单，易于实现机械化和自动化，具有相当高的生产效率，冲压设备冲一次可得一个或多个零件，而冲压设备每分钟的行程少则几次，多则几百上千次。

⑤ 冲模结构复杂，制造费用高，只有在大批量生产的条件下，采用冲压在经济上才是合理的。

（1）板料冲压的基本工序

由于冲压件的形状、尺寸、精度要求等各不相同，冲压工艺是多种多样的，其基本工序有冲裁、拉深、弯曲、成型等。

冲裁是利用冲模使板料沿封闭的轮廓分离的工序，包括落料和冲孔。这两道工序的坯料变形过程和模具结构是一样的，二者的区别在于：落料时，冲下的部分为工件，带孔的周边为废料；冲孔则相反，冲下的部分为废料，带孔的周边为工件，如图 4-36 所示。

金属板料的冲裁过程如图 4-37 所示。凸模和凹模的边缘都带有锋利的刃口。当凸模向下运动压住板料时，板料受到挤压，产生弹性变形并进而产生塑性变形。由于加工硬化现象，以及冲模刃口对金属板料产生应力集中，当上、下刃口附近材料内的应力超过一定限度后，即开始出现裂纹。随着凸模继续下压，上、下裂纹逐渐向板料内部扩展直至汇合，板料即被切离。

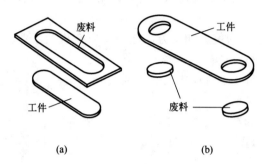

图 4-36 落料和冲孔示意图 [（a）落料；（b）冲孔]

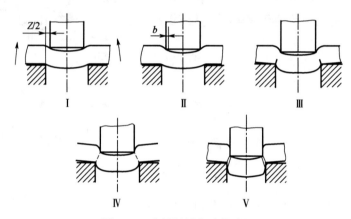

图 4-37 金属板料的冲裁过程

Ⅰ—弹性变形阶段；Ⅱ—塑性变形阶段；Ⅲ—断裂分离阶段一；Ⅳ—断裂分离阶段二；Ⅴ—断裂分离阶段三；

b—凸模与凹模的间隙

为了顺利地完成冲裁过程，凸凹模之间要有合适的间隙 Z，这样才能保证上、下裂纹相互重合，获得表面光滑、略带斜度的断口。如果间隙过大或过小，则会严重影响冲裁质量，甚至损坏冲模。在实际生产中，对于软钢及铝、铜合金，可选 $Z = (6\% \sim 10\%)S$（S 为板料厚度）；对于硬钢可选 $Z = (8\% \sim 12\%)S$。

冲裁时，裂纹与模具轴线成一定角度，因此冲裁后，冲下件的直径（或长度、宽度）和余料的相应尺寸是不同的，二者相差为模具单边间隙的两倍，设计模具时要加以注意。设计落料模时，应先按落料件确定凹模刃口尺寸，取凹模作设计基准件，然后根据间隙 Z 确定凸模尺寸（即用缩小凸模刃口尺寸来保证间隙值）。

设计冲孔模时，先按冲孔件确定凸模刃口尺寸，取凸模作设计基准件，然后根据间隙 Z 确定凹模尺寸（即用扩大凹模刃口尺寸来保证间隙值）。

冲模在工作过程中会有磨损。落料件尺寸会随凹模的磨损而增大。为了保证零件的尺寸要求，并提高模具的使用寿命，落料时取凹模刃口的尺寸靠近落料件公差范围下限；而冲孔时，选取凸模刃口的尺寸靠近孔的公差范围上限。

冲裁件一般需进行排样与修整。排样是指落料件在条料、带料或板料上进行合理布置的方法。排样合理可使废料最小，材料利用率大为提高。落料件的排样有两种类型，即无搭边排样和有搭边排样，如图 4-38 所示。无搭边排样材料利用率很高，但冲裁件的质量较差，只在对冲裁件的质量要求不高时采用；有搭边排样冲裁件尺寸精确，质量较高，但材料消耗较多。排样时应充分利用冲裁件的形状特征。

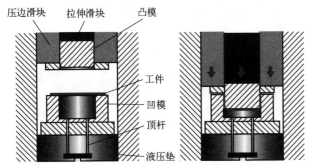

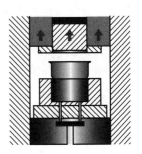

图 4-38　落料件的排样

修整工序是利用修整模沿冲裁件的外缘或内孔，切去一薄层金属，以提高冲裁件的尺寸精度和降低表面粗糙度。只有当对冲裁件的质量要求较高时，才需增加修整工序。修整在专用的修整模上进行，模具间隙为 0.006～0.01mm。实际上，修整工序属于切削过程。

拉深是将平板状的坯料加工成开口的中空零件的变形工序，又称拉延。拉深过程如图 4-39所示。把一块平板坯料放在凹模上，在凸模的作用下，板料被拉入凸模和凹模的间隙中，形成中空零件。在拉深过程中，拉深件的底部一般不变形，只起传递拉力的作用，厚度基本不变。零件直壁由坯料外径减去内径的环形部分形成。由于各部分受到的应力方向和大小有所变化，拉深件的壁厚在不同的部位有微量的减薄或增厚。在侧壁的上部厚度增加最多，而在靠近底部的圆角部位，壁厚减少最多，此处是拉深过程中最容易破裂的危险区域。

图 4-39　拉深过程示意图

拉深模和冲裁模一样由凸模和凹模组成。但拉深模的工作部分不是锋利的刃口，而是做成了一定的圆角。对于钢的拉深件，一般取凹模的圆角半径 $r_d = 10S$（S 为板料的厚度），而凸

模的圆角半径 $r_p=(0.6\sim1)r_d$。如果这两个圆角半径过小，则拉深件在拉深过程中容易拉裂。

拉深模的凸凹模间隙远比冲裁模的大。一般取 $Z=(1.1\sim1.2)S$（S 为板料厚度）。间隙过小，模具与拉深件间的摩擦力增大，容易拉裂工件，擦伤工件表面，降低模具寿命。间隙过大，又容易使拉深件起皱，影响拉深件的精度。

拉深过程中的变形程度一般用拉深系数 m 来表示。拉深系数是拉深件直径 d 与坯料直径 D 的比值，即 $m=d/D$。拉深系数越小，表明拉深件直径越小，变形程度越大，坯料被拉入凹模越困难，容易把拉深件拉穿。一般情况下，拉深系数 m 在 0.5~0.8 范围内。

如果拉深系数过小，不能一次拉深成型时，则可采用多次拉深工艺，拉深系数应一次比一次略大。同时，为了消除拉深变形中产生的加工硬化现象，中间应穿插退火处理。

为了减少摩擦、降低拉深应力、减少模具的磨损，拉深时通常要加润滑剂。

在拉深过程中，由于坯料边缘在切向受到压缩，在压应力的作用下，很可能产生波浪变形，最后出现起皱现象（图 4-40）。料板厚度 S 愈小，拉深深度愈大，则愈容易起皱。为了预防起皱，通常使用压边圈将工件压住。压边圈上的压力不宜过大，能压住工件不致起皱即可。

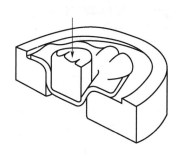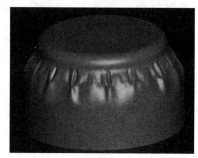

图 4-40　拉深起皱

有些拉深件还可用旋压方法来制造，旋压在专用的旋压机上进行。图 4-41 所示为旋压工作简图。工作时先将预先落好的坯料用顶柱压在模型的端部，模型（通常用木制的）固定在旋压机的旋转卡盘上，推动压杆使坯料在压力的作用下变形最后获得与模型形状一样的零件。这种方法的优点是不需复杂的冲模，但其生产效率较低，故一般用于小批生产。

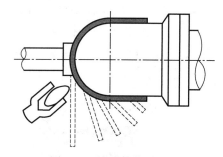

图 4-41　旋压工作示意图

弯曲是将坯料的一部分相对于另一部分弯曲成一定角度的工序。在弯曲过程中，坯料内侧受压缩，而外侧受拉伸，如图 4-42 所示。当外侧拉应力超过坯料的抗拉强度极限时，即会造成金属破裂，坯料越厚，内弯曲半径 r 越小，则拉伸应力越大，越容易弯裂。为了防止破裂，需要限制材料的最小弯曲半径 r_{min}。$r_{min}=(0.25\sim1)S$（S 为板料厚度）。塑性好的材料，弯曲半径可小些。

弯曲时应注意金属板料的纤维组织方向，如图 4-43 所示。落料排样时，应避免坯料的弯曲线与纤维组织方向平行，否则弯曲时容易破裂。如果弯曲线无法避免与纤维组织方向平行时则该处的弯曲半径应较正常的增加一倍。

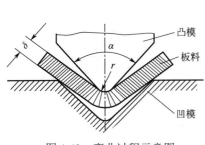

图 4-42 弯曲过程示意图

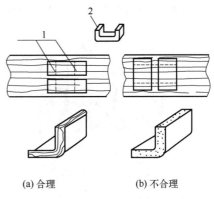

(a) 合理　　　　　(b) 不合理

图 4-43　弯曲线与纤维组织方向
1—弯曲线；2—工件

当弯曲完毕，凸模回程时，工件所弯的角度由于金属弹性变形的恢复而略有增加，称为回弹现象。一般回弹角度为 $1°\sim10°$，在设计弯曲模具时，必须使模具的角度比成品件角度小一个回弹角，以便弯曲后得到准确的角度。

成型是使板料或半成品改变形状的工序，包括起伏、胀形、翻边等。

起伏是对板料进行浅拉深，形成局部凹进与凸起的成型工序。常用于压加强筋、压字、压花纹等。采用的模具有刚模和软模两种。图 4-44 所示是软模压筋示意图。软模是用橡胶等柔性物体代替一半模具，以简化模具制造。

胀形是将拉深件轴线方向上局部区段直径胀大的工序，可采用刚模或软模进行。刚模胀形（图 4-45）时，由于芯子 2 的锥面作用，分瓣凸模 1 在压下的同时沿径向扩张，使工件 3 胀形，顶杆 4 将分瓣凸模顶回到起始位置后，即可取出工件。显然，刚模的结构和冲压工艺都比较复杂，而采用软模则简单得多。因此，软模胀形（图 4-46）应用较广泛。

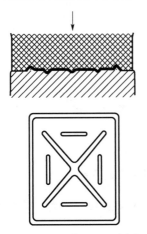

图 4-44　软模压筋示意图

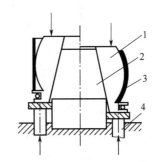

图 4-45　刚模胀形示意图
1—分瓣凸模；2—芯子；3—工件；4—顶杆

翻边是在板料或半成品上沿一定的曲线翻起竖立边缘的冲压工序。孔的翻边又称翻孔，在生产中广泛采用。翻孔过程如图 4-47 所示。进行翻孔工序时，如果翻边高度超过容许值，则会造成孔的边缘破裂。当零件所需凸缘的高度较大且直接成型无法实现时，则可采用先拉

第 4 章　材料的塑性成型理论与技术

深后冲孔、再翻边的工艺方法，也可采用多次翻边成型，但工序间需退火。

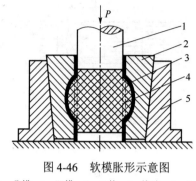

图 4-46　软模胀形示意图
1—凸模；2—凹模；3—工件；4—橡胶；5—外套

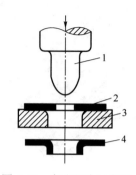

图 4-47　内孔翻边示意图
1—凸模；2—坯料；3—凹模；4—工件

利用板料冲压制造各种产品零件时，各种工序的选择、前后安排以及应用次数的多少是根据样品的形状和尺寸，以及每道工序中材料所允许的变形程度来确定的。

（2）板料冲压件结构工艺性

具有良好工艺性的冲压件结构，可以减少材料消耗和工序数目，模具简单并具有较高的寿命，容易保证冲压质量，提高生产效率和降低成本，具体要求如下。

① 冲裁件的外形应便于合理排样，减少废料。图 4-48 所示的零件，图（a）较图（b）紧凑，材料利用率较高。

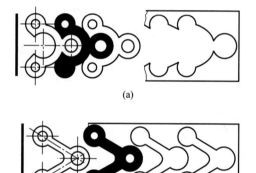

(a)

(b)

图 4-48　零件形状与材料利用率的关系

② 冲裁件的形状应尽量简单、对称，凸凹部分不能太狭、太深，孔间距离或孔与零件边缘距离不宜过近，如图 4-49 所示。

③ 冲孔件或落料件上直线与直线、曲线与直线的交接处，均用圆弧连接，以避免应力集中而引起模具开裂。

④ 弯曲件的弯曲平直部分不宜过短。弯曲带孔时，弯曲部分离孔不宜太近。

⑤ 在弯曲半径较小的弯边交接处，容易产生应力集中而开裂，先钻出止裂孔（工艺孔，图 4-50），能有效地防止裂纹的产生。

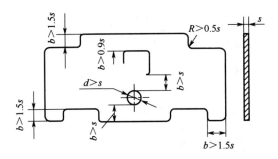

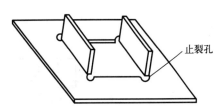

图 4-49　冲裁件尺寸与厚度的关系

（b 为冲裁件相应部位尺寸；s 为冲裁件厚度）

图 4-50　止裂孔示意图

⑥ 拉深件高度不宜过大，凸缘也不宜过宽，以减少拉深次数。如消音器后盖零件结构，原设计如图 4-51（a）所示，经改进后如图 4-51（b）所示，结果冲压加工由八道工序降为两道工序，材料消耗减少 50%。

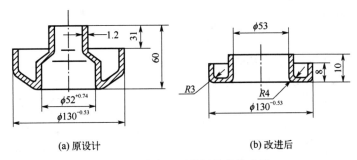

(a) 原设计　　　　　　　　　(b) 改进后

图 4-51　消音器后盖零件结构改进

⑦对于形状复杂的冲压件，可先分别冲制若干个简单件，然后焊成整体件（如图 4-52 所示）；采用冲口工艺制备零件（如图 4-53 所示），可减少组合件数量。

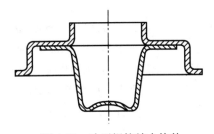

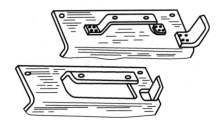

图 4-52　冲压焊接结合构件

图 4-53　冲口工艺制备的零件

（3）冲模的分类和构造

冲模基本上可分为简单冲模、连续冲模和复合冲模三类。

① 简单冲模　在冲床的一次冲程中只完成一道工序的冲模称为简单冲模。图 4-54 所示为一落料用的简单冲模。凸模 4 用凸模固定板 8 固定在上模座 7 上，上模板则通过模柄 6 与冲床的滑块连接，因此，凸模可随滑块上、下运动。凹模 5 用凹模固定板 9 固定在下模座板 12 上，下模座板用螺栓固定在冲床的工作台上。为了使凸模向下运动时能对准凹模孔，以便凸模与凹模之间保持均匀间隙，通常用导柱 11 和导套 10 进行定位。条料在凹模上沿两个导料板 2 之间送进，

碰到定位销为止。当凸模向下压时，冲下的零件进入凹模孔，条料则夹在凸模上，而条料在与凸模一起回程时，碰到固定卸料板 1 而被推下。这样条料可继续在导料板间送进，进行冲压。

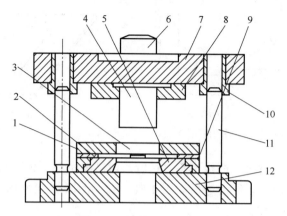

图 4-54　简单冲模示意图

1—固定卸料板；2—导料板；3—挡料板；4—凸模；5—凹模；6—模柄；7—上模座；8—凸模固定板；
9—凹模固定板；10—导套；11—导柱；12—下模座板

② 连续冲模　在冲床的一次冲程中，在模具的不同部位上同时完成数道冲压工序的冲模为连续冲模。图 4-55 所示为一冲压垫圈的连续冲模。工作时定位销 2 对准预先冲好的定位孔，上模继续下降时凸模 1 进行落料，凸模 3 进行冲孔。当上模回程时，卸料板 4 从凸模上推下残料。这时再将坯料 5 向前送进，如此循环进行。每次送进距离由挡料销（图4-55 中未示出）控制。

③ 复合冲模　在冲床的次冲程中，在模具同部位上同时完成数道冲压工作的冲机为复合冲模，图 4-56 所示为一落料及冲孔工序的复合冲模。工作时，将裁好的条料放在下模上，并用定

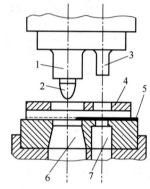

图 4-55　连续冲模示意图

1—落料凸模；2—定位销；3—冲孔凸模；4—卸料板；
5—坯料；6—落料凹模；7—冲孔凹模

位销定好位。上模下行，推件块 8 在橡胶 5 作用下压住坯料；当凸凹模 18 进入凹模 7 时，先落料再继续下行时完成冲孔工序，压力机此时恰好到达下限位点。中间废料由顶杆 15 顶出。当上模返回时，卸料板 19 在橡胶 5 作用下，将边缘废料从凸凹模 18 上卸下，同时把零件从下模中顶出。

4.2.2.4　挤压成型

挤压是一种将金属坯料置于挤压模腔中，通过施加强大压力，使坯料从模孔挤出成型的加工方法。最初，挤压成型主要用于生产金属型材和管材等原材料，随着技术的发展，逐渐扩展到毛坯和零件的制造，这种成型方法具有如下特点。

① 挤压时，金属材料处于三向强烈受压的状态，因此，可大大提高金属的塑性。不仅纯铁、低碳钢、铝、铜等塑性良好的材料可以挤压成型，而且高碳钢、轴承钢，甚至高速钢等材料在一定条件下也可挤压成型。

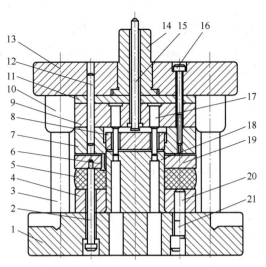

图 4-56 落料冲孔复合冲模示意图

1—下模座；2—卸料螺钉；3—导柱；4、9—固定板；5—橡胶；6—定位销；7—落料凹模；8—推件块；10—导套；11—垫板；12、20—销钉；13—上模座；14—模柄；15—顶杆；16、21—螺栓；17—冲孔凸模；18—凸凹模；19—卸料板

② 挤压时金属变形量大，可挤压出深孔、薄壁、细杆和异形断面的零件。

③ 挤压件的精度高，冷挤压时尺寸精度可达 IT6～IT7，表面粗糙度 Ra 在 0.4～3.2μm 之间，可直接获得零件。

④ 强烈的加工硬化作用和具有良好的纤维组织，提高了挤压件的力学性能。

⑤ 挤压加工操作简单，易于实现机械化和自动化，生产效率比一般锻压和切削加工提高几倍，同时材料利用率可达 90%以上。但是模具要求较高，适合大批量生产。

按照挤压时金属的流动方向和凸模的运动方向，挤压可分为下列几种形式。

① 正挤压　挤压时金属的流动方向和凸模的运动方向相同 [图 4-57（a）]。常用于挤压各种形状的实心零件和管子，以及壳状零件。

② 反挤压　挤压时金属的流动方向和凸模的运动方向相反 [图 4-57（b）]。一般用于生产杯状零件。

③ 复合挤压　挤压时一部分金属流动方向和凸模运动方向相同，而另一部分则相反 [图 4-57（c）]。常用于生产带突起部分的、形状较复杂的中空零件。

④ 径向挤压　挤压时金属的流动方向和凸模运动方向垂直 [图 4-57（d）]。常用于生产带凸缘的零件。

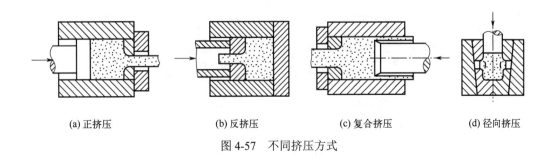

(a) 正挤压　　　　(b) 反挤压　　　　(c) 复合挤压　　　　(d) 径向挤压

图 4-57 不同挤压方式

按照金属坯料挤压时的温度不同，挤压成型又分为热挤压、冷挤压和温挤压。

① 热挤压　热挤压温度与热模锻温度相同。由于温度高，金属的变形抗力小，挤压较容易，但挤压件的尺寸精度低、表面粗糙。适用于尺寸较大的零件毛坯和强度较高材料的生产，如中碳钢、高碳钢、合金结构钢、不锈钢等。

② 冷挤压　冷挤压在室温下进行。冷挤压时变形抗力比热挤压高，但产品表面粗糙度低。而且内部组织为加工硬化组织，提高了产品的强度。目前已广泛用于制造机器零件和毛坯，是实现少、无切削加工的主要方法之一。

冷挤压时，一般要加润滑剂。但由于挤压时压力太大，润滑剂很容易被挤掉而失去作用。所以对钢质坯料必须采用磷化处理，使坯料表面呈多孔性结构，以储存润滑剂。冷挤压主要适用于变形抗力较小、塑性较好的有色金属及其合金、低碳钢和低合金钢等。

③ 温挤压　温挤压是介于冷、热挤压之间的挤压工艺，即在某一适当的温度进行挤压。如碳钢的温挤压温度在 650～800℃。相对于冷挤压而言，由于提高了挤压温度，降低了变形抗力，且避免了磷化处理及中间退火，温挤压便于组织生产。温挤压件尺寸精度和表面粗糙度接近冷挤压件。温挤压主要用于挤压强度较高的金属材料，如中碳钢、合金结构钢等。

4.2.2.5　拉拔成型

拉拔是将金属坯料通过拉拔模孔使其变形的锻压成型方法。拉拔过程中坯料在拉拔模内产生塑性变形，通过拉拔模后，坯料的截面形状和尺寸与拉拔模模孔出口相同。因此，改变拉拔模模孔的形状和尺寸，即可得到相应的拉拔成型的产品。

目前，拉拔形式主要有线材拉拔、棒料拉拔、型材拉拔和管材拉拔。线材拉拔主要用于各种金属导线、工业用金属线以及电器中常用的漆包线的拉制成型。此时的拉拔也称为"拉丝"。拉拔生产的最细的金属丝直径可达 0.01mm 以下。线材拉拔一般要经过多次成型，且每次拉拔的变形程度不能过大，必要时要进行中间退火，否则将使线材拉断。拉拔生产的棒料可有多种截面形状，如圆形、方形、矩形、六边形等。型材拉拔多用于特殊截面或复杂截面形状的异形型材生产。异形型材拉拔时，坯料的截面形状与最终型材的截面形状差别不宜过大。差别过大时，会在型材中产生较大的残余应力，导致裂纹以及沿型材长度方向上的形状畸变。管材拉拔以圆管为主，也可拉制椭圆形管、矩形管和其它截面形状的管材。管材拉拔后管壁将增厚。当不希望管壁厚度变化时，拉拔过程中要加芯棒。需要管壁厚度变薄时，也必须加芯棒来控制壁管的厚度（见图 4-58）。拉拔模在拉拔过程中会受到强烈的摩擦，生产中常采用耐磨的硬质合金（有时甚至用金刚石）来制作，以确保其精度和使用寿命。

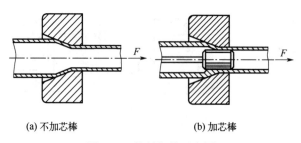

(a) 不加芯棒　　　　　　　　(b) 加芯棒

图 4-58　管材拉拔示意图

4.3　陶瓷的可塑成型

陶瓷可塑成型是利用泥料具有可塑性的特点，用模具或刀具等工艺装备运动所造成的压力、剪切力或挤压力等外力进行加工，迫使泥料在外力作用下发生可塑变形而制作坯体的成型方法。其适合成型具有回转中心的圆形产品，在传统陶瓷生产中应用较为普遍。在先进陶瓷生产中，也经常采用该方法。根据可塑成型的原理，发展了挤压成型和轧膜成型等。可塑成型适合生产管、棒、薄片状的制品。

可塑成型工艺对泥料的可塑性要求较高，一般要求可塑坯料具有较高的屈服值和较大的延伸变形量。较高的屈服值能保证成型时坯料具有足够的形状稳定性，而延伸变形量越大则坯料越易被塑化成各种形状而不开裂，成型性能就越好。可塑成型所用坯料制备比较简便，泥料加工所需外力不大，模具强度要求也不高，操作比较容易控制，这是可塑成型法在陶瓷生产中应用较多的主要原因。

各种可塑成型方法比较见表 4-2，表中所列可塑成型法大多已应用于陶瓷制造，塑压、注射、挤压和轧膜等方法也在逐渐推广应用。

表 4-2　陶瓷的各种可塑成型方法比较

成型方法	主要设备	模具	成型产品类型	坯料类型和要求	坯体品质	工艺特点
旋压	旋压机	石膏模、型刀	圆形制品（如盘、碗、杯、碟等）	黏土质坯料，塑性好，成型水分均匀，一般为21%～25%	形状规范，坯体致密度和光滑性均不如滚压法，坯体易变形	设备简单，操作要求较高，坯体品质不如滚压
滚压	滚压机	石膏模或其它多孔模具，滚压头	圆形制品（如盘、碗、杯、碟等）	黏土质坯料，成型水分20%～23%，可塑性好	坯体致密、表面光滑、不易变形	产量大，坯体品质好，适合自动化生产，需要大量模具
挤压	真空练泥机、挤坯机	金属机嘴	各种管状、棒状、断面和中孔一致的产品	黏土质坯料，瘠性坯料，要求塑性良好，经真空处理	坯体较软，易变形，可作旋压、滚压、塑压的泥料预制	产量大，操作简单，坯体形状简单，可连续化生产
塑压	塑压成型机	石膏模或多孔陶瓷模，金属模	扁平或广口产品（异形盘、碟、浅口制品等）	黏土质坯料水分约为20%，具有一定可塑性	坯体致密度高，不易变形，尺寸准确	适于成型各种异形制品，自动化程度高，对模具要求高
注射	注射成型机	金属模	各种复杂形状的中小制品	瘠性坯料外加热塑性树脂，要求坯料具有一定颗粒度，流动性好，在成型温度下具有良好塑性	坯体致密，尺寸精准，坯体强度高，坯体中含有大量热塑性树脂	能成型各种复杂形状制品，操作简单，脱脂时间长，金属模具造价高
轧膜	轧膜机、冲片机	金属轧辊，金属冲模	薄片制品	瘠性坯料加塑化剂，具有良好的延展性和韧性，组分均匀，颗粒小且规则	表面光洁，强度较高，烧成收缩大	练泥与成型同时进行，产量大，边角可回收，膜片太薄时，容易产生厚薄不均，烧成收缩大

可塑成型法基于坯料具有可塑性。由于坯料配方所用原料和粉碎方法不同，颗粒分布和坯料含水量不同，所具有的可塑性不同。有的陶瓷产区由于原料配方关系，坯料可塑性较差，只能采取添加增塑剂的措施来提高坯料的可塑性。虽然可塑性提高了，但可能伴随着其它工艺性能的劣化。因此，在生产中并不是要求坯料的可塑性愈高愈好，只要可塑性能适应所选用的成型方法即可。

4.3.1　旋压成型

旋压成型是陶瓷常用的成型工艺之一，主要利用旋转的石膏模和上下运动的样板刀进行成型。在加工过程中，将适量的塑性泥料经过真空练泥后放入石膏模内，再将石膏模置于辘轳车上的模座中。石膏模随着模座转动，同时样板刀缓慢压下接触泥料。由于石膏模的旋转和样板刀的压力，泥料均匀分布在模具的内表面，多余的泥料则被样板刀刮起，也可以手动清除。这样，塑性泥料填满了模具内壁和样板刀之间的空隙，形成坯体。样板刀的工作弧线与模具的工作面形状决定了坯体的内外表面，而样板刀刀口与模具工作面的距离则决定了坯体的厚度。在操作时，需平稳控制样板刀的下降力度，防止因振动跳刀而导致坯体厚薄不均。起刀速度不能过快，以避免内表面出现痕迹。样板刀的形状根据坯体需求定制，为减小剪切阻力，刀口一般保持 30°～40° 角，刀口不能太尖锐，需有 1～2mm 的平面。

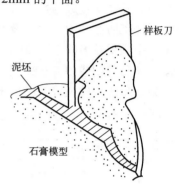

图 4-59　旋压成型示意图

在旋压成型中，以深凹制品的阴模成型居多，而旋制扁平制品盘碟时，则可采用阳模成型，这时石膏模面形成坯体的内形（显见面），样板刀则形成坯体的外形。旋压成型示意图如图 4-59 所示。

旋压成型一般要求泥料水分均匀、结构一致和较好的可塑性，通常采用真空练泥来预制泥料。旋压成型由于是以"刮泥"的形式排开坯泥的，因此，要求坯泥的屈服值相应低些，即要求坯泥的含水量稍高，以减小排泥阻力。

模型转速随制品形状、大小的差异而不同。深腔制品、直径小的制品阴模旋压成型，其主轴转速可提高，反之，则其主轴转速要相应降低。提高主轴转速，有利于坯体表面的光滑度，但主轴转速过高将引起跳刀和飞坯等。因此，一般采用主轴转速 230～400r/min，坯泥含水量 21%～25%。

旋压成型的优点是设备简单，适应性强，可以旋制深凹制品。缺点是旋压产品品质较差，手工操作劳动强度大，生产效率低，坯泥加工余量大，占地面积较大，而且要求操作人员有一定的操作技能。

4.3.2　滚压成型

滚压成型是在旋压成型基础上发展起来的一种可塑成型方法。由于日用陶瓷滚压成型具有很多优点，所以其获得快速的发展。我国从 1965 年开始使用滚压成型，20 世纪 70 年代已普遍应用，其成为日用陶瓷盘、碟、杯类产品的主要成型方法。

4.3.2.1　滚压成型特点与操作方法

滚压成型与旋压成型不同之处是把扁平的样板刀改为回转型的滚压头（滚头）。在成型过程中，将盛放泥料的模型和滚头分别绕各自轴线以一定速度同向旋转。滚头一边旋转一边逐渐靠近盛放泥料的模型，并对坯泥进行"滚"和"压"而成型。滚压时坯泥均匀展开，受力由小到大比较缓和且均匀，破坏坯料颗粒原有排列而引起颗粒间应力的可能性较小，坯体的组织结构均匀。此外，滚头与坯泥的接触面积和压力都较大，受压时间也较长，坯体致密度和强度比旋压成型有所提高。滚压成型是靠滚头与坯体之间的滚动而使坯体表面光滑，无须加水抹光。因此，滚压成型后的坯体强度较高，不易变形，表面品质好，规整度良好，克服了旋压成型的诸多弱点，提高了日用瓷坯体的成型品质。再加上滚压成型的生产效率较高，易与前后工序联动组成自动生产线，改善了劳动条件，使滚压成型在日用陶瓷工业中得到广泛应用。

滚压成型与旋压成型一样，既可采用阳模滚压又可采用阴模滚压。阳模滚压是利用滚头来决定坯体的外表面形状，如图4-60所示。它适用于成型扁平、宽口器皿和坯体内表面有花纹的产品。阳模成型时，石膏模型转速（即主轴转速）不能太快，否则坯料易被甩掉，因此要求坯料水分偏低一些，可塑性较好。带模干燥时，坯体有模型支撑，变形较少。阴模滚压是利用滚头来形成坯体的内表面，如图4-61所示。它适用于成型口径较小而深凹的制品。阴模滚压时，主轴转速可大些，泥料水分偏高，可塑性要求可稍低，但带模干燥易变形，生产上常将模型扣放在托盘上进行干燥，以减少变形并便于脱模。

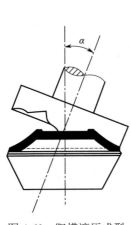

图4-60　阳模滚压成型

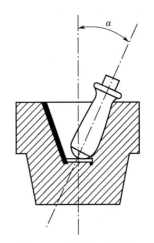

图4-61　阴模滚压成型

为了防止滚头粘泥可采用热滚压，即把滚头加热到一定温度（120℃左右）。当滚头接触湿泥料时，滚头表面生成的一层蒸汽膜可防止泥料粘滚头。滚头加热可采用电阻丝盘绕在滚头腔内通电加热。采用热滚压时，对泥料水分要求不严格，适应性较广，需严格控制滚头温度，并增加附属设备，操作较麻烦。采用冷滚压时，为了防止粘滚头，要求泥料水分低些，可塑性好些，并可采用憎水性材料（如聚四氟乙烯）作滚头。

4.3.2.2　滚压头

滚压成型是靠滚压头来施加压力，因此，滚压头的设计是滚压成型的关键技术。一般对滚压头的要求是：能成型产品所要求的形状和尺寸，并不易产生缺陷；滚压时有利于泥料的延展和余泥的排出；使用寿命长，有适当的表面硬度和表面粗糙度；制造、维修、调整和装拆方便；滚压头材料来源容易、价格便宜。

滚压头的倾角是设计滚压头的主要工艺参数之一，即滚压头的中心线与模型中心线（主轴线）之间的夹角，用 α 表示（见图4-60、图4-61）。滚头倾角 α 的大小是直接影响滚头直径和滚压压力的一个重要参数。滚头倾角 α 小时，则滚头直径和体积就大，滚压时泥料受压面积大，坯体较致密；但如果滚头倾角 α 过小时，滚压时滚头排泥困难易形成缺陷。压力过大则坯体不易脱模，也容易压坏模型。滚头倾角 α 大时，滚头直径较小，排泥容易，但压力较小；若滚头倾角 α 过大，则易引起粘滚头、坯体底部不平、坯体密度不足等缺陷。在实际生产中，滚头倾角 α 的大小需根据产品器形大小、泥料性能、滚头与主轴的转速不同等来选择。直径大的产品，倾角可大些；直径小的产品，倾角可小些。深型产品，可采用接近圆柱形的滚头（极小倾角）。倾角一般采用 15°～30°，大的可达 45°左右。

滚头倾角确定后，滚头大小也基本确定了，但实际设计滚头时，滚头的中心线 *xx* 难以对准模型中心线 *yy*，而要平移 1～3mm。因为滚头的中心顶点上，其旋转线速度几乎为零，对坯料所施的压力很小，坯体就较疏松，致使坯体底部中心部位致密度较低，表面不光滑，烧结后表面不平。为了避免上述现象，需要将滚头中心顶点加工成弧形，并将滚头中心线平移一定距离如 *x'x'*（如图 4-62 所示）。这样不仅克服了坯体底面中心部位成型不良的缺点，而且当滚头磨损后可进行加工修复继续使用。

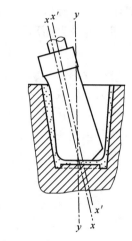

图 4-62   滚头中心线平移示意图

制备深形制品时，不宜采用有显著倾角的滚头，因为滚头的中心线与模型的中心线是平行的。滚头的大小（指端面直径）不能小于坯体底面的半径，否则中心部位成型不好，但也不宜超过坯体底面半径的 120%，否则会造成排泥困难及压力太大等问题。

制作滚头常用钢或塑料等材料。钢滚头因易粘泥和不便修整而逐渐被具有憎水性的聚四氟乙烯滚头所取代。塑料滚头以聚四氟乙烯为最常用，其具有高的憎水性，不易粘泥，加工性能好，既适用于冷滚压，又可热滚压，其质地较软，磨损后易于在机台上原位修整再使用，但价格较钢质滚头贵。

4.3.2.3 工艺参数控制

（1）对泥料的要求

在滚压成型时，泥料受到压应力作用，成型压力较大、成型速度较快，要求泥料可塑性较好、屈服值较高、延伸变形量较大、含水量较低。塑性泥料的延伸变形量随着含水量的增加而变大，若泥料可塑性太差，水分少，其延伸变形量也小，滚压时易开裂，模型也易损坏。若用高可塑性原料，由于其适于滚压成型时的水分较高，其屈服值相应较低，滚压时易粘滚头，坯体也易变形。因此，滚压成型要求泥料具有适当的可塑性，并要控制含水量。在坯料原料组成确定以后，一般通过控制含水量来调节泥料的可塑性以适应滚压的需要。所以滚压成型时应严格控制泥料的含水量。

滚压成型对泥料的要求，还与采用的阳模滚压、阴模滚压、热滚压、冷滚压等方法密切相关。阳模滚压时因泥料在模型外面，泥料水分少才不致甩离模型，同时，泥料的延展性好（即变形量大）才能适应阳模滚压成型的特点。因此，适用于阳模滚压的泥料应可塑性较好而水分较少。阴模滚压时，水分可稍多，泥料的可塑性可以稍差。冷滚压时，泥料水分要少而可塑性要好。热滚压时，对泥料的可塑性和水分要求可放宽。此外，成型水分还与产品的形状大小有关，成型大产品时水分要低，成型小产品时水分可稍高。泥料水分还与转速有关。滚头转速慢时，泥料水分可稍高。滚头转速快，则泥料水分不宜太高，否则易粘滚头，甚至飞泥。含水量还与泥料产地和加工处理方法有关，一般滚压成型泥料水分控制在 20%～23%。

（2）滚压过程的控制

滚压成型时间较短，从滚头开始压泥到脱离坯体，只需几秒到十几秒，而滚压的要求并不相同。滚头开始接触泥料时，动作要轻，压泥速度要适当。动作太重或下压过快会压坏模型，甚至排不出空气而引起"气泡"缺陷。成型大型制品［如 10.5 英寸（1 英寸=0.0254 米）平盘］时，为了便于布泥和缓冲压泥，可采用预压布泥，也可在滚头下压时让其倾角由小到大形成摆头式压泥。滚头下压太慢也不利，泥料易粘滚头。当泥料被压至要求厚度后，坯体表面开始赶光，余泥陆续排出，这时滚头的动作要重而平稳，受压时间要适当（一些陶瓷厂控制在 2～3s）。最后是滚头脱离坯体，要求缓慢减轻泥料所受的压力。若滚头离开坯面太快，容易出现"抬头缕"，泥料中瘠性物质较多时，可改善该情况。

（3）主轴和滚压头的转速和转速比的控制

主轴（模型轴）和滚头的转速及其转速比直接影响产品的品质和生产效率，它们是滚压成型的重要参数。提高主轴转速，可提升成型效率，提高产量。但阳模滚压转速太快容易飞泥。阴模滚压主轴转速可比阳模滚压高。主轴转速还随产品的增大而减小。为了提高产量，采用较高的主轴转速时，容易出现"飞模"现象，因此要注意模型的固定问题。根据不同的产品，主轴转速一般控制在 300～800r/min 之间。

主轴转速基本确定后，滚头转速要与之匹配，一般以主轴转速与滚头转速的比例（转速比）作为一个重要的工艺控制参数。适宜的转速比应通过实验来确定，它对产品品质的影响需在实践中验证。

4.3.3 挤压成型

挤压成型一般是将真空练制的泥料，放入螺旋或活塞式挤坯机内，通过对可塑料团施加挤压力向前推进，经过机嘴定形，达到制品所要求的形状。陶管、辊棒和蜂窝陶瓷等管状、棒状、断面和中孔一致的产品，均可采用挤压成型。坯体的外形由挤压机机头内部形状所决定，坯体的长度根据尺寸要求进行切割。挤压成型便于与前后工序联动，实现自动化生产。

挤压成型一般常用于挤制 ϕ10～100mm 的管、棒等产品，壁厚最小可至 0.2mm。随着粉料质量和泥料可塑性的提高，也用来挤制长 4000mm、厚 2～3mm 的细长瓷管，或用来挤制 100～200 孔/cm² 的蜂窝陶瓷制品。

挤压成型对泥料的可塑性要求较高，具体要求如下：细度要求较细，外形圆润，以经长时间球磨的粉料较好；溶剂、增塑剂和黏结剂等用量要适中；同时必须使泥料高度均匀，否则挤压的坯体质量较差。

挤压成型不仅能成型黏土质坯料，也可以成型瘠性坯料配以适量黏结剂而成的塑性泥料。这些坯料都应具有良好的塑性，且经过真空处理。常用于调和瘠性坯料的黏结剂有聚乙烯醇、羧甲基纤维素、丙三醇、桐油或环糊精等。

挤压成型应注意的工艺问题如下所述。

① 坯料真空处理　挤压成型的坯料必须经过严格的真空处理，以除尽坯料中的气泡。如果残存气泡，挤出时气泡易在坯体挤出后膨胀形成坯泡或在表面破裂，影响制品的质量和合格率。

② 挤出力　挤出力的大小是挤压成型的关键。挤出力过小时，只有泥料含水量较高时

才能挤出，所成型的坯体强度低、易变形、收缩大。若挤出力过大，则摩擦阻力大，设备负荷加重。挤出力的大小主要取决于机头喇叭口的锥度。

③ 挤出速率　当挤出力固定后，挤出速率主要取决于主轴转速和加料快慢。出坯过快，坯料的弹性滞后释放，容易引起坯体变形。

④ 管状产品的壁厚　壁厚必须能承受自身的重力作用和适应工艺要求。管壁过薄则容易软塌，使管径变形成椭圆。承接坯体的托板必须平直光滑，以免引起坯体弯曲变形，特别是长管产品。

挤压法成型的污染较小，操作易于自动化，可连续生产，效率高，适合管状、棒状产品的生产。但是挤出嘴结构复杂，加工精度要求较高。溶剂和黏结剂较多，导致坯体在干燥和烧成时收缩较大，制品的性能将受到一定的影响。

4.3.4　车坯成型

车坯成型适用于外形复杂的圆柱状产品，如圆柱形的套管、棒形支柱和棒形悬式绝缘子的成型。根据坯泥加工时安放的方式不同，车坯成型可分为立式和横式。根据所用泥料的含水量不同，又可分为干车和湿车。

干车时坯料含水量为2%～11%，多用数控立式车床车修。制成的坯件尺寸较为准确，不易变形和产生内应力，不易碰伤和撞坏，上下坯易实现自动化。但成型时粉尘较多，效率较低，刀具磨损较大。

与干车比较，湿车所用坯料含水量较高（16%～18%），效率较高，无粉尘，刀具磨损小，但成型的坯件尺寸精度较差。横式湿车用半自动车床，采用多刀多刃切削。泥段用车坯铁芯（或铝合金芯棒）穿上，固定于车坯机头上，或将泥段直接固定在机头卡盘上。主轴转速300～500r/min。样板刀安装在刀架轴上，刀架轴转速1～1.5r/min。

车坯的刀具要求有足够的强度和耐磨性，以减少装换刀具的辅助工时。采用碳化钛（TiC）沉积的刀具时，当覆盖层厚度为5～8μm时，比普通热处理45#钢制成的车坯刀耐磨性提高数倍。而电镀人造金刚石车坯刀，使用寿命比普通车坯刀成倍增加。

立式湿车近年来也有很大的发展，这主要是由于采用了光电跟踪仿型修坯和数字程序控制等半自动或全自动仿型车坯机，使工效和产品质量显著提高。

4.3.5　塑压成型

塑压成型法是通过压制的方法，迫使可塑泥料在模具中发生形变，得到所需形状的坯体。塑压成型法是20世纪70年代末期美国在日用陶瓷生产中开始采用的一种成型技术。这种成型方法的特点是设备结构简单，操作方便，适于鱼盘类或其它扁平广口形产品的成型。

通过比较滚压成型、压制成型和塑压成型所用坯料、模具和成型力等，可更好地理解塑压成型的技术特点，详见表4-3。

表 4-3　滚压成型、压制成型和塑压成型的比较

项目	滚压成型	压制成型	塑压成型
坯料	可塑坯料，坯料制备简单，成型过程中要排余泥	粉料，坯料制备复杂，成型过程中要排气	可塑坯料，在成型过程中排除余泥
模具	石膏模（造价低，强度低）	金属模（造价高，强度高）	高强石膏模，树脂模
成型力	机械挤辗力，成型力小	液压冲击力，成型力大	液压冲击力（需提高模具的耐压强度）

4.3.5.1 塑压成型特点

从表 4-3 可见，塑压成型的难点在于：①成型过程中的余泥如何排除；②石膏模具的强度需足够高。

解决塑压成型以上难点的途径有：①在石膏模具边沿开设檐沟，以供余泥暂存；②在石膏模内预埋加强筋，模外套金属护套，以增大强度，或采用高强度的树脂模。

4.3.5.2 塑压成型操作

塑压成型的操作步骤（图 4-63）如下。

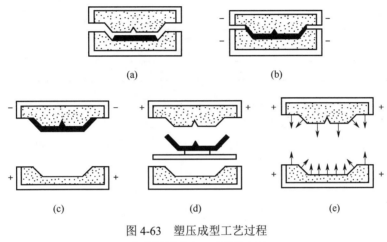

图 4-63　塑压成型工艺过程
（+表示送压缩空气；−表示抽真空）

① 将泥段切成所需厚度的泥饼，置于底模上，见图 4-63（a）。
② 上下抽真空，施压成型，见图 4-63（b）。
③ 压缩空气从底模通入，使成型好的坯体脱离底模；液压装置返回至开启的工位，坯体被上模吸住，见图 4-63（c）。
④ 压缩空气通入上模，坯体脱离上模落入操作人员手中的托板上，见图 4-63（d）。
⑤ 压缩空气同时通入上模和底模，排除模内水分；关闭压缩空气，揩干模型表面水分，即可进行下一个成型周期，见图 4-63（e）。

塑压成型的成型压力与坯料的含水量有关。坯料水分高时，需要降低压力。坯料水分为 23%～25% 时，压制单件产品的工作压力为 2.5～3.5MPa（甚至高达 6.9MPa）。坯料可塑性愈好投泥量愈多，则塑压时脱水性能愈差。充填的坯料愈多则排水量愈多，坯体致密度愈高。投入泥饼形状应近似成坯形状并略小于坯体。塑压速度愈慢，成型压力愈高，加压停顿时间愈长，则坯体脱水率和致密度愈高。

4.3.6　注射成型

注射成型是将瘠性物料与有机添加剂混合后挤压成型的方法，它是借鉴塑料工业中的注塑成型工艺。德国（1939 年）、美国（1948 年）先后将其用于陶瓷制品的成型。日本也于 1960 年采用这种工艺成型氧化铝陶瓷。目前各种复杂形状的先进陶瓷（如 SiC、Si$_3$N$_4$、BN、ZrO$_2$

等）的制作都可采用该成型技术。

4.3.6.1 坯料的制备

注射成型采用的坯料不含水。它由陶瓷粉料和结合剂（热塑性树脂）、润滑剂、增塑剂等有机添加剂构成。坯料的制备过程如下：将上述组分按一定配比混合，在密炼机内加热使树脂与陶瓷粉料充分混合，冷却固化后进行粉碎造粒，得到可塑化的粒状坯料。常用的有机添加剂列于表 4-4 中。有机添加剂的灰分和碳含量要低，以免脱脂时产生气泡或开裂。

表 4-4 注射成型用有机添加剂

种类	有机添加剂
结合剂	聚苯乙烯、聚乙烯、聚丙烯、醋酸纤维素、丙烯酸树脂、乙烯-醋酸乙烯树脂、聚乙烯醇
增塑剂	邻苯二甲酸二乙酯、邻苯二甲酸二丁酯、邻苯二甲酸二辛酯、二乙基酞酸盐、二丁基酞酸盐、二辛基酞酸盐、脂肪酸酯、植物油、动物油
润滑剂	硬脂酸、硬脂酸金属盐、矿物油、石蜡、微晶石蜡、天然石蜡

坯料中有机物的含量直接影响坯料的成型性能及烧成收缩率。提高有机物含量，可使成型性能得到改善，但导致烧成收缩增大。为提高制品的精确度，需要尽量减少有机物用量。但为使坯料具有足够的流动性，粉末粒子必须完全被树脂包裹。通常有机物的体积分数控制在 40%～50%。

4.3.6.2 注射成型过程

以图 4-64（柱塞式）为例，注射成型过程简述如下。

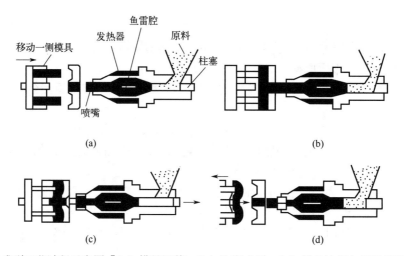

图 4-64 注射成型工艺过程示意图 [（a）模具调整；（b）注塑成型；（c）模具冷却与原料供给；（d）脱模]

① 调节并封闭模具，造粒坯料投入成型机，加热圆筒使坯料塑化，见图 4-64（a）。
② 将塑化的坯料注射至模具中成型，见图 4-64（b）。
③ 柱塞退回，供料。同时坯体在模具中冷却凝固，见图 4-64（c）。
④ 打开模具，将固化的坯体脱模取出，见图 4-64（d）。
整个成型周期大约 30s，成型的温度在树脂产生可塑性的温度下，一般为 120～200℃。

注射成型时坯体易出现的缺陷有坯料相遇接合时没有完全融合，从而在坯体的表面和内部产生熔焊线条；脱脂后坯体硬化不足；未完全充满模具；坯体中包裹有气孔。

4.3.6.3　注射成型设备

注射成型机主要由加料、输送、压注、模型封合装置、温度及压力控制装置等部分构成。根据注塑的物料输送形式可分为柱塞式和螺旋式两种类型。

注射成型采用金属模具。在模具的结构方面应关注以下几点。

① 在金属模型内，生坯的收缩很小（0.1%～0.2%），所得坯体与金属模型尺寸基本相同。因此模型内的空气不能外逸，易裹在生坯中，在脱脂时产生气泡，故金属模具应设有排气孔。

② 金属模具必须具有冷却沟槽，以便坯体快速冷却。

③ 模型内注入口部分由于通入高速高压陶瓷坯料，很容易磨损，即使进行淬火或氮化处理也容易磨损。螺旋式注射成型模具采用耐磨的高合金钢，缸筒内壁镀一层镍铬合金，可有效提高装备的耐磨损性。

4.3.6.4　脱脂

瘠性粉料能够通过注射成型得到形状复杂的制品，其关键在于有机添加剂的塑化作用。但这些有机添加剂必须在制品烧结以前从坯体中清除出去，否则就会引起各种缺陷。除去有机添加剂的工序称为脱脂。

脱脂是注射成型工艺中耗时最长的一道工序。一般为 24～36h，特殊时需要更长时间。脱脂的速率与原料的特性、有机添加剂的种类及数量，特别是生坯的形状、大小、厚度有关。较薄的坯体脱脂较快，较厚的坯体脱脂速度慢，形状复杂和容易变形的坯体则采用定位装置（托架）或将其埋入粉末中。脱脂后的坯体强度非常低，且一般残留少量的碳，需采用氧化气氛将碳排除。

除高温脱脂工艺外，近年来发展了溶剂脱脂工艺，其可在常温下通过溶剂溶解树脂而实现部分或全部脱脂，加速了脱脂过程。经溶剂脱脂的产品可直接进行高温烧结，在烧结过程中可将剩余的有机添加剂直接除去。

注射成型适合生产形状复杂、尺寸精度要求高的制品。其优点是产量较大，可以连续生产。缺点是有机物使用较多、脱脂工艺时间长、金属模具易磨损、造价高等。

注射成型与热压铸成型有很多类似之处，如二者都经瘠性物料与有机添加剂混合、成型、脱脂（排蜡）三个主要工序；二者都是在一定的温度和压力下进行成型的。不同的是，热压铸成型用的浆料须在浇注前加温制成可以流动的蜡浆，而注射成型用的是粒状的干粉料，成型时将粉料填入缸筒内加热至塑性状态，在注入模具的瞬间，由于高温和高压的作用坯料呈流动状态，充满模具的空间；此外，热压铸成型压力为 0.3～0.5MPa，注射成型则高得多，一般为 100MPa 以上。

4.3.7　轧膜成型

轧膜成型是一种可塑成型方法，在特种陶瓷的厚膜生产中较为普遍，适宜生产 1mm 以下的薄片状制品。轧膜成型是将准备好的坯料，拌以一定量的有机黏结剂（一般使用聚乙烯醇），置于两辊轴之间进行辊轧，通过调节轧辊间距，经过多次轧辊，最后达到所要求的厚度，如图 4-65 所示。轧好的坯片经冲切工序制成所需要的坯件。但不宜过早地把轧辊调近，急于得到薄片坯体。因为这样会使得坯料和黏结剂混合不均匀，坯件质量劣化。

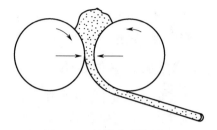

图 4-65　轧膜成型的原理

轧辊成型时，坯料只在厚度和前进方向受到辗压，在宽度方向受力较小，因此，坯料和黏结剂会不可避免地出现定向排列。干燥和烧结时，横向收缩较大，易出现变形和开裂，坯体性能也会出现各向异性，这是轧膜成型无法消除的问题。对于厚度要求在 0.1mm 以下的超薄片，轧膜成型是很难轧制的，常用流延成型工艺制备。

4.3.8　其它成型方法

雕塑、印坯与拉坯成型都是古老的手工可塑成型法。由于这些成型方法简便、灵活，对于量少而特殊器形的产品，目前仍需使用这些方法。

4.3.8.1　雕塑成型

凡异形产品如人物、鸟兽，以及方形、多角形等器物，多采用手捏、雕塑、雕削、雕镶法成型。人像、山水、花草、虫鱼、禽兽等一般用手捏、雕塑、雕削法成型；方形花钵等多角形器物则采用雕镶法成型。雕镶法成型是先将练好的塑性泥料用印坯和拍打相结合的方法制成适当厚度的泥尺，然后切成所需形状大小，再用刀、尺等工具进行修、削以制成符合要求的式样和厚度，最后用泥浆黏镶成坯体。

4.3.8.2　印坯成型

凡异形产品和精度要求不高的产品，均可用塑性泥料在石膏模中印制成型。印坯也可分单面印坯和双面印坯。现在采用实心注浆成型的匙类产品过去就是用双面印坯法成型的；现在采用空心注浆法成型的人物的手，过去就是用单面印坯法成型然后黏合的。许多六角瓶、菱形花钵，人物和禽兽中某些局部器形，琉璃瓦中的屋脊等常常采用印坯法成型，然后经过修整再和其它部分粘接成整体。

两面均有固定形状或两面均有凹凸花纹的制品，则可采用阴阳石膏模进行双面印坯，如中空制品则可采用单面印坯，然后粘接成坯体。

印坯最大优点是不需要机械设备，手工操作，但印坯成型的生产效率低，而且产品质量与操作者的技艺水平有很大关系，常由印坯时施压不均、干燥收缩不匀而引起变形或开裂，因此，印坯成型法逐渐被注浆成型法或塑压法取代。

4.3.8.3　拉坯成型

拉坯又称做坯，是一种传统的手工成型法。碗类、盘碟、壶类、杯类、瓶类等均可用拉坯法成型。拉坯是在陶轮或辘轳上进行的。人力驱动是由拉坯工人手执木棍抵入陶轮上的孔洞中带动陶轮旋转，把木棍放下，陶轮借惯性作用继续旋转，拉坯工人把塑性泥料置于陶轮中央的泥座上进行拉坯操作。数分钟后，陶轮转速逐渐慢下来甚至停止转动，拉坯工人又拿起木棍搅动陶轮。现在拉坯陶轮多数已被电驱动取代。

拉坯操作主要靠手掌力和手指力对塑性泥料进行拉、棒、压、扩等作用，泥料在各种力的作用下发生伸长、缩短、扩展，变成所需的器形。拉坯时还可利用竹片、木棒及样板等进行刮、削、插孔等。

拉坯对坯料的要求是屈服值不宜太高，而延伸变形量则要求宽些。拉坯成型用坯料的含水量一般要比其它塑性成型法的含水量高些。

4.4 聚合物的塑性成型

聚合物的塑性成型是指聚合物在 $T_g \sim T_m$（或 T_f）之间（即高弹态）进行的成型，以聚合物黏流加工（如挤出、注射等）的型材为坯料，在高弹态下再次加工成型。这是由于技术上和经济上的原因，一些聚合物制品不能或不适于经过一次成型即制得最终形状的制品，因此需要以一次成型产物为对象，经过再次成型来获得最终制品。

聚合物的塑性成型通常又称为二次成型，它是在低于聚合物流动温度或熔融温度的"半熔融"态下进行的，一般是通过黏弹形变来实现材料型材或坯料的再成型。而聚合物的黏流成型通常称为一次成型，它主要是通过塑料的流动或塑性形变实现造型，成型过程中总伴随聚合物的状态或相态转变。由于橡胶和热固性聚合物经一次成型时分子已发生交联变成网状或体型结构，再次加热不会熔融（如果加热温度过高，只能炭化），也不溶于溶剂，失去了再次进行塑性成型的能力，因此橡胶和热固性聚合物不能进行二次成型。热塑性塑料在一定温度下可以软化、熔融流动，冷却后获得一定的形状，再次加热又可软化和熔融流动，所以二次成型仅适用于热塑性塑料。聚合物的塑性成型工艺主要有热成型、中空吹塑成型、拉幅薄膜成型和合成纤维的拉伸等。

4.4.1 热成型

热成型是将热塑性聚合物的片材作为原料来制造塑料制品的一种方法，是聚合物的二次成型。其工艺过程为：先裁剪成一定尺寸和形状的片材夹持在模具的框架上，再将其加热至 $T_g \sim T_m$（或 T_f）（高弹态），片材一边受热一边延伸，然后通过施加的压力，使其紧贴模具型面，获得与模具型面一致的形状，最后经冷却定形和修整后得到成品。既可以通过在片材两侧产生气压差，也可以借助机械力或液压力施加压力。

热成型主要用来生产薄壳制品，近年来发展较快，热成型制品种类繁多，应用广泛，但一般是形状较为简单的杯、盘、盖、车船构件、化工设备、仪表外壳、玩具、包装用具、医用器皿、雷达罩和飞机舱罩等。制品壁厚不大，片材厚度为 1～2mm，甚至更薄。制品的面积可以很大，但深度有一定的限制。

热成型的特点是成型压力较低、生产效率高、设备及工艺较简单、投资小、能制造较大面积的制品。缺点是需采用聚合物片材为坯料，需以聚合物原料经挤压、压延或流延等工艺先制成片材，后续加工工序较烦琐，故成本较高。因此，对于能同时满足注射成型和热成型的制品，优先选择注射成型。

通常用作热成型的聚合物品种有纤维素、聚苯乙烯（PS）、尼龙（PA）、有机玻璃（PMMA）、聚酯（PET）、聚氯乙烯（PVC）、ABS 塑料、聚碳酸酯（PC）等。

4.4.1.1 热成型方法

根据聚合物特性、制品类型和操作方式不同，热成型工艺可细分为几十种，都是由以下六种基本方法改进或组合而成的。

（1）差压成型

差压成型是热成型中最简单的一种，也是最简单的真空成型方法。首先用夹持框将片材夹紧在模具上，并用加热器将片材加热至足够的温度后移开加热器，然后采取适当措施使片材两侧具有不同气压。根据产生气压差的方法不同，差压成型有两种方式：一种是模具底部抽真空成型的真空成型工艺。它是借助预热片材的自密封性能，将其覆盖在阴模腔的顶面上形成密封空间，当密封空间被抽真空时，大气压使得预热片材延伸变形而达到制品的形状。另一种是从片材顶部加压缩空气进行成型的加压成型工艺。即预热的片材放在阴模顶面上，其上表面与盖板形成密封气室，当向此气室通压缩空气后，高压高速气流产生的冲击压力使得预热片以很快的变形速度贴合到模腔表面。制品冷却后从底部通入压缩空气吹出制品脱模，如图4-66所示。

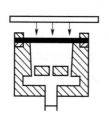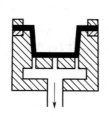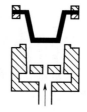

图 4-66　差压成型示意图

差压成型制品通常结构比较鲜明，与模具贴合的一面为精细部位，光洁度较高。但成型时由于片材各部位发生有效塑性形变的时间长短不同而存在厚薄差异，通常片材与模具贴合时间越晚的部位，因其塑性变形时间较长，厚度较薄。通过该工艺成型的制品表面光泽好、无瑕疵，材料原有的透明性在成型过程前后不改变，故常用来制造仪器罩、天窗和窗附属装置等。

（2）覆盖成型

覆盖成型通常用于生产壁较厚和深度较大的制品。与真空成型工艺基本相同，只是所用模具只有阳模，成型时采用液压力将阳模顶入由夹持架夹持且已加热的片材中，也可以用机械力移动夹持架将片材扣覆在阳模上，当软化的片材与模具完全密封后再抽真空使片材完全贴覆于阳模表面而成型，最后通过冷却、脱模和修整即得制品，如图4-67所示。

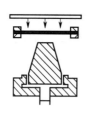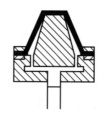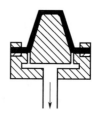

图 4-67　覆盖成型示意图

覆盖成型特点与差压成型一致，其结构较鲜明和细致，与模具贴合一面的表面质量较高。由于贴合时间存在先后差异，阳模顶部处制品壁最厚，模具侧面与底面的交界部位制品壁最薄，先接触模面的部分先被模具冷却，而后续的扣覆过程中，其牵伸行为不如没有冷却的部分强，这导致在制品侧面常会出现牵伸和冷却条纹。该法多用于制造家用电器部件，如外壳、内衬件等。

（3）柱塞助压成型

为了克服差压成型的凹形制品底部偏薄和覆盖成型的凹形制品侧壁偏薄的缺陷，开发了制品厚度分布较均匀的柱塞助压成型。它包括柱塞助压真空成型和柱塞助压气压成型两种。先用夹持框将片材紧夹在阴模上并加热到足够的温度后，用柱塞将加热软化的片材压入型腔内气体封闭的模具型腔，然后利用阴模底部真空管将片材抽吸离开柱塞并贴附于型腔内壁而成型，或从柱塞内孔通压缩空气将片材压贴在阴模内壁成型。前者为柱塞助压真空成型，如图 4-68 所示，后者为柱塞助压气压成型。

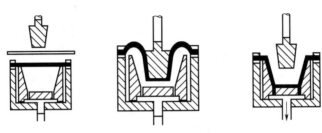

图 4-68　柱塞助压真空成型示意图

为了得到厚度更加均匀的制品，还可在柱塞下降之前，从模底送进压缩空气，使加热变软的片材预先吹塑成适度上凸的泡状物，然后柱塞压下再用真空抽吸或用压缩空气压入的方法使片材紧贴阴模型腔成型，这称为气胀柱塞助压成型。它是采用阴模得到厚度分布均匀制品的最好方法，特别适合制造大型的深度拉伸制品，如冰箱的内箱等。

（4）回吸成型

回吸成型包括真空回吸成型、气胀真空回吸成型和推气真空回吸成型等方式。该工艺可制得壁厚均匀、结构较复杂的制品。

真空回吸成型的最初几步，如片材夹持、加热和真空吸进等与真空成型相同。当已加热的片材被吸进模内达到预定深度时，则将阳模从上部向已弯曲的片材伸进，当模具边缘完全将片材封在抽空区后，从阳模顶部的气门抽真空将片材回吸与阳模面贴合，经冷却、脱模和修整后即得制品，如图 4-69 所示。

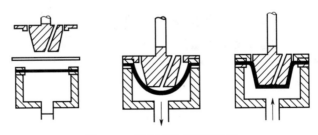

图 4-69　真空回吸成型示意图

气胀真空回吸成型则是从箱底引入压缩空气使已加热的片材凸成泡状物，当达到规定的高度后，再用阳模将上凸的片状物逐渐压入箱内适当位置，压箱内维持适当的气压，利用片材下部气压的反压作用,片材紧紧包住阳模。当阳模伸至箱内合适部位致使模具边缘完全将片材封在抽空区后,从阳模顶部的气门抽真空将片材回吸与阳模面贴合,即完成成型,经冷却、脱模和修整后即得制品。

推气真空回吸成型是一种将片材预先加热成泡状物,然后通过边缘与抽空区域形成气密封,将模具上升并吸附片材的成型工艺。模具升至顶部合适的位置时停止上升,再从底部进行抽真空而使片材与模具贴合,经冷却、脱模和修整后即成为制品。

(5)对模成型

对模成型通常采用两个彼此配对的模具进行成型。成型时先将片材用夹持架夹持于阴模与阳模之间,并用可移动的加热器对片材进行加热,当片材到达一定温度时移去加热器,并将两模合拢而成型,在合拢过程中,片材和模具间的空气由模具上的气孔向外排出。成型后经冷却、脱模和修整后即成为制品,如图 4-70 所示。对模成型所得制品的复制性和尺寸准确性好,可以制备较复杂结构,甚至表面可以刻花或刻字,厚度分布主要依赖于制品样式。

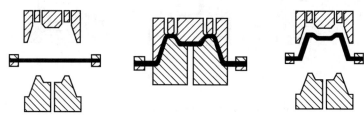

图 4-70　对模成型示意图

(6)双片热成型

双片热成型是将两片相隔一定距离的聚合物片材加热到一定温度,放在两片模具的模框中间并将其夹紧,再将吹针插入两片材之间,通过吹针向两片材中间区吹入压缩空气,同时在两个闭合模壁处抽真空,使片材贴合于两闭合模的内腔,经冷却、脱模和修整后即成为中空制品,如图 4-71 所示。该法生产的中空制品壁厚较均匀,该法还可生产双色和厚度不同的制品。

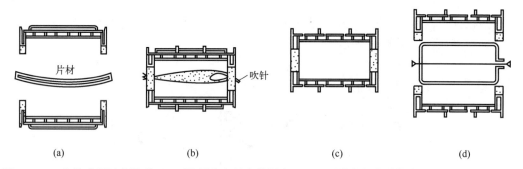

(a)　　　　　　　　(b)　　　　　　　　(c)　　　　　　　　(d)

图 4-71　双片热成型示意图 [(a) 两塑料片夹紧在模框上;(b) 压缩空气从吹针中引入;(c) 抽真空;(d) 脱模]

4.4.1.2　热成型设备与模具

按供料方式不同,热成型设备有分批进料和连续进料两种类型。分批进料主要用于生产大型制品，一般其原料是不易成卷的厚片材，同时它也适合用薄片材生产小型制品。工业生产中应用最多的分批进料设备是三段轮转机，其工序分为装卸、加热和成型三段。加热器和模具设在固定区段内，片材由三个按120°分隔且可以旋转的夹持框夹持，并在三个区段内轮流转动，如图4-72所示。连续进料设备则主要用于大批量生产薄壁、小型的制品，如杯、盘等。连续供料、间歇运移，间歇时间自几秒到十几秒。设备也分段，每段只完成一道工序，如图4-73所示。

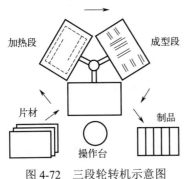

图4-72　三段轮转机示意图

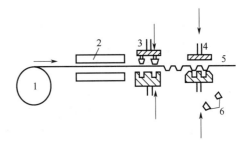

图4-73　连续进料设备流程图

1—片料卷；2—加热器；3—模具；4—冲裁模；

5—回收片模材料；6—制品

（1）加热系统

通常用电热或红外线辐照加热片材，较厚的片材还须用烘箱预热。加热器的温度一般为350～650℃，为了适应不同塑料片材的成型，加热系统应配备加热器温度控制和加热器与片材距离的调节装置。成型时模具温度保持在45～75℃。冷却方法有内冷与外冷两种：内冷是通过模具的冷却来使制品冷却的，外冷是用风冷法或空气水雾法。金属模具的内冷通道通温水循环；对于非金属模具，在加热时用红外线辐照，而冷却则用风冷。加热器与片材的间距范围为8～30cm。

（2）夹持系统

夹持系统通常由上下两个机架以及两根横杆组成。上机架由压缩空气操纵，能将片材均衡地压在下机架上。在保证夹持压力均衡而有力的前提下夹持压力可调，夹持片材具有可靠的气密性。

（3）真空系统

真空系统由真空泵、贮罐、管路、阀门组成。由于要求瞬时排除模型与片材间的空气而借大气压力成型，因此，真空泵必须具有较大的抽气速率，真空贮罐要有足够的容量。

（4）压缩空气系统

压缩空气除用于成型外，还用于脱模、初制件的冷却和操纵机件动作的动力。压缩空气系统由空气压缩机、贮压罐、管路、阀门等组成。

（5）热成型模具

模具简单，制造速度快，成本较低，模具受到的成型压力低，制品形状简单，使热成型工艺得到了快速发展。因此，模具的设计、选材和制造都大大简化。常用制模的材料有石膏、铝材、钢材和树脂基复合材料等。制模材料主要依据制品生产的数量和质量来决定。

热成型模具的基本要求如下。

制品的引伸比是制品的深度和宽度（或直径）之比，它主要反映了制品成型的难易程度。引伸比大则成型较难；反之则易。引伸比的极限以不超过2∶1为原则，它受原料品种、片材厚度和模具的形状等影响。在实际生产中，一般采用的引伸比是0.5∶1～1∶1（小于极限引伸比）。

为了防止制品的角隅部分由厚度减薄和应力集中而导致强度降低，制件的角隅部分一般避免锐角，角的弧度应尽可能增大，至少大于片材的厚度。

为了便于制品脱模，模具四壁的斜度一般为0.5°～4°。阴模的斜度可适当减小，阳模则适度增加。

为了保证厚度薄、面积大的热成型制件的刚性，应在制件的适当位置设置加强筋。

抽气孔要在制品中均匀分布，且在片材与模具最后接触的位置，适当增多。抽气孔的直径要适中，如果太小将影响抽气速率，如果太大则导致制品表面残留抽气孔的痕迹。抽气孔的大小一般为$\phi 0.5$～$1mm$（不超过片材厚度的1/2）。

模具设计时还需考虑不同聚合物的收缩率。一般热成型制品的收缩率在0.1%～4%。当采用多模成型时，要考虑模型间距。阳模和阴模的选择，则要考虑制品的各部分对厚度的要求，如制造边缘较厚而中间部分较薄的制品则选择阴模；若制造边缘较薄而中央部分较厚的制品则选择阳模。

4.4.1.3　热成型工艺控制

热成型工艺过程主要由片材的准备、夹持、加热、成型、冷却、脱模和制品后处理等组成，其中加热、成型、冷却和脱模是影响制品质量的重要环节。

（1）加热

热塑性聚合物处于高弹态下拉伸才能进行热成型，故成型前必须将片材加热到合适的温度并保持均匀。片材经加热后达到一定温度时，应当满足在此温度下聚合物既具有较大的伸长率，又具有合适的拉伸强度，保证片材成型时能够经受高速拉伸而不致出现破裂。随着加热温度的升高，聚合物的伸长率会出现极大值，而强度随加热温度的升高逐渐减小。在保证合适强度下，聚合物的伸长率大，制品的壁厚薄，可成型深度较大的制品，因此，选择合适的成型温度非常关键。当温度过低时所得制品的轮廓清晰度、结构和尺寸稳定性都不佳；而当温度过高时，聚合物热降解，导致制品变黄、力学性能下降和失去光泽等负面效应。在热成型过程中，片材从加热结束到开始拉伸变形，由于加工工位的转换存在间隙时间，片材会因散热而降温，特别是薄壁、比热容较小的片材，散热降温现象更加显著，所以片材实际加热温度一般比成型所需的温度稍高。

片材加热所必需的时间取决于聚合物的导热性、比热容和片材厚度等，一般加热时间随聚合物导热性的减小、聚合物比热容与片材厚度的增大而延长。合适的加热时间通常由实验或参考经验数据决定，一般片材的加热时间占整个热成型周期的50%～80%。

为保证在加热过程中整个片材各处温度都均匀地升高，首先要求所选用的片材各处厚度尽可能相等。由于聚合物导热性较差，在加热厚片材时，为了尽量缩短加热时间并保证片材温度的均匀，可采用双面加热和红外线加热。

（2）成型

各种热成型操作主要是施力使得预热的片材按预定的要求弯曲或拉伸变形，所得制品的壁厚尽可能均匀。片材各部分所受牵伸程度的不同是导致制品厚薄不均匀的主要因素，对于各种不同的热成型方法，牵伸程度的差异较大，其中差压成型最为严重。另一个因素是牵伸速率的大小，即抽气或充气的气体流速、模具框架或辅助柱塞等的移动速度的差异。通常，高的牵伸速度有利于成型或缩短成型周期，因此有时将抽气或充气孔设计为长而窄的狭缝。如电冰箱衬套成型时采用正常的抽气孔抽气所需时间为 2～5s，但是设计为长而窄的狭缝后抽气时间可降至 0.5s。但快速牵伸常会因为流动的不足而使制品在偏凹、凸的部位呈现厚薄不均的现象；牵伸过慢又会因片材过度降温使变形能力下降而出现拉伸裂纹。牵伸速率的大小还与片材成型时的温度密切相关，温度较低时，片材变形能力小，故应慢速牵伸，反之则快速牵伸。

压力的作用使得片材产生形变，但是片材具有一定抵抗形变的能力，其弹性模量随温度的升高而降低。各种聚合物的弹性模量各不相同，且对温度有不同的依赖性，故热成型时的成型压力随聚合物品种、分子量、片材厚度和成型温度的不同而改变。一般刚性分子、分子量高的聚合物、存在极性基团的聚合物、片材厚度大、成型温度低等，需要更高的成型压力。

（3）冷却和脱模

热成型的制品必须在成型压力下冷却到变形温度以下才能脱模，如果冷却不足将导致脱模后变形。为了缩短成型周期，一般采用内冷和外冷两种方式加快冷却速率，内冷是金属模内通水冷却，外冷有风冷法和空气-水雾法等。它们既能单独使用也能组合使用。冷却降温速率与聚合物导热性和制品壁厚有关，一般导热性越好，壁厚越薄，冷却降温速率越快。适宜的降温速率应避免产生过大的温度梯度，以免在制品中引发较大的内应力，否则在高度拉伸的区域可能由于降温过快而产生裂纹。除了片材因过度加热导致聚合物分解或模具成型面过于粗糙而引起脱模困难外，热成型制品通常由于黏结力较低，很少黏附在模具上。如果出现黏模现象，可将适量的脱模剂（硬脂酸锌、二硫化钼等）涂于模具的成型面上。

4.4.2　中空吹塑

中空吹塑是制造空心塑料制品的通用成型方法。借鉴历史悠久的玻璃容器吹制工艺，至20 世纪 30 年代开发出塑料吹塑技术。1950 年，吹塑塑料瓶开始工业化应用，1954 年，高密度聚乙烯问世，大大促进了吹塑成型中空薄壁容器和其它制品的开发应用。

中空吹塑是借助气体压力，把闭合在模具型腔中处于热熔态的聚合物型坯吹胀成为中空制品的成型工艺。中空吹塑主要用于生产各种塑料容器和中空制品，如贮存酸、碱的大容器，各种各样的塑料瓶大量用于农业、食品、化妆品、药品、洗涤产品的贮存容器以及儿童玩具等。

用作中空吹塑的塑料有聚乙烯（PE）、聚氯乙烯（PVC）、聚丙烯（PP）、聚苯乙烯（PS）、聚对苯二甲酸乙二醇酯（PET）、聚碳酸酯（PC）、聚酰胺（PA）等，其中聚乙烯制品使用最广泛。通常，熔体指数在 0.04～1.12g/10min 范围内的聚合物是比较优良的中空吹塑材料。低密度聚乙烯主要用于食品包装容器，聚乙烯混合料用于制造各种商品容器，超高分子聚乙烯则用于制造大型桶等；PVC 塑料因透明度和气密性都较好，用无毒聚氯乙烯中空制品包装食品（包装食用油、矿泉水和其它软饮料）；PET 因透明性好、韧性高、无毒，已大量用于饮料瓶等；改性聚丙烯或聚酯经中空吹塑法生产啤酒瓶以代替玻璃瓶，可有效保障人身安全。

用作中空吹塑制品的材料一般应具有下列特性。

① 耐环境应力开裂性：作为容器使用，当与表面活性剂、溶液接触时，在应力作用下应具有防止龟裂的能力。

② 气密性：阻止氧气、二氧化碳、氮气及水蒸气等向容器内外扩散的特性。

③ 耐冲击性：为保护容器内物品，制品应具有从一定高度落下不破裂的特性。

④ 此外，还应具有耐药品性、抗静电性、韧性和耐挤压性等方面的性能。

中空吹塑工艺按制造方法的不同分为挤出-吹塑工艺和注射-吹塑工艺。将挤出或注射所制得的型坯直接在热状态下送入吹塑模具内吹胀成型称为热坯成型；将压延片材、挤出管材或注射坯件重新加热到高弹态后再放入吹塑模内吹塑成型称为冷坯成型。

4.4.2.1 挤出-吹塑工艺

挤出-吹塑工艺是原料经挤出机机头环形口模挤出制得管坯，然后将管坯垂挂在安装于机头正下方的预先分开的型腔中，当下垂的管坯达到规定长度后立即合模，并靠模具的切口将管坯切断；从模具分型面上的小孔送入压缩空气，使得管坯吹胀紧贴模壁而成型，保持充气压力使制品在型腔中冷却定型后开模脱出制品。针对不同类型制品的成型，挤出-吹塑工艺有单层直接挤坯-吹塑、多层共挤出吹塑、挤出-蓄料-压坯-吹塑和挤坯-拉伸-吹塑等不同的工艺方法。由于挤坯-拉伸-吹塑成型过程复杂，其在生产上很少采用。

挤出吹塑法生产效率高，型坯温度均匀，熔接缝小，吹塑制品强度较高；设备简单，投资少，对中空容器的形状、大小和壁厚等允许范围较大，适应性强，因此，吹塑制品在目前中空制品的总产量中占据绝对优势。

（1）单层直接挤坯-吹塑工艺

单层直接挤坯-吹塑工艺过程如图 4-74 所示。型坯从挤出机机头环形口模挤出后垂挂在位于口模下方的处于开启状态的两吹塑半模中间，当型坯达到预定长度后，两吹塑半模立即闭合，模具的上、下夹口依靠合模力将管坯切断，型坯在吹塑模具内的吹胀与冷却过程和无拉伸注坯吹塑相同。由于型坯由一种聚合物经挤出机前的管机头挤出制得，故这种吹塑成型称为单层直接挤坯吹塑或挤坯吹塑。

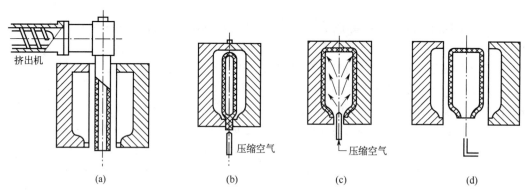

图 4-74 单层直接挤坯-吹塑过程示意图 [（a）型坯挤出成型；（b）入模；（c）吹塑成型；（d）脱模]

目前在中空制品的生产中，挤出-吹塑工艺占绝对优势，但挤出-吹塑工艺也有一定的局限性，如热挤出管壁在自重的作用下易发生流动，制品的壁厚均匀性不如注射-吹塑工艺；成型带底的中空制品如瓶、桶等，必须利用吹塑模具的闭合及夹紧作用对型坯封底并切去多余部分，造成制品出现挤缝和边角余料。

（2）多层共挤出吹塑

多层共挤出吹塑技术是在单层挤坯-吹塑技术的基础上发展起来的，采用两台以上的挤出机，将同种或异种聚合物在不同的挤出机内熔融后，在同一机头内复合、挤出、形成多层同心的复合型坯，经吹塑制造多层中空制品的技术。多层共挤出吹塑的技术关键是控制各层聚合物间相互熔合和黏结质量。如果层间的熔合与黏结不好，制品夹口区的强度会急剧下降。一般在各层所用聚合物中混入黏结性组分或在原来各层间增加黏结功能层，这样就需要增加制造多层管坯的挤出机数量，使得成型设备的投资增加，型坯的成型操作则更加复杂，但是能解决多层共挤出吹塑的熔黏问题。多层共挤出吹塑制品主要是用于化妆品、药品和食品等对阻透性有特殊要求的聚合物包装容器。多层共挤出吹塑型坯的结构可以根据需要来设定，例如尼龙/聚烯烃、聚乙烯醇/聚烯烃、聚乙烯/聚氯乙烯/聚乙烯、聚苯乙烯/聚丙烯腈/聚丙烯等。多层吹塑容器所用物料的种类和必需的层数应当根据使用的具体要求确定，通常制品层数越多，型坯的成型越困难。

（3）挤出-蓄料-压坯-吹塑工艺

在制造大型中空制品时，直接采用挤坯吹塑工艺可能会因挤出速度有限而导致管坯上部壁厚减薄、下部壁厚增厚的问题。这是由于管坯在达到规定长度时因自重下坠，同时上下部分在空气中停留时间不同，导致温度差异，进而影响吹塑制品的壁厚均匀性和内应力。为解决这些问题，采用挤出-蓄料-压坯-吹塑工艺。在该工艺中，熔体先由挤出机塑化后蓄积在料缸内，待熔体量达到预定值后，利用加压柱塞以高速度将熔体通过环隙口模挤出，形成所需长度的管坯。随后，管坯被转移到吹塑模具中，通过吹塑工艺将其扩张成最终的中空制品。该方法有效减少型坯下坠和壁厚不均问题，生产出壁厚均匀、内应力较低的大型中空制品。

4.4.2.2　注射-吹塑工艺

注射-吹塑工艺是通过注射成型先将塑料制成有底型坯，再将型坯移入吹塑模具内进行吹塑成型。注射-吹塑工艺分为无拉伸注射-吹塑工艺和注射-拉伸-吹塑工艺两种。

（1）无拉伸注射-吹塑工艺

无拉伸注射-吹塑成型简称注射-吹塑，成型过程如图 4-75 所示。由注射机在高压下将熔融聚合物注入模具内并在芯模上形成适宜尺寸、形状和质量的管状有底型坯。当生产瓶类制品，瓶颈和螺纹在该过程同时成型。所用的芯模为一端封闭的管状物，压缩空气可从开口端通入并从管壁上所开的许多小孔逸出。型坯成型后，注射模具立即开启，旋转机立即将芯模连同型坯一起移入吹塑模具型腔内，并迅速闭合吹塑模具，从芯模开口端通入 0.2~0.7MPa 的压缩空气，压缩空气通过模具中的通道吹入型坯内部，使型坯膨胀并脱离芯模，贴合模具内壁形成所需形状，在保持充气压力下冷却定形，开模取出吹塑制品。

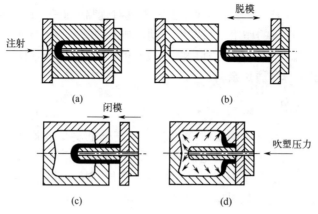

图 4-75　注射-吹塑成型过程示意图 [（a）注射；（b）脱模；（c）闭模；（d）吹塑]

注射-吹塑可生产批量大的小型精制容器和广口容器，这些容器主要用于化妆品、日用品和食品包装等领域。该工艺的优点：制品壁厚均匀，不需要后续加工；注射制得的型坯能全部进入吹塑模具内吹胀，制品无接缝、废边废料较少；对塑料品种的适用范围较宽，一些难于用挤坯吹塑成型的塑料品种可以用注射-吹塑成型。缺点是成型需要注射和吹塑两套模具；注射所得型坯温度较高，吹胀物需要较长的冷却时间，导致成型周期较长；型坯的内应力较大，当生产形状复杂、尺寸较大制品时易出现应力开裂；无拉伸注射-吹塑在吹塑时仅受到径向拉伸，故其制品内分子取向主要为单轴取向。

（2）注射-拉伸-吹塑工艺

为了提高制品的力学性能，将注射型坯在横向吹塑之前借助芯管使型坯先进行一定程度的轴向拉伸，再进行吹塑，所得制品具有大分子双轴取向结构，这种工艺称为注射-拉伸-吹塑工艺或拉伸注坯吹塑，如图 4-76 所示。其型坯的成型与无拉伸注射-吹塑工艺相同，只是注射的型坯并不是立即移入吹塑模，而是经适当冷却后移送到加热槽内，在加热槽中加热到预定的拉伸温度，再移送到吹塑模腔内。在拉伸吹塑模腔内先用拉伸棒将型坯进行轴向拉伸，然后引入压缩空气使之横向吹胀并紧贴模壁，吹胀物经过一段时间冷却后脱模即得具有双轴取向结构的吹塑制品。

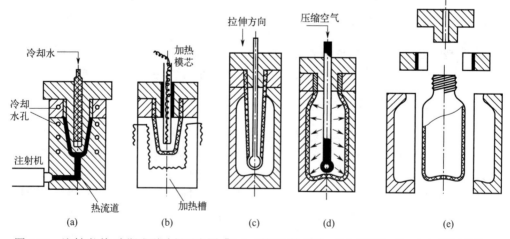

图 4-76　注射-拉伸-吹塑成型过程示意图 [（a）型坯注射成型；（b）型坯加热；（c）型坯拉伸；
（d）吹塑成型；（e）脱模]

注射-拉伸-吹塑成型时，通常将不包括瓶口部分的制品长度与相应型坯长度之比称为拉伸比，而将制品主体直径与型坯相应部位直径之比规定为吹胀比。一般来说，增大拉伸比和吹胀比有利于提高制品强度，但在实际生产中为了保证制品壁厚满足要求，拉伸比和吹胀比均取 2～3 时可以获得综合性能较好的制品。注射-拉伸-吹塑制品的透明度、力学性能和热变形温度等均得到明显提高。制造同样容量和一定性能指标的中空制品，注射-拉伸-吹塑制品比无拉伸注射-吹塑制品更薄，可节约物料 50% 左右。

挤坯吹塑与注坯吹塑的差别仅在于型坯成型方法，吹塑成型过程的控制工艺因素基本一致，其主要影响因素有型坯温度、吹塑模具温度、充气压力、充气速度、吹胀比和冷却时间等。

① 型坯温度　制造吹塑型坯时，特别是采用挤出成型时，需严格控制型坯温度，保证型坯在吹胀之前形状稳定、吹塑制品有较高的接缝强度、适宜的冷却时间和吹塑制品的表面光洁度。

型坯温度对其形状稳定性的影响主要表现在以下两方面：一是熔体黏度对温度的敏感性。当型坯温度偏高时，型坯黏度较低，在挤出、转移和吹塑模闭合等过程中因型坯重力等因素导致变形量增加。各种聚合物对温度的敏感性不同，对于那些黏度对温度特别敏感的聚合物应当特别注意控制型坯温度。二是型坯温度影响离模膨胀效应。当型坯温度偏低时，会出现型坯长度收缩和壁厚增大，导致出现明显的离模膨胀效应，严重时会出现鲨鱼皮症和留痕等缺陷，这使制品的表面质量下降、壁厚不均匀性增加。

在保证型坯形状稳定性的前提下，适当提高型坯温度有利于提高接缝强度和改善制品的表面光洁度。通常型坯温度应当控制在聚合物的 $T_g \sim T_m$（或 T_f）之间，并偏向 T_m（或 T_f）。过高的型坯温度不仅恶化型坯的形状稳定性，而且还延长了吹胀物的冷却时间，延长了成型周期，增加了能耗，降低了生产效率。

② 吹塑模具温度　吹塑模具温度取决于成型用聚合物的种类，聚合物的 T_g 或 T_f 高时，可选用较高的吹塑模具温度，相反则应降低吹塑模具温度。吹塑模具温度过低时，较低的吹塑模具温度会使型坯在模具内过早冷却，导致型坯吹胀时形变困难，制品的轮廓和花纹变模糊。吹塑模具温度过高时，吹胀物在模内的冷却时间太长，生产周期增加，若冷却不充分，制品脱模时会出现严重的变形、较大的收缩率和表面缺乏光泽等现象。吹塑模具温度应保持均匀分布，以保证制品各部分得到均匀的冷却。一般吹塑模具温度控制在低于聚合物的软化温度 40℃ 左右。

③ 充气压力和充气速度　吹塑成型的关键环节是借助压缩空气的压力吹胀半熔融状态的型坯，对吹胀物施加压力使其紧贴吹塑模的型腔壁以取得形状精确的制品。使型坯膨胀的空气压力与型坯所用聚合物品种、成型温度、制品壁厚和半熔融态型坯的模量等因素有关，一般在 0.2～1MPa 范围内。一般来说，型坯黏度大、薄壁、模量高和制备大容积制品，应当选用较高的充气压力；反之，则选用较低的充气压力。合适的充气压力是保证制品具有清晰的外形、表面花纹和文字等的重要参数。

当充气体积流率较大时，既可缩短吹胀时间，又提高了制品壁厚的均匀性和获得了好的表面质量。如充气速度过大则会在空气的入口区域出现负压，使得该区域的型坯凹陷；减小气流通道，甚至定位后的型坯颈部可能被高速气流折断，以致无法吹胀。可见充气的气流速度和体积流率存在一定的矛盾，难于同时满足吹胀过程的要求。解决的有效办法是加大空气的吹管直径，但吹塑细颈瓶这样的中空制品时，由于不能加大吹管直径，因此为使充气气流速度不致过高，就只得适当降低充气的体积流率。

④ 吹胀比 吹胀比是制品尺寸和型坯尺寸之比，亦即型坯吹胀的倍数。当型坯尺寸和质量一定时，制品尺寸越大，型坯的吹胀比也就越大。虽然增大吹胀比可以节约材料，但制品壁厚变薄吹胀成型困难，制品的强度和刚度降低。吹胀比过小，制品壁较厚，冷却时间延长，成本增高。吹胀比的大小应根据聚合物的种类与性质、制品的形状与尺寸和型坯的尺寸等共同决定，一般合适的吹胀比为2~4。

⑤ 冷却时间 型坯在吹塑模具内被吹胀而紧贴于模具后，一般不能立即启模，应在保持充气压力情况下留在模内冷却一段时间，防止未经充分冷却即脱模时聚合物的强烈弹性回复使制品出现不均匀的变形。冷却时间通常占吹塑制品成型周期的1/3~2/3，与成型用聚合物的热导率、比热容，制品形状和壁厚以及吹塑模具温度与型坯温度等有关。一般随着制品壁厚的增加，冷却时间必须相应延长。为缩短冷却时间，可以加大模具的冷却面积，或采用冷冻水或冷冻气体在模具内进行冷却，另外还可用液态氮或二氧化碳进行管坯的吹胀和内冷却。

4.4.3　拉幅薄膜成型

拉幅薄膜成型是在挤出成型工艺基础上发展起来的一种塑料薄膜成型工艺，它是将挤出成型所得的厚度为1~3mm的厚片或管坯重新加热到塑料的高弹态［温度为T_g~T_m（或T_f）范围］，再进行大幅度拉伸而成为薄膜的成型工艺。拉幅薄膜成型时，聚合物长链在高弹态下受到外力作用沿拉伸作用力的方向伸长和取向，取向聚合物的物理力学性能发生了显著的变化，呈现各向异性，强度提升，其力学性能较流延法和压延法生产的薄膜高。因此，拉幅薄膜是一种大分子具有取向结构的薄膜材料。拉幅薄膜生产时，将厚片坯或管坯的挤出工序与后续的拉伸工序作为两个独立的过程分开进行，也可以将挤出和拉伸两个过程直接连接起来进行连续成型。但是对于上述两种工艺，在拉伸前都必须将已定形的片或管膜重新加热到聚合物的T_g~T_m（或T_f）范围，故薄膜的拉伸是相对独立的二次成型过程。

拉幅薄膜成型时，如果拉伸作用仅在薄膜的一个方向上进行时，称为单轴拉伸，此时薄膜中的大分子沿单轴取向。单轴取向的薄膜，沿拉伸方向薄膜的拉伸强度高，但容易在垂直于拉伸方向撕裂，单轴取向主要用于生产挤出单丝和打包带、编织条及捆扎绳等。如拉伸在薄膜平面的两个方向（通常相互垂直）进行时，称为双轴拉伸，此时薄膜中的大分子沿双轴取向。双轴取向后，聚合物的分子链平行于薄膜的表面，相互间不如单轴取向那样平行排列，但薄膜平面相互垂直的两个拉伸方向的拉伸强度都比普通薄膜高，如果在薄膜的不同方向上具有相同的拉伸度，薄膜中长链分子沿平面上各方向的取向是平衡的，薄膜的性能就较为均衡，但是在实际生产中较难出现这种理想情况。双向拉伸薄膜应用广泛，主要用于成型高强度双轴拉伸膜和热收缩膜等。

目前用于生产拉幅薄膜的聚合物主要有聚酯（PET）、聚丙烯（PP）、聚苯乙烯（PS）、聚氯乙烯（PVC）、聚乙烯（PE）、聚酰胺（PA）、聚偏氯乙烯及其共聚物等。

薄膜的双向拉伸工艺有平膜法和管膜法两种。管膜法的特点是两个方向的拉伸同时进行，其生产设备和工艺过程与吹塑薄膜很相似，但由于制品质量较差，故主要用于生产热收缩薄膜。平膜法的生产设备及工艺过程较复杂，但薄膜强度较高，故目前在工业生产中获得了广泛的应用，特别是逐次拉伸平膜法工艺控制相对较容易，应用最广，主要用于生产高强度的薄膜。

4.4.3.1　平挤逐次双向拉伸薄膜的成型

制备双轴取向薄膜的平挤逐次双向拉伸有先纵拉后横拉和先横拉后纵拉两种方法。其中，先横拉后纵拉的方法能制备厚度均匀的双向拉伸薄膜，但是工艺较为复杂，因此，目前生产上主要还是采用先纵拉后横拉方式，其典型的工艺过程如图4-77所示。

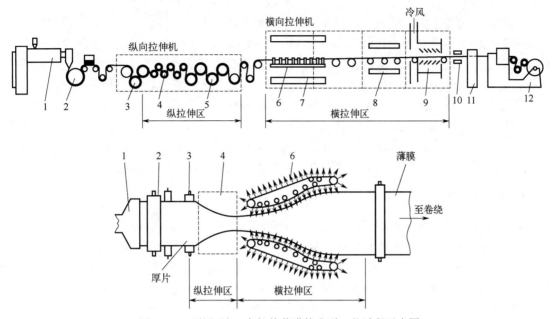

图4-77　平挤逐次双向拉伸薄膜的成型工艺过程示意图

1—挤出机；2—厚片冷却辊；3—预热辊；4—多点拉伸机；5—冷却辊；6—横向拉伸机夹子；7、8—加热装置；
9—风冷装置；10—切边装置；11—测厚装置；12—卷绕机

先纵拉后横拉成型聚丙烯（PP）双轴取向薄膜时，挤出机经平缝机头将聚合物熔体挤成厚片，厚片立即送至冷却辊急冷定形。定形后的厚片经预热辊加热到拉伸温度后，被引入具有不同转速的一组拉伸辊进行纵向拉伸，达到预定纵向拉伸比后，膜片经过冷却即可直接送至拉幅机（横向拉伸机）。膜片在拉幅机内经预热、横向拉伸、热定形和冷却等过程后离开拉幅机，再经切边和卷绕即得到双向拉伸薄膜。

（1）厚片急冷

通常用于双向拉伸的厚片为无定形聚合物，为实现工艺上的这一要求，需要对聚丙烯（PP）、聚酯（PET）等结晶性聚合物采取必要的处理方法，即将熔融态厚片进行急冷。生产中常采用的急冷装置是冷却转鼓，它由一种表面十分光滑的可绕轴旋转的大直径钢制圆筒构成，圆筒内设有定温的冷却水通道以控制转鼓的温度。转鼓的温度控制应力求稳定，工作部分的温度分布均匀。转鼓应尽量靠近挤出机口模，以防止厚片在到达转鼓前降温结晶。转鼓表面线速度应大致与机头出片速度相同或轻微拉伸。但是要将高结晶性聚合物制成完全非晶态的厚片是非常困难的，实际生产工艺上允许有少量微晶存在，但结晶度应控制在5%以下。厚片的厚度大致为拉伸薄膜的12～16倍，横向厚度应保持均匀。

（2）纵向拉伸

纵向拉伸分为多点拉伸和单点拉伸两种形式。加热到类橡胶态的厚片由两个不同转速的辊筒拉伸时为单点拉伸，两辊筒表面的线速度之比（拉伸比）通常在3～9之间；而拉伸比分配于若干个不同转速的辊筒来完成时为多点拉伸，辊筒的转速是依次递增的，其总拉伸比是最后一个拉伸辊（或冷却辊）的转速与第一个拉伸辊或预热辊的转速之比。多点拉伸具有拉伸均匀、拉伸程度大、不易产生细颈（薄膜两边变厚而中间变薄）等优点，实际应用广泛。

纵向拉伸设备主要由预热辊、拉伸辊和冷却辊组成。预热辊的作用是将急冷后的厚片重新加热到拉伸所需温度（如 PP 为 130～135℃、PET 为 80～100℃）。但是，预热温度过高会出现黏辊痕迹，制品表观质量将会下降，严重时甚至会出现包辊现象，使拉伸过程难以顺利进行；温度过低则会出现冷拉现象，使制品的厚度公差增大，横向收缩的稳定性变差，严重时会在纵横向拉伸的接头处发生脱夹和破膜。纵向拉伸后膜片的结晶度可增至 10%～14%。纵向拉伸区冷却辊的作用是：使结晶过程快速停止并稳定大分子的取向结构，张紧厚片避免回缩。由于纵向拉伸的膜片冷却后须立即进入横向拉伸区的预热段，所以冷却辊的温度不宜过低，一般控制在聚合物玻璃化转变温度（T_g）或结晶最小速率温度附近。

（3）横向拉伸

将纵向拉伸后的膜片重新预热，预热温度为稍高于玻璃化转变温度或低于熔点。在拉幅机上完成横向拉伸，拉幅机有两条张开呈一定角度（通常为 10°）的轨道和装有很多夹子的链条。膜片由夹子夹住而沿轨道前进，使加热的膜片在前进过程中受到强制的横向拉伸作用。横向拉伸倍数为拉伸机出口处的膜宽与纵拉伸后的膜片宽度之比。横向拉伸比小于纵向拉伸比，横向拉伸比超过一定限度后，成型薄膜的性能将降低，甚至出现薄膜的破损。横向拉伸后聚合物的结晶度通常可增至 20%～25%。

（4）热定型和冷却

缓冲段的作用是防止热定型段温度对拉伸段的影响，以便横向拉伸段的温度能得到严格控制，横向拉伸后的薄膜进入热定型段之前须先通过缓冲段。缓冲段薄膜的宽度与其离开横向拉伸段末端时相同，但温度稍微升高，热定型所控制的温度至少比聚合物最大结晶速率温度高 10℃，为了防止破膜，热定型段薄膜宽度应稍减小，主要是横向拉伸后的薄膜宽度在热定型的升温过程中产生一定的收缩，并需要限制其自由收缩，因此必须在规定的收缩限度内使横向拉伸后的薄膜在张紧的状态下进行高温处理，即对成型的双向拉伸膜进行热定型。双向拉伸膜经过热定型后，内应力得到充分消除，收缩率显著降低，机械强度和弹性也得到改善。

由于热定型后的薄膜温度较高，成卷后因热量难以散发而引起薄膜的进一步结晶、解取向和热老化，应将其先冷却至室温。冷却后的双轴取向薄膜的结晶度一般可高达 40%～42%。

（5）切边和卷绕

双向拉伸膜冷却后应切去两侧边缘各约 100mm 不均匀的厚边，切片后的薄膜经导辊引入卷绕机卷绕成一定长度或质量的膜卷。

4.4.3.2 管膜双向拉伸薄膜的成型

管膜双向拉伸薄膜的成型工艺过程包括管坯成型、双向拉伸和热定型三个阶段。挤出机将熔融物料挤出成型制备管坯，从机头出来的管坯立即进入冷却套管冷却，管坯温度控制在 $T_g \sim T_m$（或 T_f）范围，经第一对夹辊折叠后进入拉伸区。管坯被机头探管通入的压缩空气吹胀，管坯受到横向拉伸并胀大成管形薄膜。由于管形薄膜在胀大的同时还受到下端夹辊的牵伸作用，所以横向拉伸和纵向拉伸同时进行，调节压缩空气的进入量、压力和牵伸速度，可调控纵横两面的拉伸比。该法通常可以制得纵、横两向取向度接近的取向拉伸薄膜。拉伸后的管形薄膜经过第二对夹辊再次折叠后，进入热处理区域，再继续保持压力，管膜在张力存在下进行热处理定型，最后经空气冷却、折叠后用卷取装置卷取。通常采用红外线加热对拉伸和热处理过程进行温度控制。管膜法设备简单、设备占地面积较小，但薄膜厚度的均匀性不佳，强度也偏低。目前主要用于生产 PET、PS、聚偏氯乙烯等薄膜。

平膜法和管膜法双向拉伸成膜工艺均可以制造热收缩膜，但绝大多数热收缩膜采用管膜法生产。热收缩膜是指受热后有较大收缩率的薄膜制品。用适当大小的热收缩膜套在被包装的物品外，加热至适当温度后薄膜在其长度和宽度两个方向上立即发生急剧收缩，收缩率一般可达 30%～60%，从而使薄膜紧紧地包覆在物品外面成为良好的保护层。用管膜法生产热收缩膜时，不需要进行热定型工序，其余工序均与一般双向拉伸薄膜成型工艺相同。热收缩膜最早出现在第二次世界大战中的德国，采用经双向拉伸后的 PVDC（聚偏二氯乙烯）包装武器，防止武器生锈。热收缩膜从一开始工业化生产就使用在工业品包装上，后来才把热收缩膜用于食品包装。日常生活中使用的很多物品拥有软包装材料，如饮料瓶上的宣传画面塑料纸、超市购买物品上的塑料薄膜、电子产品包覆的透明袋等。

4.4.4　波纹管制造技术

塑料波纹管是一种带横向波纹的圆柱形薄壁弹性壳体，具有转换、补偿、连接和储能等多方面的功能。相对于同样材料制成的管材，波纹管具有质轻、美观、耐用、成本低和弹性好等优点，广泛应用于石化、仪表、航天、化工、电力、水泥、冶金等领域。使用时波纹管开口端固定，密封端处于自由状态，在内部或外部压力的作用下沿管子纵向或径向变化，起到减震、保持特定设备连接等作用。常用的塑料材料有聚丙烯（PP）、聚乙烯（PE）、尼龙（PA）和聚氯乙烯（PVC）等。不同材质制成的波纹管在性能及应用领域方面有所不同。聚丙烯、聚乙烯、尼龙、聚氯乙烯塑料波纹管广泛应用于电缆保护套管、地下电缆管、农业灌溉管、通风管、输水管等，其中聚氯乙烯（PVC）、高密度聚乙烯（HDPE）使用最为普遍。聚丙烯（PP）和尼龙（PA）波纹管则常用于汽车线束、机械线束等。由于材料本身的特性，现有技术每种波纹管都有自己的缺点，限制了波纹管的应用，如聚丙烯波纹管力学性能差、尼龙波纹管价格高、无阻燃性、吸水性差、使用寿命短。塑料（PA、PE、PP）波纹管广泛用于机床机械、电箱控制柜、汽车线束和电子机械线束等领域，成为市场上应用最广泛的线束护套产品。

4.4.4.1　塑料波纹管的真空成型工艺

真空成型工艺是 1960 年发明的，首先应用于单壁塑料波纹管，20 世纪 70 年代应用于塑料波纹管。成型机是该技术的核心部分，在成型机的回转模块上开有许多真空孔，并设有冷却水通道，当机头挤出熔融坯料外层管坯和模块接触时，由于真空的作用，管坯吸附在模块的型腔上，形成外层波纹，在机头的前端有定径套，在定径套上有真空孔（或进气孔）和冷却系统，从机头挤出的熔融坯料的内层吸附在定径套上，这样经过不断挤出、真空吸附、冷却及模块回转，可连续生产塑料波纹管，在真空工艺中成型模块通有冷却水，冷却效果好，生产效率高，成型的制品可以是圆形结构，也可以是非圆形结构。成型机加工精度高，模块上真空部分、冷却部分加工复杂，加工费用大，设备一次性投资大。波纹管成型机如图 4-78 所示。

图 4-78　波纹管成型机

4.4.4.2　塑料波纹管的吹塑成型工艺

吹塑成型工艺特点是在机头挤出的熔融坯料管之间设有内层气和外层气，在机头前端设有冷却定径套，有的还在定径套前端加橡胶塞，外层气产生的正压使外层坯料吹胀，贴附在模块型腔上，形成外波纹；内层气与外层气保持平衡，并使内层坯料敷在冷却定径套上，使管材的内壁平滑。

一次拉伸吹塑汽车波纹管的成型方式，处理温度低，结晶化程度低，其所能承受的热灌装温度比二次拉伸吹塑成型方式低。

虽然一次完成拉伸吹塑及加温处理，但仍需冷却处理，总的成型时间反而延长。二次拉伸吹塑成型，将再加热的汽车线束波纹管拉伸吹塑至比最终制品体积大 1～2 倍，然后将汽车线束波纹管加热至 200℃左右，这时受热的汽车波纹管体积会明显地缩小。将受热缩小的汽车波纹管再一次进行拉伸吹塑，达到汽车波纹管的最终形状出模。

二次拉伸吹塑的成型方式具有如下特点：进行加温处理的温度较高，汽车波纹管的结晶化程度也较高，其所能承受的热灌装温度比一次拉伸吹塑成型方式高而且波纹管的加温处理可独立进行，从而使波纹管的总成型周期时间缩短，生产效率提高。

习题

1. 什么是塑性成型技术？
2. 简述金属的塑性成型机理及典型特点。
3. 简述陶瓷的塑性成型机理及特点。
4. 简述聚合物的塑性成型机理及特点。
5. 金属为什么容易塑性变形？金属塑性变形的本质是什么？
6. 金属塑性变形的基本规律有哪些？
7. 金属常见的塑性成型方法有哪些？
8. 金属的冷变形和热变形是如何区分的？各有何特点？
9. 什么是金属的可锻性？其影响因素有哪些？
10. 影响金属冷成型的主要力学性能参量有哪些？
11. 轧制的方法有哪些？如何提高轧制件的质量？

12．锻造的方法有哪些？试比较锻造和轧制对材料结构和性能的影响。

13．挤压成型方法的分类及其工艺特点有哪些？

14．试比较拉拔与挤压的异同。

15．简述陶瓷塑性成型的基本概念。

16．陶瓷的塑性成型方法有哪些？各有何特点？

17．简述聚合物塑性成型的基本概念。

18．聚合物的塑性成型方法有哪些？各有何特点？

19．玻璃的塑性成型方法有哪些？如何改善玻璃的可加工性？

第 5 章

材料的固相反应与粉末烧结技术

固相反应是无机固体材料在高温过程中一种常见的物理化学现象，是粉末冶金、传统硅酸盐材料以及各种新型无机材料烧结涉及的基本过程之一。固相反应是材料制备过程中的基础反应，直接影响这些材料的生产过程、产品质量及材料的使用寿命。烧结是粉末冶金、陶瓷、耐火材料等生产制备过程中最基本的工序之一，粉状材料成型后经烧结转变为块体材料，并赋予材料特有的性能。烧结得到的块体材料是一种多晶材料，其显微结构由晶体、玻璃相和气孔组成。烧结直接影响材料显微结构中的晶粒和气孔的大小及其分布以及晶界的体积分数等，进而影响材料的性能。本章介绍了固相反应的机理及动力学关系，分析并讨论了影响固相反应的因素，重点介绍了基于传质过程的烧结机理及其动力学、烧结过程中的晶粒长大与再结晶，以及影响烧结的因素等基础理论，并结合当前烧结技术的发展介绍了材料的烧结新方法。

5.1 固相反应理论

5.1.1 固相反应

广义上，凡是有固相参与的化学反应都可称为固相反应。例如，固体的热分解、氧化，以及固体与固体、固体与液体和固体与气体之间的化学反应等都属于固相反应范畴。但在狭义上，固相反应常指固体与固体间发生化学反应生成新的固体产物的过程。

固相反应与一般气、液反应相比，在反应机制、反应速度等方面有其自身特点。固相反应属非均相反应。首先，参与反应的固相相互接触是反应物间发生化学反应和物质输送的先决条件；其次，固相反应开始温度常远低于反应物的熔点或系统的低共熔温度。这一温度与反应物内部开始呈现明显扩散作用的温度相一致，常称为泰曼温度或烧结起始温度。不同物质的泰曼温度与其熔点（T_m）间存在一定的关系，对于金属通常为（$0.3\sim0.4$）T_m，盐类和硅酸盐则分别为（$0.5\sim0.6$）T_m和（$0.8\sim0.9$）T_m。此外，当反应物之一存在多晶转变时，则此转变温度也往往是反应开始变得显著的温度，这一规律称为海德华定律。

图 5-1 描述了物质 A 和 B 发生化学反应生成 C 的一种反应历程：反应开始是反应物颗粒之间的混合接触，并在表面发生化学反应形成细薄且含大量结构缺陷的新相，随后发生产物新相的结构调整和晶体生长。当两反应颗粒间所形成的产物层达到一定厚度后，进一步的反应将依赖于一种或几种反应物通过产物层的扩散而得以进行，其物质传输过程可能通过晶体内部、表面、晶界或位错进行。对于广义的固相反应，由于反应体系存在气相或液相，进一步反应所需要的传质过程往往可在气相或液相中发生。气相或液相的存在可能对固相反应起重要作用。综上，固相反应是固体直接参与并发生化学变化，且至少在固体内或外部的某一

过程起着控制作用的反应。控制反应速度的因素并不限于化学反应本身，反应新相的晶格缺陷调整速率、晶粒生长速率以及反应体系中物质和能量的输送速率都将影响反应速度。

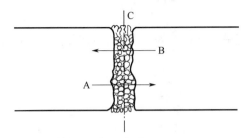

图 5-1　固相物质化学反应过程模型

固相反应可按照反应物聚集状态、反应的性质或反应机理进行分类。按反应物聚集状态，可分为纯固相反应（相变、固溶、离溶）、有液相参与的反应、有气相参与的反应等。依据反应的性质，固相反应可分为氧化反应、还原反应、加成反应、置换反应、转变反应、分解反应等。依据反应机理，可分成化学反应速率控制反应、扩散控制反应、成核速率控制反应、晶体长大控制反应、升华过程控制反应等。以上分类方法往往强调某一个方面，以寻找其内部规律性，实际上不同性质的反应，其反应机理可以相同也可以不同，甚至不同的外部条件也可导致反应机理的改变。

虽然固相反应表现多样，如金属的氧化，碳酸盐、硝酸盐的分解，黏土的脱水反应以及煤的干馏等，但其具有如下共同特点。

① 固体质点间具有很强的化学键，因此固态物质的反应活性较低，速率较慢。而且，固相反应主要为非均相反应，包括相界面上的化学反应和物质迁移两个过程。

② 在较低温度时固体的化学性质一般是不活泼的，固相反应通常需在高温下进行。

③ 固相反应是"表（界）面反应"，即只有在反应物接触的界面上才能发生反应。固相反应需考虑反应物的不均匀性、晶体结构、晶体缺陷、形貌以及组分的能量状态等因素。

5.1.2　固相反应动力学方程

固相反应动力学旨在通过反应机理的研究，提供有关反应体系、反应随时间变化的规律性信息。由于固相反应的种类和机理可以是多样的，对于不同的反应，乃至同一反应的不同阶段，其动力学关系也往往不同。因此，在实际研究中应注意加以判断与区别。

5.1.2.1　固相反应一般动力学关系

固相反应通常由几个简单的物理化学过程（如化学反应、扩散、结晶、熔融、升华等步骤）构成。因此，整个反应的速度将受到所有环节中速度最慢的一环控制。

以金属氧化过程为例，建立整体反应速度与各阶段反应速度间的定量关系。

设反应依图 5-2 所示模型进行，其反应方程式为

$$M(s)+1/2O_2(g) \longrightarrow MO(s) \tag{5-1}$$

反应经 t 时间后，金属 M 表面已形成一层厚度为 δ 的氧化膜 MO。进一步的反应将由氧通过产物层 MO 扩散到 M-MO 界面和金属氧化两个过程所组成。根据化学反应动力学一般原理和扩散第一定律，单位面积界面上金属氧化速度 V_R 和氧扩散速度 V_D，分别有如下关系：

$$V_R = KC \qquad (5\text{-}2)$$

$$V_D = D \frac{dC}{dx}\Big|_{x=\delta} = D \frac{C_0 - C}{\delta} \qquad (5\text{-}3)$$

式中，K 为化学反应速率常数；C 为界面处氧浓度；D 为氧在产物层中的扩散系数。

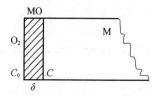

图 5-2　金属 M 表面氧化反应模型

当整个反应过程达到稳定时，整体反应速率 V 为

$$V = V_R = V_D \qquad (5\text{-}4)$$

因此得界面氧浓度：

$$C = C_0 \Big/ \left(1 + \frac{K\delta}{D} \right) \qquad (5\text{-}5)$$

故

$$\frac{1}{V} = \frac{1}{KC_0} + \frac{1}{DC_0/\delta} \qquad (5\text{-}6)$$

由式（5-6）可知，由扩散和化学反应构成的固相反应历程，其整体反应速率的倒数为扩散最大速率倒数和化学反应最大速率倒数之和。如果将反应速率的倒数理解为反应的阻力，则上式将具有大家所熟悉的串联电路欧姆定律所完全类同的形式，即反应的总阻力等于各环节的分阻力之和。反应过程与电路的这一类同，方便对复杂反应过程的研究。如果固相反应不仅包括化学反应物质扩散，还包括结晶、熔融、升华等物理化学过程，而这些过程以串联模式依次进行时，那么固相反应总速率为

$$V = 1 \Big/ \left(\frac{1}{V_{1\max}} + \frac{1}{V_{2\max}} + \frac{1}{V_{3\max}} + \cdots + \frac{1}{V_{n\max}} \right) \qquad (5\text{-}7)$$

式中，$V_{1\max}$、$V_{2\max}$、$\cdots$、$V_{n\max}$ 分别代表构成反应过程各环节的最大可能速率。

为了确定过程总的动力学速率，首先需确定整个过程中各个基本步骤的具体动力学关系。但是在固相反应的实际研究中，由于各环节具体动力学关系的复杂性，抓住问题的主要矛盾往往使问题比较容易得到解决。例如，当物质扩散速率显著慢于固相反应中其它各环节时，则由上式可以看出反应阻力主要来源于扩散，此时若其它各项反应阻力较扩散项可忽略不计的话，则反应速率将完全受控于扩散速率。对于其它情况也可以此类推。

5.1.2.2　化学反应动力学范围

化学反应是固相反应过程的基本环节。对于均相二元反应系统，若化学反应依反应式

$mA+nB \longrightarrow pC$ 进行，则化学反应速率的一般表达式为

$$V_R = \frac{dC_C}{dt} = KC_A^m C_B^n \tag{5-8}$$

式中，C_A、C_B、C_C 分别代表反应物 A、B 和生成物 C 的浓度；K 为反应速率常数。

K 与温度间存在阿伦尼乌斯关系：

$$K = K_0 \exp\left(\frac{-\Delta G_R}{RT}\right) \tag{5-9}$$

式中，K_0 为常数；ΔG_R 为反应活化能。

对于非均相的固相反应，式（5-8）不能直接用于描述化学反应动力学关系。首先，浓度的概念对大多数固相反应的反应整体已失去了意义。其次，多数固相反应以固相反应物间的机械接触为基本条件。因此，在固相反应中引入转化率 G 的概念，取代式（5-8）中的浓度，同时考虑反应过程中反应物间的接触面积。

将参与反应的一种反应物在反应过程中已反应的体积分数定义为转化率。设反应物颗粒呈球状，半径为 R_0，则反应 t 时间后，反应物颗粒外层 x 厚度已被反应，则定义转化率 G 为

$$G = \frac{\frac{4}{3}\pi\left[R_0^3 - (R_0 - x)^3\right]}{\frac{4}{3}\pi R_0^3} = 1 - \left(1 - \frac{x}{R_0}\right)^3 \tag{5-10}$$

根据式（5-8）的含义，固相化学反应中动力学一般表达式可写成：

$$\frac{dG}{dt} = KF(1-G)^n \tag{5-11}$$

式中，n 为反应级数；K 为反应速率常数；F 为反应截面。当反应物颗粒为球形时，$F = 4\pi R_0^2 (1-G)^{2/3}$。不难看出，式（5-11）与式（5-8）具有完全类同的形式和含义。在式（5-8）中浓度 C 既反映了反应物的多少，又反映了反应物之间接触或碰撞的概率。而这两个因素在式（5-11）中则用反应截面 F 和剩余转化率（$1-G$）得到了充分的反映。考虑一级反应，由式（5-11）可得动力学方程：

$$\frac{dG}{dt} = KF(1-G) \tag{5-12}$$

当反应物颗粒为球形时：

$$\frac{dG}{dt} = 4K\pi R_0^2 F(1-G)^{\frac{2}{3}}(1-G) = K_1(1-G)^{\frac{5}{3}} \tag{5-13}$$

若反应截面在反应过程中不变（如金属平板的氧化过程），则

$$\frac{dG}{dt} = K_1'(1-G) \tag{5-14}$$

对式（5-13）和式（5-14）积分，并考虑初始条件 $t=0$ 和 $G=0$，得

$$F_1(G) = (1-G)^{-\frac{2}{3}} - 1 = K_1 t \tag{5-15}$$

$$F_1'(G) = \ln(1-G) = -K_1't \qquad (5\text{-}16)$$

式（5-15）和式（5-16）为反应截面分别依球形和平板模型变化时，固相反应转化率与时间的函数关系。

碳酸钠和二氧化硅在 740℃下进行固相反应：

$$Na_2CO_3(s) + SiO_2(s) \longrightarrow Na_2O \cdot SiO_2(s) + CO_2(g) \qquad (5\text{-}17)$$

当颗粒 $R_0 = 0.036mm$，并加入少许 NaCl 作熔剂时，整个反应动力学过程完全符合式（5-15），如图 5-3 所示。这说明该反应体系在该反应条件下，反应总速率为化学反应动力学过程所控制，而扩散的阻力可忽略不计，且反应属于一级化学反应。

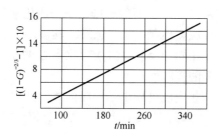

图 5-3　NaCl 参与下 $Na_2CO_3 + SiO_2 \longrightarrow Na_2O \cdot SiO_2 + CO_2$ 反应动力学曲线（T=740℃）

5.1.2.3　扩散动力学范围

固相反应一般伴随着物质的迁移。固相中的物质扩散速率通常较为缓慢，因而在多数情况下，扩散控制整个反应的速率。根据反应截面的变化情况，扩散控制的反应动力学方程也将不同。在众多的反应动力学方程式中，基于平行板模型和球体模型所导出的杨德尔（Jander）方程和金斯特林格（Ginstling）方程具有较好的代表性。

（1）杨德尔方程

如图 5-4 所示，设反应物 A 和 B 以平板模式相互接触反应和扩散，并形成厚度为 x 的产物 AB 层，随后 A 物质通过 AB 层扩散到 B-AB 界面继续反应。若界面化学反应速率远大于扩散速率，则过程由扩散控制。经 dt 时间通过 AB 层单位截面的 A 物质质量为 dm。显然，在反应过程中的任一时刻，反应界面处 A 物质浓度为零，而 A-AB 界面处 A 物质浓度为 C_0，由扩散第一定律得

$$\frac{dm}{dt} = D\left(\frac{dC}{dx}\right)_{\xi=x} \qquad (5\text{-}18)$$

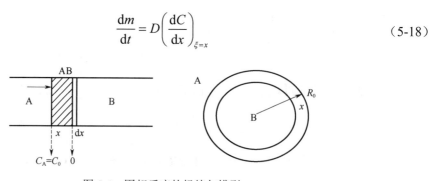

图 5-4　固相反应的杨德尔模型

设反应产物 AB 密度为 ρ，分子量为 μ，则 $dm=(\rho dx)/\mu$。考虑扩散属稳定扩散，因此有

$$\left(\frac{dC}{dx}\right)_{\xi=x} = \frac{C_0}{x} \tag{5-19}$$

且

$$\frac{dx}{dt} = \frac{\mu DC_0}{\rho x} \tag{5-20}$$

积分上式并考虑边界条件 $t=0$ 和 $x=0$ 得

$$x^2 = \frac{2\mu DC_0}{\rho} t = Kt \tag{5-21}$$

式（5-21）说明，反应物以平板模式接触时，反应产物层厚度与时间的平方根成正比。式（5-21）存在二次方关系，故常称其为抛物线速率方程式。

考虑实际情况，固相反应通常以粉状物料为原料。为此杨德尔假设：①反应物是半径为 R_0 的等径球粒；②反应物 A 是扩散相，即 A 成分总是包围着 B 的颗粒，而且 A、B 与产物完全接触，反应自球面向中心进行。于是由式（5-10）得

$$x = R_0\left[1-\left(1-G\right)^{\frac{1}{3}}\right] \tag{5-22}$$

将上式代入式（5-21）得杨德尔方程积分式：

$$x^2 = R_0^2\left[1-\left(1-G\right)^{\frac{1}{3}}\right]^2 = Kt \tag{5-23}$$

或

$$F_J\left(G\right) = \left[1-\left(1-G\right)^{\frac{1}{3}}\right]^2 = \frac{K}{R_0^2}t = K_J t \tag{5-24}$$

对式（5-24）微分得杨德尔方程微分式：

$$\frac{dG}{dt} = K_J \frac{\left(1-G\right)^{\frac{2}{3}}}{1-\left(1-G\right)^{\frac{1}{3}}} \tag{5-25}$$

在较长时间内杨德尔方程一直作为一个较经典的固相反应动力学方程而广泛接受。但杨德尔方程推导过程将圆球模型的转化率［式（5-10）］代入平板模型的抛物线速率方程的积分式［式（5-21）］中，限制了杨德尔方程只能用于反应初期，即反应转化率较小（或 x/R_0 比值很小）的情况。因为此时反应截面可近似地看成不变。

杨德尔方程在反应初期的正确性已通过许多固相反应实例证实。图 5-5 和图 5-6 分别展示了反应 $BaCO_3+SiO_2 \longrightarrow BaSiO_3+CO_2$ 和 $ZnO+Fe_2O_3 \longrightarrow ZnFe_2O_4$ 在不同温度下 $F_J(G)\sim t$ 关系。显然，温度的变化所引起直线斜率的变化完全由反应速率常数 K_J 变化所致。由此变化可求得反应的活化能：

$$\Delta G_{R} = \frac{RT_1T_2}{T_2 - T_1} \ln \frac{K_J(T_2)}{K_J(T_1)} \tag{5-26}$$

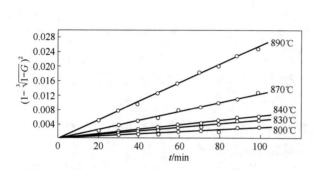

图 5-5　在不同温度下 $BaCO_3 + SiO_2 \longrightarrow$ $BaSiO_3 + CO_2$ 的反应动力学（按杨德尔方程）

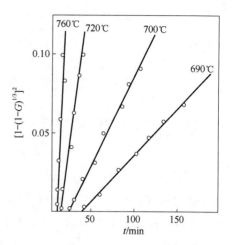

图 5-6　$ZnFe_2O_4$ 的合成反应动力学

（2）金斯特林格方程

金斯特林格针对杨德尔方程只能适用于转化率较小的情况，考虑在反应过程中反应截面随反应进程变化这一事实，认为实际反应开始以后生成产物层是一个球壳而不是一个平面。

基于此，金斯特林格提出了如图 5-7 所示的反应扩散模型。当反应物 A 和 B 混合均匀后，若 A 熔点低于 B，A 可以通过表面扩散或通过气相扩散而布满 B 的整个表面。在产物层 AB 生成之后，反应物 A 在产物层中的扩散速率远大于 B。整个反应过程中，在反应生成物球壳外壁（即 A 界面）上扩散相 A 的浓度恒为 C_0。而在生成物球壳内壁（即 B 界面）上，由于化学反应速率远大于扩散速率，扩散到 B 界面的反应物 A 可马上与 B 反应生成 AB，其扩散相 A 的浓度恒为零。因此，整个反应速度完全由 A 在生成物球壳 AB 中的扩散速率决定。设单位时间内通过 $4\pi r^2$ 球面扩散到产物层 AB 中 A 的量为 dm_A/dt，由扩散第一定律：

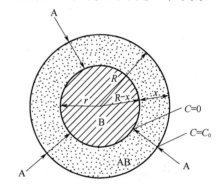

图 5-7　金斯特林格反应模型
C—在产物层中 A 的浓度；C_0—在 A-AB 界面上 A 的浓度；r—扩散方向上产物层中任意时刻的球面半径

$$\frac{dm_A}{dt} = D4\pi r^2 \left(\frac{\partial C}{\partial r}\right)_{r=R-x} = M \tag{5-27}$$

假设为稳定扩散过程，则单位时间内将有相同数量的 A 扩散通过任一指定的 r 球面，其量为 $M(x)$。若反应生成物 AB 的密度为 ρ，分子量为 μ，AB 中 A 的分子数为 n，令 $\rho n/\mu = \varepsilon$，这时产物层 $4\pi r^2 dx$ 体积中积聚 A 的量为

$$4\pi r^2 dx \varepsilon = D4\pi r^2 \left(\frac{\partial C}{\partial r}\right)_{r=R-x} dt \tag{5-28}$$

所以

$$\frac{\mathrm{d}x}{\mathrm{d}t} = \frac{D}{\varepsilon}\left(\frac{\partial C}{\partial r}\right)_{r=R-x} \tag{5-29}$$

将上式移项并积分得

$$\left(\frac{\partial C}{\partial r}\right)_{r=R-x} = \frac{C_0 R(R-x)}{r^2 x} \tag{5-30}$$

将式（5-30）代入式（5-29），令 $K_0=(D/\varepsilon)C_0$，得

$$\frac{\mathrm{d}x}{\mathrm{d}t} = K_0 \frac{R}{x(R-x)} \tag{5-31}$$

积分上式，得

$$x^2\left(1 - \frac{2}{3}\times\frac{x}{R}\right) = 2K_0 t \tag{5-32}$$

将球形颗粒转化率关系式［式（5-10）］代入式（5-32），经整理可得出以转化率 G 表示的金斯特林格动力学方程的积分式和微分式：

$$F_G(G) = 1 - \frac{2}{3}G - (1-G)^{\frac{2}{3}} = \frac{2D\mu C_0}{R_0^2 \rho n}t = K_G t \tag{5-33}$$

$$\frac{\mathrm{d}G}{\mathrm{d}t} = K_G' \frac{(1-G)^{\frac{1}{3}}}{1-(1-G)^{\frac{1}{3}}} \tag{5-34}$$

式中，K_G' 表示金斯特林格动力学方程速率常数，$K_G'=1/3K_G$。

金斯特林格方程比杨德尔方程能适用的反应程度更大。例如，Na_2CO_3 与 SiO_2 在 820℃下的固相反应，在二氧化硅转化率从 0.246 变到 0.616 的区间内，通过金斯特林格方程拟合的 $F_G(G)$ 对于 t 有较好的线性关系，其速率常数 K_G 恒等于 1.83。但若以杨德尔方程处理实验结果，$F_J(G)$ 与 t 线性很差，K_J 值从 1.81 偏离到 2.25。

金斯特林格方程并非对所有扩散控制的固相反应都适用。从以上推导可以看出，杨德尔方程和金斯特林格方程均以稳定扩散为基本假设，它们之间的差异仅在于其几何模型的不同。不同形状的颗粒反应物必然对应着不同形式的动力学方程。例如，对于半径为 R 的圆柱状颗粒，当反应物沿圆柱表面形成的产物层扩散的过程起控制作用时，其反应动力学过程符合依轴对称稳定扩散模式推导的动力学方程。

金斯特林格动力学方程中没有考虑反应物与生成物密度不同所带来的体积效应。实际上，由于反应物与生成物密度差异，扩散相 A 在生成物 C 中的扩散路程并非 $R_0 \rightarrow r$，而是 $r_0 \rightarrow r$（此处 $r_0 \neq R_0$，为未反应的 B 加上产物层厚的临时半径），并且 $|R_0-r_0|$ 随着反应进行而增大。为此，卡特（Carter）对金斯特林格方程进行了修正，得到卡特动力学方程：

$$F_{Ca}(G) = [1+(Z-1)G]^{2/3} + (Z-1)(1-G)^{2/3} = Z+2(1-Z)Kt \tag{5-35}$$

式中，Z 为消耗单位体积 B 组分所生成产物 C 组分的体积。

卡特将该方程用于镍球氧化过程的动力学研究，研究发现，一直进行到 100%方程仍然与实验结果吻合较好。Schmalyrieel 也在 ZnO 与 Al$_2$O$_3$ 反应生成 ZnAl$_2$O$_4$ 的实验中，证实卡特方程在反应度为 100%时仍然有效。

5.1.3 影响固相反应的因素

由于固相反应过程涉及相界面的化学反应和相内部或外部的传质等若干环节，因此，除反应物的化学组成、特性和结构状态以及温度、压力等因素外，凡是能活化晶格、促进传质的因素均会对反应产生影响。

5.1.3.1 反应物化学组成与结构的影响

反应物化学组成与结构是影响固相反应的内因，是决定反应方向和反应速率的重要因素。从热力学角度看，在一定温度、压力条件下，反应可能进行的方向是自由能减少（$\Delta G < 0$）的方向。而且ΔG 的负值越大，反应的热力学推动力也越大。反应物的结构状态、质点间的化学键性质以及各种缺陷的多少都将对反应速率产生影响。即使是同组反应物，其热历史的不同也会导致其结晶状态甚至晶型出现很大的差别，从而影响反应活性。例如，用 Al$_2$O$_3$ 和 CoO 合成钴铝尖晶石（Al$_2$O$_3$+CoO——→CoAl$_2$O$_4$）的反应中，分别采用轻烧 Al$_2$O$_3$ 和在较高温度下死烧的 Al$_2$O$_3$ 为原料，其反应速度相差近十倍。轻烧 Al$_2$O$_3$ 由于是高活性的 γ- Al$_2$O$_3$，晶格疏松、内部缺陷多，故反应和扩散能力强。因此在生产实践中，可以利用多晶转变、热分解和脱水反应等过程引起的晶格活化效应，来选择反应原料和设计反应工艺条件，以达到高的生产效率。

5.1.3.2 反应物颗粒尺寸及分布的影响

反应物颗粒尺寸对反应速率的影响，明显反映在杨德尔、金斯特林格动力学方程中。一方面，反应速率常数 K 值反比于颗粒半径的平方，在其它条件不变的情况下，反应速率受颗粒尺寸大小的影响显著。图 5-8 为颗粒尺寸对 600℃下 CaCO$_3$ 和 MoO$_3$ 反应生成 CaMoO$_4$ 的影响，对比曲线 1 和 2 可以看出颗粒尺寸的微小差别对反应速率有明显的影响。另一方面，颗粒尺寸影响反应速率是通过改变反应界面、扩散截面以及改变颗粒表面结构等效应来实现的。颗粒越小，反应体系比表面积越大，反应界面和扩散截面也相应增加，因此反应速率越大。同时，根据固体表面/界面结构的基本概念，随颗粒尺寸减小，键强分布曲线变平，弱键比例增加，从而使反应和扩散能力增强。

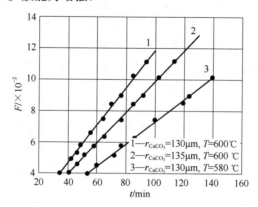

图 5-8　CaCO$_3$ 与 MoO$_3$ 的反应动力学（CaCO$_3$：MoO$_3$=1：1，r_{MoO_3} =36μm）

同一反应体系由于原料颗粒尺寸不同，其反应机理也可能发生变化，导致不同的动力学控制。例如，前文提及的 $CaCO_3$ 和 MoO_3 反应，当取等摩尔比并在较高温度（600℃）下反应时，若 $CaCO_3$ 颗粒大于 MoO_3 则反应由扩散控制，反应速率随 $CaCO_3$ 粒径减小而增大；当 $CaCO_3$ 粒径小于 MoO_3 且 $CaCO_3$ 过量时，由于产物层变薄，扩散阻力变小，反应由 MoO_3 的升华过程控制，并随 MoO_3 粒径变小而加强。图 5-9 展示了 $CaCO_3$ 与 MoO_3 反应受 MoO_3 升华控制的动力学情况，其动力学规律符合升华控制动力学方程：

$$F(G) = 1 - (1 - G)^{2/3} = Kt \tag{5-36}$$

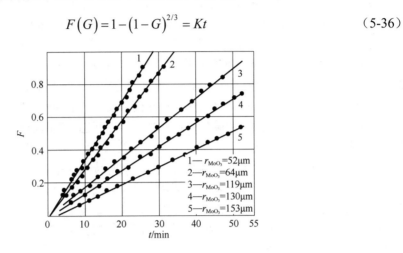

图 5-9　$CaCO_3$ 与 MoO_3 的反应动力学（$r_{CaCO_3} < 30\mu m$，$CaCO_3 : MoO_3 = 15 : 1$，$T = 620℃$）

应该指出，在实际生产中往往不可能控制均等的物料粒径。这时反应物料的粒径分布对反应速率的影响同样重要。理论分析表明，由于物料颗粒大小以平方关系影响着反应速率，颗粒尺寸分布越是集中对反应速率越是有利。因此，缩小颗粒尺寸分布范围，可以避免因少量较大尺寸的颗粒存在而显著延缓反应进程，是生产过程中减小颗粒尺寸的同时应重视的另一问题。

5.1.3.3　反应温度、压力与气氛的影响

温度是影响固相反应速率的重要外部条件之一，通常温度升高有利于反应进行。这是由于温度升高，固体结构中质点热振动动能增大、反应能力和扩散能力均得到增强。对于化学反应，其反应速率常数 $K = A\exp[-\Delta G_R/(RT)]$；对于扩散，其扩散系数为 $D = D_0\exp[-Q/(RT)]$。因此，无论是扩散控制还是化学反应控制的固相反应，温度升高都将提高扩散系数或反应速率常数，且由于扩散活化能 Q 通常比反应活化能 ΔG_R 小，温度的变化对化学反应影响远大于对扩散的影响。

压力是影响固相反应的另一外部因素。对于纯固相反应，压力提高可显著改善粉料颗粒之间的接触状态，如缩短颗粒间距、增加接触面积并提高固相反应速率。但对于有液相、气相参与的固相反应，扩散过程主要不是通过固相粒子直接接触完成的。因此提高压力有时并不表现出促进作用，甚至适得其反。例如，黏土矿物脱水反应和伴有气相产物的热分解反应以及某些由升华控制的固相反应等，增加压力会使反应速率下降。

气氛对固相反应也有重要影响。它可以通过改变固体吸附特性或表面缺陷而影响表面反应活性。对于能形成非化学计量化合物的 ZnO、CuO 等，气氛可直接影响晶体表面缺陷的浓度和扩散机制与速度。

5.1.3.4　矿化剂及其它影响因素

向固相反应体系中加入的少量非反应物质或存在于原料中的杂质，通常会对反应产生特殊的作用，这些物质常被称为矿化剂。矿化剂可以产生如下作用：①影响晶核的生成速率；②影响结晶速率及晶格结构；③降低体系共熔点，改变液相性质等。在 Na_2CO_3 和 Fe_2O_3 反应体系加入 NaCl，可使反应转化率提高 50%～60%，颗粒尺寸越大，这种促进效果越明显。在硅砖中加入 1%～3%[Fe_2O_3+ $Ca(OH)_2$]，其作为矿化剂，能使大部分石英不断溶解，同时不断析出 α-鳞石英，从而促使 α-石英向 α-鳞石英的转化。矿化剂的矿化机理是复杂多样的，可因反应体系的不同而完全不同，但可以认为矿化剂总是以某种方式参与固相反应过程。

以上从物理化学角度分析讨论了影响固相反应速率的各种因素，而实际过程中的影响因素更多也更复杂。例如，水泥工业中 $CaCO_3$ 的分解速率，一方面受到物理化学基本规律的影响，另一方面与工程上的传质传热效率有关。在相同温度下，普通回转窑中的分解率要低于窑外分解炉。这是因为窑外分解炉中的碳酸钙颗粒处于悬浮状态，其传质传热条件比普通回转窑中好得多。因此，从反应工程的角度考虑，传质传热效率对固相反应的影响是具有同样重要性的。尤其是硅酸盐材料的生产，通常要求高温条件，此时传热速率对反应进行的影响十分显著。例如，把石英砂压成直径为 50mm 的球，以约 8℃/min 的速度进行加热使之进行 β$\Longleftrightarrow$α 相变，需约 75min 完成。在同样加热速度下，用相同直径的石英单晶球做实验，则相变所需时间仅为 13min。产生这种差异的原因除二者的热导率不同［单晶体约为 5.0W/（m·K），而石英砂球约为 0.7W/（m·K）］外，还有石英单晶是透辐射的，其传热方式不同于石英砂球，即石英单晶可以不通过传导传热而直接通过辐射传热。因此相变反应不是在依序向球中心推进的界面上进行的，而是在一定厚度范围内以至于在整个体积内同时进行，从而大大加快了相变反应的速率。

5.2　粉末烧结理论

烧结是粉末冶金、陶瓷、耐火材料、超高温材料等制备过程中的一个重要工序，其主要目的是将粉料构成的坯体致密化。经烧结形成的致密体是一种多晶材料，其显微结构由晶相、玻璃相和气孔组成。烧结过程直接影响显微结构中晶粒尺寸及分布、气孔尺寸及分布以及晶界体积分数等，也影响材料的性能。配方相同而晶粒尺寸不同的两个烧结体，由于晶粒在长度或宽度方向上某些参数的叠加及晶界出现的频率不同，引起材料性能的差异。材料的断裂强度（σ）与晶粒尺寸（G）有以下函数关系：

$$\sigma = f\left(G^{-\frac{1}{2}} \right) \tag{5-37}$$

细小晶粒有利于强度的提高。材料的电学和磁学参数在很宽的范围内受晶粒尺寸的影响。为了提高磁导率，希望晶粒择优取向，要求晶粒大而定向。除晶粒尺寸外，显微结构中气孔常成为应力的集中点而影响材料的强度，气孔也是光散射中心而使材料不透明，气孔还对畴壁运动起阻碍作用，从而影响材料的铁电性和磁性等。

烧结过程可以通过控制晶界迁移而抑制晶粒的异常生长，或通过控制表面扩散、晶界扩散和晶格扩散而充填气孔，从而通过改变显微结构的方法改善材料的性能。因此，当配方、原料粒度、成型等工序完成以后，烧结是使材料获得预期的显微结构从而充分发挥材料性能的关键工序。因此，了解粉末烧结过程的现象和机理，了解烧结动力学及影响烧结的因素，对材料的显微结构和性能的调控有着十分重要的意义。

5.2.1 烧结及相关基本概念

5.2.1.1 烧结

粉料成型后形成具有一定外形的坯体，坯体内一般包含15%～40%的气孔，而颗粒之间只是点接触。坯体在高温下发生的主要变化是：颗粒间接触面积扩大，颗粒聚集（图5-10中a）；颗粒中心距逼近（图5-10中b）；逐渐形成晶界；气孔形状变化；体积缩小；从连通的气孔变成各自孤立的气孔并逐渐缩小，以致最后大部分甚至全部气孔从坯体中排除。这就是烧结所包含的主要物理过程。这些物理过程随烧结温度的升高而逐渐推进，出现坯体收缩、气孔率下降、致密度和强度增加、电阻率下降等变化，如图5-11所示。

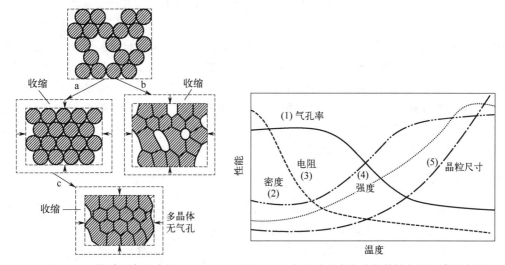

图5-10　烧结现象示意图　　　　图5-11　烧结过程中烧结体的性能随温度的变化

根据烧结粉末体出现的宏观变化，烧结是一种或多种固体（金属、陶瓷、矿物原料等）粉末在加热到一定温度后开始收缩，在低于熔点温度下转变为致密、坚硬烧结体的过程。上述过程仅仅描述了坯体宏观上的变化，对揭示烧结的本质仍是很不够的。为了揭示烧结的本质，必须强调粉末颗粒表面的黏结和粉末内部物质的传递和迁移。因为只有物质的迁移才能使气孔消除和粉末体强度增加。由于固态中分子（或原子）的相互吸引，加热使粉末体产生颗粒黏结，将经过物质迁移使粉末体产生强度并导致致密化或再结晶的过程定义为烧结。由于烧结体宏观上体积收缩、致密度提高，烧结程度可以用坯体收缩率、气孔率、吸水率或烧结体的相对密度（体积密度与理论密度之比）等指标来衡量。

5.2.1.2 烧结相关基本概念

（1）烧结与烧成

烧成包括多种物理和化学变化，如脱水、坯体内气体分解、多相反应，以及熔融、溶解、烧结等，是对成型坯体进行高温处理的全过程。显然，烧成的含义更宽广，而烧结仅仅指粉料经加热而致密化的简单物理过程，烧结是烧成过程的一个重要部分。

（2）烧结和熔融

烧结是在远低于固态物质的熔融温度下进行的。烧结和熔融这两个过程都是由原子热振动引起的，但熔融时全部组元都转变为液相，而烧结时至少有一个组元处于固态。泰曼发现烧结温度（T_s）和熔融温度（T_m）存在如下规律：

金属粉末，$T_s=(0.3\sim0.4)T_m$；

盐类，$T_s=(0.5\sim0.6)T_m$；

硅酸盐，$T_s=(0.8\sim0.9)T_m$。

（3）烧结与固相反应

这两个过程均是在低于材料熔点或熔融温度下进行的，并且整个过程中都至少有一相是固态。两个过程不同之处是固相反应一般至少有两组元参加，如 A 和 B 发生化学反应生成化合物 AB，AB 的结构与性能不同于 A 与 B。而烧结可以是单组元或多组元参加，但组元之间并不一定发生化学反应，仅仅是在表面能驱动下，由粉末体变成致密体。从结晶化学观点看，烧结体除可见的收缩外，微观晶相组成并不一定有明显变化，可能只是显微组织上排列致密和结晶程度更完善。随着粉末体变为致密体，物理性能也随之有相应的变化。实际生产中往往不是纯物质的烧结，例如氧化铝烧结时，为促使烧结而人为地加入一些烧结助剂，原料自身也或多或少地含有一些杂质。少量烧结助剂与杂质的存在，就出现了烧结的第二组元甚至第三组元，因此固态物质烧结时，会发生固相反应或局部熔融出现液相。因此，实际生产中烧结与固相反应往往是同时或穿插进行的。

5.2.1.3 烧结过程推动力

粉末状物料经压制成型后，颗粒之间仅仅是点接触，可以在高温下不通过化学反应而紧密结合成坚硬的物体，这一过程必然有一推动力在起作用。

粉料在粉碎与研磨过程中消耗的机械能部分以表面能形式贮存在粉体中，同时粉碎会引起晶格缺陷，因此粉体的内能增加。据测定，MgO 通过振动研磨 120min 后，内能增加 10kJ/mol。一般粉末体表面积在 $1\sim10m^2/g$，由于表面积大而使粉体具有较高的活性，粉末体与烧结体相比是处在高能量状态。任何系统降低能量是一种自发趋势。近代烧结理论研究认为，粉状物料的表面能大于多晶烧结体的晶界能，这就是烧结的推动力。粉末体经烧结后，晶界能取代了表面能，这是多晶材料稳定存在的原因。

粒度为 $1\mu m$ 的材料烧结时，其自由能降低约 8.3J/g。而 α-石英转变为 β-石英时能量变化为 1.7kJ/mol，一般化学反应前后能量变化超过 200kJ/mol。因此烧结推动力与相变和化学反应的能量相比是极小的。这也是烧结在常温下难以自发进行的根本原因，必须对粉末体加以高温，才能促使粉末体转变为烧结体。

常用晶界能 γ_{GB} 和表面能 γ_{sv} 之比值来衡量烧结的难易程度，γ_{GB}/γ_{sv} 越小则越容易烧结，反之越难烧结。为了促进烧结，必须使 $\gamma_{sv}\gg\gamma_{GB}$。一般 Al_2O_3 粉末的表面能约为 $1J/m^2$，而晶界能为 $0.4J/m^2$，二者之差较大，比较容易烧结。而一些共价键化合物（如 Si_3N_4、SiC、AlN）的 γ_{GB}/γ_{sv} 比值高，烧结推动力小，不易烧结。清洁的 Si_3N_4 粉末 γ_{sv} 为 $1.8J/m^2$，但它极易在空气中被氧污染而使 γ_{sv} 降低，同时共价键原子之间强烈的方向性而使 γ_{GB} 增高。

对于固体，表面能一般不等于其表面张力，但当界面上原子排列无序时，或在高温下烧结时，可视为二者数值相同。粉末体紧密堆积以后，颗粒间仍有很多细小气孔通道，在这些弯曲的表面上由表面张力的作用造成的压力差为

$$\Delta p = \frac{2\gamma}{r} \tag{5-38}$$

式中，γ 为粉末体表面张力；r 为粉末球形半径。

若为非球形曲面，可用两个主曲率 r_1 和 r_2 表示：

$$\Delta p = \gamma \left(\frac{1}{r_1} + \frac{1}{r_2} \right) \tag{5-39}$$

以上两个公式表明，弯曲表面上的附加压力与球形颗粒（或曲面）曲率半径成反比，与粉料表面张力成正比。由此可见，粉料越细，由曲率引起的烧结动力越大。如 Cu 粉颗粒（摩尔体积为 7.1cm³/mol），其半径 $r=10^{-4}$cm，表面张力 $\gamma=1.5$N/m，由式（5-38）可得 $\Delta p=2\gamma/r=3\times10^6$（Pa），由此引起体系每摩尔自由能变化为

$$\mathrm{d}G = V\Delta p = 7.1\mathrm{cm^3/mol} \times 3\times10^6 \mathrm{N/m^2} = 21.3\mathrm{J/mol} \tag{5-40}$$

由上可知，烧结中由表面能引起的推动力还是很小的。

5.2.1.4 烧结模型

烧结是一个古老的工艺过程，人们很早就利用烧结来生产陶瓷和耐火材料等，但关于烧结现象及其机理的研究是从 1922 年才开始的。当时是以复杂的粉末团块为研究对象。直至 1949 年，Kuczynski 提出孤立的两个颗粒或颗粒与平板的烧结模型，这为研究烧结机理开拓了新的方法。陶瓷或粉末冶金的粉体压块是由很多细粉颗粒紧密堆积起来的，由于颗粒大小不一、形状不一、堆积紧密程度不一，如此复杂压块的定量化研究无法进行。而双球模型便于测定原子的迁移量，从而更易定量地掌握烧结过程并为进一步研究物质迁移的各种机理奠定基础。

Kuczynski 提出粉末压块以等径球体作为模型。随着烧结的进行，各接触点处开始形成颈部，并逐渐扩大，最后烧结成一个整体。由于各颈部所处的环境和几何条件相同，所以只需确定两个颗粒形成的颈部的成长速率，其基本代表了整个烧结初期的动力学关系。

在烧结时，由于传质机理各异而引起颈部增长的方式不同，因此双球模型的中心距可以有两种情况：一种是中心距不变，如图 5-12（a）所示；另一种是中心距缩短，如图 5-12（b）所示。

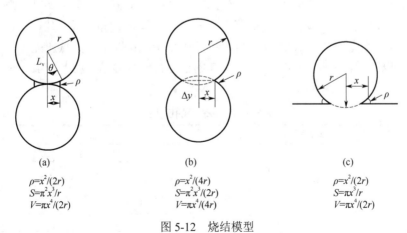

(a)	(b)	(c)
$\rho=x^2/(2r)$	$\rho=x^2/(4r)$	$\rho=x^2/(2r)$
$S=\pi^2x^3/r$	$S=\pi^2x^3/(2r)$	$S=\pi x^3/r$
$V=\pi x^4/(2r)$	$V=\pi x^4/(4r)$	$V=\pi x^4/(2r)$

图 5-12　烧结模型

图 5-12 介绍了三种模型，并列出由简单几何关系计算得到的颈部曲率半径 ρ、颈部体积 V、颈部表面积 S 与颗粒半径 r 和接触颈部半径 x 之间的关系（假设烧结初期 r 变化很小，$x \gg \rho$）。

这三种模型对烧结初期一般是适用的，但随烧结的进行，球形颗粒逐渐变形，在烧结中后期应采用其它模型。

5.2.2 固相烧结

单一粉末体的烧结常常属于典型的固态烧结。固态烧结的主要传质方式有蒸发-凝聚传质、扩散传质和塑性流动。

5.2.2.1 蒸发-凝聚传质

在高温烧结中，由于粉末颗粒表面曲率不同，粉末堆积系统的不同部位必然具有不同的蒸气压，于是有一种通过气相完成的传质方式，即蒸发-凝聚传质。该传质过程仅仅在高温下蒸气压较大的系统内进行，如氧化铅、氧化铍、氧化铁、碳化硅的烧结。蒸发-凝聚传质是烧结定量计算中最简单的一种传质方式，也是了解复杂烧结过程的基础。

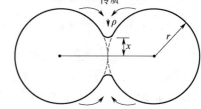

图 5-13　蒸发-凝聚传质模型

蒸发-凝聚传质采用的模型如图 5-13 所示，在球形颗粒表面有正曲率半径，而在两个颗粒连接处有一个小的负曲率半径的颈部。根据开尔文关系式［式（5-41）］可以得出，物质将从蒸气压高的凸形颗粒表面蒸发，通过气相传递而凝聚到蒸气压低的凹形颈部，从而使颈部逐渐被填充。

根据图 5-13 所示球形颗粒半径 r 和颈部半径 x 之间的开尔文关系式：

$$\ln \frac{p_1}{p_0} = \frac{\gamma M}{dRT} \left(\frac{1}{\rho} + \frac{1}{x} \right) \tag{5-41}$$

式中，p_1 为曲率半径为 ρ 处的蒸气压；p_0 为球形颗粒表面蒸气压；γ 为表面张力；d 为密度；M 为分子量；R 为气体常数；T 为温度。

式（5-41）既反映了蒸发-凝聚传质产生的原因（曲率半径差别）和条件（颗粒足够小时压差才显著），同时也反映了颗粒曲率半径与相对蒸气压差的定量关系。几种材料的曲率半径与蒸气压差的关系如表 5-1 所示。只有当颗粒半径在 10μm 以下，蒸气压差才较明显地表现出来。在 5μm 以下时，由曲率半径差异而引起的压差已十分显著。因此一般粉末烧结过程较合适的粒度应小于 10μm。

表 5-1　弯曲表面的压力差

物质	表面张力/（mN/m）	曲率半径/μm	压力差/MPa
石英玻璃	300	0.1	12.3
		1.0	1.23
		10.0	0.123
液态钴（1550℃）	1935	0.1	7.8
		1.0	0.78
		10.0	0.078

物质	表面张力/（mN/m）	曲率半径/μm	压力差/MPa
水 （15℃）	72	0.1	2.94
		1.0	0.294
		10.0	0.0294
Al_2O_3 固体 （1850℃）	905	0.1	7.4
		1.0	0.74
		10.0	0.074
硅酸盐熔体	300	100	0.006

在式（5-41）中，由于压力差 p_0-p_1 很小，当 x 很小时，$\ln(1+x) \approx x$。

所以

$$\ln \frac{p_1}{p_0} = \ln\left(1 + \frac{\Delta p}{p_0}\right) \approx \frac{\Delta p}{p_0} \tag{5-42}$$

又由于 $x \gg \rho$，所以式（5-41）可写作

$$\Delta p = \frac{\gamma M p_0}{d \rho RT} \tag{5-43}$$

式中，Δp 为负曲率半径颈部和接近平面的颗粒表面上的饱和蒸气压之差。

根据气体分子运动论可以推出物质在单位面积上的凝聚速率正比于平衡气压和大气压差的朗格缪尔（Langmuir）公式：

$$U_m = \alpha \left(\frac{M}{2\pi RT}\right)^{\frac{1}{2}} \Delta p \tag{5-44}$$

式中，U_m 为凝聚速率，$g/(cm^2 \cdot s)$；α 为调节系数，其值接近 1；Δp 为凹面与平面之间的蒸气压差。

当凝聚速率等于颈部体积增加时，即

$$\frac{U_m S}{d} = \frac{dV}{dt} \tag{5-45}$$

根据烧结模型图 5-12（a），将相应的颈部曲率半径 ρ、颈部表面积 S 和体积 V 代入式（5-45），并将式（5-44）代入式（5-45）得

$$\frac{\gamma M p_0}{d \rho RT}\left(\frac{M}{2\pi RT}\right)^{\frac{1}{2}} \times \frac{\pi^2 x^3}{r} \times \frac{1}{d} = \frac{d\left(\dfrac{\pi x^4}{2r}\right)}{dx} \times \frac{dx}{dt} \tag{5-46}$$

将上式移项并积分，可以得到球形颗粒接触颈部生长速率关系式：

$$\frac{x}{r} = \left[\frac{3\sqrt{\pi}\gamma M^{\frac{3}{2}} p_0}{\sqrt{2} R^{\frac{3}{2}} T^{\frac{3}{2}} d^2}\right]^{\frac{1}{3}} \times r^{-\frac{2}{3}} \times t^{\frac{1}{3}} \tag{5-47}$$

此方程给出了颈部半径 x 和影响生长速率的其它变量 r、p_0 以及 t 之间的相互关系。

Kingery 等曾对在烧结温度下有较高蒸气压的 NaCl 球进行烧结研究，证明了式（5-47）的正确性。实验结果用直线坐标图 5-14（a）和对数坐标图 5-14（b）两种形式表示。从式（5-47）可见，接触颈部的生长 x/r 随时间 t 的 1/3 次方而变化。在烧结初期可以观察到这样的速率规律，如图 5-14（b）所示。由图 5-14（a）可见，颈部增长只在开始时比较显著，而随着烧结的进行，颈部增长很快就停止了。因此，延长烧结时间对这类传质过程不能达到促进烧结的效果。从工艺控制考虑，原料起始粒度和烧结温度 T 是两个重要的变量。粉末的起始粒度越小，烧结速率越大。由于蒸气压（p_0）随温度而呈指数地增加，因此提高温度有利于烧结。

蒸发-凝聚传质的特点是烧结时颈部区域扩大，球的形状变为椭圆，气孔形状改变，球与球之间的中心距不变，即在这种传质过程中坯体不收缩。气孔形状的变化对坯体宏观性质有显著的影响，但不影响坯体密度。气相传质过程要求把物质加热到可以产生足够蒸气压的温度。对于微米级的粉体，要求蒸气压最低为 $10^{-1} \sim 1 Pa$，才能看出传质的效果。许多氧化物材料往往达不到如此高的蒸气压，如 Al_2O_3 在 1200℃时蒸气压只有 $10^{-41} Pa$，因此，蒸发-凝聚传质在传统硅酸盐材料的烧结中并不多见。但 ZnO 在 1100℃以上烧结和 TiO_2 在 1300～1350℃烧结时，符合式（5-47）。

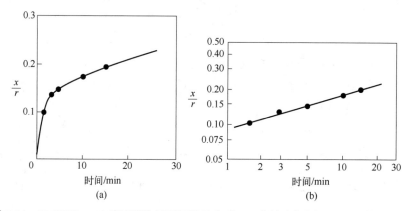

图 5-14　725℃下 NaCl 球形颗粒间颈部的长大 ［（a）线性坐标图；（b）对数坐标图］

5.2.2.2　扩散传质

在大多数固体材料中，由于高温下蒸气压低，传质通过固体内质点的扩散过程来完成。

针对烧结推动力促使质点在固态中发生迁移，Kuczynski 在 1949 年提出颈部应力模型。其假定晶体为各向同性，图 5-15 表示两个球形颗粒的接触颈部，在颈部上取一个弯曲的曲颈基元 ABCD，ρ 和 x 为两个主曲率半径。假设指向接触面颈部中心的曲率半径 x 具有正号，则颈部曲率半径 ρ 为负号。又假设 x 与 ρ 各自间的夹角均为 θ，作用在曲颈基元上的表面张力 $\boldsymbol{F}_x$ 和 $\boldsymbol{F}_\rho$ 可以通过表面张力的定义来计算。由图可见：

$$\boldsymbol{F}_x = \gamma \times \overline{AD} = \gamma \times \overline{BC} \tag{5-48}$$

$$\boldsymbol{F}_\rho = -\gamma \times \overline{AB} = -\gamma \times \overline{DC} \tag{5-49}$$

$$\overline{AD} = \overline{BC} = \rho\theta \tag{5-50}$$

$$\overline{AB} = \overline{DC} = x\theta \tag{5-51}$$

由于 θ 很小，

$$\sin\theta = \theta \tag{5-52}$$

得

$$\boldsymbol{F}_x = \gamma\rho\theta \tag{5-53}$$

$$\boldsymbol{F}_\rho = -\gamma x\theta \tag{5-54}$$

作用在垂直于曲颈基元 $ABCD$ 上的力 $\boldsymbol{F}$ 为

$$\boldsymbol{F} = 2\left[\boldsymbol{F}_x\sin\frac{\theta}{2} + \boldsymbol{F}_\rho\sin\frac{\theta}{2}\right] \tag{5-55}$$

将 $\boldsymbol{F}_x$ 和 $\boldsymbol{F}_\rho$ 代入上式得

$$\boldsymbol{F} = \gamma\theta^2\left(\rho - x\right) \tag{5-56}$$

曲颈基元 $ABCD$ 的面积 S 为

$$S = \overline{AD} \times \overline{AB} = \rho\theta \times x\theta = \rho x\theta^2 \tag{5-57}$$

则作用在曲颈基元上的应力大小为

$$\sigma = \frac{F}{S} = \frac{\gamma\theta^2\left(\rho - x\right)}{x\rho\theta^2} = \gamma\left(\frac{1}{x} - \frac{1}{\rho}\right) \approx -\frac{\gamma}{\rho} \tag{5-58}$$

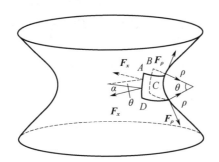

图 5-15　作用在颈部表面的力

式（5-58）表明，作用在颈部的应力主要由 F_ρ 产生，F_x 可以忽略不计。从图 5-15 和式（5-58）可见，σ_ρ 是张应力，并从颈部表面沿半径指向外部，见图 5-16。两个相互接触的晶粒系统处于平衡，如果将两晶粒看作弹性球模型，根据应力分布分析，颈部的张应力 σ_ρ 由两个晶粒接触中心处的同样大小的压应力 σ_2 平衡，这种应力分布如图 5-16 所示。

若两颗粒直径均为 2μm，接触颈部半径 x 为 0.2μm，此时颈部表面的曲率半径 ρ 为 0.01～0.001μm。若表面张力为 0.1N/m，由式（5-58）计算可得 σ_ρ 为 10^7～10^8N/m^2。

烧结前的粉末体如果是由等径颗粒堆积而成的理想紧密堆积，颗粒接触点上最大压应力相当于外加一个静压力。但在真实系统中，由于球体尺寸不一、颈部形状不规则，堆积方式不相同等原因，接触点上应力分布产生局部剪

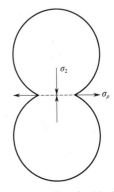

图 5-16　作用在颈部表面的最大应力

切应力。在剪切应力的作用下，可能导致晶粒彼此沿晶界剪切滑移，其滑移方向由不平衡的剪切应力方向而定。在烧结开始阶段，在这种局部剪切应力和流体静压力影响下，颗粒间出现重新排列，从而使坯体堆积密度提高，气孔率降低，坯体出现收缩。但晶粒形状没有变化，且颗粒重排不能导致气孔完全消除。

在扩散传质中，实现颗粒中心距离的缩短必须要有物质向气孔迁移，气孔作为空位源，空位进行反向迁移。颗粒点接触处的应力促使扩散传质中物质的定向迁移。

下面通过晶粒内不同部位空位浓度的计算来说明晶粒中心靠近的机理。

在无应力的晶体内，空位浓度 C_0 是温度的函数，可写作

$$C_0 = \frac{n_0}{N} = \exp(-\frac{E_v}{kT}) \tag{5-59}$$

式中，N 为晶体内原子总数；n_0 为晶体内空位数；E_v 为空位生成能；k 为玻尔兹曼常数。

由于颗粒接触的颈部受到张应力，而颗粒接触中心处受到压应力，所以不同部位形成空位所做的功也有差别。

在颈部区域和颗粒接触区域，张应力和压应力的存在，使空位形成所做的附加功如下：

$$E_t = (-\gamma / \rho)\Omega = \sigma\Omega \tag{5-60}$$

$$E_c = (\gamma / \rho)\Omega = -\sigma\Omega \tag{5-61}$$

式中，E_t 和 E_c 分别为颈部受张应力和压应力时形成体积为 Ω 空位所做的附加功。

在颗粒内部无应力区域形成空位所做的功为 E_v（等于空位生成能），因此在颈部或接触点区域形成一个空位所做的功 E_v' 为

$$E_v' = E_v \pm \sigma\Omega \tag{5-62}$$

在压应力区（接触点）：

$$E_v' = E_v - \sigma\Omega \tag{5-63}$$

在张应力区（颈表面）：

$$E_v' = E_v + \sigma\Omega \tag{5-64}$$

由式（5-62）可见，在不同部位形成一个空位所做功的大小次序为：张应力区空位形成功＜无应力区空位形成功＜压应力区空位形成功。空位形成功不同，导致不同区域的空位浓度存在差异。

若[C_c]、[C_0]和[C_t]分别代表压应力区、无应力区和张应力区的空位浓度，则

$$[C_c] = \exp\left(-\frac{E_v'}{kT}\right) = \exp\left[-\frac{E_v + \sigma\Omega}{kT}\right] = [C_0]\exp\left(-\frac{\sigma\Omega}{kT}\right) \tag{5-65}$$

若 $\sigma\Omega / kT \ll 1$，则

$$\exp\left(-\frac{\sigma\Omega}{kT}\right) = 1 - \frac{\sigma\Omega}{kT} \tag{5-66}$$

$$[C_c] = [C_0]\left(1 - \frac{\sigma\Omega}{kT}\right) \tag{5-67}$$

同理

$$[C_t] = [C_0]\left(1 + \frac{\sigma\Omega}{kT}\right) \qquad (5\text{-}68)$$

由式（5-67）和式（5-68）可以得到，颈部表面与接触中心处之间空位浓度的最大差值：

$$\Delta[C]_1 = [C_t] - [C_c] = 2[C_0]\frac{\sigma\Omega}{kT} \qquad (5\text{-}69)$$

由式（5-59）和式（5-68）可以得到，颈部表面与颗粒内部之间空位浓度的差值：

$$\Delta[C]_2 = [C_t] - [C_0] = [C_0]\frac{\sigma\Omega}{kT} \qquad (5\text{-}70)$$

由以上计算可见，$[C_t]>[C_0]>[C_c]$ 和 $\Delta[C]_1>\Delta[C]_2$。这表明颗粒不同部位空位浓度不同，颈部表面张应力区空位浓度大于晶粒内部，受压应力的颗粒接触中心空位浓度最低。颈部到颗粒接触点的空位浓度差大于颈部至颗粒内部的。系统内不同部位空位浓度的差异对扩散时空位的迁移方向是十分重要的。扩散首先从空位浓度最大的部位（颈部表面）向空位浓度最低的部位（颗粒接触点）进行，其次是颈部向颗粒内部扩散。空位扩散即原子或离子的反向扩散。因此，扩散传质时原子或离子由颗粒接触点向颈部迁移，达到气孔充填的结果。

扩散传质途径如图 5-17 所示。由图可见，扩散可以沿颗粒表面进行，也可以沿两颗粒之间的界面进行或在晶粒内部进行，分别称为表面扩散、界面扩散和体积扩散。不论扩散途径如何，扩散的终点是颈部。当晶格内结构基元（原子或离子）移至颈部，原来结构基元所占位置成为新的空位，晶格内其它结构基元补充新出现的空位，就以这种"接力"的方式将物质向内部传递而空位向外部转移。空位在扩散传质中可以在三个部位消失，即自由表面、内界面（晶界）和位错。随着烧结进行，晶界上的原子（或离子）活动频繁，排列很不规则，因此晶格内空位一旦移动到晶界上，结构基元的排列只需稍加调整空位就消失。随着颈部填充和颗粒接触点处结构基元的迁移，出现了气孔的缩小和颗粒中心距靠近，在宏观上则表现为气孔率下降和坯体的收缩。

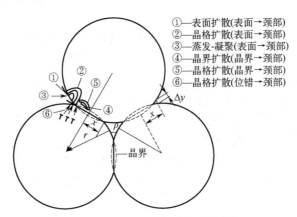

①—表面扩散(表面→颈部)
②—晶格扩散(表面→颈部)
③—蒸发-凝聚(表面→颈部)
④—晶界扩散(晶界→颈部)
⑤—晶格扩散(晶界→颈部)
⑥—晶格扩散(位错→颈部)

图 5-17　烧结初期物质的迁移路线

固态烧结的传质方式除了蒸发-凝聚传质和扩散传质外，还有塑性流动。塑性流动传质将在流动传质中介绍。

5.2.3 液相烧结

5.2.3.1 液相烧结的特点

液相参与的烧结过程称为液相烧结。由于粉末中总含有少量杂质，因此大多数材料在烧结中会或多或少地出现液相。即使在没有杂质的纯固相系统中，高温下也会出现"接触"熔融现象。因此纯粹的固相烧结实际上很少出现。在无机材料制造过程中，液相烧结的应用范围很广泛，如传统硅酸盐陶瓷、高温材料（如氮化物、碳化物）等都采用液相烧结原理。

液相烧结与固相烧结的共同点：烧结的推动力都是表面能；烧结过程都由颗粒重排、气孔填充和晶粒生长等阶段组成。不同点是：由于流动传质速率比扩散快，液相烧结的致密化速率快，可在比固相烧结温度低很多的情况下获得致密的烧结体。此外，液相烧结速率与液相的数量、液相性质（黏度、表面张力等）、液相与固相的润湿情况、固相在液相中的溶解度等有密切的关系。因此，影响液相烧结的因素比固相烧结更为复杂，这为定量研究带来了困难。

液相烧结根据液相数量及液相性质可分为两类（三种情况），如表 5-2 所示。

表 5-2 液相烧结类型

类型	条件	液相数量	烧结模型	传质方式
I	$\theta_{LS}>90°$，$C=0$	少	双球模型	扩散
II	$\theta_{LS}<90°$，$C>0$	少	Kingery 模型	溶解-沉淀
		多	LSW 模型	

注：θ_{LS} 为固液润湿角；C 为固相在液相中的溶解度。

Kingery 模型，适用于液相量较少时，其溶解-沉淀传质是物质在晶粒接触界面处溶解，通过液相传递扩散到球形颗粒的自由表面上并沉积。

LSW 模型，适用于坯体内有大量液相且晶粒大小不等的情况，晶粒间存在曲率差导致小晶粒溶解，通过液相传质到大晶粒上而沉积。

5.2.3.2 流动传质

（1）黏性流动

在高温下依靠黏性液体的流动而致密化是大多数硅酸盐材料烧结的主要传质过程。在液相烧结时，由于高温下黏性液体（熔融体）出现牛顿型流动而产生的传质称为黏性流动传质（或黏性蠕变传质）。在固相烧结时，晶体内的晶格空位在应力作用下，由空位的定向流动而引起的形变称为黏性蠕变（viscous creep）或纳巴罗-赫林（Nabarro-Herring）蠕变。它与由空位浓度差而引起的扩散传质的区别在于黏性蠕变是在应力作用下，整排原子沿着应力方向移动，而扩散传质仅是一个质点的迁移。

黏性蠕变通过黏度系数（η）把黏性蠕变速率与应力联系起来。

$$\varepsilon = \frac{\sigma}{\eta} \tag{5-71}$$

式中，ε 为黏性蠕变速率；σ 为应力。

由计算可得烧结系统的宏观黏度系数为

$$\eta = \frac{kTd^2}{8D^*\Omega} \tag{5-72}$$

式中，D^* 为自扩散系数；d 为晶粒尺寸。ε 可写作

$$\varepsilon = \frac{8D^*\Omega\sigma}{kTd^2} \qquad (5\text{-}73)$$

对于无机材料粉体的烧结，将典型数据（T=2000K，D^*=10^{-9}cm^2/s，Ω=1×10^{-24}cm^3）代入上式可以发现，当扩散路程分别为 0.01μm、0.1μm、1μm 和 10μm 时，对应的宏观黏度分别为 10^7Pa·s、10^9Pa·s、10^{12}Pa·s 和 10^{13}Pa·s。烧结时宏观黏度系数的数量级为 $10^7\sim10^8$。由此推测，在烧结时黏性蠕变传质起决定性作用仅限于路程为 $0.01\sim0.1$μm 的扩散，即通常限于晶界区域或位错区域，尤其是在无外力作用下，烧结晶态物质形变只限于局部区域。当烧结体内出现液相时，由于液相中的扩散系数比晶相大几个数量级，整排原子的移动甚至整个颗粒的形变也能发生。

Frenkel 于 1945 年提出具有液相的黏性流动烧结模型，模拟了两个晶体粉末颗粒烧结的早期黏结过程。高温下物质的黏性流动可以分为两个阶段：首先是相邻颗粒接触面增大，颗粒黏结直至孔隙封闭，然后封闭气孔的黏性压紧，残留闭气孔逐渐缩小。

假如两个颗粒相接触，与颗粒表面相比，在曲率半径为 ρ 的颈部有一个负压力。在此压力作用下引起物质的黏性流动，结果使颈部填充。从表面积减小的能量变化等于黏性流动消耗的能量出发，Frenkel 导出颈部增长公式：

$$x/r = \left(\frac{3\gamma}{2\eta}\right)^{\frac{1}{2}} \times r^{-\frac{1}{2}} \times t^{\frac{1}{2}} \qquad (5\text{-}74)$$

式中，r 为颗粒半径；x 为颈部半径；η 为液体黏度；γ 为液-气表面张力；t 为烧结时间。
由颗粒间中心距逼近而引起的收缩是

$$\frac{\Delta L}{L_0} = \frac{3\gamma}{4\eta r}t \qquad (5\text{-}75)$$

上式说明收缩率正比于表面张力，反比于黏度和颗粒尺寸。式（5-74）和式（5-75）仅适用于黏性流动初期。

随着烧结的进行，坯体中的小气孔经过长时间烧结后，会逐渐缩小形成半径为 r 的封闭气孔。这时每个闭口孤立气孔内部有一个负压力（等于 $-2\gamma/r$），相当于作用在坯体外面使其致密的一个正压。Mackenzie 等推导了带有相等尺寸的孤立气孔的黏性流动坯体的收缩率关系式。利用近似法得出的方程式为

$$\frac{\mathrm{d}\theta}{\mathrm{d}t} = k(1-\theta)^{\frac{2}{3}}\theta^{\frac{1}{3}} \qquad (5\text{-}76)$$

式中，θ 为相对密度；k 为常数。设 n 为单位体积内气孔的数目，n 与气孔尺寸 r_0 及 θ 有以下关系：

$$n\frac{4\pi}{3}r_0^3 = \frac{1-\theta}{\theta} \qquad (5\text{-}77)$$

$$n^{1/3} = \left(\frac{1-\theta}{\theta}\right)^{1/3}\left(\frac{3}{4\pi}\right)^{1/3}\frac{1}{r_0} \qquad (5\text{-}78)$$

将（5-78）式代入式（5-76），并取 $0.41r=r_0$ 得

$$\frac{\mathrm{d}\theta}{\mathrm{d}t} = \frac{3}{2} \times \frac{\gamma}{r\eta}(1-\theta) \qquad (5-79)$$

上式是适合黏性流动传质全过程的烧结速率公式。

某钠-钙-硅酸盐玻璃致密化数据见图 5-18，图中实线由式（5-79）计算而得，而虚线表示的起始烧结速率由式（5-75）计算而得。由图可见，随着温度升高，黏度降低导致致密化速率迅速提高。图中圆圈是实验结果，与实线很吻合，说明式（5-79）适用于黏性流动的致密化过程。

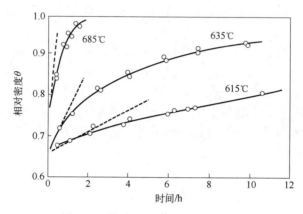

图 5-18　钠-钙-硅酸盐玻璃的致密化

由黏性流动传质动力学公式可以看出，决定烧结速率的主要因素是颗粒起始粒径、黏度和表面张力。颗粒尺寸从 10μm 减小至 1μm，烧结速率增大 10 倍。黏度及黏度随温度的迅速变化是需要控制的最重要因素。如钠-钙-硅酸盐玻璃，若温度变化 100℃，黏度变化可达 3 个数量级。如果某种坯体烧结速率太低，则可加入降低液相黏度的组分。对于常见的硅酸盐玻璃，其表面张力不会因组分的变化而产生显著变化。

（2）塑性流动

当坯体中液相含量很少时，高温下流动传质不能看成是纯牛顿型流动，其属于塑性流动类型，即只有作用力超过其屈服值 f 时，流动速率才与作用的剪切应力成正比。此时式（5-79）变为

$$\frac{\mathrm{d}\theta}{\mathrm{d}t} = \frac{3\gamma}{2\eta} \times \frac{1}{r}(1-\theta)[1-\frac{fr}{\sqrt{2}\gamma}\ln(\frac{1}{1-\theta})] \qquad (5-80)$$

式中，η 是作用力超过 f 时液体的黏度；r 为颗粒原始半径。f 值越大，烧结速率越低。当屈服值 $f=0$ 时，式（5-80）即为式（5-79）。当方括号中的数值为零时，$\mathrm{d}\theta/\mathrm{d}t$ 也为零，此时即为终点密度。为了尽可能达到致密烧结，应选择最小的 r、η 和较大的 γ。

在固相烧结中也存在着塑性流动。在烧结早期，表面张力较大，塑性流动可以靠位错的运动来实现；而烧结后期，在低应力作用下靠空位自扩散而形成黏性蠕变，高温下发生的蠕变是以位错的滑移或攀移完成的。塑性流动机理在热压烧结的动力学过程中应用较为成功。

5.2.3.3　溶解-沉淀传质

在固、液两相的烧结中，当固相在液相中有可溶性，这时烧结传质过程中部分固相溶解，并在另一部分固相上沉积，直至晶粒长大和获得致密的烧结体。发生溶解-沉淀传质的条件有：①显著数量的液相；②固相在液相内有显著的可溶性；③液相润湿固相。

溶解-沉淀传质过程的推动力仍是颗粒的表面能，只是由于液相润湿固相，每个颗粒之间的空间组成了一系列的毛细管，表面张力以毛细管力的方式将颗粒拉紧。毛细管中的熔体起着把分散在其中的固体颗粒结合起来的作用。毛细管力可通过下式计算：$\Delta p = 2\gamma_{LV}/r$（$\gamma_{LV}$ 为液-气表面张力；r 是毛细管半径）。微米级颗粒之间有 $0.1\sim1\mu m$ 直径的毛细管，如果其中充满液相，毛细管压力达 $1.23\sim12.3MPa$。可见毛细管压力所造成的烧结推动力是很大的。

溶解-沉淀传质过程是按以下方式进行的：①随着烧结温度升高，坯体中出现足够液相，分散在液相中的固体颗粒在毛细管力的作用下，颗粒相对移动，发生重新排列，颗粒的堆积更紧密；②被液膜分开的颗粒之间搭桥，颗粒间点接触处有高的局部应力导致塑性变形和蠕变，促进颗粒进一步重排；③较小的颗粒或颗粒接触点处溶解，通过液相传质，在较大的颗粒或颗粒的自由表面上沉积，从而出现晶粒长大和晶粒形状的变化，同时颗粒不断进行重排而致密化。

现对颗粒重排和溶解-沉淀传质两个阶段进行介绍。

（1）颗粒重排

固体颗粒在毛细管力的作用下，通过黏性流动或在一些颗粒间的接触点上由于局部应力的作用进行重新排列，结果得到了更紧密的堆积。在这阶段可大致认为，致密化速率与黏性流动相应，线收缩与时间近似呈线性关系：

$$\frac{\Delta L}{L_0} \propto t^{1+x} \tag{5-81}$$

式中，指数 $1+x$ 的意义是略大于 1。这是考虑到烧结进行时，被包裹的小尺寸气孔减小，作为烧结推动力的毛细管压力增大，所以收缩加快。

颗粒重排对坯体致密度的影响取决于液相的数量。如果液相数量不足，则液相既不能完全包围颗粒，也不能完全填充粒子间的空隙，这时能产生颗粒重排但不足以消除气孔。当液相数量超过颗粒边界薄层变形所需的量时，在重排完成后，固体颗粒占总体积的 60%～70%，多余液相可以进一步通过流动传质、溶解-沉淀传质达到填充气孔的目的。这样可使坯体在这一阶段的烧结收缩率达到总收缩率的 60% 以上。

（2）溶解-沉淀传质

溶解-沉淀传质根据液相数量的不同分为 Kingery 模型（颗粒在接触点处溶解，到自由表面上沉积）或 LSW 模型（小晶粒溶解至大晶粒处沉淀）。其原理都是颗粒接触点（或小晶粒）处在液相中的溶解度大于自由表面（或大晶粒）处的溶解度。这样就在两个对应部位上产生了化学位梯度 $\Delta\mu$。

$$\Delta\mu = RT\ln\frac{a}{a_0} \tag{5-82}$$

式中，a 为凸面处（或小晶粒处）离子活度；a_0 为平面（或大晶粒）处离子活度。化学位梯度使物质发生迁移，液相传递导致晶粒长大和坯体致密化。

Kingery 运用与固相烧结动力学公式类似的方法，推导出溶解-沉淀过程的收缩率 [按图 5-12（b）模型]：

$$\frac{\Delta L}{L_0} = \frac{\Delta\rho}{r} = \left(\frac{K\gamma_{LV}\delta DC_0 V_0}{RT}\right)^{\frac{1}{3}} r^{-\frac{4}{3}} t^{\frac{1}{3}} \tag{5-83}$$

式中，$\Delta\rho$ 为中心距收缩的距离；K 为常数；γ_{LV} 为液-气表面张力；D 为被溶解物质在液相中的扩散系数；δ 为颗粒间液膜的厚度；C_0 为固相在液相中的浓度；V_0 为液相体积；r 为颗粒起始粒度；t 为烧结时间。

式（5-83）中，γ_{LV}、δ、D、C_0、V_0 均是与温度有关的物理量，因此，当烧结温度和起始粒度固定后，上式可改写为

$$\frac{\Delta L}{L_0} = K_1 t^{\frac{1}{3}} \tag{5-84}$$

由式（5-83）和式（5-84）可以看出，溶解-沉淀的致密化速率与时间 t 的 1/3 次方成正比。影响溶解-沉淀传质过程的因素还有颗粒的起始粒度、粉末特性（溶解度和润湿性能）、液相数量及烧结温度等。由于固相在液相中的溶解度、扩散系数以及固液润湿性能等目前几乎没有确切的数值可以利用，因此，液相烧结机制的定量描述比固相烧结更困难。

图 5-19 为 MgO + 2%（质量分数）高岭土在 1730℃时测得的 $\lg(\Delta L/L)$-$\lg t$ 的关系图。由图可以看出，液相烧结存在三个明显不同的传质阶段。开始阶段直线斜率约为 1，符合颗粒重排过程即式（5-81）；第二阶段直线斜率约为 1/3，符合式（5-84）即溶解-沉淀传质过程；最后阶段曲线趋于水平，说明致密化速率更缓慢，坯体已接近终点密度。此时残留的少量气孔或高温反应产生的气体被包入液相中形成封闭气孔，若气孔内的气体不能溶入液相通过扩散传质排除，则随着烧结温度的升高，气泡内气压增高，抵消了表面张力的作用，收缩就会停止，气泡内气压进一步增高时，坯体还会出现过烧膨胀的现象。

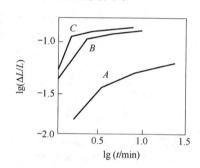

图 5-19　MgO+2%高岭土在 1730℃
下的烧结
（起始粒度为 $A>B>C$）

从图 5-19 中还可以看出，起始粒度对促进液相烧结有显著作用。图中粒度是 $A>B>C$，而 $\Delta L/L$ 是 $C>B>A$。

溶解-沉淀传质中，Kingery 模型与 LSW 模型两种机理在烧结速率上的差异为

$$\left(\frac{dV}{dt}\right)_K : \left(\frac{dV}{dt}\right)_{LSW} = \frac{\delta}{h} : 1 \tag{5-85}$$

式中，δ 为两颗粒间液膜的厚度，一般在 1nm 左右；h 为两颗粒中心相互接近的程度，h 随烧结进行很快达到并超过 1μm，因此 LSW 机理烧结速率往往比 Kingery 机理大几个数量级。

5.2.3.4　各种传质机理分析比较

在实际的固相或液相烧结中，本节讨论的四种烧结传质过程可以单独进行，也可以几

种同时进行。但每种传质的产生都有其特定的条件，现用表 5-3 对各种传质过程进行综合比较。

表 5-3　各种传质产生的原因、条件及特点

项目	蒸发-凝聚	扩散	流动	溶解-沉淀
原因	压力差	空位浓度差	应力-应变	溶解度
条件	$\Delta p > 1 \sim 10Pa$, $r < 10\mu m$	$\Delta C > n_0/N$, $r < 5\mu m$	黏性流动黏度小，塑性流动 $\tau > f$	可观的液相量，溶解度大，固液润湿
特点	蒸发-凝聚 $\Delta L/L = 0$	扩散 中心距缩短	流动并引起颗粒重排，致密化速率高	溶解-沉淀传质同时进行，晶粒生长
工艺控制	温度、粒度	温度、粒度	黏度、粒度	温度、液相数量、黏度、粒度

从固相烧结和有液相参与的烧结过程传质机理可以看出，烧结是一个很复杂的过程。前面的讨论主要是限于纯固相烧结或纯液相烧结，并假定在高温下不发生固相反应，纯固相烧结时不出现液相；在烧结动力学分析时，以十分简单的两颗粒圆球模型为基础，把问题大幅简化。该假设对于纯固相烧结的氧化物材料和纯液相烧结的玻璃料来说，与实际情况比较接近。但从材料制备的角度看，问题常常更为复杂。就固相烧结而言，实际上经常是几种可能的传质机理在互相起作用，有时是一种机理起主导作用，有时可能是几种机理同时发挥重要作用。此外，烧结条件（温度、时间和气氛）的改变也会使传质方式随之变化。例如，BeO材料的烧结，气氛中的水汽就是一个重要的影响因素。在干燥气氛中，扩散是主导的传质方式。当气氛中水汽分压很高时，则蒸发-凝聚变为传质的主导方式。又例如，长石瓷或滑石瓷中都存在液相参与的烧结，随着烧结进行，几种传质往往交替发生。

Whitmore 等研究 TiO_2 真空烧结得出了符合体积扩散传质的结论，氧空位的扩散是控制因素。但也有研究者将 TiO_2 在空气和湿氢条件下烧结，得出了与塑性流动传质相符的结论，并认为大量空位产生位错从而导致塑性流动。事实上，空位扩散和晶体内塑性流动是相互关联的，塑性流动是位错运动的结果。而一整排原子的运动（位错运动）可能同样会导致点缺陷的消除。处于晶界上的气孔，在剪切应力下也可能通过两个晶粒的相对滑移，在晶界吸收空位而使气孔消除。

总之，烧结体在高温下的变化是很复杂的，影响烧结体致密化的因素也很多。各种传质方式的产生都是有一条件的，必须对烧结全过程的各个方面（原料、粒度、粒度分布、杂质、成型条件、烧结气氛、温度、时间）有充分的了解，才能真正掌握和控制整个烧结过程。

5.2.4　晶粒生长与二次再结晶

晶粒生长与二次再结晶（或称晶粒异常生长）过程往往与烧结中后期的传质过程同时进行。晶粒生长是无应变的材料在热处理时，平均晶粒尺寸在不改变其分布的情况下连续增大的过程。

初次再结晶是在已发生塑性形变的基质中出现新生的无应变晶粒的成核和生长过程。这个过程的推动力是基质塑性变形所增加的能量。储存在形变基质里的能量为 0.4～4.2J/g。虽然此数值与熔融热相比是很小的（熔融热是此值的 1000 倍或更高），但它提供了足以使晶界移动和晶粒长大的能量。初次再结晶在金属中较为重要，陶瓷材料在热加工时因塑性形变较小而较难发生。

二次再结晶是少数巨大晶粒在细晶粒消耗时的异常长大过程，在金属和陶瓷的烧结中都有可能发生。

5.2.4.1 晶粒生长

在烧结的中后期晶粒会逐渐长大，一些晶粒长大的过程也必然是另一些晶粒缩小或消失的过程，结果是平均晶粒尺寸的增加。这种晶粒长大并不是小晶粒的相互结合，而是晶界移动的结果。晶界两侧物质的吉布斯自由能之差是使界面向曲率中心移动的驱动力。小晶粒生长为大晶粒，会使界面面积和界面能降低。如果晶粒尺寸由1μm变化到1cm，对应的能量变化为0.42～21J/g。

图5-20表示了两个晶粒之间的晶界结构，弯曲晶界两侧各为一晶粒，小圆代表各个晶粒中的原子。对凸面晶粒表面A处与凹面晶粒的B处而言，曲率较大的A点自由能高于曲率小的B点，位于A点晶粒内的原子必然有向能量低的B位置跃迁的自发趋势。当A点原子到达B点并释放出ΔG［如图5-20（b）所示］的能量后就稳定在B晶粒内。如果这种跃迁不断发生，则晶界就向着A晶粒的曲率中心不断向内推移，导致B晶粒长大而A晶粒缩小，直至晶界平直化，界面两侧的吉布斯自由能相等为止。由此可见，晶粒生长是晶界移动的结果，而不是简单的小晶粒之间的结合。晶粒生长取决于晶界移动的速率。

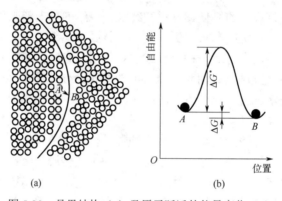

图5-20　晶界结构（a）及原子跃迁的能量变化（b）

如图5-20（a）所示，A、B晶粒之间由于曲率不同而产生的压差为

$$\Delta p = \gamma \left(\frac{1}{r_1} + \frac{1}{r_2} \right) \tag{5-86}$$

式中，γ为表面张力；r_1、r_2为A、B曲面的主曲率半径。

由热力学可知，当系统只做膨胀功时：

$$\Delta G = -S\Delta T + V\Delta p \tag{5-87}$$

当温度不变时，有

$$\Delta G = V\Delta p = \gamma \overline{V} \left(\frac{1}{r_1} + \frac{1}{r_2} \right) \tag{5-88}$$

式中，ΔG为跨越一个弯曲界面的自由能变化；$\overline{V}$为摩尔体积。

晶界的移动速率还与原子跃过晶界的速率有关。原子由$A \rightarrow B$的频率f为原子振动频率ν与获得ΔG^*能量的粒子的概率P的乘积。

$$f = Pv = v\exp[\Delta G^* / (RT)] \tag{5-89}$$

由于可跃迁的原子的能量是量子化的，即 $E=h\nu$，一个原子平均振动能量 $E=kT$，所以

$$v = E / h = kT / h = RT / (Nh) \tag{5-90}$$

式中，h 为普朗克常数；k 为玻尔兹曼常数；N 为阿伏伽德罗常数；R 为气体常数。因此，原子由 $A \rightarrow B$ 跳跃频率为

$$f_{AB} = \frac{RT}{Nh}\exp\left(-\frac{\Delta G^*}{RT}\right) \tag{5-91}$$

原子由 $B \rightarrow A$ 跳跃频率为

$$f_{BA} = \frac{RT}{Nh}\exp\left(-\frac{\Delta G^* + \Delta G}{RT}\right) \tag{5-92}$$

晶界的移动速率 $V = \lambda f$（λ 为每次跃迁的距离）。

$$V = \lambda\left(f_{AB} - f_{BA}\right) = \frac{RT}{Nh}\lambda\exp\left(-\frac{\Delta G^*}{RT}\right)\left[1 - \exp\left(-\frac{\Delta G}{RT}\right)\right] \tag{5-93}$$

因为 $\Delta G \ll RT$，所以 $1 - \exp[-\Delta G / (RT)] \approx \Delta G / (RT)$，化简得

$$V = \frac{RT}{Nh}\lambda\left[\frac{\gamma\overline{V}}{RT}\left(\frac{1}{r_1} + \frac{1}{r_2}\right)\right]\exp\left(-\frac{\Delta S}{R}\right)\left(-\frac{\Delta H^*}{RT}\right) \tag{5-94}$$

由式（5-94）得出，晶粒生长速率随温度成指数规律增加。因此晶界移动的速率与晶界曲率以及系统的温度密切相关。温度升高和曲率半径减小，晶界向其曲率中心移动的速率也加快。

由许多颗粒组成的多晶体界面移动情况如图 5-21 所示。所有晶粒长大的几何学情况可以从以下三个一般性原则推知。

① 晶界上有晶界能的作用，因此晶粒形成一个在几何学上与肥皂泡沫相似的三维阵列。

② 晶粒边界如果具有基本相同的表面张力，则界面间交角呈 120°，晶粒呈正六边形。实际的多晶系统中多数晶粒间界面能不等，因此从一个三界汇合点延伸至另一个三界汇合点的晶界都具有一定曲率，表面张力将使晶界移向其曲率中心。

③ 如果在晶界上的第二相夹杂物（杂质或气孔）在烧结温度下不与主晶相形成液相，则将阻碍晶界移动。

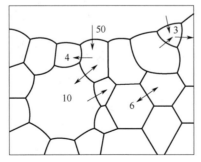

图 5-21　多晶坯体中晶粒生长示意
（图中数字表示该晶粒的边数）

从图 5-21 看出，大多数晶界是弯曲的。从晶粒中心向外看，大于六条边时边界向内凹，由于凸面的界面能大于凹面，因此晶界向凸面曲率中心移动。结果导致小于六条边的晶粒缩小，甚至消失，而大于六条边的晶粒长大，总的结果是平均晶粒尺寸增大。

晶界移动速度与弯曲晶界的半径成反比，因此晶粒长大的平均速度与晶粒的直径成反比。晶粒长大定律为

$$\frac{dD}{dt} = \frac{K}{D} \tag{5-95}$$

式中，D 为时间 t 时的晶粒直径；K 为常数。对式（5-95）积分后得

$$D^2 - D_0^2 = Kt \tag{5-96}$$

式中，D_0 为时间 $t=0$ 时的晶粒平均尺寸。

在晶粒生长后期，$D \gg D_0$，此时式（5-96）为 $D=(Kt)^{1/2}$。用 $\lg D$ 对 $\lg t$ 作图得到直线，其斜率为 1/2。然而，实际过程中氧化物材料的晶粒生长实验表明，直线的斜率常在 1/3～1/2 之间，且经常更接近 1/3，其与理论相比产生偏移的主要原因是晶界移动时遇到杂质或气孔而限制了晶粒的生长。

从理论上说，经足够长时间的烧结后，应当从多晶材料烧结至一个单晶。但实际上，由于第二相夹杂物（如杂质、气孔等）的阻碍，晶粒长大被阻止。晶界移动时如遇到夹杂物（图 5-22），晶界为了通过夹杂物，界面能降低，降低的量正比于夹杂物的横截面积。通过障碍以后，弥补界面又要付出能量，结果使界面继续前进的动力减弱，界面变得平直，晶粒生长就逐渐停止。

在烧结体中，晶界移动可以通过七种方式进行，如图 5-23 所示。随着烧结的进行，气孔往往位于晶界上或三个晶粒交汇点上。气孔在晶界上是随晶界移动还是阻止晶界移动，主要与晶界曲率有关，也与气孔直径、数量、气孔作为空位源向晶界扩散的速度、气孔内气体压力大小、包围气孔的晶粒数等因素有关。当气孔汇集在晶界上时，晶界移动会出现以下情况，如图 5-24 所示。在烧结初期，晶界上气孔数目很多，气孔牵制了晶界的移动。如果晶界移动速率为 V_b，气孔移动速率为 V_p，此时气孔阻止晶界移动，$V_b=0$［图 5-24（a）］。在烧结中后期，温度控制适当，气孔逐渐减少，可能出现 $V_b=V_p$，此时晶界带着气孔以正常速度移动，使气孔保持在晶界上［图 5-24（b）］，气孔可以利用晶界作为空位传递的快速通道而迅速集聚或消失。图 5-25 说明了气孔随晶界移动而集聚在三晶粒交汇点的情况。

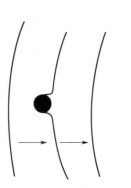

图 5-22　界面通过夹杂物时形状的变化

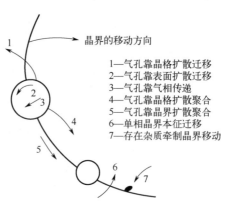

晶界的移动方向

1—气孔靠晶格扩散迁移
2—气孔靠表面扩散迁移
3—气孔靠气相传递
4—气孔靠晶格扩散聚合
5—气孔靠晶界扩散聚合
6—单相晶界本征迁移
7—存在杂质牵制晶界移动

图 5-23　晶界移动方式示意图

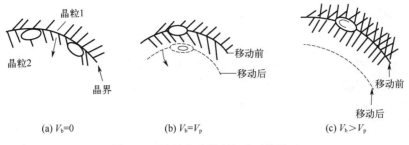

(a) $V_b=0$ (b) $V_b=V_p$ (c) $V_b>V_p$

图 5-24 晶界移动遇到气孔时的情况

当烧结达到 $V_b=V_p$ 时，烧结过程已接近完成。此时，严格控制温度十分重要。继续维持 $V_b=V_p$，气孔易迅速排除而实现致密化，如图 5-26 所示。烧结体应适当保温，如果继续升高温度，晶界移动速率随温度呈指数增加，必然导致 $V_b \gg V_p$，晶界越过气孔而向曲率中心移动，一旦气孔包入晶体内部（图 5-26），只能通过体积扩散来排除，这是十分困难的。在烧结初期，当晶界曲率很大且晶界迁移驱动力也大时，气孔常常被遗留在晶体内，导致在个别大晶粒中心留下小气孔群。烧结后期，若局部温度过高并以个别大晶粒为核出现二次再结晶，晶界移动太快，也会把气孔包入晶粒内，晶粒内的气孔不仅使坯体难以致密化，而且还会严重影响材料的各种性能。因此，烧结中控制晶界的移动速率是十分重要的。

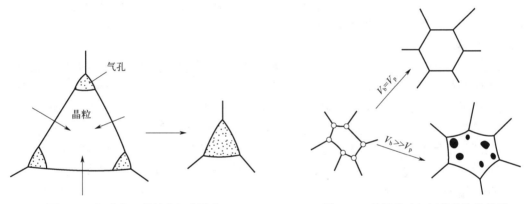

图 5-25 气孔在三晶粒交汇点聚集   图 5-26 晶界移动与坯体致密化关系

约束晶粒生长的另一个因素是有少量液相出现在晶界上。少量液相使晶界上形成两个新的固液界面，从而界面移动的推动力降低，扩散距离增加。因此少量液相可以起到抑制晶粒长大的作用。例如，95% Al_2O_3 中加入少量石英、黏土，使其产生少量硅酸盐液相，阻止晶粒异常生长。但当坯体中有大量液相时，可以促进晶粒生长和出现二次再结晶。

气孔在烧结过程中能否排除，除了与晶界移动速率有关外，还与气孔内压力的大小有关。随着烧结的进行，气孔逐渐缩小，而气孔内的气压不断增高。当气压增加至 $2\gamma/r$ 时，即气孔内气压等于烧结推动力，此时烧结就停止了。如果继续升高温度，气孔内的气压大于 $2\gamma/r$，这时气孔不仅不能缩小，反而膨胀，对致密化不利，称为过烧。烧结如果不采取特殊措施坯体难以完全致密化，往往需要采用真空烧结或热压烧结等方法获得接近理论密度的制品。

在晶粒正常生长过程中，由于夹杂物对晶界移动的牵制，晶粒大小不能超过某一极限尺寸。Zener 曾对极限晶粒直径 D_l 作了粗略的估计。D_l 是晶粒正常生长时的极限尺寸，由下式决定：

$$D_1 = \frac{d}{f} \qquad\qquad (5-97)$$

式中，d 是夹杂物或气孔的平均直径；f 是夹杂物或气孔的体积分数。

D_1 在烧结过程中随 d 和 f 的改变而变化。当 f 越大时则 D_1 将越小，当 f 一定时，d 越大则晶界移动时与夹杂物相遇的机会越小，于是晶粒长大而形成的平均晶粒尺寸就越大。烧结初期，坯体内有许多小气孔，f 相当大，此时晶粒的起始尺寸 D_0 总大于 D_1，这时晶粒不会长大。随着烧结的进行，小气孔不断沿晶界聚集或排除，d 由小增大，f 由大变小，D_1 也随之增大。当 $D_1>D_0$ 时，晶粒开始均匀生长。烧结后期，一般可以假定气孔的尺寸为晶粒初期平均尺寸的 1/10，$f=d/D_1= d/10d = 0.1$。这就表示烧结达到气孔的体积分数为 10% 时，晶粒长大就停止了。这也是无压烧结中坯体终点密度低于理论密度的原因。

5.2.4.2 二次再结晶

当正常的晶粒生长由于夹杂物或气孔等的阻碍作用而停止以后，如果在均匀基相中有若干大晶粒，大晶粒的边界比邻近晶粒的边界多，晶界曲率也较大，以至于晶界可以越过气孔或夹杂物而进一步向邻近小晶粒曲率中心推进，使大晶粒成为二次再结晶的核心，不断吞并周围小晶粒而迅速长大，直至与邻近大晶粒接触为止。

二次再结晶的推动力是大晶粒晶面与邻近高表面能和小曲率半径的晶面相比有较低的表面能。在表面能驱动下，大晶粒界面向曲率半径小的晶粒中心推进，导致大晶粒进一步长大与小晶粒的消失。

晶粒生长与二次再结晶的区别在于前者是坯体内晶粒尺寸均匀地生长，符合式（5-96），而二次再结晶是个别晶粒异常生长，不符合式（5-96）。晶粒生长是平均尺寸增长，不存在晶核，界面处于平衡状态，界面上无应力。二次再结晶的大晶粒晶面上有应力存在。晶粒生长时气孔在晶界上或晶界的交汇处，二次再结晶时气孔被包裹到晶粒内部。

如果坯体中原始晶粒尺寸是均匀的，在烧结时，晶粒长大按式（5-96）进行，直至达到式（5-97）的极限尺寸为止。此时烧结体中每个晶粒的晶界数为 3~8 个。晶界弯曲率都不大，不能使晶界越过夹杂物运动，则晶粒生长停止了。如果烧结体中有晶界数大于 10 的大晶粒，在细晶粒基体中，少数晶粒比平均晶粒尺寸大，这些大晶粒成为二次再结晶的晶核。大晶粒的长大速率开始取决于晶粒的边缘数。当长大到某一程度时，大晶粒直径（D_g）远大于基质晶粒直径（D_m），即 $D_g \gg D_m$，大晶粒长大的驱动力随着晶粒长大而增加。晶界移动时快速扫过气孔，在短时间内周边小晶粒被大晶粒吞并，成为含有封闭气孔的大晶粒的一部分，导致不连续的晶粒生长。

由细粉料制成多晶体时，二次再结晶的程度取决于原始粉料的颗粒大小。粗的原始粉料相对应的晶粒长大要小得多。图 5-27 为氧化铍晶粒相对生长率与原始粒度的关系，由图可推算出，起始粒度为 2μm，二次再结晶的晶粒尺寸为 60μm；而起始粒度为 10μm 时，二次再结晶的粒度仅为 30μm。

从工艺控制考虑，二次再结晶的原因主要是原始粒度不均匀、烧结温度偏高和烧结速率太快，其它还有坯体成型压力不均匀、局部有不均匀液相等。图 5-28 表明了原始颗粒尺寸分布对烧结后多晶结构的影响。在原始粉料很细的基质中夹杂个别粗颗粒，最终晶粒尺寸比原始粉料粗而均匀的坯体要粗大得多。

为避免气孔封闭在晶粒内,防止晶粒异常生长,应避免致密化速率太快。在烧结体达到一定的体积密度以前,应该通过控制温度来抑制晶界的移动速率。

防止二次再结晶的最好方法是引入适当的添加剂。合适的助剂能抑制晶界迁移,有效地加速气孔的排除,如 MgO 中加入 Al_2O_3 可制成接近理论密度的制品。当采用晶界迁移抑制剂时,式(5-96)应写成以下形式:

$$D^3 - D_0^3 = Kt \qquad (5-98)$$

烧结体中出现二次再结晶,由于大晶粒受到周围晶界应力的作用或由于本身易产生缺陷,大晶粒内常出现隐裂纹,导致材料力学性能、电性能恶化。因此工艺上需采取适当的措施防止其发生。但在硬磁铁氧体 $BaFe_2O_4$ 的烧结中,利用二次再结晶形成择优取向是有益的。在成型时,高强磁场的作用,使颗粒取向,烧结时控制大晶粒为二次再结晶的核,从而得到高度取向、高磁导率的材料。

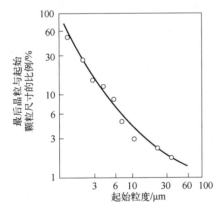

图 5-27 BeO 在 2000℃下保温 0.5h
晶粒生长率与原始粒径的关系

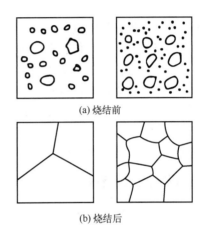

(a) 烧结前

(b) 烧结后

图 5-28 粉料粒度分布对多晶结构影响

5.2.4.3 晶界在烧结中的作用

晶界是多晶体中不同晶粒之间的交界面,晶界宽度一般为 5~60nm。晶界上原子排列疏松混乱,在烧结传质和晶粒生长过程中晶界对坯体致密化起着十分重要的作用。

晶界是气孔(空位源)通向烧结体外的主要扩散通道。在烧结过程中坯体内空位流与原子流利用晶界作相对扩散,如图 5-29 所示。空位经过无数晶界传递最后排出表面,同时导致坯体的收缩。接近晶界的空位最易扩散至晶界,并于晶界上消失。

由于烧结体中气孔形状是不规则的,晶界上气孔的扩大、收缩或稳定与表面张力、润湿角、包围气孔的晶粒数有关,还与晶界迁移率、气孔半径、气孔内气压等因素有关。

在离子晶体中,晶界是阴离子快速扩散的通道。离子晶体的烧结与金属材料不同。阴、阳离子必须同时扩散才能导致物质的传递与烧结。究竟由何种离子的扩散来决定烧结速率,目前尚不能确定。通常阴离子体积大,扩散总比阳离子慢,烧结速率一般由阴离子扩散速率控制。在氧化铝中,O^{2-} 在 20~30μm 多晶体中的自扩散系数比在单晶体中大约两个数量级,而 Al^{3+} 自扩散系数则与晶粒尺寸无关。Coble 等提出在晶粒尺寸很小的多晶体中,O^{2-} 依靠晶界区域所提供的通道而显著提高其扩散速度,并有可能使 Al^{3+} 的体积扩散成为控制因素。

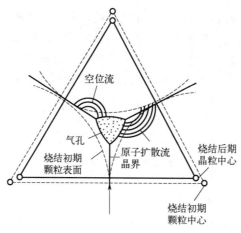

图 5-29　气孔在晶界上排除和收缩模型

晶界上溶质的偏聚可以延缓晶界的移动，加速坯体致密化。为了从坯体中完全排除气孔，获得致密的烧结体，空位扩散必须在晶界上保持相当高的速率。只有抑制晶界的移动才能使气孔在整个烧结过程中都保持在晶界上，避免晶粒的不连续生长。利用溶质易在晶界上偏析的特征，在坯体中添加少量溶质（烧结助剂），就能达到抑制晶界移动的目的。

晶界对扩散传质烧结过程是有利的。在多晶体中晶界阻碍位错滑移，对位错滑移传质不利。由于晶界组成、结构和特性比较复杂，晶界范围仅几十个原子间距，加之研究手段的限制，其特性还有待进一步探索。

5.2.5　影响烧结的因素

5.2.5.1　原始粉料的粒度

无论在固相烧结或液相烧结中，细颗粒增加了烧结的推动力、缩短了原子扩散距离和提高了颗粒在液相中的溶解度而导致烧结过程的加速。如果烧结速率与起始粒度的 1/3 次方成比例，从理论上计算，当起始粒度从 2μm 缩小到 0.5μm 时，烧结速率可增加 64 倍，相当于粒径小的粉料可降低烧结温度 150～300℃。

MgO 的起始粒度为 20μm 以上时，即使在 1400℃下保持很长时间，相对密度仅能达 70%而不能进一步致密化；粒径在 20μm 以下且温度为 1400℃时或粒径在 1μm 以下且温度为 1000℃时，烧结速度很快；如果粒径在 0.1μm 以下时，其烧结速率与热压烧结相差无几。

从防止二次再结晶角度考虑，起始粒径必须细而均匀。如果细颗粒中混有少量大颗粒，则易发生晶粒的异常生长而不利于烧结。一般氧化物材料最适宜的粉末粒度为 0.05～0.5μm。

原料粉末的粒度不同，烧结机理有时也会发生变化。例如，AlN 烧结时，当粒度为 0.78～4.4μm 时，粗颗粒按体积扩散机理进行烧结，而细颗粒则按晶界扩散或表面扩散机理进行烧结。

5.2.5.2　外加剂的作用

在固相烧结中，少量外加剂（烧结助剂）可与主晶相形成固溶体，通过增加缺陷而促进烧结。在液相烧结中，外加剂能改变液相的性质（如黏度、组成等），进而促进烧结。外加剂在烧结体中的作用如下所述。

（1）外加剂与烧结主体形成固溶体

当外加剂与烧结主体的离子大小、晶格类型及电价接近时，它们能互溶形成固溶体，致使主晶相晶格畸变、缺陷增加，便于结构基元移动而促进烧结。一般来说，它们之间形成有限置换型固溶体比形成连续固溶体更有助于促进烧结。外加剂离子的电价、半径与烧结主体离子的电价、半径相差越大，晶格畸变程度越大，促进烧结的作用也越明显。例如，Al_2O_3烧结时，加入 3% Cr_2O_3 形成连续固溶体可以在 1860℃下烧结；而加入 1%~2% TiO_2，只需在 1600℃左右就能致密化。

（2）外加剂与烧结主体形成液相

外加剂与烧结体的某些组分生成液相，液相中扩散传质阻力小、流动传质速度快，因此可降低烧结温度并提高坯体的致密度。例如，在制备 95% Al_2O_3 陶瓷时，一般同时加入 CaO 和 SiO_2 作为烧结助剂，在 CaO：SiO_2=1 时，生成 CaO-Al_2O_3-SiO_2 液相，使材料在 1540℃能烧结。

（3）外加剂与烧结主体形成化合物

在烧结透明的 Al_2O_3 制品时，为抑制二次再结晶，消除晶界上的气孔，一般加入 MgO 或 MgF_2，在高温下形成镁铝尖晶石（$MgAl_2O_4$）包裹在 Al_2O_3 晶粒表面，抑制晶界移动速率，充分排除晶界上的气孔，对促进坯体致密化有显著作用。

（4）外加剂阻止多晶转变

ZrO_2 由于有多晶转变，体积变化较大而使烧结困难。当加入 5% CaO 以后，Ca^{2+} 进入晶格置换 Zr^{4+}，由于电价不等而生成阴离子缺位固溶体，同时抑制晶型转变，使致密化易于进行。

（5）外加剂扩大烧结温度范围

加入适当外加剂能扩大烧结温度范围，给工艺控制带来方便。例如，$Pb(Zr, Ti)O_3$ 材料的烧结温度范围仅为 20~40℃，如加入适量 La_2O_3 和 Nb_2O_5 以后，烧结温度可以达到 80℃。

外加剂只有加入量适当时才能促进烧结，如选择不合适的外加剂或加入量过多，反而会起阻碍烧结的作用。因为过多的外加剂会妨碍烧结相颗粒的直接接触，影响传质过程的进行。Al_2O_3 烧结时加入 2% MgO 使 Al_2O_3 烧结活化能降低到 398kJ/mol，比纯 Al_2O_3 活化能 502kJ/mol 低，则可促进烧结过程。而加入 5% MgO 时，烧结活化能会升高到 545kJ/mol，则起抑制烧结的作用。

烧结加入何种外加剂，加入量多少较合适，目前尚不能完全从理论上解释或计算，还应根据材料性能要求通过试验来决定。

5.2.5.3　烧结温度和保温时间

在晶体中晶格能越大，离子结合也越牢固，离子的扩散也越困难，所需烧结温度也就越高。即使对同一种晶体，其烧结温度也会因颗粒度和结晶度的不同而改变。提高烧结温度对于固相扩散和溶解-沉淀均有利，但单纯提高烧结温度不仅浪费能源，还会促进二次再结晶而使制品性能恶化。在有液相的烧结中，温度过高使液相量增加，黏度下降而使制品变形。因此不同制品的烧结温度必须通过试验来确定。

由烧结机理可知，只有体积扩散和晶界扩散才导致坯体致密化，表面扩散只能改变气孔形状而不能引起颗粒中心距的靠近，因此不出现致密化过程。在烧结高温阶段主要以体积扩散为主，而在低温阶段以表面扩散为主。如果材料的烧结在低温时间较长，不仅不引起致密化反而会因表面扩散改变了气孔的形状而给制品性能带来不利影响。因此，理论上应尽可能快地从低温升到高温以创造体积扩散的条件。高温快速烧结是制造致密陶瓷材料的好方法，但还要综合考虑材料的传热系数、二次再结晶温度、扩散系数等各种因素，合理制定烧结制度。

5.2.5.4　原料的选择及其煅烧条件

部分原料以盐类或碱等前驱体形式加入，经过加热分解得到活性较高的氧化物后再参与烧结，可以改善材料的烧结性能。

对前驱体的分解温度与生成氧化物性质之间的关系有大量的研究。例如，$Mg(OH)_2$分解温度与生成的 MgO 性质的关系如图 5-30 和图 5-31 所示。由图 5-30 可见，低温下煅烧所得的 MgO，其晶格常数较大，结构缺陷较多，随着煅烧温度升高，结晶性变好，烧结温度相应提高。图 5-31 表明，随着 $Mg(OH)_2$ 煅烧温度的变化，烧结表观活化能 E 及频率因子 A 在 900℃下煅烧出现最低值，烧结活化能最小，烧结活性较高。煅烧温度进一步增加，烧结性降低是由 MgO 的结晶度增加，活化能增高所造成的。

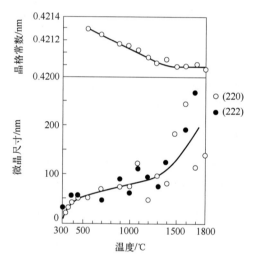

图 5-30　$Mg(OH)_2$ 分解温度与生成的 MgO 的晶格常数及晶粒尺寸的关系

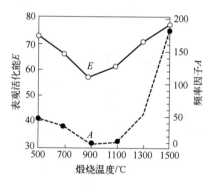

图 5-31　$Mg(OH)_2$ 分解温度与 MgO 扩散烧结的 表观活化能和频率因子的关系

不同种类的原料分解制备的氧化物烧结性能差异显著，如用不同的镁化合物分解所制得的活性 MgO。由碱式碳酸镁、醋酸镁、草酸镁、氢氧化镁制得的 MgO，其烧结体密度可以达到理论密度的 82%～93%，而由氯化镁、硝酸镁、硫酸镁等制得的 MgO，在同样条件下烧结，仅能达到理论密度的 50%～66%。用能够生成粒度小、晶格常数较大、微晶较小、结构松弛的 MgO 的原料来获得活性 MgO，其烧结性良好；反之，用生成结晶性较高、粒度大的 MgO 的原料来制备 MgO，其烧结性差。

5.2.5.5　气氛的影响

烧结气氛一般分为氧化、还原和中性三种，在烧结中气氛的影响是很复杂的。在由扩散控制的氧化物烧结中，气氛的影响一般与扩散控制因素、气孔内气体的扩散和溶解能力有关。例如，Al_2O_3 材料由阴离子（O^{2-}）扩散速率控制烧结过程，当它在还原气氛中烧结时，晶体中的氧从表面脱离，从而在晶格表面产生很多氧离子空位，使 O^{2-} 扩散系数增大导致烧结过程加速。透明氧化铝钠灯管往往在氢气炉内烧结，就是利用加速 O^{2-} 扩散，使气孔内气体在还原气氛下易于逸出的原理，从而提高材料致密度和透光度。若氧化物的烧结由阳离子扩散速率控制，则在氧化气氛中烧结，表面积聚了大量氧，使阳离子空位增加，则有利于阳离子扩散的加速而促进烧结。

进入封闭气孔内气体的原子尺寸越小，越易于扩散，也越容易消除气孔。如氩气或氮气（大分子气体），在氧化物晶格内不易自由扩散最终残留在坯体中。而氢或氦等小分子气体，扩散性强，可以在晶格内自由扩散，因此烧结与这些气体的存在无关。

当样品中含有铅、锂、铋等易挥发物质时，控制烧结时的气氛更为重要。如 $Pb(Zr, Ti)O_3$ 材料烧结时，必须要控制铅气氛分压，以抑制坯体中铅的大量逸出，并保持坯体严格的化学组成，否则将影响材料性能。

关于烧结气氛的影响常会出现不同的结论。这与材料的组成、烧结条件、外加剂种类和数量等因素有关，必须根据具体情况慎重选择。

5.2.5.6　成型压力的影响

粉料成型时必须施加一定的压力，除了使其具有一定形状和强度外，同时也给烧结创造了颗粒间紧密接触的条件，使其烧结时扩散阻力减小。成型压力越大，颗粒间接触越紧密，对烧结越有利。但若压力过大使粉料超过塑性变形限度，就会发生脆性断裂。适当的成型压力可以提高生坯的密度，对烧结体的致密化程度有利。

影响烧结的因素除以上因素外，还有生坯内粉料的堆积程度、加热速度、保温时间、粉料的粒度分布等。影响烧结的因素很多，而且相互之间的关系也较复杂，在研究烧结时如果不充分考虑各方面的因素，并给予恰当运用，就不能获得具有重复性和高致密度的制品。烧结体的显微结构对材料的电、光、热等性质有决定性的影响。

综上所述，只有对原料粉末的尺寸、形状、结构和其它物性有充分的了解，并对工艺制度控制与材料显微结构形成的相互联系进行综合考察，才能真正理解烧结过程。

5.3　先进烧结技术及其发展

烧成过程包括三个阶段：①前期为黏结剂等有机添加剂的氧化、挥发过程，这一阶段也称为素烧或预烧，素烧温度较低，显微结构变化不大；②制品被烧结，主要表现为在一定的烧结温度下显微结构发育、致密化及强度的获得等；③冷却，冷却时可能有退火等使应力释放的步骤。

第二阶段是真正的烧结过程。烧结的最重要标志是制品显微结构的形成。对一些传统陶器或耐火材料，显微结构的形成主要是颗粒间的桥连、接合、聚结并使坯体获得一定强度，但制品烧成过程中一直是多孔的，即基本上无致密化作用。但大多数情况下，制品烧结过程伴随体积收缩、密度提高和气孔率下降。对高性能结构陶瓷而言，致密化是烧结最主要的目的之一，所以在这种情况下致密化和烧结几乎是同义词。然而必须指出的是，现代陶瓷烧结过程中，显微结构的形成除致密化过程外，晶粒生长、晶界形成及其性质、缺陷的形成及其性质等同样具有重要意义。

5.3.1 无压烧结方法

无压烧结是指在大气压环境下，通过对制品加热而烧结的一种方法，这是目前最常用也是最简单的一种烧结方式。

无压烧结主要采用电加热和燃料燃烧加热。对于电加热，根据不同的温度要求有多种发热体：耐热合金电阻丝，最高加热温度1250℃，一般使用温度≤1200℃；碳化硅电阻棒，最高加热温度1450℃，一般使用温度≤1350℃；二硅化钼电阻棒，在氧化性气氛中最高使用温度1750℃，一般使用温度≤1700℃，在还原性气氛中1750℃可较长时间使用；钼发热体在非氧化性气氛中最高使用温度可达2200℃；石墨发热体在非氧化性气氛中最高使用温度可达2500℃。对于大批量工业烧成，往往采用燃料燃烧加热，如使用天然气、煤气、重油等燃料的工业窑炉。

无压烧结法不仅简单易行，而且适用于不同形状、大小物件的烧制，温度制度便于控制。正是由于在无压烧结过程中，对烧结致密化过程的控制手段只有温度及升温速度两个参数，故对烧结过程中物体的致密化过程、显微结构演变等的研究最为活跃。无压烧结性能的优劣也与素坯的性质，或者说粉体性质密切相关。因此使用这种烧结方法，要获得良好的烧结体（高密度、细晶粒、少缺陷），必须对粉料制备、成型过程和烧结过程进行系统研究。

5.3.2 压力烧结

压力烧结是在加热烧成时对坯体施加一定的压力促使其致密化的一种烧结方法，这种方法是无压烧结的发展。在无压烧结中，由于温度制度是唯一可控制的因素，因此对材料致密化的控制相对比较困难。为了得到较高密度，常需在较高的温度下烧结，这导致晶粒过分长大或异常生长，使材料性能下降。因此通过无压烧结难以同时实现高致密度和高性能。压力烧结在加热的同时施加压力，使坯体的致密化主要依靠外加压力作用推动物质迁移完成，故烧结温度往往比无压烧结低约200℃或更多，进而使坯体在晶粒几乎不生长或较小幅度长大的情况下形成接近理论密度的致密体。

对于通过无压烧结难以致密化的非氧化物陶瓷（如 Si_3N_4、SiC 等），压力烧结方法更显示其优越性。非氧化物表面张力小、扩散系数低，故常压下即使用很高的温度也难以致密。此外，某些非氧化物（如 Si_3N_4）在一定温度以上会分解，无压烧结更为困难，此时压力烧结是一种有效的致密化手段。对于 Si_3N_4，压力烧结不仅可提高致密度，还可大幅减少 Si_3N_4 烧结时液相的使用量，从而有利于其高温力学性能的提高。

（1）热压烧结

热压烧结（HPS）是一种单向或双向加压的压力烧结方法，其原理非常简单，如图 5-32 所示。热压烧结过程简单地说是高温下的模压成型，即只需使模具连同样品一同加热，并施以一定的压力，所以热压烧结时粉料可不进行预成型。

BeO 的热压烧结与无压烧结对坯体密度的影响如图 5-33 所示。采用热压后制品密度可达理论密度的99%～100%。尤其对以共价键结合为主的材料如碳化物、硼化物、氮化物等，由于它们在烧结温度下有高的分解压力和低的原子迁移率，用无压烧结很难使其致密化。例如，BN 粉末，采用等静压烧结在 200MPa 压力下成型后，在 2500℃下无压烧结相对密度仅为66%，而在 1700℃下通过 25MPa 的压力热压烧结能制得相对密度为 97%的 BN 材料。由此可见，热压烧结对提高材料的致密度和降低烧结温度有显著效果。一般无机非金属材料的无压烧结温度 $T_s \approx (0.8 \sim 0.9)T_m$，而热压烧结温度 $T_{HP} \approx (0.5 \sim 0.6)T_m$，实际热压温度还与原料的粒度和烧结活性有很大关系。

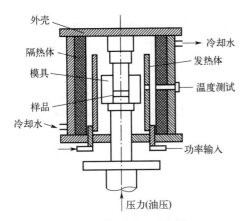

图 5-32　热压原理示意图

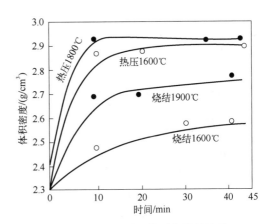

图 5-33　无压烧结与热压烧结的比较

1954 年，Murry 等从塑性流动的烧结理论出发，认为热压与烧结后期封闭气孔缩小的致密化阶段相似，所不同的是封闭气孔表面受的力在烧结中为 $2\gamma/r$；而热压时又有一个外压力 p，这时封闭气孔受到的压力为 $p+2\gamma/r$。如果此压力是以静水压方式递加在试样表面，此时试样受到的压力为 $\dfrac{\gamma}{r}+\dfrac{p}{2}$ 或 $\dfrac{\gamma}{r}\left(1+\dfrac{pr}{2\gamma}\right)$，用此式取代式（5-80）（塑性流动部分）中的 γ/r 项得到

$$\frac{d\theta}{dt}=\frac{3\gamma}{2\eta r}\left(1+\frac{pr}{2\gamma}\right)(1-\theta)\left[1-\frac{fr}{\sqrt{2}\gamma\left(1+\dfrac{pr}{2\gamma}\right)}\ln\left(\frac{1}{1-\theta}\right)\right] \tag{5-99}$$

式中所有符号含义与式（5-80）一致。

由图 5-33 可以看出，热压烧结有一个终点密度，其值可从式（5-99）导出。终点即 $d\theta/dt=0$，由式（5-99）可看出（$3\gamma/2\eta r$）$\left(1+\dfrac{pr}{2\gamma}\right)$ 有确定值，只有当 $1-\dfrac{fr}{\sqrt{2}\gamma\left(1+\dfrac{pr}{2\gamma}\right)}\ln\left(\dfrac{1}{1-\theta_0}\right)=0$ 时，

$\dfrac{d\theta}{dt}=0$。

式中，θ_0 为终点密度，整理后得

$$\ln\left(\frac{1}{1-\theta_0}\right)=\frac{\sqrt{2}\gamma}{fr}\left(1+\frac{pr}{2\gamma}\right)=\frac{\sqrt{2}\gamma}{fr}+\frac{p}{\sqrt{2}f} \tag{5-100}$$

当温度一定、压力 p 固定时，将式（5-78）代入式（5-100）得

$$\ln\left(\frac{1}{1-\theta_0}\right)=\frac{\sqrt{2}\gamma n^{1/3}}{f}\left(\frac{\theta_0}{1-\theta_0}\right)^{1/3}\left(\frac{4\pi}{3}\right)^{1/3}+\frac{p}{\sqrt{2}f} \tag{5-101}$$

实验证明，式（5-101）所得的密度与 BeO、ZrO_2、ThO_2、MgO、Al_2O_3、UO_2 等离子型晶体热压烧结结果一致。该式有以下用处。

① 改变热压压力 p 与屈服值 f（即温度不同）时，假如表面张力 γ 与单位体积气孔数 n 不变，可计算终点密度 θ_0（表面张力的温度系数比屈服值的温度系数小得多，可近似看作常数）。

② 在一定热压压力及假定的 γ 和 n 为常数时，测得 θ_0 可以计算材料的屈服值 f。如果在一定温度下，改变压力并测得随 p 而变化的 θ_0，那么常数 γ 和 f 可由解联立方程或图解方法求得。

③ 通过计算求得颗粒尺寸（由 n 和 r 决定）与终点密度的关系。

热压烧结比无压烧结增加了外加压力的因素，所以致密化机理更为复杂，很难用一个统一的动力学方程描述所有材料的热压过程。很多学者对多数氧化物和碳化物的热压研究后，认为致密化过程大致有三个连续阶段：①微流动阶段。在热压初期，颗粒相对滑移、破碎和塑性变形，类似无压烧结的颗粒重排。此阶段致密化速率最大，其速率取决于粉末粒度、形状和材料的屈服强度。②塑性流动阶段。类似无压烧结后期闭孔收缩阶段，以塑性流动性质为主，致密化速率减慢。③扩散阶段。此时已趋近终点密度，以扩散控制的蠕变为主要机制。

热压烧结中加热方法仍为电加热法，加压方式为油压法，模具根据不同要求可使用石墨模具、C/C 复合材料模具或氧化铝模具。使用石墨模具和 C/C 复合材料模具必须在非氧化性气氛中烧结，石墨模具的使用压力可达 50MPa，C/C 复合材料模具可达 100MPa。石墨模具制作简单，成本较低。氧化铝模具使用压力可达 100MPa，适用于氧化气氛，但制作困难，成本高，寿命短。

热压烧结的发展方向是高压及连续。高压乃至超高压装置用于难烧结的非氧化物，以及立方氮化硼、金刚石的合成及烧结。连续热压的发展为热压方法的工业化应用创造条件。

（2）热等静压烧结

尽管热压烧结有众多的优点，但由于是单向或双向加压，故制得的样品形状简单，一般为片状、环状或柱状。此外，非等轴晶系的样品热压后片状或柱状晶粒的取向严重。

热等静压烧结（HIPS）是为了克服热压法存在的不足，基于冷等静压法而开发出的材料烧结新方法。热等静压法不仅能像热压烧结那样提高致密度，抑制晶粒生长，提高制品性能，而且还能像冷等静压方法那样制造出形状复杂且结构均匀致密的产品，还可以实现金属-陶瓷间的封接或镶嵌。

图 5-34 为热等静压系统示意图。炉腔往往制成柱状，内部可通高压气体，气体为压力传递介质，发热体则为电阻发热体。目前的热等静压装置压力可达 200MPa，温度可达 2000℃或更高。由于热等静压烧结时气体是承压介质，而烧结粉料或素坯中气孔是连续的，故样品必须用包套材料封装，否则高压气体通过气孔进入样品内部而使样品无法致密化。图 5-35 为采用包套热等静压全过程的变化示意图。

目前可用的包套材料主要是高温金属箔，如铂、钼等，其价格昂贵，使用温度有限且密封效果不好。氮化硅等非氧化物高温陶瓷的热等静压烧结，通常是将材料先进行无压烧结，使表面气孔封闭，然后用热等静压烧结，此时由于内部气孔不连通，无须包套，简化了热等静压的工艺。热等静压烧结还可用于已无压烧结样品的后处理，进一步提高样品致密度和消除缺陷。

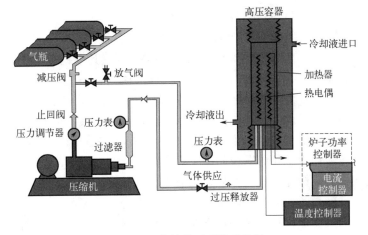

图 5-34　热等静压系统示意图

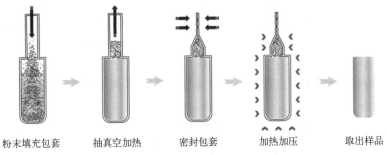

粉末填充包套　　抽真空加热　　密封包套　　加热加压　　取出样品

图 5-35　热等静压全过程示意图

5.3.3 放电等离子体烧结

放电等离子体烧结（SPS）是指在热压烧结的基础上，利用脉冲电流使待烧结物料的颗粒接触界面产生放电，形成高温等离子体而进行的活化快速烧结，有时也被称为等离子活化烧结或等离子体辅助烧结（图 5-36）。SPS 是通过将特殊电源控制装置发生的通断直流电压加载到粉料试样上，粉末间瞬间产生放电等离子体，使试样内部各个颗粒自身产生焦耳热，并使颗粒表面活化。SPS 能量脉冲集中在颗粒结合处，局部高温使表面熔化，产生烧结作用，同时放电产生冲击压力，也促进烧结。此外，等离子溅射和放电冲击还可清除表面杂质。由于等离子体瞬间即可达到高温，且融等离子活化、热压、电阻加热作用于一体，SPS 技术具有升温速度快、烧结时间短、烧结温度低、组织结构可控且获得材料致密度高等优点，现已成功用于细晶纳米陶瓷、梯度功能材料、复合材料等的制备。与传统烧结工艺相比，SPS 技术的能耗降低了 60%～80%。

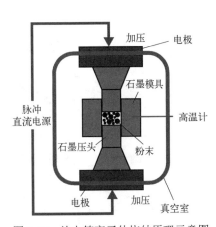

图 5-36　放电等离子体烧结原理示意图

与其它烧结方法相比，SPS 有如下特点：

① 可以快速升温和冷却，大幅缩短生产时间；

② 烧结温度较低，与热压和热等静压相比，烧结温度可降低 200～300℃；

③ 无须粉末预成型，可以直接烧结成致密体；

④ 具有独特的净化、活化效应，消除吸附气体，击穿氧化膜。

SPS 是电流和压力控制的过程，粉末在电流加热的石墨模具中致密化。许多材料体系已实现 SPS，对于材料是否导电而引发 SPS，目前还没有达成统一的认识。现主要有颗粒间放电形成等离子体、导电粉体中的焦耳热效应和脉冲放电效应以及非导电粉体模具的热传导等观点。

SPS 的机理见图 5-37。脉冲电流由压头流入，经过石墨模具的电流产生大量的焦耳热，用于加热粉料；经过烧结体的电流，由于烧结初期颗粒间存在间隙，颗粒间隙存在电场诱导的正负极，在脉冲电流作用下相邻颗粒间产生火花放电，一些气体分子被电离，产生的正离子和电子分别向阴极和阳极运动，在颗粒之间放电形成等离子体。随着等离子体的密度不断增大，高速反向运动的粒子流对颗粒表面产生较大冲击力，不仅可消除颗粒表面吸附气体和破坏表面氧化膜，而且能净化和活化颗粒表面，有利于粉末的烧结。在脉冲电场作用下粉末颗粒未接触部位产生放电热，接触部位产生焦耳热，瞬间形成的高温场使颗粒表面发生局部熔化。在加压的情况下，熔化的颗粒相结合，热量的局部扩散使结合部位黏结在一起，形成烧结颈。以上机理适用于导电粉体的 SPS 行为。但对于非导电粉体，一般认为其烧结过程中没有电流通过而不适用以上机理，其主要通过石墨模具焦耳热的热传导实现。然而，对于大多数陶瓷而言，升高温度会使得诱发颗粒放电的表面导电性提高，颗粒尺寸减小也会提高颗粒的体电导率和表面电导率，二者均可能增加非导电粉体的 SPS 放电效应。

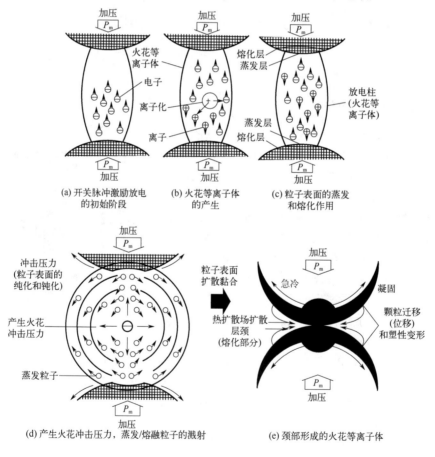

图 5-37 SPS 机理

对于 TiB$_2$ 烧结　常压烧结条件为 2400℃，60min，相对密度 91%；热压烧结条件为 1800℃，2h，相对密度 97%；SPS 条件为 1500℃，3min，相对密度 98.5%。

对于 SiC 陶瓷烧结　重结晶 SiC 条件为无助剂，无压力，2400℃，2h，不致密化；常压固相烧结条件为 0.4%B$_4$C+3%C，2200℃；常压液相烧结条件为 12%（Al$_2$O$_3$+Y$_2$O$_3$），1950℃；热压烧结条件为无助剂，1850℃，30MPa，1h；热等静压烧结条件为 1600℃，180MPa，1h；SPS 条件为 2000℃，73MPa，5min。

5.3.4　微波烧结

微波烧结是微波作用于正负电荷中心不重合的物质粒子 （分子、离子）上，在兆赫兹至吉赫兹的高频电波作用下，利用材料的介电损耗使样品直接吸收微波能量从而得以加热烧结的一种新型烧结方法，如图 5-38 所示。微波烧结也是陶瓷的一种活化快速烧结方法，其特点是微波与材料直接作用而加热的独特机理。

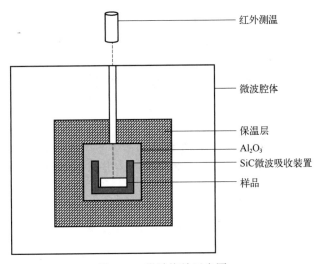

图 5-38　微波烧结示意图

微波烧结技术的研究始于 20 世纪 70 年代。早期由于微波装置技术水平不高，微波烧结研究主要局限于一些容易吸收微波且烧结温度低的陶瓷材料，如 BaTiO$_3$ 等。随着研究的深入和实验装置的改进（如单模式腔体的出现），微波烧结开始在一些高技术陶瓷材料的烧结中得到应用。近年来，已通过微波烧结成功制备多种不同性质的高性能陶瓷材料，如氧化铝陶瓷、氧化锆陶瓷、莫来石陶瓷、氧化铝-碳化钛复相陶瓷等。随着各种微波烧结装置的相继问世，从高功率多模式腔体(数千瓦至上百千瓦)到小功率(≤1000W)的单模式腔体，频率从 915kHz 至 60GHz。对微波烧结的理论研究也在不断深入，如微波场中样品内部的电场分布、磁场分布、样品微波加热升温特性、温场分布等。

（1）微波烧结技术的特点

① 独特的加热机制：微波烧结是通过微波与材料直接作用而升温的，与一般的传热（对流、辐射）完全不同。样品自身可被视作热源，在加热过程中样品一方面吸收微波能，另一方面通过表面辐射等方式损失能量。

② 微波加热机制使得材料升温不仅取决于微波系统特性（如频率），还与材料介电特性（介电损耗）有关，介电损耗越高，升温速率越快。

③ 特殊的升温过程：由于材料介电损耗还与温度有关，低温时因介电损耗低而升温速度慢。在一定温度范围内，介电损耗随温度升高而增大，从而升温速度加快。在更高温度时，热损失加剧导致升温速度减慢。

④ 微波激活了材料颗粒，可降低烧结温度，抑制晶粒生长。

（2）微波场中材料的升温

微波加热的本质是材料中分子或离子等与微波电磁场的相互作用。高频交变电场下，材料内部的极性分子、偶极子、离子等随电场的变化剧烈运动，各组元之间产生碰撞、摩擦等内耗作用使微波能转变成热能。对于不同的介质，微波与之相互作用的情况是不同的。金属由于其导电性而对微波全反射（故腔体用导电性良好的金属制造），有些非极性材料（如石英）对微波几乎无吸收而成为对微波的透明体，一些强极性分子材料（如水）对微波强烈吸收而成为全吸收体。无机非金属材料介于透明体和全吸收体之间。

由于材料介电损耗与温度有关，故不同温度时升温速率是不同的。一般材料温度越高，介电损耗越大，而且这种变化几乎是呈指数式的，如 Al_2O_3、BN 等材料均如此。材料介电损耗随温度迅速上升的规律对微波烧结过程影响很大。低温时介电损耗小，升温速度慢，但随温度升高升温速率加快，一定温度后必须及时调整输入功率（即场强）以防止升温速度过快。此外，如材料中温度的分布不均匀，温度低的部位对微波吸收能力差，而温度高的部位吸收了大部分能量，因此可能导致温度分布越来越不均匀，即出现所谓"热失控"现象，故烧结时一定要随时控制能量输入和升温速度。微波能量输入和材料微波吸收变化关系如图 5-39 所示，通过有效控制可实现高速微波烧结。

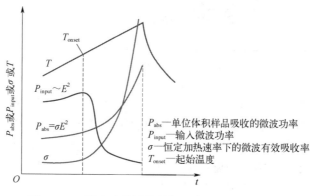

图 5-39　可控高速微波烧结能量输入与吸收变化图

5.3.5　爆炸烧结

爆炸烧结是利用炸药爆炸产生的瞬间巨大冲击力和由此产生的瞬间高温使材料被压实烧结的一种致密化方式。爆炸烧结装置结构图如图 5-40 所示。与压力烧结相比，爆炸烧结也是利用高压和由此产生的一定温度使材料致密化，但所不同的是这种压力是瞬间冲击力而非静压力，高温是由在冲击力作用下颗粒相互摩擦作用而间接引起，而并非直接加热产生，所以这是一种有别于压力烧结方法的特殊烧结方法。

（1）爆炸烧结的特点

最初利用炸药爆炸产生的瞬间冲击力实现某些特殊材料如金刚石、立方氮化硼的合成。爆炸烧结的特点在于其过程（压力、温度）的瞬间性，这对实现非晶粉末的致密化有重要意义。由于可以提供其它方法无法替代的瞬间压力和温度，爆炸烧结可在粉料实现致密化的同时抑制其晶粒生长，为获得高致密、细晶材料开辟了新的途径。

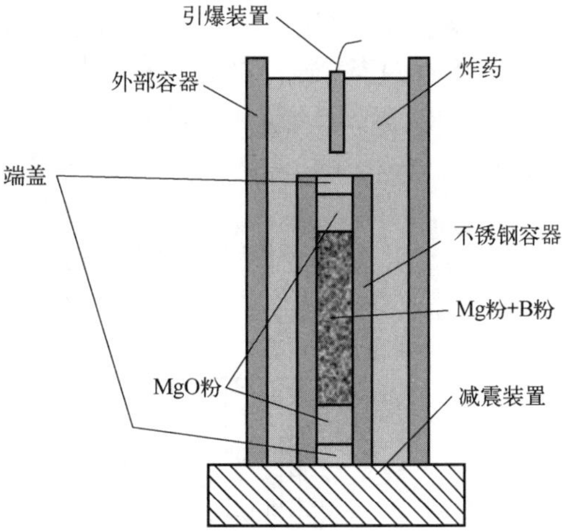

图 5-40　爆炸烧结装置结构示意图

（2）爆炸烧结的机理

由于爆炸烧结是绝热过程，颗粒界面热能来自颗粒本身各种能量转化，主要是动能-热能转化。一般认为激波加载引起的升温机理有下列五种：

① 颗粒发生塑性畸变和流动，并产生热能；

② 由绝热压缩而升温；

③ 粉料颗粒间绝热摩擦升温；

④ 粉料颗粒间碰撞动能转化为热能并使颗粒间发生"焊接"现象；

⑤ 孔隙闭合时，孔隙周围由于黏塑性流动而出现灼热升温现象。

以上五种机理中，①和②只能引起平均升温，不是主要升温机理，③和④是主要的界面升温机理，⑤仅在后期起作用。界面升温由于过程极为短暂，故能量效率很高。

爆炸过程中，在激波作用下颗粒发生塑性流动而相互错动，绝热升温使界面黏度明显下降，并有助于塑性流动的进一步进行。一定界面温度时还可能发生黏性流动。由于致密化过程历时极短，颗粒自身仍处于冷却状态，扩散传质不可能成为致密化机制，所以界面升温参与的颗粒塑性流动为爆炸烧结的主要机制。

（3）爆炸烧结特征

① 瞬态绝热升温：粉料在爆炸过程中的密实过程是瞬态冲击力造成的。激波压力与粉末压实密度存在对应关系，在压力达到最大时密度也最大，压力停止增加或撤销时，各种致密化过程和升温过程也停止。爆炸过程中样品升温由自身颗粒间撞击摩擦引起，而不是来自外界如爆炸释放的热能，而且速度极快，故这一过程是绝热过程。

② 热量聚积颗粒表（界）面：爆炸烧结瞬间，颗粒界面邻近区域存在能量快速积聚现象，引起界面的高温甚至使界面区域熔化，而颗粒内部则相对处于冷却状态，对升温的边界起冷却作用甚至淬火作用，从而使界面形成极细的微晶甚至非晶组织。

③ 可能的界面层化学反应：两种不同的粉料组成复合粉料时，在激波作用下不同颗粒界面可发生反应，从而合成新的相。

5.3.6　闪烧

闪烧（flash sintering，FS）是指在炉温达到一定阈值和施加较高强度电场的协同作用下，陶瓷坯体发生热能激增且体积急剧收缩，完成快速致密化的过程，为近年出现的一种新型电场辅助烧结方法（图 5-41）。闪烧技术最初的研究对象为离子导体（3YSZ），现已证实其可以应用于多种陶瓷材料，包括离子导体（3YSZ 和 8YSZ）、绝缘体（Al_2O_3）、半导体（$BaTiO_3$、ZnO 和 SiC 等）和类金属性导电陶瓷（Co_2MnO_4 和 ZrB_2）。

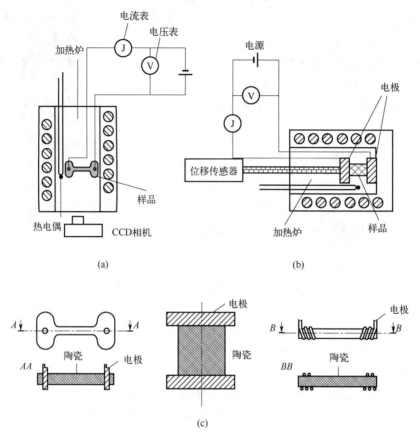

图 5-41　不同形式的闪烧 [（a）、（b）] 及电场加载示意图（c）

相较于传统的烧结方法，闪烧技术具有如下特点：闪烧需要的炉内温度远低于传统烧结方法的温度，如烧结 3YSZ 时，其在 2250V/cm 电场下的闪烧阈值温度只有 390℃，比传统烧结温度低了接近 1000℃；闪烧过程只需要几秒，显著小于传统烧结方法所需的几小时保温时间，是一种超快速、节能的烧结技术。

闪烧过程分为三个阶段（图 5-42）：在电压和环境温度达到闪烧阈值时，电流缓慢增加，称为潜伏阶段；电流急剧增加，样品因焦耳热发生烧结，电阻率显著降低，这一阶段称为"闪烧阶段"；闪烧后期阶段，电流达到极限值，电压、电阻率和能量耗散值基本保持稳定。每个阶段的时间长短取决于材料特性和工艺参数。

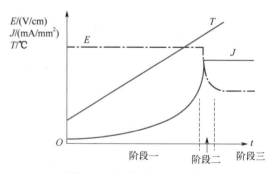

图 5-42　闪烧过程的三阶段

闪烧过程中，存在电场、热场及其耦合作用等多物理过程。因此，闪烧机理是基于这些物理过程的综合作用。目前主流学术观点主要包括晶界处焦耳热效应理论、快速升温致密化效应、晶体缺陷形成并扩散效应理论等。焦耳热效应理论认为在闪烧发生的阈值温度以上，恒定电场下样品温度因为焦耳热效应而升高，其电阻率会进一步下降，电能产生的热效应会随之增加，从而使得样品温度进一步升高，表现为正相关的循环促进。有研究对比了闪烧、自蔓延烧结、快速进入高温区等快速升温手段对烧结的影响，结果表明即使没有施加电场，超快升温速率同样也可以使样品的致密化速率提高两个数量级，证实闪烧过程中的快速致密化主要是快速升温的结果，而不是因为电流对物质传输的直接作用。晶体缺陷形成并扩散效应理论更倾向于焦耳热耗散效应和缺陷产生、扩散效应的共同影响，在闪烧不同阶段具有不同的烧结机理。缺陷可以促进化学扩散，并导致电致发光和非平衡态下材料的相变。在一定环境温度下，材料中会生成缺陷集中区域，进而增强扩散率和电导率，使得高介电系数的区域越来越大，大量的焦耳热由此产生。

习题

1．比较杨德尔方程和金斯特林格方程的优缺点及其适用条件。

2．如果要合成镁铝尖晶石（$MgAl_2O_4$），可选择的原料有碳酸镁、氧化镁、γ-Al_2O_3、α-Al_2O_3，从提高反应速率的角度出发，选择什么原料比较好？为什么？

3．粉体为什么能烧结？主要的烧结机理有哪些？

4．烧结有哪几种传质过程？

5．蒸发-凝聚、体积扩散、黏性流动、晶界扩散、表面扩散、溶解-沉淀等过程中，哪些能使烧结产物强度增加，但不导致密度提高？请说明理由。

6．晶界遇到夹杂物时会出现哪几种情况？从致密化目标考虑，晶界应如何移动？怎样控制？

7．在烧结时，晶粒生长能促进坯体致密化吗？晶粒生长会影响烧结速率吗？请解释说明。

8．外加剂对烧结的影响可概括为哪些方面？

9．固相烧结和液相烧结有何异同点？液相烧结有哪些类型，各有何特点？

10．试比较热压烧结、热等静压烧结、放电等离子体烧结的异同。

11．向 SiC 粉中添加一定量的 B 粉和 C 粉，或添加 Al_2O_3 和 Y_2O_3 粉都能促进 SiC 的烧结，分别解释添加剂的作用机理。

12．影响烧结的因素有哪些？较容易控制的因素有哪几个？为什么？

13．烧结过程中出现晶粒长大的现象可能与哪些因素有关？其对烧结是否有利？为什么？

14．烧结过程发生再结晶和二次再结晶的条件是什么？

15．成分相同的两批粉末，在相同压力、烧结条件下却获得了不同的烧结性能，简述造成这种结果的三个因素。

16．为了产品在烧结后没有变形，可以采取什么措施减少收缩和变形？

17．简述液相烧结的溶解-沉淀机理对烧结后显微结构的影响。

18．陶瓷烧结与金属烧结有何异同？

19．简述微波烧结的机理与特征。

20．比较爆炸烧结与闪烧的特点与烧结机理。

第 6 章

材料制备新技术

材料制备新技术是随材料学科发展而形成的材料制备的新工艺、新方法、新技术与新装备，是推动材料技术进步的基石。例如，微电子、光电子、光子材料的出现推动了电子信息产业的发展，其已成为新材料中最活跃的研究领域。单晶硅及其加工技术的进步，带动了芯片技术的日新月异和集成电路产业的飞速发展。纤维及其复合材料的不断发展，有效弥补了单一材料性能上的不足，也为新材料的持续发展注入了新的生机与活力，不断助力航空航天和高端制造业的快速发展。增材制造融合了计算机辅助设计和材料加工与成型技术，以数字模型文件为基础，通过软件与数控系统将专用的金属材料、非金属材料以及医用生物材料，按照挤压、烧结、熔融、光固化、喷射等方式逐层堆积，突破了传统制造技术无法实现的复杂结构件制造的瓶颈问题，实现了设计产品的个性化快速制造，被誉为智能制造的代表性技术。本章重点介绍单晶、纤维、复合材料的制备技术，增材制造的方法与工艺特点以及它们的应用领域。本章难点是理解单晶、纤维与增材制造的相关理论以及复合材料的结构特点与强韧化机制。

6.1　单晶

6.1.1　单晶生长及特征

6.1.1.1　概述

单晶是指结晶的整体在三维方向上由同一空间格子构成。整个晶体中质点在空间的排列为长程有序，整个晶格是连续的。单晶主要包括离子晶体、原子晶体、分子晶体、金属晶体。随着电子技术、激光技术和一些新型陶瓷材料的迅速发展，很多场合需要单晶材料。单晶体以其在电、磁、光、声、热等方面的优异性能被广泛地应用于现代高科技产业，如单晶硅材料在集成电路产业的广泛应用。单晶广泛存在于自然界中，但具有一定尺寸的理想晶体在自然界极为罕见，且天然晶体无法满足现代工业生产的需要。因此，人工生长高质量、大尺寸的单晶已成为新技术产业（特别是半导体产业）发展的重要基础。

6.1.1.2　基本特征

① 纯度高　通过晶体生长原料的多重提纯技术，确保了人工晶体的高纯度特征。例如，单晶硅的纯度达到 99.9999% 以上，而大规模集成电路用单晶硅甚至要求纯度达到99.9999999%。

② 均匀性好　晶体整体上具有连续的晶格结构，内部质点进行周期性重复排列，各个

部分具有相同的宏观性质特征。

③ 缺陷浓度低　缺陷浓度的高低对单晶的性能有显著影响。通过对原料纯度及晶体生长工艺的控制，可以将人工晶体的缺陷浓度降到极低的水平。

④ 尺寸大　人工生长的晶体可以达到很大的尺寸，如提拉法生长的单晶硅直径可达450mm，长度可超过5000mm。

⑤ 具有各向异性特征　由于晶体内部结构具有方向性，不同晶向的性质不同，因此宏观晶体的不同取向常具有不同性质特征。

⑥ 具有结构对称性和规则外形　晶体的内部结构有其特定的对称性，而理想晶体都有其特有的外形，这是由晶体的生长习性所决定的。在晶体生长过程中，通过形貌控制也可以获得所需的晶体形貌。

6.1.1.3　生长理论

单晶的制备又称晶体生长，是物质的非晶态、多晶态或能够形成该物质的反应物，通过一定的物理或化学手段转变为单晶状态的过程。单晶体的生产方法有许多种，生长体系可以是气相、液相或固相，它们的理论基础是相图及相变、形核和晶体生长理论，常见方法及其基本原理如下：

① 熔体法　这是生长大单晶和特定形状晶体最常用、最重要的方法，原理是通过高温使原料熔融形成熔体，然后在受控制的条件下使熔体定向凝固，原子或分子从无序转变为有序，而形成晶体。

② 低温溶液法　这是一种在常压以及较低温度的条件下进行晶体生长的方法，原理是将原料溶解于溶剂中，形成溶液，然后采取措施使溶液处于过饱和状态，从而使晶体生长。溶剂通常是水，但也可以是有机溶剂。

③ 高温溶液法（助熔剂法）　通过选择适合的助熔剂，使高熔点的物质在较低温度下熔融，形成高温溶液，再采取一定措施使高温溶液过饱和，实现晶体生长。

④ 水热法　利用高温高压条件，使那些在大气压条件下不溶或难溶于水的物质溶解或反应生成物溶解，形成水溶液，并达到一定的过饱和度，以进行结晶和晶体生长的方法。

⑤ 气相法　利用气相原料，或者将固体或液体原料通过高温升华、蒸发、分解、反应等过程转化为气相，然后在适当条件下冷凝，或发生可逆反应，生长成晶体。

6.1.1.4　晶体生长过程和形态

在单晶生长中，必须控制体系中晶核的数目，通常通过引入籽晶（晶种）来替代形核，然后在籽晶上进行单晶生长。晶体在成核时，由于晶面能量对整个表面能量影响不大，所以它趋于球状。当晶核逐渐长大，各晶面按自己特定的生长速率向外推移生长时，球面就变成了凸多面体。若晶体再长大，许多能量高的晶面被淘汰，只有少数单位表面能量小的晶面显露在外表，使晶体的表面能量处于最小值。晶体的形态除了与晶体的结构有关外，还与生长环境有关，其包含以下三个方面。

（1）过饱和度的影响

当溶液的过饱和度超过某一临界值时，晶体的形态就会发生变化。例如，在低过饱和度时，结晶氯化钠呈（100）晶形，在高过饱和度时，它便结晶成（111）晶形。

（2）pH 值的影响

pH 值的变化对晶体形态会产生直接影响。例如，生长磷酸二氢铵晶体时，如果 pH 值小，锥面（110）生长速率较快，柱面生长速率较慢，晶体沿 Z 轴方向伸长，外形变得细长。当 pH 值增大时，锥面（110）的生长速率减小，而柱面（100）易于扩展，晶体外形变得粗而短。

（3）杂质的影响

杂质被晶面吸附后，单位表面能发生了变化。晶面的法向生长速率也相应有所改变，从而引起晶体形态的变化。例如，在氯化钠溶液中加入尿素，影响了比表面能，使晶体的外形由原来的立方体变成正八面体。如果在氯化钠溶液中加入少许硼酸，晶体将会具有立方体兼八面体外形。

6.1.2 单晶制备技术

6.1.2.1 熔体法晶体生长技术

熔体法晶体生长技术是指在熔融体中结晶生长出晶体的技术，它是目前生长各种大型单晶和特定形状单晶最常用的方法，电子学、光学等现代应用技术中所需要的晶体材料大部分是采用熔体法生长出来的。熔体法相对于溶液法，无须加入助熔剂，原料以熔融状态形式存在于生长装置中，具有生长速度快、纯度高、晶体完整等优点。

熔体法晶体生长，只涉及结晶物质的固-液相变过程，即当温度高于结晶物质熔点时，熔化成熔体；当熔体的温度低于凝固点时，熔体转变成结晶体。整个生长过程通过固液界面不断移动来完成。在熔体法生长过程中为了得到高质量的单晶体，往往会在熔体中引入籽晶，控制单晶体成核，然后在籽晶与熔体相界面上进行相变，使其逐渐长大。为了促进晶体不断长大，在相界面处的熔体必须过冷。而为了避免出现新的晶体或生长界面的不稳定性，熔体的其余部分则必须处于过热状态，使其不能自发结晶。

熔体法生长晶体一般分为下述三种类型。

（1）晶体与熔体成分相同

纯元素和同成分熔化的化合物属于这一类，此类材料实际上是单元体系。在生长过程中，晶体和熔体的成分均保持恒定，熔点亦不变。这类材料容易得到高质量的晶体，也具有较高的生长速率。

（2）晶体与熔体成分不同

掺杂元素或化合物以及非同成分熔化的化合物属于这一类，此类材料属于二元或多元体系。在生长过程中，晶体和熔体的成分均不断发生变化，熔点也会随着成分的变化而改变，熔点和凝固点由一条固相线和一条液相线来表示，这类材料不容易得到单晶。

（3）存在挥发和相变的晶体生长

蒸气压或解离压较高的材料，在高温下某种组分的挥发使得熔体偏离所需要的成分，而其它组分将成为有害杂质，在技术上这类晶体的生长更为困难。

因此，只有那些没有破坏性相变，又具有较低的蒸气压或解离压的同成分熔化的化合物或纯元素才是熔体法晶体生长技术的理想材料。从熔体中生长晶体的技术方法多种多样，具体的晶体生长方法需根据材料的物理化学性质进行选择。总体来看，熔体法晶体生长技术可分为从坩埚中生长和无坩埚生长两大类，常用的生长方法有提拉法、坩埚移动法、泡生法、热交换法、区域熔炼法和焰熔法等。

（1）提拉法

提拉法（CZ 法）又称丘克拉斯基（Czochralski）法，是目前应用最为广泛的一种熔体法晶体生长技术。1916 年，波兰科学家 Czochralski 为了测定纯金属的结晶速率，在金属熔体表面提拉出直径约 1mm、长度达到 150mm 的金属线，并发现该金属线为单晶。Czochralski 随即将该方法应用于凝固速率的测定，设计了提拉速率可以改变的实验装置，认为被拉断的临界速率就是金属的凝固速率，并分别测定了 Sn、Pb、Zn 的凝固速率。1950 年，美国 Bell 实验室的 Teal 和 Little 将该方法发展成为一种工业化的半导体单晶生长技术，并首先应用于 Ge 和 Si 单晶的生长。

提拉法晶体生长示意图如图 6-1 所示。提拉法是指将构成晶体的原料放入坩埚中熔化；在合适的温场下，将装在籽晶杆上的单晶籽晶接触熔体表面，在籽晶与熔体的固液界面上因温度差而形成过冷；在受控条件下，提拉籽晶使籽晶和熔体的交界面上不断进行原子或分子的重新排列，于是熔体开始在籽晶表面凝固并生长和籽晶相同晶体结构的单晶；籽晶同时以极缓慢的速度向上拉升，并伴随以一定的转速旋转，随着籽晶的向上拉升，熔体逐渐凝固于籽晶的液固界面上，进而形成轴对称的单晶晶棒。整个工艺过程包括缩颈、扩肩、转肩、等径、收尾、拉脱等几个阶段。

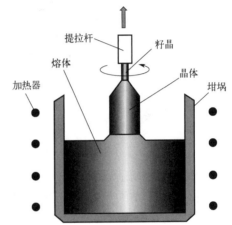

图 6-1　提拉法晶体生长示意图

从生长工艺来看，提拉法具有多方面的优点，包括对晶体生长条件能进行很好的控制、晶体生长比较快、晶体质量高、能生长大尺寸单晶等。当然，提拉法也存在缺点，比如仅适用于完全熔化或接近全熔化的材料生长；采用坩埚生长存在高温熔体与坩埚反应的问题；生长设备价格昂贵，投资成本高等。尽管提拉法存在缺点，但其仍是高质量大单晶生长的最重要技术，用此方法可以生长多种晶体，如单晶硅、白钨矿、钇铝榴石和均匀透明的红宝石等。

（2）坩埚移动法

坩埚移动法，又称布里奇曼晶体生长法（Bridgman 法），是由 Bridgman 于 1925 年提出的。而后 Stockbarger 进一步发展了此方法，因此也将其称为 B-S 法（Bridgman-Stockbarger 法）。该方法已经成为重要的熔体法晶体生长技术之一，广泛应用于化合物半导体、非线性光学晶体等多种功能晶体以及金属材料的单晶生长，目前主要用于生长光学和闪烁晶体。

坩埚移动法晶体生长示意图如图 6-2 所示，其包括坩埚垂直移动和水平移动技术。坩埚移动法是将晶体生长的原料装入合适的容器内，在具有单向温度梯度的 Bridgman 长晶炉内进行生长。Bridgman 长晶炉通常采用管式结构，并分为三个区域，即加热区、梯度区和冷却区。

加热区温度高于晶体的熔点，冷却区温度低于晶体的熔点，梯度区温度逐渐由加热区温度过渡到冷却区温度，形成一维的温度梯度。首先，将坩埚置于加热区进行熔化，并在一定的过热度下恒温一段时间，获得均匀的过热熔体。然后，通过炉体的运动或坩埚的移动使坩埚由加热区穿过梯度区向冷却区运动。坩埚进入梯度区后熔体发生定向冷却，首先达到低于熔点温度的部分发生结晶，并随着坩埚的连续运动而冷却，结晶界面沿着与其运动相反的方向定向生长，实现晶体生长过程的连续进行。坩埚垂直移动法有利于获得圆周方向对称的温度场和对流模式，从而使所生长的晶体具有轴对称的性质。而坩埚水平移动法的控制系统相对简单，能够在结晶界面前沿获得较强的对流，从而进行晶体生长行为控制。同时，坩埚水平移动法还有利于控制炉膛与坩埚之间的对流换热，获得更高的温度梯度。

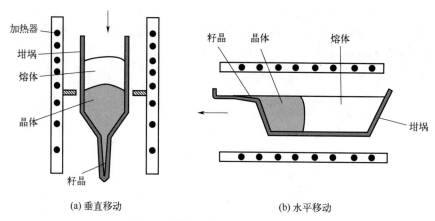

(a) 垂直移动　　　　　　　　(b) 水平移动

图 6-2　坩埚移动法晶体生长示意图

　　与提拉法相比，坩埚移动法可采用全封闭或半封闭的坩埚，成分容易控制；该方法生长的晶体留在坩埚中，因此适于生长大块晶体，也可以一炉同时生长几块晶体。另外，由于工艺条件容易掌握，坩埚移动法易于实现程序化、自动化。该方法的缺点是不适于生长在结晶时体积增大的晶体，生长的晶体通常有较大的内应力。同时在晶体生长过程中也难以直接观察，生长周期比较长。

（3）泡生法

　　泡生法是一种原始、简单但至今仍被广泛使用的熔体法晶体生长技术，该方法是由 Kyropoulos 于 1926 年首先使用的，因此又被称为 Kyropoulos 法。泡生法用于大尺寸卤族晶体、氢氧化物和碳酸盐等晶体的制备和研究。20 世纪 60～70 年代，经苏联的 Musatov 改进，将此方法应用于蓝宝石单晶的制备。该方法生长的单晶，外形通常为梨形，晶体直径可以生长到比坩埚内径小 10～30mm 的尺寸。

　　泡生法晶体生长示意图如图 6-3 所示。首先将原料加热至熔点后熔化形成熔体，将其均匀冷却到一定的温度时，再以籽晶接触熔体表面，在籽晶与熔体的固液界面上开始生长和籽晶相同晶体结构的单晶。通常在熔体中仍有一定过热度时就将籽晶浸入，使其表面发生部分熔化，以利于所生长晶体与籽晶界面的均匀过渡。籽晶可以采用半浸入状态，使部分露在熔体表面以上，并可以通过籽晶杆散热，也可以完全浸入熔体中。籽晶以极缓慢的速度向上拉升，拉晶一段时间后形成晶颈，待熔体与籽晶界面的凝固速率稳定后，籽晶便不再拉升，仅以控制冷却速率方式来使单晶从上方逐渐向下凝固，同时旋转晶体以改善熔体温度分布的均匀性，最后凝固成一整个单晶晶锭。泡生法的主要特点是：①在整个晶体生长过程中，晶体不被提出坩埚，仍处于热区，这样就可以精确控制它的冷却速度，减小热应力；②晶体生长时，固液界面处于熔体包围之中，这样熔体表面的温度扰动和机械扰动在到达固液界面以前可被熔体减小以致消除；③选用软水作为热交换器内的工作流体，相对于利用氦气作冷却剂的热交换法可以有效降低成本；④晶体生长过程中存在晶体的移动和转动，晶体生长容易受到机械振动的影响。

泡生法是利用温度控制来生长晶体，与提拉法相比，泡生法虽然在晶体生长初期存在部分提拉和放肩过程，但在等径生长时，晶身部分靠着不断降温形成的结晶动力来生长，不使用提拉技术。而且，在拉晶颈的同时，调整加热电压，使熔融原料达到最合适的长晶温度范围，让生长速度达到理想化，从而长出质量理想的单晶。泡生法最大的难点是气泡问题，通常从顶部生长晶体很容易引入气泡造成晶体质量缺陷。而且晶体生长过程中热交换条件不断发生变化，这给晶体生长控制造成困难，因此泡生法的晶体生长过程必须采用自动化控制。泡生法适合多组分或含某种过量组分体系的晶体生长，利用泡生法已生长出直径超过350mm、质量达80kg以上的蓝宝石晶体。

（4）热交换法

热交换法是由 Viechnicki 和 Schmid 于 1974 年发明的，其原理是定向凝固结晶，晶体生长驱动力来自固液界面上的温度梯度，即加热器与热交换器产生的热场变化。

热交换法晶体生长示意图如图 6-4 所示。采用钼坩埚、石墨加热体、氩气为保护气体，熔体中的温度梯度和晶体中的温度梯度分别由加热体和热交换器（靠氦气作为热交换介质）来控制，因此可独立地控制固体和熔体中的温度梯度。固液界面浸没于熔体表面，整个晶体生长过程中，坩埚、晶体、热交换器都处于静止状态，处于稳定温度场中，而且熔体中的温度梯度与重力场方向相反，熔体既不产生自然对流也没有强迫对流，固液界面相对稳定，晶体内缺陷较少。

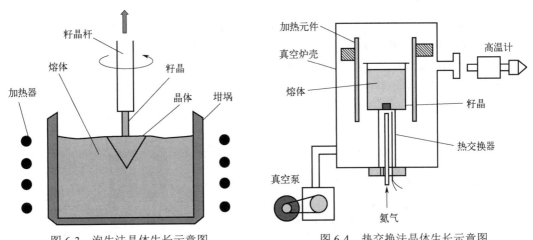

图 6-3　泡生法晶体生长示意图　　　　图 6-4　热交换法晶体生长示意图

由于单晶炉中热交换器不仅产生了轴向温度梯度，也产生了径向温度梯度，晶体固液界面向三维方向延伸，形成了半球形界面。当热交换法晶体单向生长速率和提拉法的相同时，其半球形固液界面的有效晶体生长率比提拉法的大两倍。

热交换法最大优点是在晶体生长结束后，通过调节氦气流量与真空炉加热功率，实现原位退火，避免了因冷却速度而产生的热应力。而且，长成的晶体仍被熔体包围，处于热区，晶体冷却速度容易控制，减小了因冷却速度过快而造成的晶体裂纹和位错等缺陷。同时，固液界面始终被熔体包围，界面温度梯度均匀，避免了局部熔体凝固或晶体重熔现象。热交换法可以生长与坩埚尺寸、形状相似的单晶，如柱状、盘状等。但由于这种方法在生长晶体过程中需要不停地通以流动氦气进行热交换，氦气的消耗量相当大，而且晶体生长周期长，氦气气体价格昂贵，所以热交换法长晶成本很高。热交换法可用于生长大直径单晶，如生长的蓝宝石晶体最大直径达 380mm，质量为 84kg。

（5）区域熔炼法

区域熔炼法是 1952 年美国科学家蒲凡提出的一种物理方法，即利用多晶锭分区熔化和结晶来生长单晶体，主要用于生产超纯的半导体材料或高纯金属。1953 年 Keck 和 Golay 将其应用到生长硅单晶上，并发扬光大。而且，区域熔炼法的一项重要功能是根据分凝原理对原材料进行提纯，即杂质在熔体和熔体内已结晶的固体中的溶解度是不一样的。区域熔炼可多次进行，也可以同时建立几个熔区来提纯材料，在最后一次提纯时长成单晶。

区域熔炼法晶体生长示意图如图 6-5 所示，包括水平区熔法和垂直区熔法（浮区法）。水平区熔法是坩埚水平移动晶体生长技术的改进和发展。将原料装在坩埚中，通过局部加热，使原料的狭小区域在其它部分均处于固态时发生熔融，在籽晶与原料之间建立局部熔化区。籽晶可以专门引入，也可以通过控制成核自发形成。将坩埚制成小船形状，其一端非常狭窄甚至为毛细管状，以便在有限的空间内迅速产生局部过冷，从而有利于形成单晶核。在晶体生长的过程中，坩埚缓慢通过高温区，熔区会从一端向另一端移动，晶体也随之生长，扫过整个坩埚。垂直区熔法（浮区法）是一种无坩埚的晶体生长技术，它的突出优点是生长的晶体具有高纯度。原料先制成棒状，然后局部加热形成狭窄的熔区，就像晶体与原料棒之间存在一个浮动熔化区，该熔融区域由熔体的表面张力支撑。在晶体生长过程中，熔区沿原料棒向上或向下移动，使生长界面由棒的一端移向另一端，整个原料棒逐渐形成单晶。熔区收缩或扩展会引起晶体直径的变化。如果原料棒不够致密，熔体会填充棒中的孔洞，使得熔体的厚度难以控制。因此，原料棒必须采用铸造、烧结、区域熔化或热压等方法制备，以提高其致密性。熔区的移动方向对某些晶体的生长可能有一定影响，如熔区向上移动更加有利于硅晶体的生长。籽晶的引入可以使晶体生长具有所需的取向，如果不使用籽晶，则生长的单晶取向将是不可控的。

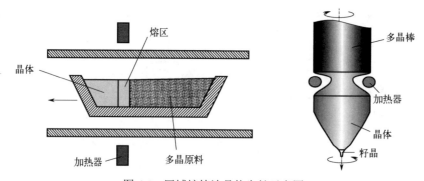

图 6-5　区域熔炼法晶体生长示意图

垂直区熔法与水平区熔法的区别在于它不使用坩埚，热源直接施加在预制原料棒上，利用液相的表面张力防止熔区液相的塌陷，并维持熔化区的形状。因此，垂直区熔法更适合熔点高（如钨，熔点 3400℃）、表面张力大、熔体蒸气压较小的材料的高纯单晶生长，且其对加热技术和机械传动装置的要求也比较严格。在区域熔炼法制备硅单晶中，往往将区域提纯与垂直区熔法结合在一起，生长质量较好的中高阻硅单晶。

（6）焰熔法

焰熔法又称为维尔纳叶（Verneuil）法，是 1902 年法国化学家 Verneuil 改进获得的，是第一种工业晶体生长技术，其基本原理是将细小的原料粉末撒入燃烧器中，使其熔融形成熔体液滴，并落入下方的籽晶顶部，通过籽晶与熔体液滴之间的温差使晶体生长。迄今为止，采用焰熔法已经生长出 100 多种不同的晶体，但该方法最适合蓝宝石、红宝石和其它颜色刚玉晶体的生长。

焰熔法晶体生长示意图如图 6-6 所示。给料装置位于燃烧器之上，给料速度的均匀性决定了晶体的生长质量和重复性。运作方式包括冲击或振动给料以及连续给料，在工业上采用锤驱动筛式给料器进行不连续的给料。晶体生长炉位于燃烧器下方，籽晶放置于炉中的基座上。生长炉必须具有良好的隔热性，并能进行独立加热控温，以降低晶体与熔体之间过高的温度梯度，消除热场不对称性。在生长中引入自动化控制，可以较好地消除各种影响因素，保持生长区和冷却区温度梯度等条件的稳定性，提高晶体生长质量。通过对籽晶基座运动方式的控制，可以生长出不同形态的晶体，包括棒状、板状、圆盘、管状、碗状等特殊形状。

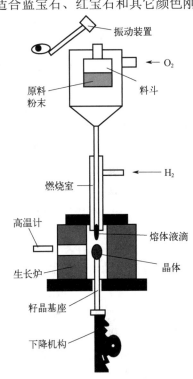

图 6-6　焰熔法晶体生长示意图

焰熔法生长晶体有以下优点：①无坩埚生长，避免了与坩埚有关的问题；②在整个晶体生长过程中保持掺杂的均匀性；③可以通过改变燃烧气体中 H_2/O_2 的比例，调控结晶介质的氧化还原电位；④氢氧燃烧温度达 2500℃，适合难熔氧化物；⑤可以在晶体中引入大量的掺杂组分，甚至进行梯度掺杂或局部掺杂的晶体生长，如生长出含有蓝宝石带的红宝石棒状晶体；⑥生长技术简单，晶体生长成本较低。该技术的主要缺点是生长区温度梯度高，可能导致生长的晶体中出现较高的残余应力。另外，该方法生长的晶体在结构完整性方面不及其它熔体法晶体生长技术得到的晶体。

6.1.2.2　溶液法晶体生长技术

溶液法晶体生长技术是首先将晶体的组成元素（溶质）溶解在另一溶液（溶剂）中，然后通过改变温度、蒸气压等状态参数，获得过饱和溶液，最后使溶质从溶液中析出，形成晶体的方法。溶液法生长晶体需要两个基本条件：一是原料在溶剂中的溶解度；二是溶液的过饱和度。溶解度决定着晶体生长物质的量，溶解度温度系数决定着晶体的生长方式，而晶体生长的驱动力则来源于溶液的过饱和度。根据溶液温度的不同，溶液法晶体生长技术还可以分为低温溶液（如水溶液、有机溶液、凝胶溶液）生长法、水热溶液生长法和高温溶液（即熔盐）生长法。

溶液法晶体生长技术具有以下优点：①容易生长出均匀良好的大晶体；②可在远低于其熔点的温度下生长晶体，有利于生长易分解和晶型容易转变的晶体；③可直接观察晶体的生长情况。溶液法晶体生长技术的缺点主要有组分多、生长周期长、影响因素多、控温要求高等。溶解度是该技术的最基础参数，物质溶解度的高低及其随温度变化的特征决定了溶液法晶体生长工艺的选择。对于溶解度较大且具有大的溶解度温度系数的物质，可采用降温法生长；对于溶解度温度系数较小或具有负的溶解度温度系数的物质，则应采用蒸发法生长；如果物质的溶解度很小，则不适合采用溶液法来进行晶体生长。下面将详细介绍溶液法晶体生长技术中较为常用的几种方法，即降温法、蒸发法、流动法、高温溶液法（助熔剂法）和水热法。

（1）降温法

降温法是溶液法晶体生长技术中最简单、最常用的方法，适用于溶解度温度系数大（每千克溶液＞1.5g/℃）的物质，并需要一定的温度区间。这一温度区间上限由于蒸发量大而不宜过大，下限太低又不利于晶体生长。一般来说，比较合适的起始温度为50～60℃，降温区间以15～20℃为宜，典型的生长速率为1～10mm/d，生长周期为1～2月。利用降温法生长的代表性晶体有酒石酸钾钠、硫酸三甘肽、明矾、磷酸二氢胺、磷酸二氢钾等。

降温法有多种晶体生长装置，包括水浴育晶装置、直接加热的转动育晶器、双浴槽育晶装置等。图6-7为典型的降温法水浴育晶装置示意图，水浴槽加热，有利于保持溶液加热的均匀性和稳定性。在晶体生长过程中，需充分搅拌，以促进溶质的输运，减小溶液的温度波动。实验证明，微小的温度波动会造成某些区域不均匀，影响晶体的质量。目前，温度控制精度已达±0.001℃。另外，在降温法生长晶体过程中，要求育晶器必须严格密封，以防溶剂蒸发和外界污染。

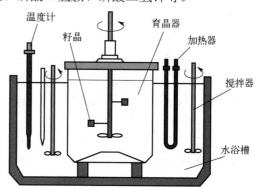

图 6-7　降温法水浴育晶装置示意图

降温法生长晶体的主要关键是掌握合适的降温速度，使溶液一直处于亚稳区，并维持适宜的过饱和度，降温速度一般取决于以下几个因素。

① 晶体的最大透明生长速度，指的是一定条件下不产生宏观缺陷的最大生长速度。

② 溶解度的温度系数，其不仅随不同物质而异，而且同一种物质在不同温度区间也不一样。

③ 溶液的体积和晶体生长表面积之比，简称体面比。

总之，上述三个因素对于不同晶体是有明显差别的；对于同一种晶体，这些因素在生长过程中也是变化的。因此必须从实际出发，对不同晶体在不同阶段制定不同的降温程序。一般来说，在生长初期降温速度要慢，到生长后期可稍加快。

（2）蒸发法

溶解度较大而溶解度温度系数较小或为负值的物质可采用蒸发法生长单晶。蒸发法的基本原理是不断地蒸发溶剂，控制溶液的过饱和度，使溶质不断地在籽晶上析出长成晶体。蒸发法生长晶体在恒温下进行，晶体生长温度一般控制在 60℃以上。

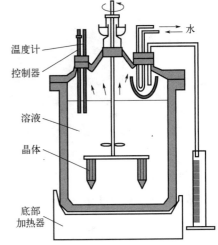

图 6-8 是蒸发法的典型育晶装置示意图，该装置的特点是在密封的育晶器上方安置一个冷凝器（可用水冷却），用以冷凝溶液表面蒸发的部分溶剂，并积聚在盖子下方的容器中，然后用虹吸管将其引出育晶器，从而达到通过控制溶剂移出量来控制过饱和度生长晶体的目的。在晶体生长过程中，取水速度应小于冷凝速度，使大部分冷凝水回流到液面上，以确保溶液的过饱和度始终处于亚稳过饱和区，防止自发结晶的发生。

图 6-8　蒸发法育晶装置示意图

在蒸发法晶体生长过程中，溶液的基本成分是恒定的，不随时间发生变化，这可以维持晶体生长自始至终在相同的环境介质中进行，同时不需要进行温度的变化，只要控制恒定的溶液温度即可。但是，如果溶液中含有杂质，则随着晶体生长过程的进行，溶液中残留杂质含量将不断增大，从而导致晶体中杂质含量升高。

蒸发法生长晶体并不一定是溶剂蒸发直接导致的结果，它也可以是某成分蒸发引起化学反应而间接产生的结果。例如，在 Nd_2O_3-H_3PO_4 或 Nd_2O_3-P_2O_5-H_2O 体系中生长五磷酸钕晶体就是利用在升温和蒸发过程中，溶剂焦磷酸逐渐脱水形成多聚偏磷酸，降低了焦磷酸的浓度，五磷酸钕在溶液中变成过饱和，从而长出晶体。

（3）流动法

在封闭的溶液法晶体生长体系中，随着晶体的不断长大，溶液中的溶质含量越来越少，晶体生长尺寸将受到限制。流动法生长工艺有效地解决了晶体生长过程中溶质的补给问题，从而实现了大晶体的生长。

流动法育晶装置示意图如图 6-9 所示。该装置由饱和溶液配制槽、溶液储存槽、晶体生长槽三部分组成。三个槽通过温度控制，保持溶液的过饱和度。晶体生长槽的温度（T_3）根据生长物质的溶解度特征设定，比如设定在 45℃下恒温生长晶体。饱和溶液配制槽和溶液储存槽的温度（T_1、T_2）略高，比如分别为 46℃和 45.5℃。在晶体生长过程中，饱和溶液配制槽不断溶解原料，确保溶液始终处于过饱和状态。饱和溶液经过管道流入溶液储存槽，再由泵输送到晶体生长槽中。由于 T_3 略低，溶液处于亚稳过饱和状态，使溶质在籽晶上生长。在晶体生长槽消耗掉溶质而变稀的溶液经由管道流回饱和溶液配制槽，在较高温度下再度溶解原料，形成过饱和溶液，并不断循环流动。在此过程中，溶质不断被输送到晶体生长槽中，使晶体能够持续生长，形成大单晶。

流动法的生长速度受溶液流动速度和饱和溶液配制槽与晶体生长槽之间的温差控制。该方法的优点是生长温度和过饱和度都是固定的，使晶体始终在最有利的温度和最合适的过饱和度下生长，避免了因生长温度和过饱和度变化而产生的杂质分凝不均和生长带等缺陷，使晶体完整性更好。该方法的另一个突出优点是能够培养大尺寸单晶。目前已用该方法生长出重达 20kg 的 ADP[$(NH_4)H_2PO_4$]优质单晶。该方法的缺点是设备比较复杂，调节三槽之间温度梯度和溶液流速之间的关系需要有一定经验。

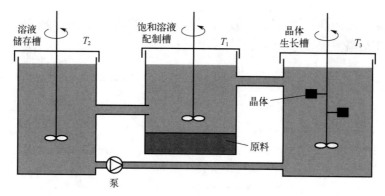

图 6-9　流动法育晶装置示意图

（4）高温溶液法（助熔剂法）

高温溶液法又称助熔剂法或熔盐法，该方法采用助熔剂在高温下将溶质溶解形成高温溶液，再通过控制高温溶液的过饱和度，进行晶体生长。助熔剂具有远低于溶质的熔点，能使溶质相（原料）在较低温度下与助熔剂形成高温溶液，从而在较低温度下实现晶体的生长。高熔点物质总有与之对应的助熔剂，因此该方法适用范围广泛。采用高温溶液法生长晶体，助熔剂的选择是关键。助熔剂种类繁多，概括来说有两种类型：一类是金属，主要用于半导体单晶的生长；另一类是氧化物和卤化物等化合物，主要用于氧化物和离子晶体的生长。在进行助熔剂选择时，必须考虑以下物理化学性质。

① 对溶质有足够大的溶解度，一般应为10%～50%，且在生长温度范围内有适当的溶解度温度系数。如果溶解度温度系数过大，生长速率不易控制，常引起自发成核；如果溶解度温度系数过小，则晶体生长速率会很小。

② 与溶质的作用应是可逆的，不形成稳定的其它化合物，晶体是唯一稳定相，且在晶体中的固溶度应尽可能小。

③ 应具有尽可能低的熔点和尽可能高的沸点，以便有较宽的生长温度范围可供选择。

④ 应具有尽可能小的黏滞性，以利于溶质和能量的传输。

⑤ 在熔融状态时，其密度应与晶体材料相近，以获得浓度均一的高温溶液。

⑥ 应具有很低的挥发性（除助熔剂蒸发法外）和很弱的毒性，且对坩埚无腐蚀性。

⑦ 应可溶于对晶体无腐蚀作用的溶液如水、酸、碱溶液等，以便生长后将晶体与助熔剂有效分离。

高温溶液法的原理与溶液法类似，晶体生长的驱动力是溶液的过饱和度，因此晶体生长的基本条件是使溶液产生适当的过饱和度。可根据高温溶液的特征，选用缓慢冷却、溶剂蒸发、温度梯度等工艺。图6-10为典型的高温溶液溶解度曲线及产生过饱和度的途径。在过饱和高温溶液中，也存在亚稳过饱和区。在亚稳过饱和区内，不会发生自发成核，但有籽晶时，可以生长晶体。在图6-10中，路径 $A-B-C$ 为通过降温使溶液从不饱和区进入亚稳过饱和区，如果不添加籽晶，B 点可选择靠近不稳定区一侧，利用自发成核形成少量晶核，然后在亚稳过饱和区内缓慢降温生长，对应的晶体生长方法称为缓冷法。路径 $A-D$ 为在保持温度不变的情况下使溶液从不饱和区进入亚稳过饱和区，实现这一目标的途径是移去溶剂，即使溶剂蒸发，对应的晶体生长方法称为蒸发法。路径 $E-F$ 为在不饱和区与亚稳过饱和区之间形成温差，通过温度梯度输运使晶体生长，对应的晶体生长方法称为温差法或温度梯度输运法。

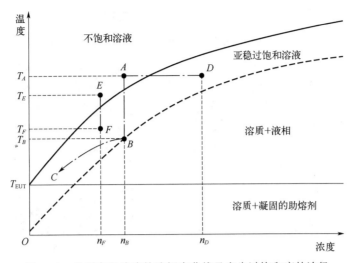

图 6-10　典型高温溶液的溶解度曲线及产生过饱和度的途径

[T_{EUT} 代表共熔温度（eutectic temperature），即溶质与助熔剂形成高温溶液所对应的温度]

与其它晶体生长技术相比，高温溶液法具有如下优点：首先是适用性很强，只要能找到适当的助熔剂或助熔剂组合，就能采用该方法进行晶体生长，而几乎所有材料都有相应的助熔剂或助熔剂组合；第二是高温溶液法由于生长温度相对较低，可以生长一些难熔的化合物，或在熔点易挥发、存在相变的化合物，以及非同成分熔融的化合物单晶；第三，采用适当的措施，高温溶液法生长的晶体比熔体法生长的晶体具有更小的热应力、更均匀完整的形貌。该方法的主要缺点是：晶体生长不是在纯的体系中进行，不纯物主要是助熔剂本身。高温溶液法的生长温度较高，使得晶体材料在生长温度下对其它物质的溶解度增大，容易发生助熔剂在晶体中的固溶。因此，对于特定的晶体材料，找到合适的助熔剂更加困难。所选助熔剂如果是拟生长晶体的主要组元之一，则可以降低助熔剂固溶带来的不利影响。

（5）水热法

水热法是一种在高温高压条件下在水溶液中生长晶体的技术，其基本原理与上述溶液法晶体生长技术相同，即通过控制溶质在水中的浓度，使其处于过饱和状态，利用籽晶在亚稳过饱和溶液中生长晶体。水热溶液的制备除了高温高压条件外，常需添加一定的矿化剂，以提高原料在水中的溶解度。迄今为止，水热法生长的晶体除了人造水晶之外，还有氧化锗、蓝宝石、红宝石等氧化物，闪锌矿等硫化物，石榴石、铁氧体等复合氧化物，霞石、绿柱石等硅酸盐，磷酸盐、碳酸盐、锗酸盐等多种类优质单晶。

在高温高压溶液中生长高质量单晶的必要条件如下。

① 生长原料在高温高压下的某种矿化剂水溶液中具有一定的溶解度（如 1.5%～5%），并形成稳定的单一晶相。

② 形成的水溶液有足够大的溶解度温度系数，以便能在适当的温差下形成亚稳过饱和溶液，避免自发成核的发生。

③ 溶液具有足够大的密度温度系数，使溶液在适当的温差条件下产生能够满足晶体生长所需的溶液对流和溶质传输。

④ 有适合晶体生长所需的一定切型和规格的籽晶，并使原料的总面积与籽晶的总面积

之比达到足够大。

⑤ 具有耐高温高压、抗腐蚀的容器，即高压釜。

高压釜是水热法晶体生长的关键设备，典型装置如图 6-11 所示。高压釜力学强度很高，能在高温高压下工作；化学稳定性好，能耐酸碱腐蚀；结构密封性好，能安全可靠地运行。水热法一般采用温差法生长晶体。高压釜内充填一定容量和浓度的矿化剂溶液作为溶剂介质。培养料放在高压釜的下部溶解区，籽晶悬挂在高压釜的上部生长区，二者之间存在一定的温度差。下部溶解区的温度（T_1）较高，以促进培养料溶解。上部生长区的温度（T_2）较低，以获得过饱和溶液。溶解区和生长区的温差驱动溶液的对流和溶质的输运，使溶质不断从溶解区输运至生长区。晶体生长的条件是确保生长区的溶液始终处于亚稳过饱和状态。

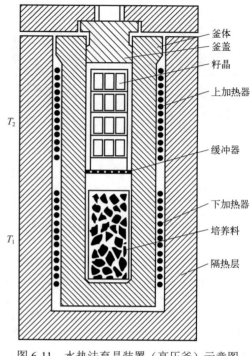

右侧标注（自上而下）：釜体、釜盖、籽晶、上加热器、缓冲器、下加热器、培养料、隔热层

左侧标注：T_2、T_1

图 6-11　水热法育晶装置（高压釜）示意图

因此，水热法生长晶体时会受到诸多因素的影响，包括结晶温度与温差、压力、矿化剂及其浓度、培养料与籽晶、溶液 pH 值等。该方法具有如下优点：高温和高压可使通常难溶或不溶的固体溶解和重结晶；晶体在非受限条件下生长，晶体形态各异、大小不受限制、结晶完好；适合制备高温高压下不稳定的物相。该方法的主要缺点是：需要特殊的高压釜和安全保护措施；需要适当大小的优质籽晶；整个生长过程不能观察；生长一定尺寸的晶体，等待时间较长。

6.1.2.3 气相法晶体生长技术

气相法晶体生长技术是将拟生长的晶体材料通过升华、蒸发、分解等过程转化为气相，然后通过适当条件使其成为饱和蒸气，经冷凝结晶而生长成晶体。该方法主要应用于无法采用熔体法或者溶液法进行单晶生长的材料，如大多数的 II-VI 族化合物、I-III-VIA 族化合物，以及 SiC、AlN 等。这类晶体材料具有熔点高或无熔点、蒸气压或解离压力大、在冷却或加热过程中发生相变等特点，因此难以通过熔体法或者溶液法生长。气相法通常在远低于晶体熔点的温度下实现晶体生长，因此与熔体法相比，生长晶体的点缺陷和位错密度更低，晶体结构完整性更好。

气相法晶体生长主要涉及三个阶段，即原料气化、气相输运和沉积生长。气化是将固体或液体原料加热到高温而形成气相的过程。在气化动能的驱动下，蒸气在真空生长室中发生传输，该输运过程和方式与具体的晶体生长工艺密切相关。气相物质的沉积生长是通过冷凝或化学反应实现的。除了生长初期的形核过程以外，气相生长所依附的固体即是所要生长的晶体。晶体表面附近气相的温度、成分、压力是决定晶体生长能否实现，以及晶体生长速率、晶体成分和结晶质量的三个主要控制因素。其中温度由固体表面温度（即生长温度）控制，而成分和压力则由上述气源的形成和气相输运两个环节控制。气相法晶体生长技术主要有升华法、化学气相传输法、化学气相沉积法等。它们的主要区别在于原料性质以及将气相原料传输到晶体生长表面的方式和机理的不同。从原理来看，最简单的技术是升华法，其将原料放置于密封容器的一端，并加热使其升华，然后输送到容器较冷的区域，沉积生长。化学气相传输法技术更复杂一些，其经历了某些化学反应过程，比如固相原料在源区与输运剂反应，形成气相产物；当气相原料传输到生长区后，发生可逆反应，在适当的条件下实现晶体的生长。

碳化硅（SiC）是第三代半导体材料的典型代表，其禁带宽度大、热导率高、载流子饱和迁移速率高、临界击穿电场强度高，并具有极好的化学稳定性，以其制造的器件可应用在高温、高频率、高电压、大功率、强辐射等苛刻条件下，在白光照明、汽车电子化、雷达通信、石油钻井、航空航天、核反应堆系统及军事装备等领域有着广泛的应用。20 世纪 90 年代以来，SiC 单晶生长技术取得突破，引起 SiC 单晶生长的研究热潮。我国在 SiC 单晶生长领域起步较晚，与国际先进水平有较大差距。进入 21 世纪以来，随着我国在 SiC 单晶生长领域的支持力度加大，单晶生长和加工技术不断进步，与国际先进水平的差距逐步缩小。对于 SiC 单晶生长技术有很多探索和研究，包括熔体法和气相法。随着技术的进步，尽管熔体提拉法生长 SiC 已取得重要突破，但气相法仍然是大尺寸优质 SiC 单晶生长的主要方法。在 Si-C 二元体系中，不存在化学计量的 SiC 液相，因此不可能采用同成分熔体进行 SiC 单晶生长。但是，SiC 在 1800℃以上的高温下会升华，这为 SiC 晶体的升华法生长奠定了基础。与其它气相法晶体生长技术相比，升华法更加适合 SiC 大晶体生长，其成为 SiC 单晶生产的主要技术。

SiC 晶体的升华法生长过程包括三个环节：①SiC 源的升华；②升华物质的传输；③表面反应和结晶。在升华产生的气相中，主要成分不是化学计量的 SiC 分子，而是 Si_2C、SiC_2 分子以及 Si 原子。SiC 单晶升华法生长装置示意图如图 6-12 所示。SiC 源为 SiC 粉末或烧结的多晶 SiC，其放置在圆柱形的致密石墨坩埚底部，SiC 籽晶放置在坩埚的顶部。SiC 源与籽晶之间的距离通常为 20～40mm。采用射频感应加热或电阻加热，坩埚温度为 2300～2400℃，籽晶温度比 SiC 源温度低 50～100℃。为了增强物质从 SiC 源到籽晶的传输，通常在低压条件下生长，即抽真空，然后通入高纯氩气（或氦气）。SiC 晶体的生长速率主要取决于 SiC 源的供应量（升华速率）及从 SiC

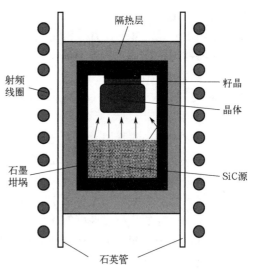

图 6-12 SiC 晶体升华法生长装置示意图

源到 SiC 籽晶的传输效率。升华速率是 SiC 源温度的函数，而传输效率在很大程度上取决于生长体系的气压、温度梯度以及 SiC 源与 SiC 籽晶之间的距离。传质在升华法晶体生长过程中受到扩散的限制，因此晶体的生长速率几乎与生长气压成反比。物质的浓度梯度基本由 SiC 源到 SiC 籽晶的温度梯度决定。任何温度分布和压力的波动都可能会引起组分过冷（导致 Si 液滴的形成）、表面石墨化和 C 杂质，从而在 SiC 单晶中出现宏观和微观缺陷。在实际生长工艺中，生长气压一般为几百帕或更低，晶体生长速率为 0.3～0.8mm/h。如果晶体生长速率太快，容易引起大量缺陷的产生。

SiC 单晶升华法生长是在准封闭的石墨坩埚中进行的，仅从外部控制温度和压力等工艺参数,无法对坩埚内部进行监控。为了在晶体生长过程中监控好气相和生长表面的化学反应,更好地控制 SiC 晶体的生长,需要建立可靠的高温化学反应数据库及其有关模拟软件工具,解决晶体生长速率、形貌及热应力控制等问题。热应力对 SiC 晶体产生扩展位错缺陷起关键作用。热应力产生的原因包括 SiC 晶体与石墨坩埚之间的热膨胀系数差异以及径向或轴向温度不均匀性。当初生滑移系的切应力超过临界应力时,会发生滑移和位错的倍增,从而导致晶体中位错密度显著增加。通过长期的努力,升华法生长的 SiC 单晶尺寸和质量都得到了显著改善。2015 年,通过升华法已生产出直径达 200mm 的 SiC 晶体。

6.1.3 集成电路芯片的主要工艺

集成电路(IC)芯片是在硅片上执行一系列复杂的化学或者物理操作制备而得到的。集成电路芯片的工艺具有高技术密集性、超级洁净要求和高精密的自动化操作等特点,主要的工艺步骤分为氧化、光刻与刻蚀、掺杂(扩散与离子注入)、互连、封装与装配。

6.1.3.1 氧化

单晶硅表面上总是覆盖着一层 SiO_2,即使是刚刚解理的单晶硅,在室温下,只要在空气中暴露就会在表面上形成几个原子层的氧化膜。当把硅晶片暴露在高温且含氧的环境里一段时间后,硅晶片的表面会生长一层与硅附着性良好且具有高度稳定的化学性和电绝缘性的 SiO_2。正因为 SiO_2 具有这样好的性质,它在半导体工业中的应用非常广泛。尽管硅是一种半导体材料,但 SiO_2 却是一种绝缘材料,其电阻率高达 $10^{15} \sim 10^{16} \Omega \cdot cm$,禁带宽度约 0.9eV,是比较理想的绝缘体。而且, SiO_2 薄膜介电强度可达 $10^6 \sim 10^7 V/cm$,可以承受较高的电压,适宜作器件的绝缘膜。在半导体上结合一层绝缘材料,再加上 SiO_2 的其它特性,使得 SiO_2 成为硅器件制造中应用最广泛的一种薄膜。根据不同的需要, SiO_2 可用作栅介质、离子注入掩蔽层、扩散阻挡层、器件隔离层、器件保护层、其它介质材料(如 Si_3N_4、多晶硅等)的缓冲层等。

在日常生活中,我们经常会遇到 SiO_2,它是普通玻璃的主要化学组成成分。但用于半导体上的 SiO_2,是高纯度的,是经过特定方法制成的。 SiO_2 的制备方法有很多,包括热氧化法、热分解法、溅射法、真空蒸发法、阳极氧化法、等离子氧化法等。各种制备方法各有特点,不过,热氧化法是应用最为广泛的,这是由于它不仅具有工艺简单、操作方便、氧化膜质量最佳、膜的稳定性和可靠性好等优点,还能降低表面悬挂键,从而使表面态势密度减小,很好地控制界面陷阱和固定电荷。热氧化法具体包括高温 O_2 氧化 Si 的干氧氧化工艺、高温水蒸气氧化 Si 的湿氧氧化工艺、1000℃以下氧化 Si 的低温氧化工艺。若不考虑使用专门的氧化方法和设备,一般氧化工艺的顺序是相同的,包括晶圆预清洗、清洗和腐蚀,并将其装载在氧化舟上或氧化室内。实际的氧化是在不同的气体循环中进行的,随着晶圆被装进炉管,进行第一个气体周期。由于晶圆是在室温条件下,且精确的 SiO_2 层厚度是生产的目标,所以在装片期间进入炉管的气体是干的氮气。在晶圆加热到要求的氧化温度期间,为了防止氧化,通入氮气是必要的。在实际生产中,利用 SiO_2 与氢氟酸反应的性质,可通过光刻工艺实现选择性腐蚀 SiO_2。

6.1.3.2 光刻与刻蚀

光刻是先将感光抗蚀剂(光敏感聚合物)涂敷于氧化硅晶片上,使用掩膜遮挡感光抗蚀剂，仅使其选定的区域暴露于紫外光下。紫外光则诱导感光抗蚀剂发生化学变化，使暴露或未暴露区域（负、正感光抗蚀剂）有选择性地被保护。由于光刻胶具有抗刻蚀性能，所以刻蚀只是将没有光刻胶膜保护的区域腐蚀掉。

光刻工艺用于在晶圆表面和内部产生需要的图形和尺寸。将数字化图形转到晶圆上需要一些加工步骤，其中一个非常重要的步骤是准备光刻版。光刻版有不同的名称，如光罩版、掩膜版等，是集成电路设计图形转移到硅衬底上的重要工具。光刻版由工厂单独的部门制造或者从外部供应商处购买。光刻版材质为高透光率的普通玻璃或石英玻璃，石英玻璃热膨胀系数低，刻制在石英玻璃上的图形受温度变化的影响较小，所以对光刻图形精度要求高的集成电路产品通常采用石英玻璃光刻版来制造。光刻版的其中一面镀有 $Cr-Cr_2O_3$ 薄膜，由电子束或激光束专用光刻设备在薄膜上刻出集成电路设计的分解图形，该图形称为光刻版图。一个完整的集成电路设计图形非常复杂，依据复杂程度可制作成几块到几十块光刻版。光刻版中的版图尺寸与设计图形的比例有 1∶1、5∶1 等多种，无论哪种尺寸比例，由光刻版转移到硅圆片上的尺寸都等于设计图形的尺寸。尺寸比例越大对光刻版的缺陷或误差的容忍度越大。例如，1∶1 光刻版将颗粒物以 1∶1 复制到硅圆片上，硅圆片上就会产生与光刻版上颗粒物大小相同的缺陷；5∶1 光刻版上同样大小的颗粒物在硅圆片上产生的缺陷大小将缩减到 1/5。所以尺寸比例较大的光刻版转移图形的质量更高，其通常用于比较高端的产品，其缺点是光刻版的版面利用率较低，制版成本高。

光刻工艺流程中的另一个重要步骤是刻蚀。刻蚀的目的是把经曝光、显影后光刻胶微图形下层材料的裸露部分除去，即在下层材料上重现与光刻胶相同的图形。刻蚀方法分为干法刻蚀和湿法刻蚀。干法刻蚀是以等离子体进行薄膜刻蚀的技术，一般是借助等离子体中产生的粒子轰击刻蚀区，它是各向异性的刻蚀技术，即在被刻蚀的区域内，各个方向上的刻蚀速度不同，通常 Si_3N_4、多晶硅、金属以及合金材料采用干法刻蚀技术；湿法刻蚀是将被刻蚀材料浸泡在腐蚀液内进行腐蚀的技术，这是各向同性的刻蚀方法，利用化学反应过程去除待刻蚀区域的薄膜材料。

除上述的光刻版准备步骤和刻蚀步骤外，光刻工艺在实际生产中有许多独立的图形化工艺过程，它规定了器件结构的轮廓、器件中叠层的组合等，并通过多种技术手段来减小器件的尺寸。基本的十步模式过程如图 6-13 所示，包括表面准备、涂胶、软烘焙、对准和曝光、显影、硬烘焙、显影检查、刻蚀、去除光刻胶、最终检查十个模式过程。

6.1.3.3 掺杂

掺杂是将一定种类和一定数量的杂质掺入硅片或其它晶体中，以形成特定导电能力的材料区域，包括 N 型或 P 型半导体层和绝缘层，是制作各种半导体器件和 IC 的基本工艺。经过掺杂，原材料的部分原子被杂质原子代替，材料的导电类型取决于杂质的化合价。掺杂可以形成双极器件的基区、发射区和集电区，MOS 器件的源区与漏区，以及扩散电阻、互连引线、多晶硅电极等。

扩散和离子注入是半导体掺杂的两种主要工艺，二者都被用来制作分立器件与集成电路，互补不足，相得益彰。扩散是较早时期采用的掺杂工艺，并沿用至今，而离子注入是20 世纪 60 年代后发展起来的一种在很多方面都优于扩散的掺杂工艺。离子注入工艺大大推动了集成电路的发展，使集成电路的生产进入超大规模时代，是应用最广泛的主流掺杂工艺。

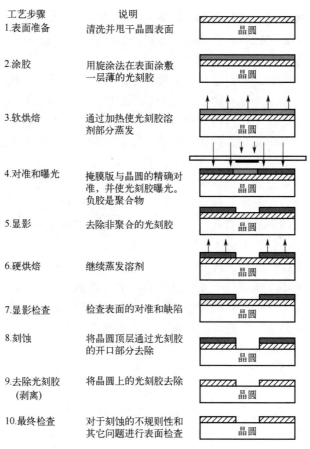

工艺步骤	说明
1.表面准备	清洗并甩干晶圆表面
2.涂胶	用旋涂法在表面涂敷一层薄的光刻胶
3.软烘焙	通过加热使光刻胶溶剂部分蒸发
4.对准和曝光	掩膜版与晶圆的精确对准，并使光刻胶曝光。负胶是聚合物
5.显影	去除非聚合的光刻胶
6.硬烘焙	继续蒸发溶剂
7.显影检查	检查表面的对准和缺陷
8.刻蚀	将晶圆顶层通过光刻胶的开口部分去除
9.去除光刻胶(剥离)	将晶圆上的光刻胶去除
10.最终检查	对于刻蚀的不规则性和其它问题进行表面检查

图 6-13　十步图形化光刻工艺流程

　　扩散工艺是在高温下将含有目标掺杂元素的掺杂源通过扩散的方法将 B（硼）、P（磷）等元素掺入硅衬底中，形成不同半导体性质的过程，如图 6-14 所示。掺杂源通常有固态源、液态源、气态源三种。固态源是预先制成与硅衬底相同尺寸的圆片，固态源与硅衬底待掺杂面靠在一起放入高温炉管中，在高温条件下通过固-固扩散实现掺杂，如硼片。液态源通常需要加热并恒温，惰性气体作为载气通入液态源中，与液态源蒸气一起通入高温炉管，在高温条件下通过气-固扩散实现掺杂，如 $POCl_3$、TCA、DCE、BBr_3 等；液态源也可以涂覆在硅衬

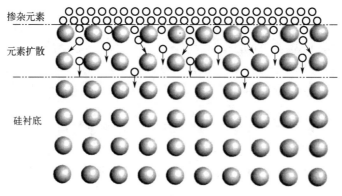

掺杂元素

元素扩散

硅衬底

图 6-14　掺杂元素扩散过程示意图

底上固化，类似于固态源在高温条件下通过固-固扩散实现掺杂，如有机聚合液态硼源和磷源。气态源直接通入高温炉管，在高温条件下通过气-固扩散实现掺杂，如 BCl_3。扩散炉掺杂工艺加工效率高、成本低，但是对掺杂浓度和深度的精确控制比较困难，如炉管前、中、后不同位置硅衬底及同一硅衬底内边缘和中间区域的掺杂浓度和深度有差异，主要原因是扩散炉管内的气体流动分布比较复杂。

离子注入工艺是在真空条件下将含有掺杂元素的材料离子化，使掺杂元素离子分离并加速后以一定动能注入衬底的过程，其特点有：①注入元素纯度高，且在真空环境下进行，能避免各种外来污染物；②衬底内元素分布均匀性好；③注入过程衬底温度低；④注入剂量范围宽，且能精确控制；⑤注入深度可以通过控制注入能量进行控制；⑥对于工艺需求的特殊掺杂元素分布，可以采用调节注入能量/剂量、多次重复注入、注入不同离子等比较灵活的方式获得；⑦可以使用光刻胶、SiO_2、Si_3N_4、Al 等不同类型的介质作为掩蔽层。图 6-15 所示为离子注入过程示意图，由图可以看出，掺杂源通入离子源腔体，在真空和电极放电条件下，掺杂源中的各种元素气化并电离，形成正负离子电量相等的等离子体；含有掺杂元素的所有正离子被带有电磁场的离子吸出组件通过电场作用吸出，并进入磁分析器；磁分析器按照预先设定好的荷质比（电荷量和质量之比）对离子进行分选，低于或高于设定荷质比的离子偏离掺杂离子束流轨迹并射向磁分析器侧壁；通过磁分析器的掺杂离子在加速系统中按照预先设定的注入能量加速，加速后掺杂离子束经扫描系统注入衬底，完成离子注入过程。

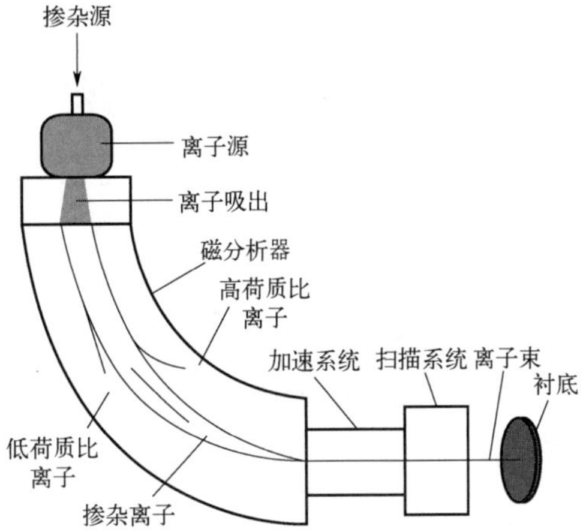

图 6-15　离子注入过程示意图

与扩散法掺杂比较，离子注入法掺杂具有加工温度低、容易制作浅结、能够均匀地大面积注入杂质和易于实现自动化等优点，已成为超大规模、特大规模、巨大规模集成电路制造中不可缺少的工艺。但是，离子注入过程中在晶格内产生的晶格缺陷不能全部消除。离子束的产生、加速、分离和集束等设备价格昂贵。制作深结时要求的能量太高，难以实现，注入高浓度时效率低。因此，高浓度深结掺杂一般仍采用高温热扩散方法。

6.1.3.4　互连、封装与装配

互连是通过化学或者物理气相沉积方法将硅晶片电气隔离的活动区之间进行连接和通过焊接方法将芯片与封装外壳进行连接，如图 6-16 所示。

晶圆电测后，每个芯片仍是晶圆整体中的一部分。在应用于电路或电子产品之前，单个芯片必须从晶圆整体中分离出来，多数情况下，被置入一个保护性管壳中，即进行封装工艺。封装是指将分割开的单独器件或小集成电路块组装于合适的封装外壳上，封装材料主要包括塑料、陶瓷、金属、玻璃等。随着芯片器件密度的增大，它们的封装工艺也有所改进。对于分立式器件单个管壳典型的是"罐式"封装，而对于单个的集成电路是直插式封装。但是，正在发展的 5G/6G 移动终端要求将多个电路功能集成在一个单芯片上，还要求将单芯片以三维排列堆叠在同一个管壳内。这类 3D 封装方案与传统的罐式硬壳方式和直插包封方式相差甚远。

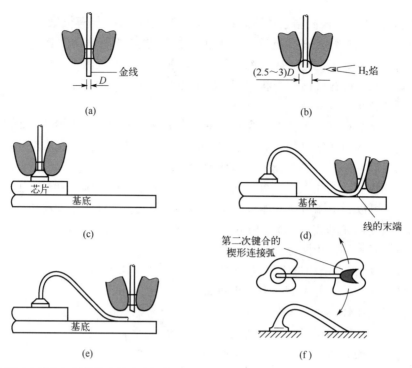

图 6-16　金线用以在衬垫与封装外壳导头之间的电气连接 [（a）开始状态；（b）金属丝端部熔化成球；（c）键合第一个焊点；（d）键合第二个焊点；（e）键合第二个焊点后，提起工具；（f）球-楔键合焊点的几何形状]

　　最终的装配阶段是将电子封装体安装于电气系统的线路板上，如图 6-17 所示，主要有钻孔装配和表面装配两种方式。

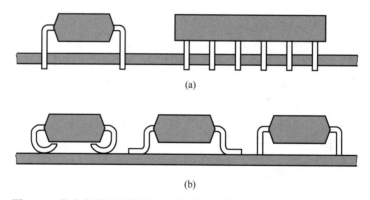

图 6-17　集成电路芯片装配示意图 [（a）钻孔装配；（b）表面装配]

6.2　纤维

6.2.1　纤维的定义

　　纤维是一种柔软而细长的物质，其长度与直径之比至少为 10∶1，其截面积小于 $0.05mm^2$。根据纤维的原料来源，可分为天然纤维（如棉、麻、羊毛、蚕丝等）和化学纤维。化学纤维是指以天然或合成的高聚物为原料，经过化学方法和机械加工制成的纤维。

早在 1860 年，英国人约瑟夫·斯旺（J. Swan）将细长的绳状纸片炭化制取碳丝，以此制作电灯的灯丝。1879 年，他把棉纱浸入硫酸，焦干处理，然后再炭化，或将硝化纤维素从模孔中挤出成丝，然后再炭化，并获得专利，由于当时解决不了灯泡的真空问题，所以没有实用化。碳丝应该说是从此开始的，此外，硝化纤维素的模孔成丝为发明合成纤维提供了有益的帮助。在斯旺研究碳丝之后的 20 年，美国人爱迪生（T. Edison）也开始研究以碳丝作为灯丝的电灯泡，他将油烟和焦油的混合物做成丝，并炭化制成灯丝，之后又将棉纱溶解在氯化锌溶液中，通过口模喷到液体中凝固，干燥后隔绝空气炭化制成碳丝，终于在 1879 年 10 月 21 日使电灯持续照明 45h，开创了划时代的光明世界。20 世纪 50 年代，美国研发大型火箭和人造卫星以及全面提升飞机性能，急需新型结构材料及耐烧蚀材料，碳纤维出现在新材料的舞台上，并逐步形成了黏胶基碳纤维、聚丙烯腈基碳纤维和沥青基碳纤维三大体系。因此，化学纤维的问世使纺织工业出现了突飞猛进的发展，经过 100 多年的历程，今天的化学纤维无论是产量、品种，还是性能与使用领域都已超过了天然纤维，而且化学纤维生产新技术、新设备、新工艺，以及新品种、新性能不断涌现，呈现出蓬勃发展的趋势。

6.2.2　纤维的分类

纤维的种类繁多，分类方法也有多种，主要根据原料来源、形态结构、制造方法、单纤维内的组成和纤维性能差别等进行分类，如图 6-18 所示。

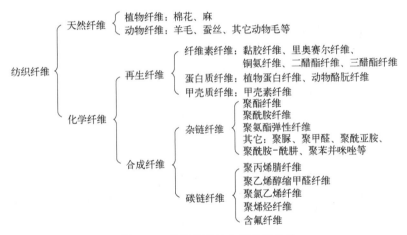

图 6-18　纺织纤维的分类及其品种

6.2.2.1　按纤维的原料分类

按纤维的原料类别可分为天然纤维和化学纤维，化学纤维又可以分为再生纤维和合成纤维两类。

（1）再生纤维

再生纤维也称人造纤维，是利用天然聚合物或失去纺织加工价值的纤维原料经过一系列化学处理和机械加工而制得的纤维。其纤维的化学组成与原高聚物基本相同，包括纤维素纤维（如黏胶纤维、铜氨纤维等）、蛋白质纤维（如大豆蛋白纤维、花生蛋白纤维、动物酪朊纤维等）和甲壳质纤维（如甲壳素纤维等）。

（2）合成纤维

合成纤维是以石油、煤、石灰石、天然气、食盐、空气、水以及某些农副产品等天然的低分子物质为原料，经化学合成和加工制得的纤维。主要可分为杂链纤维和碳链纤维两大类，常见的合成纤维有七大品种：聚酯纤维（涤纶）、聚酰胺纤维（锦纶）、聚丙烯腈纤维（腈纶）、聚乙烯醇缩甲醛纤维（维纶）、聚丙烯纤维（丙纶）、聚氯乙烯纤维（氯纶）和聚氨酯纤维（氨纶）。

6.2.2.2 按形态结构分类

按照化学纤维的形态结构特征，通常分为长纤维和短纤维两大类。

（1）长纤维

在化学纤维制造过程中，纺丝流体（熔体或溶液）经纺丝成型和后加工后，得到长度以千米计的纤维称为化学纤维长丝，简称化纤长丝。化纤长丝可分为单丝、复丝、捻丝、复捻丝、帘线丝和变形丝。

（2）短纤维

化学纤维的产品被切成几厘米至十几厘米的段，这种长度的纤维称为短纤维。根据切断长度的不同，短纤维可分成棉型、毛型和中长型。

6.2.2.3 按纤维制造方法分类

化学纤维按基本的制造方法不同，可分为两类，即熔体纺丝纤维和溶液纺丝纤维，溶液纺丝纤维又分为干法纺丝纤维和湿法纺丝纤维。

熔体纺丝是高分子或玻璃熔体从喷丝孔压出，熔体细流在周围空气（或水）中凝固成丝的方法；干法纺丝是高分子浓溶液从喷丝孔压出，形成细流，在热介质中溶剂迅速挥发而凝固成丝的方法；湿法纺丝是高分子浓溶液由喷丝孔压出，在凝固浴中固化成丝的方法。

6.2.3 纤维的性能

纤维材料的性能主要包括纤维的物理性能（线密度、密度、吸湿性、光泽、热收缩、热导率等）、纤维的力学性能（拉伸性能、回弹性能、耐疲劳性能、耐磨性能）、纤维的加工性能和使用性能（染色性能、阻燃性能、抗静电性能、含油率和上油率），以及纤维的稳定性能等。

6.2.4 纤维的制备技术

纤维制备技术是指将高分子溶液、聚合物或玻璃熔体制备成纤维状材料的技术，既包括熔融纺丝、湿法纺丝、干法纺丝和干湿法纺丝等较为传统的制备技术，也包括液晶纺丝、凝胶纺丝、熔融增塑纺丝、静电纺丝、熔喷纺丝、离心纺丝和闪蒸纺丝等新制备技术。实际上，可以将它们简单分类为从熔体、溶液和其它形态原料出发的纺丝工艺。

6.2.4.1 熔体纺丝

（1）熔融纺丝

熔融纺丝工艺如图 6-19 所示，适用于分解温度（T_a）高于结晶熔融温度（T_m）的结晶性聚合物或玻璃。聚合物的熔融纺丝温度一般应在其 T_m 以上 20～30℃。熔融纺丝制备技术以工艺流程短、节电、节水、低污染著称，其水、电、气消耗和化学需氧量排放值仅为溶液法纺丝技术的百分之一到几分之一，是当今使用最广泛的纺丝成型技术。2011 年我国采用熔融纺丝成型技术生产的合成纤维产量约占化学纤维总产量的 89%。熔融纺丝成型技术中除单一成分纺丝外，复合纺丝成型技术的应用也非常普遍。复合纺丝成型技术是将两种或两种以上的成分在特殊结构的喷丝板中复合制成纤维，纤维的截面结构有并列、皮芯、层状、剥离、海岛及共混型等多种。尤其是在制备自卷曲纤维、功能纤维、热熔黏结纤维和超细纤维的过程中，复合纺丝技术得到广泛应用。

（2）熔喷纺丝

熔喷纺丝示意图如图 6-20 所示。熔喷纺丝是依靠两股高速、高温的收敛气流喷吹聚合物熔体使纤维长度得到迅速拉伸而制备超细纤维的一种方法。熔喷纺丝工艺的具体流程如下。首先，将聚合物母粒投入螺杆挤出机中，在约 240℃ 的温度下熔融。然后，熔融态的聚合物经计量泵精确控制流量后输送至熔喷模头。模头上排列着多个间距小于 1mm、直径为 0.2～0.4mm 的毛细管喷丝孔。同时在毛细管两侧设置进气通道，用于引入温度为 250～300℃ 的高温压缩空气。其次，当聚合物熔体从喷丝孔挤出后，受到高速（约 550m/s）气流的牵引作用，被迅速拉伸形成直径为 1～10μm 的超细纤维。此过程在气流的剪切力和热能作用下完成，所形成的纤维网络称为微纤网。最后，热空气沿垂直方向向下流动，其与周围冷空气混合，使得纤维在牵伸过程中逐渐冷却并最终固化，得到短而细的熔喷纤维。

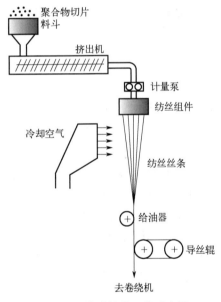

图 6-19　熔融纺丝工艺示意图

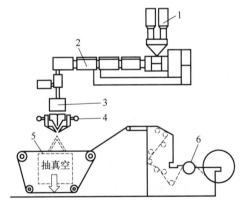

图 6-20　熔喷纺丝示意图

1—喂料装置；2—螺杆挤出机；3—计量泵；4—熔喷装置；
5—抽真空接收网；6—切片卷绕装置

6.2.4.2　溶液纺丝

（1）湿法纺丝

尽管熔融纺丝成型技术具有诸多优点，但是对于那些分解温度（T_a）明显低于熔融温度

（T_m）或 T_a 与 T_m 很接近的高分子材料或聚合物则只能采用溶液纺丝来获得纤维。

湿法纺丝是指首先将高分子或聚合物溶入溶剂，制成质量分数为1%～50%的纺丝原液，经脱泡、过滤后，经喷丝板进入凝固浴中凝固成型，再经牵伸、水洗、干燥、热定型等工序制成纤维。一般情况下，湿法纺丝所获得的纤维表面较为粗糙，截面也不是圆形的。图6-21是湿法纺丝不同的成型方式示意图。

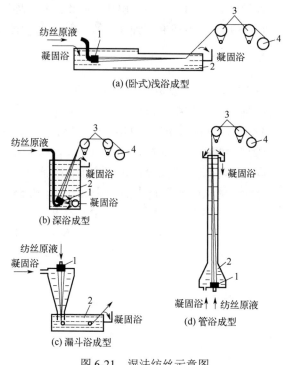

图 6-21　湿法纺丝示意图

1—喷丝头；2—凝固浴；3—拉伸盘；4—卷绕装置

（2）干法纺丝

干法纺丝示意图如图6-22所示。干法纺丝中纺丝原液出喷丝孔后不进入凝固浴，直接进入热气氛（空气、氮气）甬道，溶液细流中的溶剂迅速挥发，被热气流带走，丝条逐渐固化，并在卷绕张力作用下伸长、细化而成为初生纤维。相对于湿法纺丝中聚合物质量分数为3%～16%，干法纺丝中聚合物质量分数可以高达18%～45%，卷绕速度也更快，但甬道温度控制、气流速度控制及溶剂回收等难度也更大。

（3）干湿法纺丝

干湿法纺丝示意图如图6-23所示。干湿法纺丝是湿法纺丝和干法纺丝的结合，原液流出喷丝孔后经过一定长度的气流甬道，使溶剂快速挥发，然后进入凝固浴，从而获得性能改善的纤维。干湿法纺丝可以避免因凝固浴温度过低造成聚合物在喷丝孔中过早固化。干湿法纺丝在PAN碳纤维原丝和中空纤维膜制备过程中使用较多。

（4）闪蒸纺丝

闪蒸纺丝是将成纤聚合物与溶剂混合，溶剂在常温、常压下不能溶解成纤聚合物，而在加压、加热的情况下，能够溶解成纤聚合物。当加热至温度略高于溶剂的沸点时，聚合物溶解制成纺丝原液，随即从喷丝孔挤出，进入低温（或常温）和低压（或常压）介质中，液态细流中的溶剂突然蒸发，聚合物迅速冷却固化，形成超细的网络结构。丝束通过带有高压的针状负电极板，经电晕放电，丝束内纤维因带同性电荷而开纤，带电纤维由输送帘网下带高压正电的金属板电晕放电而中和。

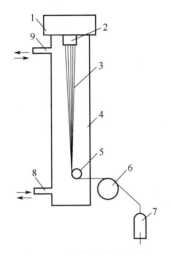
图6-22　干法纺丝示意图

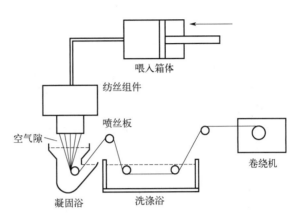
图6-23　干湿法纺丝示意图

1—纺丝箱；2—喷丝头；3—纺丝线；4—纺丝甬道；

5～7—卷绕元件；8，9—热气体介质的入口或出口

（5）离心纺丝

离心纺丝是将原液通过高速旋转的喷丝头甩出，在离心力和静电场的作用下被拉伸细化形成纤维的纺丝方法。如将可溶性铝盐、硅盐制成具有一定黏度的胶体溶液，胶体溶液通过离心甩丝机的中轴空腔进入甩丝盘，胶体溶液在离心力的作用下，通过甩丝盘壁上的小孔高速离开甩丝盘成为细的胶体流股并继续被空气拉伸成纤维，经高温处理后得到无机陶瓷纤维。

6.2.4.3　其它形态原料的纺丝工艺

（1）液晶纺丝

液晶纺丝是指采用液晶状态的溶液或熔体纺丝得到高强度纤维的纺丝方法。溶液液晶纺丝通常采用干湿法纺丝，也可以采用湿法纺丝，但一般不采用干法纺丝。干湿法纺丝过程中，原液细流经气隙后进入垂直于凝固浴槽里的中空纺丝管，其上端低于凝固浴液面，下端从凝固浴槽底部穿出，凝固浴液经纺丝管随同丝束从凝固浴槽底部流出。采用干湿法纺丝得到的液晶聚合物纤维一般不再进行牵伸，但是在高温、高张力下进行热定型可以进一步提高纤维的结晶度和晶区取向度。

热致性液晶聚合物可以采用熔融纺丝工艺进行熔体液晶纺丝，得到的液晶聚合物纤维通常需要在高温下进行热定型。液晶纺丝过程中纺丝原液是由大量呈一维有序排列的液晶微区组成的，这些微区作为流动取向单元从喷丝孔挤出，借助于高倍喷丝头牵伸和低温冻结，直接形成高取向度纤维。如芳纶纤维的结晶度常高达98%，特别是伸展的刚性链容易在纺丝原

液中聚集形成分子链束，阻碍其在随后的结晶过程中发生链折叠，使纤维中形成大量的伸直链结晶，从而使纤维具有高强度和高模量。

（2）凝胶纺丝

凝胶纺丝也称冻胶纺丝，是一种通过冻胶态中间物质制得高强度纤维的新型纺丝方法。凝胶纺丝特别适用于超高分子量聚合物的纺丝成型，目前已用于聚乙烯、聚乙烯醇和聚丙烯腈等超高分子量聚合物的纺丝。超高分子量聚合物的稀溶液，经干湿法纺丝和冷却后形成凝胶状丝条，用萃取剂萃取丝条中的大量溶剂后，可进行高倍拉伸得到高强高模纤维。

（3）静电纺丝

静电纺丝是一种借助静电场对聚合物、高分子熔体或溶液进行牵伸，从而获得直径在亚微米到纳米尺寸纤维的方法。目前，静电纺丝技术大多集中在溶液静电纺丝方面，而聚合物熔体在高温下也可以通过静电纺丝技术制备纳米纤维。相较于溶液静电纺丝，熔体静电纺丝法省去了溶剂回收工序，工艺更为简单、节能和环保。常用的静电纺丝过程示意如图 6-24 所示。溶液从针孔处喷射出来，射流在运动过程中被拉长和细化。在静电纺丝过程中，溶剂挥发非常迅速，溶剂挥发后纤维以非织造布形态随机排布在接收器上。由于溶剂的快速挥发，喷射的熔体射流在介质（通常为空气）中冷却固化，无须凝固浴，形成的纤维较常规溶液纺丝法制备的纤维表面更为光滑。静电纺丝的主要影响因素有纺丝的溶液性质（如聚合物的浓度、电导率、黏度等）、加工条件（如电压、喷丝头与接收器的间距等）和环境条件（如温度和溶剂蒸气压等）。

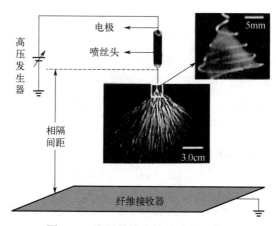

图 6-24　常用的静电纺丝过程示意图

6.2.5　纤维的加工工艺

6.2.5.1　拉伸

（1）拉伸过程的作用及特征

经熔体或溶液纺丝成型的初生纤维，结构尚不稳定，从超分子结构方面讲，大分子的序态较低，物理-力学性能尚不符合纺织加工的要求，必须通过一系列后加工。拉伸则是后加工过程中最重要的工序之一，常被称为合成纤维的二次成型，它是提高纤维物理-力学性能必不可少的手段。

在拉伸过程中，纤维的大分子链或聚集态结构单元舒展，沿纤维轴取向并排列。取向的同时，通常伴随相态以及其它结构特征的变化。虽然不同品种的初生纤维经拉伸之后，结构和性能变化的程度不尽相同，但有一个共同点，即纤维低序区（对结晶高聚物来说即为非晶区）的大分子沿纤维轴向的取向度明显提高，同时伴有密度、结晶度等其它结构方面的变化。由于纤维内大分子沿纤维轴取向，形成或增加了氢键、偶极力以及其它类型的分子间力，纤维受到外加张力时，能承受张力的分子链数目增多，从而显著提高了纤维的断裂强度、耐磨性和对各种形变的抗疲劳强度，并使延伸度下降。简而言之，拉伸不仅使纤维的几何尺寸发生变化，更重要的是在拉伸过程中，纤维结构的变化带来了纤维性能的变化。

（2）拉伸的实施方法

在化学纤维生产中，拉伸可以紧接着纺丝工序连续地进行，也可与纺丝工序分开进行。后者先将初生纤维卷装在筒子上或存于收丝桶中，然后在专门的拉伸设备上进行拉伸，初生纤维的拉伸可一次完成，也可以分段进行，纤维的总拉伸倍数是各段拉伸倍数的乘积。一般熔纺纤维的总拉伸倍数为 $3 \sim 7$，湿纺纤维拉伸倍数可达 $8 \sim 12$，某些高强高模纤维，采用凝胶纺丝法，拉伸倍数达几十倍到上百倍。拉伸的条件和方式依据纺丝方法及纤维品种的不同而有所变化。按拉伸介质不同，拉伸的方式一般有干拉伸、蒸汽浴拉伸和湿拉伸三种。

（3）拉伸工艺的影响因素

影响初生纤维应力-应变行为的最重要的因素是拉伸温度、拉伸速度和低分子物质的存在。

① 拉伸温度　初生纤维应力-应变曲线对温度非常敏感，特别是在玻璃化转变温度（T_g）附近。一般认为在 T_g 以上拉伸不出现细颈。同时应该指出，T_g 具有速度依赖性。例如，涤纶卷绕丝的 T_g 为 $67 \sim 69$℃，但在拉力机上以较高速度拉伸时，T_g 上升到 80℃左右，而在高速拉伸下，T_g 可达 100℃以上。这就是涤纶卷绕丝在 80℃以上拉伸仍出现细颈的原因。因此，初生纤维拉伸时，提高拉伸温度到 T_g 以上是必要的，而且多级拉伸时，温度要逐级提高。显然，拉伸温度应低于非结晶高聚物的黏流温度或结晶高聚物的熔点，否则，不可能进行有效的拉伸取向。

② 拉伸速度　实践证明，增大拉伸速度对应力-应变曲线的影响与降低温度的影响相似，符合温度等效原理。纤维材料的大分子具有各种不同的结合状态，因此它们的力学松弛时间有一个宽广的范围。一般随着形变速率的增加，对应的应力也相应增加。对于部分结晶的初生纤维（包括非晶区和不稳定的或不完善的晶体），拉伸速度不宜太快或太慢。如果拉伸速度过快，会产生较大的应力，导致细颈区局部过热，从而引发不均匀流动。这种情况下，纤维可能会形成空洞，甚至发生断裂，产生毛丝；如果拉伸速度过慢，则会导致缓慢流动，纤维的拉伸应力不足以破坏不稳定结构并使其重组。虽然此时拉伸倍数可能较高，但纤维的取向效果并不显著。当拉伸速度适中时，应力足以在塑性流动过程中破坏不稳定的结晶结构，并促使其重建，同时在细颈区建立最佳的热平衡，避免显著的张力过度，从而减少纤维缺陷。

③ 低分子物质的存在　除拉伸温度和拉伸速度外，初生纤维中存在水、溶剂、单体等低分子物质也会影响初生纤维的拉伸。这些物质的存在，可使大分子间距离增大，减少大分子间的相互作用力，降低松弛活化能，使链段和大分子链的运动变得容易，从而使聚合物的

T_g 降低，这种现象称为增塑作用。增塑作用对纤维拉伸行为的影响与提高温度相似。

6.2.5.2 热定型

（1）热定型定义

热定型是指利用热力消除织物纤维在拉伸过程中产生的内应力，使大分子发生一定程度的松弛，使编织纤维的形状固定成型。

（2）热定型原理

合成纤维成型及拉伸之后，其超分子结构已基本形成。但由于纤维在这些工艺过程中所经历的时间很短，有些分子链处于松弛状态，有些链段则处于紧张状态，致使纤维内部存在不均匀的应力，纤维内的结晶结构也有很多缺陷，在湿法成型的纤维中，有时还有大小不等的孔穴。这种纤维若长时间放置，随着内应力松弛、大分子取向的变化等，它们的内部结构如纤维尺寸、结晶度（急冷形成的无定形区的二次结晶化）、微孔性（微孔洞的陷缩）等会逐渐变化而趋于某种平衡。

以上变化的速度，从根本上讲受纤维材料黏弹特性的控制，从分子论的角度来说，受到分子运动强度的制约。在室温下，系统的变化速度一般很慢，在高温下，大分子运动强度增加很快，可以在数分钟内就使体系接近平衡，从而在以后的使用过程中基本上能抵抗外界条件的变化，而处于稳定状态。因此，拉伸纤维需经热处理过程达到一个新的稳定平衡，其过程通常称为热定型，一般分为以下三个阶段。

① 大分子松弛阶段　当加热到 T_g 以上时，分子链间作用力下降，大分子的内旋转作用上升，柔顺性上升，取向度上升，内应力下降。

② 链段重整阶段　随大分子链热振动上升，活性基相遇机会上升，容易建立起新的分子间作用力，若施以张力，大分子依张力方向重排，建立新的平衡。

③ 定型阶段　在去除外力前降温，纤维在新的形态下固定下来。

热定型可在张力作用下进行，也可在无张力作用下进行。根据张力的有无或大小，纤维热定型时可以完全不发生收缩或部分发生收缩。如按定型介质或加热方式来区分，则可分为干热空气定型、接触加热定型、水蒸气湿热定型、溶液（水、甘油等）定型四种方式。

热定型工艺的影响因素主要包括温度、时间、张力，此外，溶胀剂（水或蒸汽）也能增进定型的效果。

6.2.6 纤维制品的应用

纤维制品根据所用原料、加工工艺及微观结构的区别呈现不同的优良特性，适用于人们日常生产生活的众多方面，较为常见的纤维包括甲壳质与壳聚糖纤维、芳香族聚酰胺纤维、芳香族聚酯纤维、芳香族杂环类纤维、高强高模聚乙烯纤维、其它高强柔性链高分子纤维、碳纤维及其它高性能无机纤维，广泛应用于生化防护、高效分离、医疗保健、传导传感、航空航天、国防军工等多个领域。

6.2.6.1 碳纤维

碳纤维是指通过固相炭化后纤维化学组成中碳元素占总质量90%以上的纤维。因此，并不是所有的高分子有机纤维都能通过固相炭化得到碳纤维，只有在固相炭化过程中不熔融、不剧烈分解的高分子有机纤维才能作为碳纤维的原料。一些纤维要经过简单的预氧化处理后，才能在固相炭化过程中不熔融、不剧烈分解。沥青纤维经过不熔化处理后亦能满足不熔融、不剧烈分解的条件。迄今为止，经过探索可以用来制备碳纤维的有机纤维有纤维素纤维、木质素纤维、聚丙烯腈纤维、酚醛纤维、聚酯纤维、聚酰胺纤维、聚乙烯醇纤维、聚氯乙烯纤维、聚酰亚胺纤维、沥青纤维等。目前碳纤维大致可以划分为三类：聚丙烯腈（PAN）基碳纤维、沥青基碳纤维（各向同性沥青、中间相沥青）、黏胶基碳纤维（人造丝基）。

6.2.6.2 玻璃纤维

玻璃是一种历史悠久且随处可见的材料。它由二氧化硅等氧化物组成的无机盐类混合物经高温熔融制成，通过冷却固化可制备出多种玻璃制品。熔融状态的玻璃可通过喷丝小孔拉制成长纤维。这一技术始于20世纪30年代，玻璃纤维增强塑料（即玻璃钢）已被广泛应用于各个领域。

玻璃纤维具有强度高、模量适中、吸湿性小、耐热性好以及耐化学特性优异等性能，广泛应用于各种工业用纺织物和纤维增强复合材料。用玻璃纤维增强的塑料，其强度、刚度、冲击韧性和耐热性都有很大的提高，因此玻璃纤维在纤维增强复合材料制造业中，占有重要地位。随着高性能玻璃纤维的出现，它与其它高性能纤维如芳纶和碳纤维，竞争于先进复合材料领域。

6.2.6.3 氧化铝纤维

氧化铝纤维以 Al_2O_3 为主要成分，含有 SiO_2、B_2O_3 等成分，组成连续长丝，市面上有各种型号的氧化铝纤维。氧化铝具有多种结晶结构，在高温下氧化铝转变成 $\alpha-Al_2O_3$ 晶形，铝原子为六面配位体的稳定结合，排列紧密、硬度大、化学性能也稳定，但 $\alpha-Al_2O_3$ 脆性较强，可添加适量的 SiO_2 改进其性能。

氧化铝的熔点大约为2040℃，采用熔融方法不宜纺丝长纤维，但可将熔体吹制短纤维，用作高温隔热保温材料。长纤维可采用氧化铝溶胶或溶液纺丝的方法制备，然后经高温热处理获得。如将粉状氧化铝及少量烧结助剂 $MgCl_2 \cdot 6H_2O$、黏结剂 $Al_2(OH)_5Cl \cdot 2H_2O$ 混合成浆状纺丝液体，用干法纺丝成型为原丝，再在1000～1500℃高温下烧结处理，得到 $\alpha-Al_2O_3$ 晶粒烧结集合而成的纤维。纤维受烧结工艺和组成的影响，得到不同的纤维性能。

氧化铝纤维的性能与纤维的细度、氧化物的组成和烧结工艺有很大关系，氧化铝纤维具有很高的耐热性，在1000℃左右其强度基本没有变化，也没有热收缩，加工性能良好，与树脂和金属的黏结性很好，是优良的增强纤维材料。

6.2.6.4 碳化硅纤维

碳化硅具有高温下优异的耐热性能，对其进行纤维化的开发和研究已成为纤维学界的热点，目前已有三代工业化的碳化硅纤维问世。碳化硅纤维是日本东北大学矢岛教授于1975年发明的，其由有机硅化合物聚碳硅烷等纺丝成型，成型后不熔化，再于1000℃以上热处理而成。通常采用无机高分子二甲基二氯硅烷，其为高分子前聚体，在金属钠作用下发生脱氯反应生成聚二甲基硅烷，在400℃以上发生重排反应生成聚碳硅烷，再纺丝成型，在空气中进行热氧化不熔性处理，在1100～1150℃高温中烧结得到碳化硅纤维。其由 Si-C-O 三成分组成，β-SiC 结构为主的微晶体，与碳及二氧化硅均匀结合。碳化硅纤维也可用含钛聚硅烷作为聚合前驱体，形成由 Si-C-Ti-O 四种成分组成的纤维。

碳化硅纤维作为纤维增强材料，基体可选择塑料、金属和陶瓷等材料。考虑到碳化硅纤维、氧化铝纤维等陶瓷纤维的超耐热性，与金属和陶瓷的相容性，它们十分适合制备增强金属基复合材料和增强陶瓷基复合材料。同时这类纤维与基体界面的热膨胀率及热导率非常接近，所以在耐热复合材料的开发中发展很快，纤维的加入可提高陶瓷基体的韧性，增加抗冲击强度，在火箭、喷气飞机上的耐热部件方面得到应用。

6.3　复合材料

6.3.1　复合材料的定义

复合材料是指由两种或两种以上物理和化学性质不同的物质组合而成的一种多相固体材料。复合材料可经设计，即通过对原材料的选择、各组分分布设计和工艺条件的保证等，使原组分材料优点互补，表现出优异的综合性能。在复合材料中，通常有一相为连续相，称为基体；另一相为分散相，称为增强材料。分散相是以独立形态分布在整个连续相中的，两相之间存在着相界面。分散相可以是增强纤维或晶须，也可以是颗粒状或弥散的填料。

从上述定义中可以看出，复合材料可以是一个连续物理相与一个连续分散相的复合，也可以是两个或多个连续相与一个或多个分散相在连续相中复合。复合材料既可以保持原有材料的某些特点，也能发挥组合后的新特征，它可以根据需要进行设计，从而最合理地达到使用所要求的性能。

6.3.2　复合材料的发展史

随着生活水平的提高，人们对材料性能的要求日益提高，单一材料已很难满足性能的综合要求和高性能要求，因此材料的复合化是材料发展的必然趋势之一。复合材料的出现是金属、陶瓷、高分子等单一材料发展和应用的必然结果，是各种单一材料研制和使用经验的综合，也是这些单一材料技术的升华。

复合材料是一种多相复合体系。复合材料的出现及发展虽只有几十年的时间，但人类在很早之前就开始使用复合材料，如在一万年前人类就用茅草与黏土复合制作煮食的容器。

20 世纪 40 年代由玻璃纤维增强合成树脂的复合材料（玻璃钢）出现，这是现代复合材料发展的重要标志。玻璃纤维复合材料 1946 年开始应用于火箭发动机壳体，20 世纪 60 年代在各种型号的固体火箭上应用成功，如美国把玻璃纤维复合材料用于直升机旋翼桨叶等。

20 世纪 60～70 年代，复合材料不仅可用玻璃纤维增强，而且可用碳纤维、碳化硅纤维、芳纶纤维增强，这使得复合材料的综合性能得到了很大的提高，从而使复合材料的发展进入新的阶段。以碳纤维为例，其复合材料的比强度不但超过了玻璃纤维复合材料，而且比模量是其 5～8 倍，这使结构的承压能力和承受动力负荷能力大幅提高。碳/碳复合材料是载人宇宙飞船和多次往返太空飞行器的理想材料，用于制造宇宙飞行器的鼻锥部、机翼、尾翼前缘等承受高温载荷的部件。固体火箭发动机喷管的工作温度高达 3000～3500℃，为了提高发动机效率，还要在推进剂中掺入固体粒子。因此，固体火箭发动机喷管的工作环境需同时承受高温、化学腐蚀和固体粒子的高速冲刷。目前只有碳纤维增强的超高温复合材料才能承受这样的特殊苛刻环境。

20 世纪 70 年代后期发展的由高强度、高模量的耐热纤维与金属，特别是与轻金属复合而成的金属基复合材料，克服了树脂基复合材料耐热性差、不导电和导热性低等不足。

20 世纪 80 年代开始逐渐发展陶瓷基复合材料，采用纤维补强陶瓷基体以提高韧性。其主要目标是制造燃气涡轮叶片和其它耐热部件。聚合物基、金属基、陶瓷基三类复合材料均具有耐热性能好、强度高等特点，既可用于要求强度高、密度小的场合，又可用于制作在高温环境下仍保持高强度的构件，因此它们的开发与应用越来越受到人们的重视。

纵观复合材料的发展过程，可以看到早期发展的复合材料，如玻璃纤维复合材料，由于性能相对比较低、生产量大、使用面广，可以称为常用复合材料。后来随着高科技发展的需要，新一代复合材料（如碳/碳复合材料）由于其性能高而被称为先进复合材料。

6.3.3 复合材料的命名和分类

复合材料可根据增强材料与基体材料的名称来命名。将增强材料名称放在前面，基体材料的名称放在后面，中间加一斜线隔开，在基体材料的名称后加上"复合材料"。例如，玻璃纤维与聚氨酯构成的复合材料称为"玻璃纤维/聚氨酯复合材料"。碳纤维和陶瓷基构成的复合材料可简称为"碳/陶复合材料"。碳纤维和碳构成的复合材料则称为"碳/碳复合材料"。

复合材料的分类方法很多，常见的分类方法有以下几种。

（1）按增强材料形态分类

① 连续纤维复合材料：连续纤维作为分散相，每根纤维的两个端点都位于复合材料的边界处；

② 短纤维复合材料：短纤维无规则地分散在基体材料中制成的复合材料；

③ 粒状填料复合材料：微小颗粒状增强材料分散在基体中制成的复合材料；

④ 编织复合材料：以平面二维或立体三维纤维编织物为增强材料与基体复合而成的复合材料。

（2）按增强纤维种类分类

主要有玻璃纤维复合材料、碳纤维复合材料、有机纤维复合材料、金属纤维复合材料、陶瓷纤维复合材料。此外，用两种或两种以上纤维增强同一基体制成的复合材料称为混杂纤维复合材料。混杂纤维复合材料可以看成是两种或多种单一纤维相互复合得到的复合材料。

（3）按基体材料分

① 聚合物基复合材料：以有机聚合物（主要为热固性树脂、热塑性树脂及橡胶）为基体制成的复合材料；

② 金属基复合材料：以金属为基体制成的复合材料，如铝基复合材料、钛基复合材料等；

③ 无机非金属基复合材料：以陶瓷、玻璃、水泥和碳材料为基体制成的复合材料。

（4）按增强体类型分类

主要包括颗粒增强型复合材料、纤维增强型复合材料、晶须增强型复合材料。

（5）按材料用途分类

① 结构复合材料：用于制造受力构件的复合材料。要求它质量轻、强度和刚度高且能耐受一定温度，在某种情况下还要求具有膨胀系数小、绝热性能好或耐介质腐蚀等其它性能。

② 功能复合材料：指除力学性能以外还具有各种特殊性能如阻尼、导电、导磁、换能、摩擦、屏蔽等功能的复合材料，是由功能体（提供物理性能的基本组成单元）和基体组成的。

6.3.4 复合材料的特点

复合材料由多相材料复合而成，其共同的特点如下。

① 可综合发挥各种组成材料的性能优点，使一种材料具有多种性能，具有天然材料所没有的性能。例如，玻璃纤维增强树脂基复合材料，既具有类似钢材的强度，又具有塑料的介电性能和耐腐蚀性能。

② 可根据材料性能的需要对材料进行设计和制造，例如，针对方向性材料强度的设计、针对某种介质耐老化性能的设计等。

③ 可制成所需的任意形状的产品，可避免多次加工工序，例如，可避免金属产品的铸模、切削、研磨、抛光等工序。

④ 性能的可设计性（复合材料的最大特点）。

影响复合材料性能的因素很多，主要取决于增强材料的性能、含量及分布情况，基体材料的性能、含量及分布情况，以及它们之间的界面结合情况，作为产品还与成型工艺和结构设计有关。

不同类复合材料的性能存在较大差异，即使同一类复合材料的性能也有较大差别，因此需根据性能要求来量身定制相对应的复合材料。与普通材料相比，复合材料可改善或克服单一材料的弱点，充分发挥各组成材料的性能优势，并赋予材料新的性能；可按照构件的结构和受力要求，给出预定的分布合理的配套性能，进行材料最佳性能设计等，具体表现在以下几个方面。

（1）高比强度和高比模量

复合材料的突出优点是比强度和比模量高。如碳纤维增强树脂复合材料的比模量比钢和铝合金高 5 倍，比强度比钢和铝合金也高 3 倍以上。

（2）耐疲劳性好

纤维复合材料，特别是树脂基复合材料对缺口、应力集中敏感性小，而且纤维和基体的界面可以使扩展裂纹尖端变钝或改变方向，即阻止了裂纹的迅速扩展，因此疲劳强度较高，碳纤维不饱和聚酯树脂复合材料的疲劳极限可达其拉伸强度的 70%～80%，而金属材料只有40%～50%。

（3）抗断裂能力强

纤维复合材料中有大量独立存在的纤维，一般每平方厘米上有几万到几十万根，由具有韧性的基体把它们结合成整体。当纤维复合材料构件由于超载或其它原因使少数纤维断裂时，荷载就会重新分配到其它未断裂的纤维上，使构件不至于在短时间内发生突然破坏。因此复合材料具有比较高的抗断裂韧性。

（4）减振性能好

结构的自振频率与结构本身的质量和形状有关，并与材料比模量的平方根成正比。若材料的自振频率高，则可避免在工作状态下产生共振及由此引起的早期破坏。

6.3.5 复合材料设计原理与方法

6.3.5.1 复合效应

将 A、B 两种组分复合起来，得到既具有 A 组分的性能特征又具有 B 组分的性能特征的综合效果，称为复合效应。复合效应实质是组分 A 与组分 B 的性能及它们之间所形成的界面性能相互作用和相互补充，使复合材料的性能在其组分材料性能的基础上产生线性或非线性的综合。显然，由不同的复合效应可以获得种类繁多的复合材料。复合效应有正有负，即不同组分复合后，有些性能得到了提高，而另一些性能则可能出现降低甚至抵消。不同组分复合后，可能发生的复合效应有两种：线性复合效应和非线性复合效应。线性复合效应包括平均效应、平行效应、相补效应和相抵效应；非线性复合效应包括相乘效应、诱导效应、系统效应和共振效应。

6.3.5.2 复合材料的结构设计

复合材料的出现与发展为材料及结构设计者提供了前所未有的契机。设计者可以根据外部环境的变化与要求来设计具有不同结构特征与性能的复合材料，以满足工程实际对高性能复合材料及结构的要求。这种可设计的灵活性再加上复合材料优良的特性使复合材料在不同应用领域竞争中成为特别受欢迎的候选材料。目前，复合材料的应用领域已从航空航天及国防扩展到汽车及其它领域。然而，复合材料的制造成本远高于传统材料，这限制了它的广泛应用。因此，只有降低复合材料的生产成本才能扩大其应用市场，其中材料的优化设计是降低成本的关键之一。

复合材料设计同时考虑组分材料性能及复合材料细观、微观结构，以获得人们所期望的材料及结构特性。与传统材料设计不同，复合材料设计是一个复杂的设计问题，它涉及多个设计变量的优化及多层次设计选择。复合材料设计要求确定增强体（连续纤维、颗粒等）的几何特征，基体材料、增强材料和增强体的细观结构，以及增强体的体积分数。对于给定的特性及性能规范，通过上述设计定量进行系统优化是一件比较复杂的事。有时，复合材料设计依赖于有经验的设计者，设计出的复合材料借助已有的理论模型加以判断。

一般来说，复合材料设计及结构设计大体可以分为如下步骤，如图 6-25 所示。

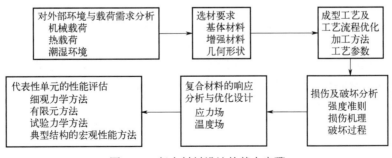

图 6-25 复合材料设计的基本步骤

（1）外部环境与载荷需求分析

明确复合材料的使用环境和性能要求，包括：

机械载荷：分析施加在材料上的力学载荷。

热载荷：考虑温度变化及热膨胀对材料性能的影响。

潮湿环境：评估材料在湿度变化中的稳定性和耐久性。

（2）选材要求

根据需求选择适合的材料类型：

基体材料：如聚合物、金属或陶瓷。

增强材料：如玻璃纤维、碳纤维、芳纶纤维等。

几何形状：根据结构需求确定增强材料的分布和形态。

（3）成型工艺及工艺流程优化

设计合理的成型工艺以实现最佳性能：确定加工方法，如手糊成型、真空导入或热压罐成型；优化固化温度、压力和时间等工艺参数。

（4）损伤及破坏分析

分析材料在实际使用中的潜在失效模式。

强度准则：评估材料的承载能力。

损伤机理：研究裂纹扩展和疲劳失效的形成过程。

破坏过程：模拟并预测材料的破坏行为。

（5）复合材料的响应分析与优化设计

研究材料在工作条件下的响应特性。

应力场：分析载荷分布及应力集中情况。

温度场：评估热效应对材料性能的影响。

设计与变截面的优化：调整结构设计以提高效率和性能。

（6）代表性单元的性能评估

对复合材料进行局部与整体性能的综合评价，评价方法有：

微观力学方法：研究复合材料在微观结构下的性能。

有限元方法：对整体结构进行数值模拟分析。

试验力学方法：通过实验验证材料设计的可靠性。

典型结构的宏观性能方法：研究材料在实际应用中的综合表现。

上述六个步骤是复合材料设计及结构设计中的基本步骤。同时在上述材料设计和结构设计中都涉及应变、应力与变形分析，以及失效分析，以确保结构的强度与刚度。

6.3.5.3　复合材料的设计原则

复合材料设计的基本原则如下。

（1）高比强度、比刚度原则

对于结构件，特别是航空航天结构，在满足强度、刚度、耐久性和损伤容限等要求的前提下，应使结构质量最小。对于聚合物基复合材料，比强度、比刚度是指单向板纤维方向的强度、刚度与材料密度之比，然而，实际结构中的复合材料为多向层合板，其比强度和比刚度要比上述值低30%～50%。

（2）材料与结构的使用环境相适应原则

通常要求材料的主要性能在整个使用环境条件下，其下降幅值应不大于10%。引起性能下降的主要环境条件是温度，对于聚合物基复合材料，湿度也对性能有较大的影响，特别是高温、高湿度环境对材料性能的影响更大。聚合物基复合材料受温度与湿度的影响，主要是基体受影响。因此，可以通过改进或选用合适的基体以达到与使用环境相适应的条件。通常，根据结构的使用温度范围和材料的工作温度范围对材料进行合理的选择。

（3）满足结构特殊性要求的原则

除了结构刚度和强度以外，许多结构件还要求有一些特殊的性能，如飞机雷达罩要求有透波性、隐身飞机要求有吸波性、客机的内装饰件要求阻燃性等。通常，为满足这些特殊性要求，要合理地选取基体材料。

（4）满足工艺性要求的原则

复合材料的工艺性包括预浸料工艺性、固化成型工艺性、加工装配工艺性和修补工艺性四个方面。

（5）成本低、效益高的原则

成本包括初期成本和维修成本，而初期成本包括材料成本和制造成本。效益指减重获得节省材料、性能提高、节约能源等方面的经济效益。因此成本低、效益高的原则是一项重要的选材原则。

6.3.6　复合材料的成型工艺与方法

6.3.6.1　树脂基复合材料的成型工艺

树脂基复合材料的性能在纤维与树脂体系确定后，主要决定于成型工艺。其成型工艺主要包括以下两个方面：

① 成型，即将预浸料按产品的要求，铺置成一定的形状，一般是产品的形状；

② 固化，即把已铺置成一定形状的叠层预浸料，在一定的温度、时间和压力下使形状固定下来，并能达到预期的性能要求。

（1）手糊成型工艺

手糊成型工艺是复合材料最早的一种成型方法，也是一种最简单的方法，其具体工艺过程如图6-26所示。首先，在模具上涂刷含有固化剂的树脂混合物，再在其上铺贴一层按要求剪裁好的纤维织物，用刷子、压辊或刮刀压挤织物，使其均匀浸胶并排除气泡后，再涂刷树脂混合物和铺贴第二层纤维织物，反复上述过程直至达到所需厚度为止。然后，在一定压力作用下加热固化成型（热压成型）或者利用树脂体系固化时放出的热量固化成型（冷压成型），最后脱模得到复合材料制品。

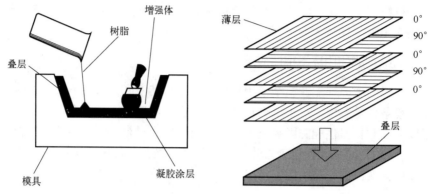

图 6-26 手糊成型工艺

① 手糊成型工艺优点：

a．受产品尺寸和形状限制，适宜尺寸大、批量小、形状复杂产品的生产；

b．设备简单，投资少，设备折旧费低；

c．工艺简单；

d．易于满足产品设计要求，可以在产品不同部位任意增补增强材料；

e．制品树脂含量较高，耐腐蚀性好。

② 手糊成型工艺缺点：

a．生产效率低，劳动强度大；

b．产品质量不易控制，性能稳定性不高；

c．产品力学性能较低。

（2）模压成型工艺

模压成型是一种对热固性树脂和热塑性树脂都适用的纤维复合材料成型方法。工艺过程如图 6-27 所示，先将定量的模塑料或颗粒状树脂与短纤维的混合物放入敞开的金属对模中，闭模后加热使其熔化，并在压力作用下充满模腔，形成与模腔相同形状的模制品；再经加热使树脂进一步发生交联反应而固化，或者经冷却使热塑性树脂硬化，脱模后得到复合材料制品。

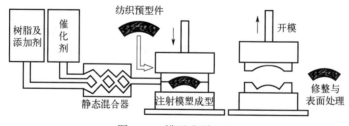

图 6-27 模压成型工艺

① 模压成型工艺优点 模压成型工艺有较高的生产效率，制品尺寸准确，表面光洁，多数结构复杂的制品可一次成型，无须二次加工，制品外观及尺寸的重复性好，容易实现机

械化和自动化。

② 模压成型工艺缺点　模具设计制造复杂，压机及模具投资高，制品尺寸受设备限制，一般只适合制造批量大的中、小型制品。

模压成型工艺已成为复合材料的重要成型方法，在各种成型工艺中所占比例仅次于手糊/喷射和连续成型，居第三位。近年来，随着专业化、自动化和生产效率的提高，制品成本不断降低，使用范围越来越广泛。模压制品主要用作结构件、连接件、防护件和电气绝缘件等，广泛应用于工业、农业、交通运输、电气、化工、建筑、机械等领域。由于模压制品质量可靠，其在兵器、飞机、导弹、卫星上也得到应用。

（3）喷射成型工艺

喷射成型工艺如图 6-28 所示。不饱和聚酯树脂分别在加入促进剂和引发剂后，从喷枪的两侧喷出。同时，通过切割机将玻璃纤维无捻粗纱切断，并从喷枪中心喷出，与树脂共同均匀沉积在模具表面。材料沉积到一定厚度后，使用手辊进行滚压，使纤维充分浸润树脂、压实并排除气泡。最终，材料固化形成制品。另外，根据需求可先在模具表面喷涂凝胶涂层以提供表面保护和装饰效果。

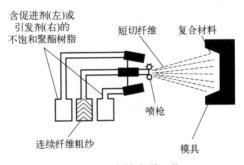

图 6-28　喷射成型工艺

喷射成型对所用原材料有一定要求，如树脂体系的黏度应适中，容易喷射雾化、脱除气泡和浸润纤维以及不带静电等。最常用的树脂是在室温或稍高温度下即可固化的不饱和聚酯等。喷射法使用的模具与手糊法类似，而生产效率可提高数倍，劳动强度降低，能够制作大尺寸制品。

利用喷射成型工艺可以制作大客车车身、船体、广告模型、舞台道具、贮藏箱、建筑构件、机器外罩、安全帽等。用喷射成型方法虽然可以制成复杂形状的制品，但制品厚度和纤维含量都较难精确控制，树脂含量一般在 60%以上，孔隙率较高、制品强度较低，施工现场污染和浪费较大。

（4）连续纤维缠绕成型工艺

连续纤维缠绕成型工艺如图 6-29 所示。将浸过树脂胶液的连续纤维或布带，按照一定规律缠绕到芯模上，然后固化脱模成为增强塑料制品的工艺过程，称为缠绕工艺。

利用连续纤维缠绕技术制作复合材料制品时，有两种不同的方式可供选择：一是将纤维或带状织物浸树脂后，再缠绕在芯模上；二是先将纤维或带状织物缠好后，再浸渍树脂。

缠绕机类似一部机床，纤维通过树脂浴槽后，用轧辊除去纤维中多余的树脂。为改善工艺性能和避免损伤纤维，可预先在纤维表面涂覆一层半固化的基体树脂，或者直接使用预浸料。纤维缠绕方式和角度可以通过机械传动或计算机控制。缠绕达到要求厚度后，根据所选用的树脂类型，在室温或加热箱内固化、脱模便得到复合材料制品。

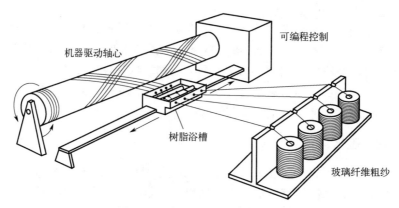

图 6-29　连续纤维缠绕成型工艺

① 连续纤维缠绕技术的优点：

a. 纤维按预定要求排列的规整度和精度高，通过改变纤维排布方式、数量，可以实现等强度设计，因此能在较大程度上发挥增强纤维的抗张性能。

b. 连续纤维缠绕技术生产效率较高，所制得的成品结构合理、比强度和比模量高、质量比较稳定等。

c. 连续纤维缠绕技术适于制作承受一定内压的中空型容器，如固体火箭发动机壳体、导弹散热层和发射筒，以及压力容器、大型贮罐、各种管材等。

② 连续纤维缠绕技术的缺点：设备投资费用大，只有大批量生产时才可能降低成本。

6.3.6.2　金属基复合材料成型工艺

（1）固态法

金属基复合材料成型工艺主要为扩散结合和粉末冶金两种方法。

① 扩散结合　在一定的温度和压力下，把表面新鲜清洁的相同或不相同的金属，通过表面原子的互相扩散连接在一起。扩散结合已成为一种制造连续纤维增强金属基复合材料的常用工艺方法。

扩散结合工艺中，增强纤维与基体的结合主要分为三个步骤：

a. 纤维的排布；

b. 复合材料的叠合和真空封装；

c. 热压。

采用扩散结合方式制备金属基复合材料，工艺相对复杂，工艺参数控制要求严格，纤维排布、叠合以及封装手工操作多，成本高。但扩散结合是连续纤维增强并能按照铺层要求排布的唯一可行的工艺。在扩散结合工艺中，增强纤维与基体的湿润问题容易解决，而且在热压时可通过控制工艺参数来控制界面反应。因此，在金属基复合材料的早期生产中大量采用扩散结合工艺。

② 粉末冶金　粉末冶金既可用于连续长纤维增强，又可用于短纤维、颗粒或晶须增强的金属基复合材料的制备。

在粉末冶金法中，长纤维增强金属基复合材料的制备分两步进行。首先，将预先设计好的一定体积分数的长纤维和金属基体粉末混装于容器中，在真空或保护气氛下预烧结；然后将预烧结体进行热等静压烧结。一般情况下，采用粉末冶金工艺制备的长纤维增强金属基复合材料中，纤维的体积分数为40%～60%，最多可达75%。

粉末冶金法的五大优点如下。

a. 热等静压或烧结温度低于金属熔点，因此由高温引起的增强材料与金属基体的界面反应减小了对复合材料性能的不利影响。同时可以通过热等静压或烧结时的温度、压力和时间等工艺参数来控制界面反应。

b. 可根据性能要求，使增强材料（纤维、颗粒或晶须）与基体金属粉末以任何比例混合，纤维含量最高可达75%，颗粒含量可达50%以上，这是液态法无法达到的。

c. 可降低增强材料与基体互相湿润的要求，也降低了增强材料与基体粉末密度差的要求，使颗粒或晶须均匀分布在金属基复合材料的基体中。

d. 采用热等静压工艺时，其组织细化、致密、均匀，一般不会产生偏析、偏聚等缺陷，可使孔隙和其它内部缺陷得到明显改善，从而提高复合材料的性能。

e. 粉末冶金法制备的金属基复合材料可通过传统的金属加工方法进行二次加工。可以得到所需形状的复合材料构件的毛坯。

粉末冶金法主要缺点：

a. 工艺过程比较复杂；

b. 金属基体必须制成粉末，增加了工艺的复杂性和成本；

c. 在制备铝基复合材料时，还要防止铝粉引起的爆炸。

（2）液态法

液态法亦称为熔铸法，其中包括压铸成型、半固态复合铸造、液态渗透以及搅拌法和无压渗透法等。

① 压铸成型　压铸成型是指在压力作用下将液态或半液态金属基复合材料或金属以一定速度充填压铸模型腔或增强材料预制体的孔隙中，在压力下快速凝固成型而制备金属基复合材料的工艺方法。

压铸成型的具体工艺：将含有增强材料的金属熔体倒入预热模具后，迅速加压至70～100MPa，使液态金属基复合材料在压力下凝固，待复合材料完全固化后顶出，即制得所需形状及尺寸的金属基复合材料的坯料或压铸件。压铸工艺中，影响金属基复合材料性能的工艺因素主要有熔融金属的温度、模具预热温度、使用的最大压力、加压速度。

② 半固态复合铸造　半固态复合铸造主要是针对搅拌法的缺点而提出的改进工艺。

该方法是将颗粒加入处于半固态的金属基体中，通过搅拌使颗粒在金属基体中均匀分布，并取得良好的界面结合，然后浇注成型或将半固态复合材料注入模具中进行压铸成型。

采用搅拌法制备金属基复合材料时，常常由于强烈搅拌将气体或表面金属氧化物卷入金属熔体中；同时当颗粒与金属基体湿润性差时，颗粒难以与金属基体复合，而且颗粒在金属基体中由于密度关系难以得到均匀分布，影响复合材料性能。

半固态复合铸造的原理如下。

a. 将金属熔体的温度控制在液相线与固相线之间，通过搅拌使部分树枝状结晶体破碎成固相颗粒，熔体中的固相颗粒是一种非枝晶结构，可以防止半固态熔体黏度的增加。

b．当加入预热后的增强颗粒时，因熔体中含有一定量的固相金属颗粒，在搅拌中增强颗粒受阻而滞留在半固态金属熔体中，增强颗粒不会集结和偏聚而得到一定的分散。

c．强烈的机械搅拌也使增强颗粒与金属熔体直接接触，促进润湿。

半固态复合铸造主要应用于颗粒增强金属基复合材料，因短纤维、晶须在加入时容易结团或缠结在一起，经搅拌也不易分散均匀，因此不易采用此法来制备短纤维或晶须增强金属基复合材料。

③ 无压渗透法　无压渗透法的工艺过程如下：

a．将增强材料制成预制体，置于氧化铝容器内；

b．再将基体金属坯料置于可渗透的增强材料预制体上部；

c．氧化铝容器、预制体和基体金属坯料均装入可通入流动氮气的加热炉中；

d．通过加热，基体金属熔化，并自发渗透进入网络状增强材料预制体中。

无压渗透工艺能较明显降低金属基复合材料的制造成本，但复合材料的强度较低，而其刚度显著高于基体金属。

6.3.6.3　陶瓷基复合材料的加工制造方法

（1）冷压烧结法

该方法与传统的陶瓷生产工艺相似，是将纤维、晶须、颗粒等增强相和陶瓷粉体与有机黏结剂混合后，压制成型，除去有机黏结剂，然后烧结成制品。在冷压烧结法的生产过程中，通常会遇到烧结过程中制品收缩，最终产品残留裂纹等问题。在纤维和晶须增强的陶瓷基复合材料烧结时，除了会遇到陶瓷基体的收缩问题外，还会使烧结材料在烧结和冷却时产生缺陷或内应力，这主要由增强材料的特性决定。

（2）热压法

热压法是一种高效制备高性能纤维增强陶瓷基复合材料的重要工艺。该方法通常采用浆料浸渍工艺制备坯件，以确保陶瓷基体与增强纤维的充分结合，从而赋予材料优异的力学性能和耐高温性能。浆料的主要成分包括陶瓷粉末、溶剂和有机黏结剂。其中，陶瓷粉末作为基体材料，决定了最终复合材料的耐高温性能和力学性能；溶剂用于调节浆料的流变特性，使其适用于浸渍工艺；有机黏结剂则在浆料中起到分散和黏结作用，确保陶瓷粉末均匀分布在增强纤维周围。根据具体需求，可适量添加润湿剂，以改善浆料对纤维的润湿性，提高纤维与基体的界面结合质量，从而增强材料的综合性能。在制备过程中，控制浆料的组成、纤维的分布以及热压参数，对于最终材料性能的优化至关重要。热压法制备的纤维增强陶瓷基复合材料因其高强度、高耐热性和优异的抗热震性能，广泛应用于航空航天、汽车、能源以及高温结构材料等领域。

（3）渗透法

渗透法是在预制的增强材料坯件中使基体材料以固态、液态或气态的形式渗透制成复合材料。其中，比较常用的是液相渗透和气相渗透。陶瓷基复合材料液相渗透类似于聚合物基复合材料制造技术中纤维布被液相的树脂渗透后热压固化，但其所用的基体是陶瓷，渗透的温度要高得多，通常在 1000℃以上。

（4）原位化学反应法

原位化学反应法已经被用于制造整体陶瓷件，同样该技术也可以用于制造陶瓷基复合材料，已广泛应用于制造陶瓷基复合材料的有 CVD 和 CVI（化学气相渗透）法。

CVD 法是利用化学气相沉积技术，通过一些反应性混合气体在高温状态下反应，生成陶瓷材料并沉积在增强材料表面形成陶瓷基复合材料的方法。CVI 法是将化学气相渗透技术运用到纤维增强材料预制坯件的工艺中，使陶瓷相不仅沉积在表面，而且均匀渗透到预制件的内部，以获得比 CVD 法结构更均匀的陶瓷基复合材料。

6.3.7 复合材料的应用

6.3.7.1 树脂基复合材料

树脂基复合材料作为一种广泛应用的复合材料，主要性能表现如下：

① 比强度、比模量大；

② 耐疲劳性能好；

③ 减振性好；

④ 过载时安全性好；

⑤ 有很好的加工工艺性；

⑥ 具有多种功能性：良好的耐磨及减摩特性，高的电绝缘性能，优良的耐腐蚀性能，特殊的光学、电学、磁学等特性。

用于承力结构的树脂基复合材料利用的是其优良的力学性能，而功能型复合材料，除利用其基本的力学性能外，还主要利用其各种物理、化学和生物等功能。树脂基复合材料的强度、刚度特性由组分材料的性质、增强材料的取向和所占的体积分数决定，但由于制造工艺、随机因素的影响，在实际复合材料中不可避免地存在各种不均匀性和不连续性，残余应力、空隙、裂纹、界面结合不完善等都会影响材料的性能。

树脂基复合材料在医疗、体育、娱乐方面有广泛的应用。在生物医学领域，树脂基复合材料可用于制造人工心脏瓣膜及人工血管等。复合材料牙齿、复合材料骨骼，以及用于创伤外科的复合材料呼吸器、支架、假肢、人工肌肉、人工皮肤等均有成功案例。在医疗设备方面，主要有复合材料诊断装置、复合材料测量器材，以及复合材料拐杖、轮椅、搬运车和担架等。复合材料体育用品种类很多，如水上体育用品就包括复合材料皮艇、赛艇、划艇、帆等。

6.3.7.2 金属基复合材料

金属基复合材料的性能取决于所选用的金属或合金基体和增强物的特性、含量、分布，以及基体与增强体的相容性等。通过优化组合其可以既具有金属特性，又具有高比强度、高比模量、耐热、耐磨等综合性能。金属基复合材料具有以下性能特点。

① 高比强度、高比模量　在金属基体中加入了适量的高强度、高模量、低密度的纤维、晶须或颗粒等增强物，明显提高了复合材料的比强度和比模量。

② 导电、导热性能良好　金属基复合材料中金属基体体积分数很高，一般在60%以上，因此仍保持金属所具有的良好导热性和导电性。

③ 热膨胀系数小，尺寸稳定性好　金属基复合材料中所用的增强物（碳纤维、硼纤维，

以及碳化硅纤维、晶须或颗粒等）具有很小的热膨胀系数，又具有很高的模量。加入一定量的增强物不仅可以大幅度提高材料的强度和模量，还可以使其热膨胀系数明显下降，并可以通过调整增强物的含量获得不同的热膨胀系数，以满足各种工况要求。

④ 良好的高温性能　由于金属基体的高温性能比聚合物高很多，增强纤维、晶须、颗粒在高温下又都具有很好的高温强度和模量，因此金属基复合材料具有比金属基体更好的高温性能，特别是连续纤维增强金属基复合材料，在复合材料中纤维起着主要承载作用，纤维强度在高温下基本不下降，纤维增强金属基复合材料的高温性能可保持到接近金属熔点，并比金属基体的高温性能高很多。如钨丝增强耐热合金，其 1000℃下 100h 高温持久强度为207MPa，而基体合金的高温持久强度只有 48MPa。又如石墨纤维增强铝基复合材料在 500℃高温下仍具有 600MPa 的高温强度，而铝基体在 300℃强度已下降到 100MPa 以下。因此，金属基复合材料制造发动机等高温零部件，可大幅度地提高发动机的性能和效率。

⑤ 耐磨性好　金属基复合材料，尤其是陶瓷纤维、晶须、颗粒增强的金属基复合材料具有很好的耐磨性。这是因为在金属基体中加入了大量的陶瓷增强物，特别是细小的陶瓷颗粒。陶瓷材料具有硬度高、耐磨、化学性能稳定的优点，用它们来增强金属不仅提高了材料的强度和刚度，也提高了复合材料的硬度和耐磨性。SiC/Al 复合材料的高耐磨性在汽车、机械工业中有很好的应用前景，SiC/Al 复合材料用于汽车发动机、刹车盘、活塞等重要零件，能明显提高零件的性能和寿命。

⑥ 良好的疲劳性能和断裂韧性　金属基复合材料的疲劳性能和断裂韧性取决于纤维等增强物与金属基体的界面结合状态、增强物在金属基体中的分布，以及金属、增强物本身的特性，特别是界面结合状态。最佳的界面结合状态既可有效传递载荷，又能阻止裂纹扩展，提高材料的断裂韧性。美国宇航公司报道，C_f（碳纤维）/Al 复合材料的疲劳强度与拉伸强度比为 0.7 左右。

⑦ 不吸潮、不老化、气密性好　与聚合物相比，金属基体性质稳定、组织致密，不存在老化、分解、吸潮等问题，也不会发生性能的自然退化，这比聚合物基复合材料优越，在密闭空间使用不会因分解出低分子物质而污染仪器和环境，有明显的优越性。

总之，金属基复合材料具有优异的综合性能，在航天、航空、电子、汽车、先进武器系统中均具有广泛的应用前景，对装备性能的提高将发挥重要作用。

6.3.7.3　陶瓷基复合材料

陶瓷材料强度高、硬度大、耐高温、抗氧化，高温下抗磨损性好，耐化学腐蚀性优良，热膨胀系数和相对密度较小，这些优异的性能是一般金属材料、高分子材料及其复合材料所不具备的。但陶瓷材料抗弯强度不高，断裂韧性低，限制了其作为结构材料应用。当用高强度、高模量的纤维或晶须增强后，其高温强度和韧性可大幅提高。例如，航天器高温区用碳纤维增强碳化硅基体和用碳化硅纤维增强碳化硅基体所制造的陶瓷基复合材料，可分别在1000℃和1400℃下保持20℃时的抗拉强度，并且有较好的抗压性能、较高的层间剪切强度，且断裂伸长率较一般陶瓷高，可有效降低表面温度，有较好的抗氧化、抗开裂性能。

连续纤维增韧陶瓷基复合材料可以从根本上克服陶瓷的脆性，是陶瓷基复合材料发展的主流方向。根据增强纤维排布方式的不同，可以分为单向排布纤维复合材料和多向排布纤维复合材料两种。

颗粒作为增韧剂制备的陶瓷基复合材料，其原料的均匀分散及烧结致密化都比短纤维及晶须复合材料简便易行。因此，尽管颗粒的增韧效果不如晶须与纤维，但颗粒种类、粒径、含量及基体材料选择得当，仍有一定的韧化效果，同时会带来高温强度、高温蠕变性能的改善。

陶瓷基复合材料已实用化或即将实用的领域包括刀具、滑动构件、航空航天构件、发动机部件、能源构件等。在纤维增强陶瓷基复合材料中，利用 CVI 法制备的 C_f/SiC、SiC_f（碳化硅纤维）/SiC 复合材料的主要应用目标是高温氧化环境下的部件，如涡轮叶片、火箭发动机喷管等。利用前驱体转化热压烧结法制备的 C_f/SiC 复合材料主要用于航空航天发动机构件和核反应堆等领域。采用 C_f/SiC、SiC_f/SiC 复合材料制成的喷嘴和尾气调节片已用于先进战机的发动机上。在结构陶瓷材料中，SiC/Si_3N_4 是最被看好的结构材料体系。利用其耐高温、耐磨损性能，可将其用于陶瓷发动机中燃气轮机的转子、定子，无水冷陶瓷发动机中的活塞顶杆和燃烧器，柴油机的活塞罩、气缸套等。利用它的抗热震性高、耐腐蚀、摩擦系数低、热膨胀系数小等特点，在冶金和热加工中可将其用于热电偶套管、铸模、坩埚、烧舟、燃烧嘴、发热体夹具、炼铝炉衬、铝液导管、铝包内衬、铝电解槽衬里、热辐射管、高温风机零部件和阀门等。利用它的耐腐蚀、耐磨损、良导热等特点，在化学工业上将其用于球阀、密封环、过滤器和热交换器部件等。SiC_w（碳化硅晶须）/Al_2O_3 作为结构材料也具有广阔的应用前景，如作磨料、磨具、刀具、耐磨的球阀和轴承以及内燃机的喷嘴、缸套、阀门和内衬等。颗粒增强陶瓷基复合材料，主要用作高温材料和高硬高强材料。在超硬、高强材料方面，SiC/Si_3N_4 复合材料已用来制作陶瓷刀具、轴承球、工模具、柱塞泵等。然而，陶瓷基复合材料与其它复合材料相比发展仍较慢，主要原因有两方面：一方面是制备工艺复杂；另一方面是缺少耐高温的纤维。

6.4 增材制造

增材制造（additive manufacturing，AM），是相对于传统的车、铣、刨、磨机械加工等减材制造工艺，以及铸造、锻压、注塑等材料凝固和塑性变形的等材制造工艺而提出的通过材料逐渐增加的方式制造实体零件的一类工艺技术的总称。增材制造是随着快速原型（成型）与制造、自由成型制造、快速模具、3D 打印技术等概念的出现及其工艺技术的发展形成的制造方法。增材制造改变了传统的减材制造或等材制造的生产方式，使得产品的制造更为便捷，顺应了多品种、小批量、快改型的生产模式，满足了机械零件及产品等单件或小批量的快速、低成本制造的需求。同时，材料逐渐累积的制造方式具有高度的柔性，可实现复杂结构产品或模型的整体制造及复合材料、功能材料制品的一体化制造，极大地促进了产品快速制造及其创新设计的进程。

6.4.1 增材制造概述

6.4.1.1 增材制造的原理

增材制造与传统的材料"去除型"加工方法截然相反，它是基于"离散/堆积成型"思想，通过增加材料，利用三维 CAD 模型数据，通常采用逐层制造方式，直接制造与相应数学模型完全一致的三维物理实体模型的制造方法。增材制造的原理（如图 6-30 所示）：产品或零件的计算机三维模型按照一定的规则将该模型离散为一系列有序的二维单元，一般在 Z 方向将其按一定厚度进行离散（也称为分层），然后利用相关设备分别制造各薄片层，与此同时将各薄片层逐层堆积，最终制造出所需的三维零件。

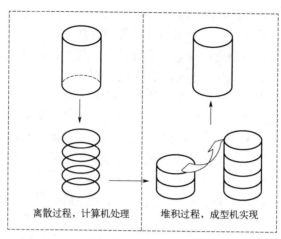

图 6-30　增材制造的原理示意图

增材制造的关键技术主要包含以下 3 个方面。

① 材料单元的控制技术　如何控制材料单元在堆积过程中的物理与化学变化是一个难点，例如金属直接成型中，激光熔化的微小熔池的尺寸和外界气氛控制直接影响制造精度和制件性能。

② 设备的再涂层技术　增材制造的自动化涂层是材料累加的必要工序，再涂层的工艺方法直接决定了零件在累加方向的精度和质量。分层厚度向 0.01mm 发展，控制更小的层厚及其稳定性是提高制件精度和降低表面粗糙度的关键。

③ 高效制造技术　增材制造正向大尺寸构件制造技术发展，例如金属激光直接制造飞机上的钛合金框架结构件，其长度可达 6m，制作时间过长，如何实现多激光束同步制造，提高制造效率，保证同步增材组织之间的一致性和制造结合区域质量是发展的难点。

6.4.1.2　增材制造的发展历程

第一阶段：思想萌芽

增材制造技术的核心思想最早起源于美国。早在 1892 年，美国发明家 Blanther 在其专利中首次提出了利用分层制造法来制作地形图的构想，这标志着增材制造思想的萌芽。这一思想为后来的技术发展奠定了基础。

第二阶段：技术诞生

这一阶段的标志性成果是五种常规增材制造技术的发明：

1984 年，美国 UVP 公司发明了光固化（SLA）技术，利用紫外线光源通过逐层固化液态树脂来快速成型。

1988 年，美国 Feygin 公司发明了分层实体制造（LOM）技术，该技术通过逐层切割纸张或塑料薄膜并堆叠来构建三维物体。

1989 年，得克萨斯大学奥斯汀分校的 Carl Deckard 博士发明了粉末激光选区烧结（SLS）技术，采用激光束将粉末材料逐层烧结成型。

1992 年，美国 Stratasys 公司 Crump 发明了熔融沉积成型（FDM）技术，通过加热和挤出塑料丝材逐层打印物体。

1993 年，麻省理工学院的 Sachs 教授发明了三维打印（3DP）技术，这种技术通过喷射黏结剂将粉末层黏结成型。

第三阶段：设备推出

1988 年，美国 3D Systems 公司根据 Chuck Hull 的 SLA 专利，制造了世界上第一台增材制造设备——SLA250。这台设备的推出标志着增材制造技术正式进入了应用阶段，也开创了增材制造技术发展崭新的篇章。

第四阶段：大范围应用

2000 年以后，金属增材制造技术逐渐崭露头角，并成为市场关注的焦点。随着金属增材制造设备、材料和工艺的相互推动与发展，多个金属增材制造技术相互竞争、互为促进，展现出各自的独特技术特点。金属增材制造技术的多样性为其在航空航天、医疗、汽车等行业的应用提供了广阔的发展前景，应用方向逐步明晰并取得了显著进展。

6.4.2 增材制造的技术特点

增材制造（AM）的工艺流程如图 6-31 所示。它是先通过计算机辅助设计软件或计算机动画建模软件构建三维模型，再将建成的模型分层扫描其截面，"打印机"通过读取文件中的横截面信息，用液体状、粉状或片状的材料将这些截面逐层打印出来，再将层截面以各种方式黏合起来从而制造出一个实体。因此，AM 技术不需要传统的刀具、夹具、模具及多道加工工序。AM 技术能够满足航空武器等装备研制的低成本、短周期需求。AM 技术促进设计-生产过程从平面思维向立体思维的转变。AM 技术能够改造现有的技术形态，促进制造技术提升。AM 技术特别适合传统方法无法加工的极端复杂几何结构和各种设备备件。AM 技术非常适合小批量复杂零件或个性化产品的快速制造。

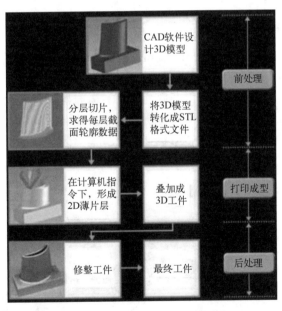

图 6-31　增材制造的工艺流程图

传统的零件加工工艺多为切削加工方法，是一种减材制造，相当于雕刻，材料利用率较低，有些大型零件的利用率不足 10%；材料成型工艺近似等材制造，可显著提高材料的利用率和生产效率，但是需要特定的工装模具，对于复杂或大型零件，工艺流程长、装备吨位大；

而 AM 技术是采用逐层累加方式制造零部件，材料利用率极高，流程短，其特点如下。

① 自由成型制造　无须使用工具、模具即可直接制作原型或制件，可大大缩短新产品的试制周期并节省工具、模具费用；同时成型不受形状复杂程度的限制，能够制作任意复杂形状与结构、不同材料复合的原型或制件。

② 制造过程快速　从 CAD 数字模型到原型或制件，一般仅需要数小时或十几小时，速度比传统成型加工方法快很多。随着个人 3D 打印机的发展及成本的逐渐降低，许多产品尤其是日用品，很多人可以在家里进行制造，省去了传统获取产品的从设计构思、零件制造、装配、配送、仓储、销售最终到客户手里的诸多复杂的环节。从产品构思到最终 AM 技术制造也更加便于远程制造服务，用户的需求可以得到最快的响应。

③ 添加式和数字化驱动成型方式　无论哪种增材制造工艺，其材料都是通过逐点、逐层添加的方式累积成型的。这种通过材料添加来制造产品的加工方式是 AM 技术区别于传统机加工方式的显著特征。

④ 突出的经济效益　在多品种、小批量、快改型的现代制造模式下，增材制造技术无须工具、模具而直接在数字模型驱动下采用特定材料堆积出来，可显著缩短产品的开发与试制周期，节省工具、模具成本的同时也带来了显著的经济效益。

⑤ 广泛的应用领域　除了制造原型外，该项技术特别适合于新产品的开发、单件及小批量零件制造、不规则或复杂形状零件制造、模具设计与制造、产品设计的外观评估和装配检验、快速反求与复制，也适合于难加工材料的制造等。这项技术不仅在制造业具有广泛的应用，而且在材料科学与工程、医学与生物工程、文化艺术以及建筑工程等领域也有广阔的应用前景。

6.4.3　增材制造的工艺

6.4.3.1　分层实体制造工艺

分层实体制造（laminated object manufacturing, LOM）法是利用背面带有粘胶的箱材或纸材通过相互黏结成型的。LOM 工艺的原理（如图 6-32 所示）：它是以纸、塑料膜为原材料，通过一层层横截面黏结形成初步模型，之后利用 CO_2 激光器发射的激光束对模型进行切割，得到最终工件。该工艺成型速度快，原材料便宜，工艺过程容易实现，但成型后废料剥离费时，适合于体积较大的工件。

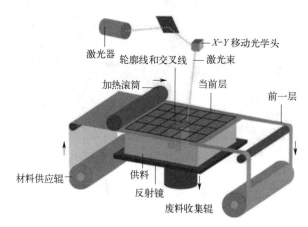

图 6-32　分层实体制造工艺的原理示意图

LOM 技术的关键是控制激光的强度和切割速度，使它们达到最佳配合，以保证良好的切割深度和切口质量。LOM 成型速度快，加工时刀具沿轮廓进行切割而无须扫描整个断面。在切割成型时原材料只有薄薄的一层胶发生作用，因此形成的制品变形小且无内应力。分层实体制造的过程存在着减材行为，因此被认为是从传统减材制造向增材制造的过渡技术。目前开发成功的用于增材制造的箔材主要有纸材和 PVC 薄膜。

LOM 的优点为：

① 成型速度快，制作成本低；

② 不需要设计和构建支撑结构；

③ 精度高，翘曲变形小；

④ 原型能承受 200℃的温度，有较高的硬度和较好的力学性能；

⑤ 可以切削加工。

LOM 的缺点为：

① 有激光损耗，需要专门的实验室，维护费用昂贵；

② 可以应用的原材料种类较少；

③ 打印出来的模型必须立即进行防潮处理，纸制零件很容易吸湿变形，所以成型后必须涂覆树脂、防潮漆。

6.4.3.2　光固化成型工艺

光固化成型（stereo lithography apparatus，SLA）工艺，也常被称为立体光刻成型工艺。该工艺由 Hull 于 1986 年获得美国专利，是最早发展起来的增材成型技术。SLA 已成为目前世界上研究最深入、技术最成熟、应用最广泛的一种增材成型工艺方法。

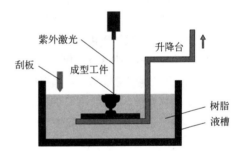

图 6-33　光固化成型工艺的原理示意图

SLA 工艺的原理（如图 6-33 所示）：液槽中先盛满液态的光敏树脂，紫外激光在计算机的操纵下按工件的分层截面数据在液态的光敏树脂表面进行逐行逐点扫描，使扫描区域的树脂薄层产生聚合反应而固化形成工件的一个薄层。因此 SLA 工艺是以光敏树脂为原料，通过计算机控制紫外激光使光敏树脂逐层凝固成型。这种方法能简捷、全自动地制造出表面质量和尺寸精度较高、几何形状较复杂的原型。

SLA 的优点为：

① 成型过程自动化程度高；

② 尺寸精度高，SLA 原型的尺寸精度可以达到±0.1mm；

③ 表面质量优良；

④ 系统分辨率较高，可以制作结构比较复杂的模型或零件。

SLA 的缺点为：

① 元件较易弯曲和变形，需要支撑；

② 设备运转及维护成本较高；

③ 可使用的材料种类较少；

④ 液态树脂具有气味和毒性，并且需要避光保护；

⑤ 液态树脂固化后的零件较脆、易断裂。

数字光投影技术（DLP）是在 SLA 技术问世十余年后出现的，作为业界公认的第二代光固化成型技术，至今已有 30 多年的发展历史。DLP 设备的结构通常包括投影系统、液槽成型系统、Z 轴移动组件以及支撑框架。该技术的核心原理是利用投影仪通过数字方式将光源投射到光敏聚合物液体表面，逐层固化聚合物，从而快速成型三维打印对象。这一过程使得 DLP 技术在精度和速度上都具有显著优势，成为先进制造领域中重要的成型技术之一。

6.4.3.3 熔融沉积成型工艺

熔融沉积成型（fused deposition modeling，FDM）是继光固化成型和分层实体成型工艺后的另一种应用比较广泛的增材成型工艺方法。FDM 工艺的原理（如图 6-34 所示）：将丝状的热熔性材料进行加热融化，利用带有微细喷嘴的挤出机将材料挤出来，喷头可以沿 X 轴的方向进行移动，工作台则沿 Y 轴和 Z 轴方向移动，熔融的丝材被挤出后随即会和前一层材料黏合在一起。

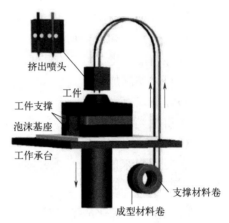

图 6-34 熔融沉积成型工艺的原理示意图

FDM 技术路径涉及的材料主要包括成型材料和支撑材料。成型材料是利用 FDM 技术实现 3D 打印的载体，成型材料应具有熔融温度低、黏度低、黏结性好、收缩率小等特点。支撑材料是在 3D 打印过程中对成型材料起支撑作用的部分，在打印完成后，支撑材料需要进行剥离，因此也要求其具有一定的性能。支撑材料应能够承受一定的高温、与成型材料不浸润，具有水溶性或者酸溶性，具有较低的熔融温度、流动性好等特点。

FDM 的优点为：
① 整个系统构造原理和操作简单，维护成本低，系统运行安全；
② 工艺简单、易于操作；
③ 独有的水溶性支撑技术，使得去除支撑结构简单易行；
④ 以材料卷的形式提供原材料，易于搬运和快速更换；
⑤ 可选用多种材料，如各种色彩的工程塑料 ABS、PC、PPSF 以及医用 ABS 等。
FDM 的缺点为：
① 成型精度相对 SLA 工艺较低；
② 成型表面光洁度不如 SLA 工艺；
③ 成型速度相对较慢。

6.4.3.4 粉末激光烧结工艺

粉末激光烧结（SLS）技术，也称为激光选区烧结技术，是一种利用激光对粉末材料进行逐层烧结的增材制造工艺。该技术最初由美国得克萨斯大学奥斯汀分校的 Carl Deckard 于 1989 年在其博士论文中提出，随后他与导师共同成立了 DTM 公司，并于 1992 年成功开发出基于 SLS 技术的商业成型设备。

SLS 工艺的基本原理如图 6-35 所示。

粉末铺设：在工作台上均匀铺设一层粉末，粉末材料通常为金属、塑料或陶瓷等，这些材料具有良好的烧结特性。

激光扫描：根据计算机辅助设计（CAD）生成的截面数据，激光束按照当前层的截面轮廓在粉末层上进行扫描。扫描过程中，激光将粉末局部加热至熔化或接近熔化状态，从而使粉末颗粒结合并与已成型部分黏合。

逐层构建：当一层烧结完成后，工作台下降一个层厚（通常为几十微米到几百微米），铺粉装置再次铺设新一层粉末，并重复激光扫描过程。通过逐层累积，最终形成完整的三维物体。

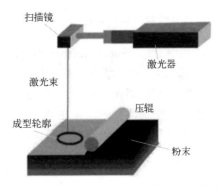

图 6-35　粉末激光烧结工艺的原理示意图

SLS 的优点为：

① 可直接制作金属制件；

② 材料选择广泛，只要受热能黏结的材料都可以，如金属材料、高分子材料、陶瓷等；

③ 可制造复杂构件或模具；

④ 不需要增加基座支撑；

⑤ 材料利用率高，成型时未烧结的粉末可以直接作为成型过程中悬空层的支撑，因此无须设计支撑结构。

SLS 的缺点为：

① 样件表面粗糙，呈现颗粒状；

② 加工过程会产生有害气体及粉尘，污染环境；

③ 需要预热和冷却。

SLS 工艺是利用粉末材料（金属粉末或非金属粉末）在激光照射下烧结的原理，在计算机控制下层层堆积成型。SLS 的原理与 SLA 十分相像，主要区别在于所使用的材料及其形状不同。SLA 所用的材料是液态的紫外线光敏可凝固树脂，而 SLS 则使用粉状的材料。使用粉末材料是 SLS 技术的主要优点，因为理论上任何可熔的粉末都可以应用该工艺。

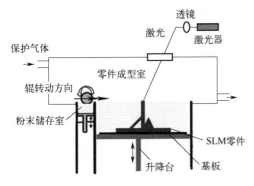

图 6-36　激光选区熔化工艺的原理示意图

激光选区熔化（selective laser melting，SLM）工艺由粉末激光选区烧结技术发展而来。SLM 工艺的原理（如图 6-36 所示）：以金属粉末为加工原料，采用高能密度激光束将铺洒在金属基板上的粉末逐层熔覆堆积，从而形成金属零件的制造技术。

SLM 技术所使用的金属材料通常是经过特殊处理的混合粉末，包含低熔点金属或高分子材料与高熔点金属粉末的混合物。在加工过程中，激光束会加热材料，使低熔点的成分熔化，而高熔点的金属颗粒保持固态。熔化的材料在冷却后将高熔点金属粉末黏结在一起，从而形成整体结构。

由于这种黏结方式的特点，成型的实体内部通常存在一定数量的孔隙。这些孔隙会影响工件的密度和力学性能，导致其强度、硬度和韧性等物理性能低于传统致密金属制品。此外，工件的表面质量可能较粗糙，通常需要通过后处理（如浸渗、烧结、抛光等）来提高其密度和性能。

6.4.3.5 三维打印

三维打印（three dimensional printing，3DP，又称 3D 打印）工艺是一种以数字模型文件为基础，运用粉末状金属或塑料等可黏合材料，通过逐层打印的方式来构造物体的技术。3DP工艺的原理（如图 6-37 所示）：3D 打印材料以超薄层被喷射到支撑材料上，用紫外线固化，可以同时喷射两种不同机械特性的材料，完成一层喷射打印和固化后，设备内置的工作台下降一个成型层厚，喷头继续喷射材料进行下一层的打印和固化，反复操作直到整个工件打印制作完成。

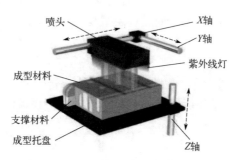

图 6-37　3D 打印工艺的原理示意图

3DP 工艺与 SLS 工艺类似，都是打印粉状材料，不同之处在于 3DP 技术使用的粉末是通过微细喷头喷射的黏结剂黏结成型。在黏结剂中添加颜料制作彩色原型是该工艺最具竞争力的特点之一。3DP 工艺非常适合制作有限元分析模型和多部件装配体。值得注意的是，用黏结剂黏结制作的原型件强度较低，后续需要做进一步的强化处理。

3DP 的优点为：

① 同时制作两种及以上材料组合件；

② 3DP 工艺成型速度快，成型材料广泛，适合做桌面型的快速成型设备；

③ 原材料多，可制作具有多种用途的产品；

④ 一次性制作复杂分总成零件；

⑤ 高性能打印和极其光滑的表面处理。

3DP 的缺点为：

① 零件结构薄弱，材料强度受限制；

② 价格昂贵，成本高。

6.4.4 增材制造的应用领域

（1）工业领域

增材制造技术在工业制造领域的应用主要体现在以下几个方面。

① 新产品开发过程中的设计验证与功能验证　增材制造技术可快速地将产品设计的 CAD 模型转换成物理实物模型，这样可以方便验证设计人员的设计思想和产品结构的合理性、可装配性、美观性，发现设计中的问题可及时修改。如果不进行设计验证而直接投产，一旦存在设计失误，则会造成极大的损失。

② 可制造性、可装配性检验　对有限空间的复杂系统，如汽车、卫星、导弹的可制造

性和可装配性用增材制造方法进行检验和设计，将大大降低此类系统的设计制造难度。对难以确定的复杂零件，可以利用增材制造技术进行试生产以确定最佳工艺。此外，增材制造技术中的快速原型还是产品从设计到商品化各个环节中进行交流的有效手段。

③ 单件、小批量和特殊复杂零件的直接生产　对高分子材料的零部件，可用高强度的工程塑料直接增材制造，满足使用要求；对复杂金属零件，可通过 SLM 等工艺获得。该项应用对航空航天及国防工业具有特殊意义。

④ 快速模具制造　通过各种转换技术将产品原型转换成各种快速模具，如低熔点合金模、硅胶模、金属冷喷模、陶瓷模等，也可以进行模具型芯镶嵌件以及铸造砂型的直接制作，进行中小批量零件的生产，满足产品更新换代快、批量越来越小的发展趋势。

（2）医学领域

随着计算机技术的快速发展，三维重建和增材制造技术逐步应用于医学领域，为实现个体化骨损伤诊断、个体化植入体及个体化修复带来了极大的变化。传统的手术治疗修复是通过 X 射线片、CT 等影像学检查得到数据，凭借医生的经验，在大脑中进行术前的手术模拟，以确定手术方案，然后根据医生大脑中的三维印象进行手术，手术具有一定随机性。对于严重的面部疾病如先天性唇裂、颌面部多发性骨折等，只能大致估计疾病的范围及严重程度，不能准确地估计病情，为手术方案的确定带来了困难。在面部修复手术、自体骨移植和生物材料移植等手术完成后，对于恢复后的效果及恢复后与邻近组织的重建关系都不能得到很好的预测。同时，植入体的传统制造过程周期长，定制化植入体结构及外形不够理想和精确，影响术后支架的降解和组织的再生效果。此外，辅助治疗的装置因传统制造方式而难以方便高效地实现个性化制造，也影响着患者康复周期和康复质量。

虽然早期的医学应用只占不到 10% 的增材制造市场，但医学领域的应用对增材制造技术的发展提出了更高的要求。运用生理数据采用 SLA、LOM、SLS、FDM、3DP 等增材成型技术快速制作物理模型，对想不通过开刀就可观看患者骨结构的研究人员、种植体设计师和外科医生等能够提供非常有益的帮助。同时，LENS（激光近净成形）、EBM（电子束熔化制造）、SLM 等金属结构件增材制造技术，对医学植入体需求的钛合金等生物相容性较好的构件实现了完美的定制化快速制造。在医用模型和种植体制造、颌面与颅骨修复、辅助诊疗以及医疗器具制造等方面，增材制造技术表现出独特的优势，显著地提高了医疗水平。增材制造技术所具有的个性化制作的快速性、准确性及擅长制作复杂形状实体的特性使它在医学领域有着广泛的应用前景。

（3）组织工程领域

自 20 世纪 80 年代科学家首次提出"组织工程学"概念以后，组织工程学为众多的组织缺损、器官功能衰竭患者的治疗带来了曙光。组织工程学，也有人称其为"再生医学"，是指利用生物活性物质，通过体外培养或构建的方法，再造或者修复器官及组织的技术。组织工程学涉及生物学、材料学和工程学等多学科，目前已经能够再造骨、软骨、皮肤、肾、肝、消化道、角膜、肌肉、乳房等组织器官。

组织工程领域是增材制造技术最前沿的研究领域。尽管这一技术在组织工程领域的应用起步稍晚，但发展势头迅猛。现阶段已形成多孔支架及人工骨制造、细胞及器官打印、医疗植入体打印制造等多个应用发展方向，而细胞及器官打印无疑最具有想象空间。国外医疗研究机构已经成功打印出耳朵、皮肤、肾脏、血管等人体组织与器官。人们寄希望于它给人类生物医疗的发展带来更加光明的前景。

（4）文化创意领域

近年来，增材制造技术在文化创意方面的应用非常活跃，一方面，促进了文化创意的快速展现；另一方面，扩大了增材制造技术的应用领域。增材制造技术在文化创意领域的应用既包含了个性化的定制和制造，也包含像珠宝首饰这种现代艺术品的生产和制造，还有古代艺术的再现等高端艺术品的衍生品，其应用领域的市场前景巨大。增材制造技术应用于文化创意产业的意义有三个方面：首先，增材制造技术能够为独一无二的文物与艺术品建立真实、准确、完整的三维数字档案，并高保真度地将数字模型转化为实体，实现随时随地的复制与展示。其次，该技术替代了传统手工制模工艺，显著提升了作品的精细度与制造效率。在已有实物样板的基础上，可实现更为准确的编辑、放大、缩小与原样复制，支持高效的小批量生产，推动文化的传播与交流。最后，增材制造为跨界融合与创新提供了广阔空间，尤其为艺术创作者带来了更多元的表达手段，在文物与高端艺术品的复制、修复以及衍生品开发等方面发挥着重要作用。

6.4.5 增材制造的发展趋势

2013 年 2 月，在美国加州举办的 TED 2013 大会上，来自美国麻省理工学院的蒂比茨展示了 4D 打印技术。在展示过程中，一根复合材料在水中完成了自动变形。据介绍，这根复合材料由 3D 打印机"打印"，所使用的原材料为一根塑料和一层能够吸水的"智能"材料。4D 打印继承了 3D 打印分层制造与无模化一体成型的属性特点，但 4D 打印结构的形状、属性或功能在外部环境（如水、光、热、电流、磁场、酸碱环境等）刺激下会随着时间的推移而改变。与 3D 打印结构相比，4D 打印结构因为智能材料的使用而具有了自组装、自适应、自我修复的特性。

4D 打印技术的出现为产品的设计和制造带来了新的理念，使智能结构的近净成型制造成为可能。4D 打印技术可实现在外界驱动作用下的可编程变形，制造出同时具有功能性和复杂结构性的 4D 结构件。在生物医疗领域，主要利用 4D 结构件的可折叠和可压缩性，4D 打印技术在血管支架、气管支架、组织工程装置和药物载体等方面具有潜在应用价值。

4D 打印也面临着以下主要问题。

① 4D 打印缺少合适的可编程或智能复合材料。现在 4D 打印采用的材料还比较"生硬"，种类也太少，难以设计。

② 4D 打印编程设计难以适应复杂的物体制造。目前设计实现的大多是在结构上不连贯的条状物体，或者在结构上看似分离的片状物体。

③ 4D 打印的物体其形状不能实现可逆的变化。

④ 4D 打印目前缺少专用的、实用的打印机，特别是商用化的打印机。

习题

1．单晶的制备方法大致有哪些？
2．晶体生长过程和形态的影响因素有哪些？

3．简述熔体法晶体生长技术的方法以及它们的优缺点。

4．简述电路芯片的主要生产工艺。

5．常用的纺丝技术有哪些？各自有什么特点？

6．简述溶液纺丝与熔融纺丝的各自特点与优势。

7．简述一种纤维材料的制备与加工工艺。

8．简述复合材料的定义及其分类。

9．复合材料具有哪些特性？

10．简述纤维增强基复合材料的复合原则。

11．简述树脂基复合材料的制备方法及特点。

12．简述陶瓷基复合材料的制备方法及特点。

13．简述金属基复合材料的制备方法及特点。

14．举例论述复合材料的应用。

15．什么是增材制造技术？与传统加工技术相比有什么特点？

16．增材制造的工艺有哪些？各有什么特点？

17．简述一种增材制造方法的工艺流程与应用优势。

18．举例论述增材制造的应用。

第 7 章

材料的服役环境与失效分析

材料失效分析是以材料为载体，通过综合分析确定材料失效的根本原因，提出有效措施以防止同类事故再发生的研究过程。材料失效分析的主要作用有三项：①查明事故的根本原因，确定事故的主要责任，防止同类事故再发生，减少经济损失或人员伤亡；②吸取经验教训，提高人员素质和管理水平，促进安全生产、保护生产力；③认识材料在不同服役环境下的失效机制，提升材料使用性能并预测寿命，促进材料的技术进步。因此，材料失效分析的目的是通过对失效形式、失效缺陷、失效原因相互关系的分析，明确失效模式与失效机理，并提出解决对策。本章重点论述腐蚀环境、摩擦磨损环境、疲劳环境和辐照环境下不同材料的结构、性能变化与失效机理，深入了解材料失效机制。本章难点是如何透过现象看本质，快速找到材料失效的真正原因，明晰失效机理，从而提出正确的解决方案，避免类似事故再次发生。

7.1　腐蚀环境下材料结构和性能的变化与失效机理

腐蚀环境是材料服役最常见的环境，包括氧化腐蚀、电化学腐蚀、微生物腐蚀等。腐蚀是材料由外部环境的作用而引起的变质和失效过程。腐蚀现象十分普遍，如钢铁的氧化腐蚀已成为结构件失效的主要原因。事实上，人类使用的金属和非金属材料很少是由单纯机械因素（如拉、压、冲击、疲劳、断裂和磨损等）或其它物理因素（如热能、光能等）引起破坏的，绝大多数金属和非金属材料的破坏与其周围环境的腐蚀因素有关。

7.1.1　金属材料的腐蚀

金属材料腐蚀可分为全面腐蚀和局部腐蚀两大类。全面腐蚀相对于局部腐蚀其危险性小，局部腐蚀往往在没有任何预兆的情况下导致金属构件突然发生断裂，造成严重事故。

全面腐蚀是一种常见的腐蚀，是指整个金属表面均发生腐蚀，可以是均匀的也可以是不均匀的。钢铁构件在大气、海水及稀还原性介质中的腐蚀一般属于全面腐蚀。通常所说的铁生锈、钢失泽和镍发雾现象以及金属的高温氧化均属于全面腐蚀。

局部腐蚀的类型主要包括点腐蚀、缝隙腐蚀、晶间腐蚀、选择腐蚀、应力腐蚀、腐蚀疲劳和磨损腐蚀等。

（1）点腐蚀

点腐蚀是一种集中在金属表面数十微米范围内且向纵深发展的腐蚀形式，简称点蚀。

点蚀的形貌与特征：①点蚀表面直径等于或小于它的深度，一般只有几十微米，其形貌各异，有蝶形浅孔、窄深形和舌形等；②表面易生成钝化膜的金属材料及有特殊离子的介质中易发生点蚀；③电位差大于点蚀电位处易发生点蚀。

（2）缝隙腐蚀

金属结构件一般采用铆、焊、螺钉等方式连接，因此在连接部位容易形成缝隙。缝隙宽度一般在 0.025～0.1mm，足以使介质滞留其中，引起缝隙内金属的腐蚀，这种腐蚀形式称为缝隙腐蚀。与点蚀不同，所有金属和合金均可产生缝隙腐蚀，且钝化金属及合金更容易发生。任何介质（酸碱盐）中均可发生缝隙腐蚀，但含 Cl⁻ 的溶液中更容易发生。

（3）晶间腐蚀

晶间腐蚀是金属材料在特定的腐蚀介质中沿材料晶界发生的一种局部腐蚀。晶间腐蚀是在金属表面无任何变化的情况下，使晶粒间失去结合力，金属强度完全丧失，导致突发性破坏。

晶间腐蚀是由于晶界原子排列较为混乱，缺陷多，晶界较易吸附 S、P、Si 等元素及晶界容易产生碳化物、硫化物、σ 相等析出物，导致晶界与晶粒化学成分及组织存在差异，在适宜环境介质中便可形成腐蚀原电池，晶界为阳极，晶粒为阴极，因此晶界被优先腐蚀溶解。可见产生晶间腐蚀必须满足两个基本要素：一是金属晶粒与晶界的化学成分及组织存在差异，导致电化学性质不同，从而使金属具有晶间腐蚀倾向；二是腐蚀介质能引起晶粒与晶界电化学性质的不均匀性。

（4）选择腐蚀

选择腐蚀是指多元合金中较活泼组分或负电性金属的优先溶解。这种腐蚀只发生在二元或多元固溶体中，如黄铜脱锌、铜镍合金脱镍、铜铝合金脱铝等。

（5）应力腐蚀

应力腐蚀是指金属材料在特定腐蚀介质和应力共同作用下发生的脆性断裂。产生应力腐蚀断裂需要具备三个基本条件：

① 敏感材料　合金比纯金属更易发生应力腐蚀断裂。一般认为纯金属不会发生应力腐蚀断裂。据报道，纯度达 99.999% 的铜在含氨介质中没有发生腐蚀断裂，但含有 0.004%（质量分数）的 P 或 0.01%（质量分数）的 Sb 时，则产生了应力腐蚀裂纹；纯铁中碳含量为 0.04%（质量分数）时，在热硝酸盐溶液中容易产生硝脆。

② 特定的腐蚀介质　对于某种合金，发生应力腐蚀断裂与其所处的特定腐蚀介质有关，且介质中能引起应力腐蚀的物质浓度一般很低。

③ 应力　应力有两个来源：一是残余应力（加工、冶炼、装配过程中产生）、温差产生的热应力及相变产生的相变应力；二是材料承受外加载荷造成的应力。

（6）腐蚀疲劳

腐蚀疲劳是指材料或构件在交变应力与腐蚀环境的共同作用下产生的脆性断裂。

腐蚀疲劳特点：①腐蚀疲劳的应力-寿命（S-N）曲线与纯力学疲劳的 S-N 曲线形状不同，腐蚀疲劳不存在疲劳极限；②腐蚀疲劳与应力腐蚀不同，只要存在腐蚀介质，纯金属也能发生腐蚀疲劳；③腐蚀疲劳强度与抗拉强度间没有一定联系；④腐蚀疲劳裂纹多起源于表面腐蚀坑或表面缺陷，往往成群出现，裂纹主要是穿晶型并随腐蚀发展裂纹变宽；⑤腐蚀疲劳断口既存在腐蚀特征又表现出疲劳特征（疲劳辉纹）。

腐蚀疲劳机理：①蚀孔应力集中模型。图 7-1 是该模型示意图，该图表示出腐蚀疲劳裂纹扩展过程。金属表面的蚀孔或其它局部腐蚀造成的缝隙等是发生腐蚀疲劳的疲劳源。在蚀孔底部应力集中产生滑移，如图 7-1（a）所示。由于蚀坑底部优先发生滑移形成滑移台阶，如图 7-1（b）所示，滑移台阶在腐蚀介质作用下发生溶解形成新的活性表面，如图 7-1（c）所示。滑移台阶的溶解使逆向加载时表面不能复原而成为裂纹源。反复加载使裂纹不断扩展，如图 7-1（d）所示。②堆积位错优先溶解模型。该模型认为腐蚀集中在滑移线外，溶解向位错堆积处发展，释放位错，促进滑移粗大化，在交变应力作用下，裂纹扩展直至断裂。

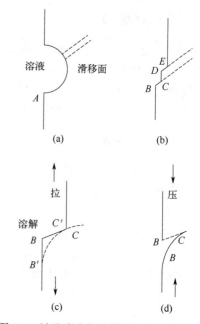

图 7-1　蚀孔应力集中模型示意图 [（a）产生点蚀；（b）生成滑移台阶；（c）台阶溶解形成新表面；（d）滑移生成裂纹]

7.1.2　无机非金属材料的腐蚀

在防腐方面涉及的耐蚀无机非金属材料大多属于硅酸盐材料，如下因素对硅酸盐材料的耐蚀性都有显著影响。

（1）材料的化学成分和矿物组成

硅酸盐材料成分中以酸性氧化物 SiO_2 为主，耐酸而不耐碱，当 SiO_2（尤其是无定型 SiO_2）与碱液接触时发生如下反应而受到腐蚀：

$$SiO_2 + 2NaOH \longrightarrow Na_2SiO_3 + H_2O \tag{7-1}$$

所生成的硅酸钠易溶于水和碱液。

SiO_2 含量较高的耐酸材料，除氢氟酸和高温磷酸外，它能耐所有无机酸的腐蚀。温度高于 300℃的磷酸及任何浓度的氢氟酸都会对 SiO_2 发生作用：

$$SiO_2 + 4HF \longrightarrow SiF_4 \uparrow + 2H_2O \tag{7-2}$$

$$SiF_4 + 2HF \longrightarrow H_2[SiF_6] \tag{7-3}$$

$$H_3PO_4 \xrightarrow{\text{高温}} HPO_3 + H_2O \tag{7-4}$$

$$2HPO_3 \longrightarrow P_2O_5 + H_2O \tag{7-5}$$

$$SiO_2 + P_2O_5 \longrightarrow SiP_2O_7 \tag{7-6}$$

含有大量碱性氧化物（CaO、MgO）的材料属于耐碱材料。它们与耐酸材料相反，完全不能抵抗酸类的作用。例如，由硅酸钙组成的硅酸盐水泥，可被所有的无机酸腐蚀，而在一般的碱液（浓碱液除外）中却是耐蚀的。

（2）材料孔隙和结构

除熔融制品（如玻璃、铸石）外，硅酸盐材料具有一定的孔隙率。孔隙会降低材料的耐腐蚀性，因为孔隙的存在会使材料受腐蚀作用的面积增大，使得腐蚀在材料表面和内部同时发生，侵蚀作用加剧。当化学反应生成物出现结晶时还会造成物理性破坏，例如制碱车间的水泥地面，当间歇受到碱溶液的浸润时，渗透到孔隙中的碱吸收二氧化碳后变成含水碳酸盐结晶，体积增大，在水泥内部膨胀，使材料产生内应力而被破坏。

如果在材料的表面及孔隙中腐蚀生成的化合物为不溶性的，则在某些场合它们能保护材料不再受到破坏，水玻璃耐酸胶泥的酸化处理就是典型实例。

当材料孔隙为闭孔时，受腐蚀性介质的影响要比开孔小很多，因为腐蚀性液体难以渗入材料内部。

硅酸盐材料的耐蚀性还与其结构有关，晶体结构的化学稳定性高于无定型结构。例如，结晶二氧化硅（石英），虽属耐酸材料但也具有一定的耐碱性。无定形二氧化硅则易溶于碱性溶液中。

（3）腐蚀介质

硅酸盐材料的腐蚀速度与酸的种类（除氢氟酸和高温磷酸外）关系不大，而与酸的浓度有关。酸的电离度越大，对材料的破坏作用也越大。酸的温度升高，离解度增大，其破坏作用增强。此外，酸的黏度会影响它们通过孔隙向材料内部扩散的速度。例如，盐酸比同一浓度的硫酸黏度小，在同一时间内渗入材料的深度就大，其腐蚀作用也较硫酸快。同样，同一种酸的浓度不同，其黏度也不同，因此它们对材料的腐蚀速度也不相同。

7.1.2.1　玻璃的腐蚀

玻璃是非晶态的无机非金属材料。在人们的印象中，玻璃较金属耐蚀，因此总认为它是惰性的。实际上，可用肉眼观察到玻璃在大气、弱酸等介质中的表面污染、粗糙、斑点等腐蚀痕迹。

玻璃与水及水溶液接触时，可以发生溶解和化学反应。这些化学反应包括水解及在酸、碱、盐溶液中的腐蚀。除这种普遍性的腐蚀外，还存在由相分离所导致的选择性腐蚀，即玻璃的风化。

（1）溶解

SiO_2 是玻璃最主要的组分，图 7-2 显示出 pH 值对可溶性 SiO_2 的影响。当 pH$<$8，SiO_2 在水中的溶解度很小；而当 pH$>$9 时，溶解度则迅速增大，这种效应可根据图 7-2 所示模型进行说明。

① 在酸性溶液中，破坏所形成的酸性硅烷桥十分困难，因而溶解少而慢。

② 在碱性溶液中，容易形成 Si—OH，故溶解度大。

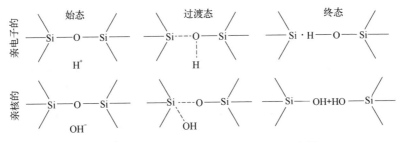

图 7-2　H^+ 及 OH^- 对 Si—O—Si 键破坏示意图

（2）水解与腐蚀

含有碱金属或碱土金属离子 R（Na^+、Ca^{2+}等）的硅酸盐玻璃与水或酸性溶液接触时，不是"溶解"，而是发生了"水解"，这时所要破坏的是 Si—O—R，而不是 Si—O—Si。

这种反应起源于 H^+ 与玻璃中网络外阳离子（主要是碱金属离子）的离子交换：

$$\equiv Si—O—Na + H_2O \xrightarrow{\text{离子交换}} \equiv Si—OH + NaOH \tag{7-7}$$

此反应实质是弱酸盐的水解。由于 H^+ 减少，pH 值升高，从而开始了 OH^- 对玻璃的侵蚀。上述离子交换产物可进一步发生水化反应：

$$\equiv Si—OH + H_2O \xrightarrow{\text{水化}} Si(OH)_4 \tag{7-8}$$

随着水化反应的进行，玻璃中脆弱的硅氧网络被破坏，从而受到侵蚀。但是反应产物 $Si(OH)_4$ 是一种极性分子，它能使水分子极化，将定向地附着在自己的周围，成为 $Si(OH)_n \cdot H_2O$。这是一个高度分散的 SiO_2-H_2O 系统，称为硅酸凝胶，除一部分溶于溶液外，大部分附着在材料表面形成硅胶薄膜。随着硅胶薄膜的增厚，H^+ 与 Na^+ 的交换速度越来越慢，从而阻止腐蚀继续进行，此过程受 H^+ 向内扩散的控制。因此，在酸性溶液中，R^+ 为 H^+ 所置换，但 Si—O—Si 骨架未动，所形成的胶状产物又能阻止反应继续进行，故腐蚀较少。但是在碱性溶液中则不然。如图 7-2 所示，OH^- 通过式（7-9）使 Si—O—Si 链断裂，非桥氧 $\equiv SiO^-$ 群增大，结构被破坏，SiO_2 溶出，玻璃表面不能生成保护膜。

$$\equiv Si—O—Si \equiv + OH^- \longrightarrow \equiv SiOH + \equiv SiO^- \tag{7-9}$$

（3）风化

玻璃和大气环境的作用称为风化。玻璃风化后，在表面出现雾状薄膜，或者点状、细线状模糊物，有时出现彩虹。风化严重时，玻璃表面形成白霜，失去透明，甚至产生平板玻璃黏片现象。

风化大多发生于玻璃储存、运输过程中，温度、湿度比较高，通风不良的情况下。化学稳定性比较差的玻璃在大气和室温条件也能发生风化。

玻璃在大气中风化时，首先吸附大气中的水，在表面形成一层水膜。通常湿度越大，吸附水分越多。然后，吸附水中的 HO^- 或 H^+ 与玻璃中网络外阳离子进行离子交换和碱侵蚀，破坏硅氧骨架。风化时表面产生的碱不会移动，故风化始终在玻璃表面上进行，随时间增加变得严重。

在不通风的仓库储存玻璃时，若湿度高于 75%，温度达 40℃以上，玻璃就会严重风化。大气中含有的 CO_2 和 SO_2 气体会加速玻璃风化。

7.1.2.2 混凝土的腐蚀

混凝土结构大多在室外遭受大气、河水、海水或土壤的腐蚀，而在地下或阴暗的场所（如排污水的混凝土管道）还有微生物腐蚀。混凝土结构中存在孔隙，因此腐蚀性流体既可在混凝土结构的表面发生反应，也可通过孔隙渗入，在内部发生溶解或化学反应，这些作用的产物也可通过孔隙而流出。

室温下混凝土结构的腐蚀主要是水和水溶液腐蚀，这类破坏可分为两类：

① 浸析腐蚀，即水或水溶液从外部渗入混凝土结构，溶解其易溶组分，从而破坏混凝土。

② 化学反应引起的腐蚀，即水或水溶液在混凝土表面或内部与混凝土某些组元发生化学反应，从而破坏混凝土。环境中的 CO_2、游离酸、碱、镁盐等化合物可与混凝土中某些组元发生反应，使混凝土受到腐蚀。

7.1.2.3　陶瓷材料的腐蚀

陶瓷材料腐蚀不能像金属材料腐蚀那样精细地分类，但多数文献中所涉及的较为相似的类型是扩散腐蚀、原电池腐蚀、晶界腐蚀和应力腐蚀。其中，扩散腐蚀类似金属的浓差电池腐蚀。

总的来说，环境侵蚀陶瓷形成反应产物。反应产物保留下来附着在陶瓷上；或者当反应产物由气体组成时，则完全挥发；或者反应产物一部分保留下来而一部分挥发。当反应产物作为固体保留下来时，常常形成阻止腐蚀进一步发生的保护层。当反应产物作为完整的界面层保留下来时，分析相对容易。当形成气体类产物时，陶瓷本身的消耗表现更为严重，要理解这一现象就要分析产生的气体。

7.1.3　高分子材料的腐蚀

高分子材料在加工、储存和使用过程中，由于内外因素的综合作用，其物理化学性能和力学性能逐渐劣化，以致最后丧失使用价值，这种现象称为高分子材料的腐蚀。老化的内因与高聚物的化学结构、聚集态结构及配方组成等有关；外因与环境物理因素（光、热、高能辐射、机械作用力等）、化学因素（如氧、臭氧、水、酸、碱等）和生物因素（如微生物、海洋生物等）有关。腐蚀主要表现在以下几个方面。

① 外观的变化　出现污渍、斑点、银纹、裂缝、喷霜、粉化，以及光泽、颜色的变化。

② 物理性能的变化　包括溶解性、溶胀性、流变性，以及耐寒、耐热、透水、透气等性能的变化。

③ 力学性能的变化　如抗压强度、弯曲强度、抗冲击强度等的变化。

④ 电性能的变化　如绝缘电阻、电击穿强度、介电常数等的变化。

高分子材料常见的腐蚀形式如表 7-1 所示。

表 7-1　高分子材料的腐蚀形式

环境		形式
化学	其它	
氧	中等温度	化学氧化
氧	高温	燃烧
氧	紫外线	光氧化
水及水溶液		水解
大气中氧/水汽	室温	风化
水及水溶液	应力	应力腐蚀
水或水汽	微生物	生物腐蚀
	热	热解
	辐射	辐射分解

7.1.3.1　介质的渗透与扩散

高分子材料的腐蚀与金属腐蚀有本质的区别。金属是导体，腐蚀时多以金属离子溶解进入电解液的电化学形式发生，因此在大多数情况下金属腐蚀可用电化学过程来说明。高分子材料一般不导电，也不以离子形式溶解，因此其腐蚀过程难以用电化学规律来说明。此外，金属的腐蚀过程大多在金属的表面发生，并逐步向材料内部发展；对于高分子材料，其周围环境的物质（气体、液体等）向材料内渗透扩散才是腐蚀的主要原因。同时，高分子材料中的某些组分（如增塑剂、稳定剂等）也会从材料内部向外扩散迁移。因此，在研究高分子材料的腐蚀时，应先研究介质的渗入，然后研究渗入介质与材料间的相互作用和材料组分的溶出问题。

腐蚀介质渗入高分子材料内部会引起反应。高分子材料的大分子及腐蚀产物因热运动较困难，难以向介质中扩散，所以腐蚀反应速度主要取决于介质分子向材料内部的扩散速度。

高分子材料受介质侵蚀时，经常测定浸渍增重率来评定材料的耐腐蚀性能。增重率实质上是介质向材料内渗入扩散与材料组成物质、腐蚀产物逆向溶出的总表现。因此，在溶出量较大时，仅凭增重率来表征材料的腐蚀行为常导致错误的结论。由于在防腐蚀领域中使用的高分子材料耐腐蚀性较好，大多数情况下向介质溶出的量很少，可以忽略，所以可将浸渍增重率看作是由介质向材料渗入引起的。但在实际腐蚀实验中，因腐蚀条件的多样性，必须考虑溶出这一因素。

7.1.3.2　溶胀与溶解

高聚物的溶解过程一般分为溶胀和溶解两个阶段，溶解和溶胀与高聚物的聚集态结构是非晶态还是晶态结构有关，也与高分子是线型还是网状、高聚物的分子量大小及温度等因素密切相关。

非晶态高聚物聚集得比较松散，分子间隙大，分子间相互作用力较弱，溶剂分子易渗入高分子材料内部。若溶剂与高分子的亲和力较大，则会发生溶剂化作用，使高分子链段间的作用力进一步削弱，间距增大。但由于高聚物分子量大，相互缠结，即使已被溶剂化，仍极难扩散到溶剂中去。所以，虽有相当数量的溶剂分子渗入高分子内部，并发生溶剂化作用，但也只能引起高分子材料在宏观上产生体积增加与质量增加，这种现象称为溶胀。

结晶态高聚物的分子链排列紧密，分子链间作用力强，溶剂分子很难渗入并与其发生溶剂化作用，因此这类高聚物很难发生溶胀和溶解。即使可能发生一定的溶胀，也只能从其中的非晶区开始，逐步进入晶区，所以溶胀速度较慢。当溶剂不能使大分子充分溶剂化时，对于线型高聚物来说，也只能溶胀到一定程度而不能发生高分子材料的溶解。此时，可通过升高温度和介质浓度使之逐渐溶解。高聚物溶胀致使宏观体积显著膨胀，虽仍能保持固态性能，但强度、伸长率急剧下降，甚至丧失其使用性能。

7.1.3.3　环境应力开裂

当高分子材料处于某种环境介质中时，往往会在比空气中的断裂应力或屈服应力低很多的应力下发生开裂，这种现象称为高分子材料的环境应力开裂。这种应力包括外加应力和材料内的残余应力。

环境应力开裂具有如下特点。

① 是一种从表面开始发生破坏的物理现象，从宏观上观察呈脆性破坏，但用电子显微镜观察则属于韧性破坏。

② 不论单轴或多轴负载应力，它总是在比空气中的屈服应力更低的应力下发生龟裂直至破坏。

③ 在裂缝的尖端部位存在着银纹区。

④ 与应力腐蚀开裂不同，材料并不发生化学变化。

⑤ 在发生开裂的前期状态中，屈服应力不降低。

研究高分子材料在特定介质中产生的环境应力开裂行为，可检测材料的内应力和耐开裂性能，用以对材料性能进行评价及质量管理。

环境应力导致高聚物的开裂首先从银纹开始。所谓银纹就是在应力与介质的共同作用下，高聚物表面出现的众多发亮条纹。银纹由高聚物细丝和贯穿其中的孔洞所组成，如图 7-3 所示。银纹内大分子链沿应力方向高度取向，所以银纹具有一定的力学强度和密度。应力作用下介质向孔洞内加剧渗透，使得银纹进一步发展成裂缝，如图 7-4 所示。裂缝的不断扩展可能导致材料的脆性破坏，强度大幅降低。

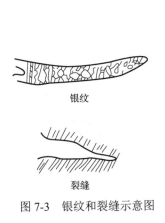

图 7-3　银纹和裂缝示意图

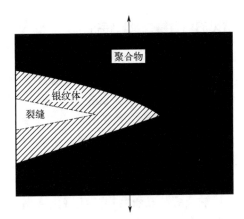

图 7-4　银纹发展成裂缝示意图

7.2　摩擦磨损环境下材料结构和性能的变化与失效机理

材料在摩擦环境下产生的磨损为一种特殊的机械力作用破坏，即主要发生在两个接触物体相对运动时所形成的表面损伤，持续的损伤使材料截面积减小直至无法承受安全负荷而发生变形或断裂。当表面损伤以裂缝或局部缺口出现时，可能引发材料的快速断裂。造成磨损破坏的机制主要包括"黏着磨损""磨粒磨损""冲蚀磨损""微动磨损""腐蚀磨损"及"疲劳磨损"，各种磨损机制均形成一些破坏特征，这些特征可作为分析磨损破坏的依据。

7.2.1　黏着磨损

（1）黏着磨损的定义和分类

黏着磨损也称咬合（胶合）磨损。相对运动物体的真实接触面上发生固相黏着，使材料从一个表面转移到另一表面的现象，称为黏着磨损。

相对运动的接触表面发生黏着以后，如果在运动产生的切应力作用下于表面接触处发生断裂，则只有极微小的磨损。如果黏合强度较高，切应力不能克服黏合力，则视黏合强度、金属本体强度与切应力三者之间的不同关系出现不同的破坏现象，据此可以把黏着磨损分为表 7-2 所列的四种类型。

表 7-2　黏着磨损的分类

类型	破坏现象	损坏原因
涂抹	剪切破坏发生在离黏着结合面不远的较软金属层内，软金属涂抹在硬金属表面上	较软金属的剪切强度小于黏着结合强度，也小于外加的切应力
擦伤	软金属表面有细而浅的划痕；剪切发生在较软金属的亚表层内；有时硬金属表面也有划伤	两基体金属的剪切强度都低于黏着结合强度，也低于切应力，转移到硬面上的黏着物质又擦伤软金属表面
撕脱	剪切破坏发生在摩擦副一方或两金属较深处，有较深划痕	与擦伤损坏原因基本相同，黏着结合强度比两基体金属的剪切强度高很多
咬死	摩擦副之间咬死，不能产生相对运动	黏着结合强度比两基体金属的剪切强度高很多，而且黏着区域大，切应力低于黏着结合强度

（2）常见的黏着磨损及其特征

黏着磨损普遍存在于生产实际中。机床的导轨常常发生表面刮伤，蜗轮与蜗杆，特别是重型机床和齿轮加工机床的分度蜗轮（磷青铜或铸铁材质）4～5 年间就会产生几百微米的磨损，主轴和轴瓦 2～3 年间也会发生明显磨损，汽车零件的缸体和缸套-活塞环、曲轴轴颈-轴瓦、凸轮-挺杆等摩擦副都承受黏着磨损，刀具、模具、钢轨、量具的失效都与黏着磨损有着密切关系。太空环境中由于没有氧气，金属表面不易产生氧化膜，相对运动的裸露金属间很容易产生黏着，预防高真空环境中的黏着磨损是一个很重要的技术难题。

实际工况中许多摩擦副同时承受着多种磨损作用，如氧化磨损与黏着磨损，磨粒磨损与黏着磨损，接触疲劳与黏着磨损，或氧化磨损、黏着磨损与磨粒磨损等同时发生。表 7-3 列出了与黏着磨损有关的构件的磨损特点，在这些构件上常常发生多种磨损作用。

表 7-3　与黏着磨损有关的构件的磨损特点

摩擦副	可能出现的磨损类型			
	黏着	氧化	磨料	接触疲劳
切削工具	++	+	++	+
成型加工工具	++	+	+	+
凸轮杆	++	+	+	++
齿轮传动	++	+	+	++
部分滑动轴承	++	+	++	+
滚动轴承	+	+	+	++
摩擦制动机构	+	+	+	+
电触头	+	+		+

注：++表示该种磨损起主要作用；+表示该种磨损起次要作用。

黏着磨损的特征是磨损表面有细的划痕，沿滑动方向可能形成交替的裂口、凹穴等。最突出的特征是在摩擦副之间存在金属转移，表层金相组织和化学成分均有明显变化。磨屑多为片状物或小颗粒。

（3）黏着磨损的机理和模型

当两块干净的金属接触后再分离，可以检测出金属从一个表面转移到另一个表面，这是原子间键合作用的结果。空气中机械零件之间相对运动，在接触载荷较小时零部件表面的氧化膜起防止金属新鲜表面黏着的作用。两个名义上平滑的表面相接触时，实际上只在高的微凸体上发生接触，实际的接触面积远远小于名义接触面积。如果接触载荷较大，实际接触的微凸体间的应力集中，摩擦过程温度较高，可以使润滑油烧干，摩擦也可以使氧化膜破裂，显露出新鲜的金属表面。尽管在 8～10s 的时间间隔内 98%以上的新鲜表面可以吸附氧而生成氧化膜，但是在运动副中微凸体表面氧化膜的破裂和金属的塑性流动几乎同时发生，纯金属间接触的机会总是存在，因此二者间产生黏着现象就不可避免。接触微凸体形成黏结后，在随后的滑动中黏结点被破坏，又会存在一些接触微凸体发生黏着，如此黏着、破坏、再黏着、再破坏……这种循环过程就构成黏着磨损。

分析黏着磨损，可假定表面微观粗糙点为半球形（图 7-5），则实际接触面积 S_w：

$$S_w = n \times \pi a^2 \tag{7-10}$$

式中，n 为表面粗糙点数目；a 为此假定半球形粗糙点的半径。根据 Bowden 与 Tabor 于 1964 年发表的研究结果，实际接触面积与正向负荷（F_N）及硬度（H）具有 $S_w = \dfrac{F_N}{H}$ 的关系，再由图 7-5 每一粗糙点经冷焊接后再被撕开的体积 $V_i = \dfrac{2}{3}\pi a^3$，由以上关系可推导出黏着磨损量 W_v 为

$$W_v = K^* \times n \times V_i \times \frac{L}{2a} = K^* \times \frac{F_N}{3H} \times L \tag{7-11}$$

式中，K^* 为表面粗糙点发生冷焊接及再撕开的概率；L 为磨损路径。如果在接触面上除了正向负荷 F_N，还存在其它切向负荷 F_T，则表面微观接触点将因塑性变形而被扩大，实际接触面积应为

$$S_w = \frac{F_N}{H} \sqrt{1 + \left(\frac{F_T}{F_N}\right)^2} \tag{7-12}$$

黏着磨损量应为

$$W_v = K^* \times \frac{F_N}{3H} \times L \times \sqrt{1 + \left(\frac{F_T}{F_N}\right)^2} \tag{7-13}$$

然而上式中当 $\dfrac{F_T}{F_N}$ 值达到材料磨损系数（μ）时，实际接触面积不再继续扩大，因此黏着磨损亦只增加至 $W_v \leqslant K^* \times \dfrac{F_N}{3H} \times L \times \sqrt{1 + \mu^2}$，在以上黏着磨损关系式中，令 $K_{ab} = \dfrac{K^*}{2}$（K_{ab} 被定义为"黏着磨损系数"）。

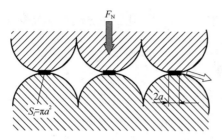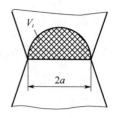

图 7-5 黏着磨损机制解析

（4）影响黏着磨损的因素

① 密排六方结构金属的黏着倾向小，面心立方结构金属的黏着倾向明显大于其它点阵结构金属。

② 从金属结构组织考虑，细晶粒抗黏着倾向优于粗晶粒；多相金属比单相金属黏着倾向小；混合物合金比固溶体合金黏着倾向小；片状珠光体组织的抗黏着性能优于粒状珠光体组织的抗黏着性能；同样硬度下，贝氏体结构抗黏着性能优于马氏体结构的抗黏着性能。总之，金属组织的连续性和性能的均一性不利于抗黏着磨损。

③ 互溶性大的材料（包括相同金属或相同晶格类型的金属以及有相近晶格间距、电子密度、电化学性能的金属）所组成的摩擦副黏着倾向大；互溶性小的材料（异种金属或晶格结构不相近的金属）组成的摩擦副黏着倾向小。

④ 硬度的影响比较复杂。理想的抗黏着磨损材料的表层应较软，亚表层较硬，还应有一层平缓过渡区，即希望表层润滑性好，亚表层有良好的支撑作用、高的屈服强度，平缓过渡区可防止层状剥落。

7.2.2 磨粒磨损

（1）磨粒磨损的定义和分类

磨粒磨损是指硬磨（颗）粒或硬凸出物在与摩擦表面相互接触运动过程中使材料表面损耗的一种现象或过程。硬颗粒或凸出物一般为非金属材料，如石英砂、矿石等，也可能是金属，如落入齿轮间的金属屑等。

磨粒磨损分类方法有以下几种。

① 按力的作用特点可以分为划伤式磨损、碾碎式磨损和凿削式磨损。

a. 划伤式磨损属低应力磨损。低应力是指磨粒与构件表面之间的作用力小于磨粒本身的压溃强度。划伤式磨损只在材料表面产生微小的划痕（擦伤），不使磨粒破碎又能使材料不断流失，构件表面仍比较光亮，高倍放大镜下可观察到微细的磨沟或微坑一类损伤。典型划伤式磨损如农机具的磨损，洗煤设备的磨损，运输过程的溜槽、料仓、漏斗、料车的磨损等。

b. 碾碎式磨损属高应力磨损。当磨粒与构件表面之间接触压应力大于磨粒的压溃强度时，磨粒被压碎，一般金属材料表面被拉伤，韧性材料产生塑性变形或疲劳，脆性材料则发生碎裂或剥落。该类磨损的磨粒在压碎之前，几乎没有滚动和切削的可能，它对被磨表面的主要作用是由接触处的集中压应力造成的。典型构件是球磨机的磨球与衬板及滚式破碎机中的辊轮等。

c. 凿削式磨损的产生主要是磨粒中包含大块磨粒，而且具有尖锐棱角，对构件表面进行冲击式的高应力作用，使构件表面撕裂出较大颗粒或碎块，表面形成较深的犁沟或深坑。这种磨损常在运输或破碎大块磨料时发生。典型实例如颚式破碎机的齿板、辗辊的磨损等。

② 按金属与磨粒的相对硬度可以分为硬磨粒磨损和软磨粒磨损。如果金属的硬度 H_m 与磨粒的硬度 H_a 之比小于等于 0.8，属于硬磨粒磨损；如果比值大于 0.8，则属于软磨粒磨损。

③ 按磨损表面数量可以分为三体磨损（外界硬粒移动于两摩擦表面之间）和二体磨损（硬粒料沿固体表面相对运动，作用于被磨构件表面）两类。

④ 按相对运动可以分为固定磨粒磨损和自由磨粒磨损。前者包含砂纸、砂布、砂轮、锉刀及含有硬质点的轴承合金与材料对磨时发生的磨损；后者包含砂粒、粉尘等散装硬质材料与金属对磨时的磨损。

（2）磨粒磨损的简化模型和机理

① 磨粒磨损的简化模型　磨粒磨损一般采用拉宾诺维奇提出的简化模型，如图 7-6 所示。根据此模型推导出磨损量的定量计算公式。模型计算时假设条件是磨粒磨损中的磨粒是形状相同的圆锥体；被磨构件为不产生任何变形的刚性体；磨损过程为滑动过程。

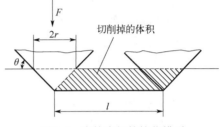

图 7-6　磨粒磨损的简化模型

磨粒在载荷作用下，压入被磨损表面，则压入试样表面的投影面积 S 为

$$S = \pi r^2 \tag{7-14}$$

磨粒是承受载荷后克服试样的受压屈服强度 σ_s 才压入试样的，所以每个磨粒承受的载荷 F 为

$$F = \sigma_s S = \pi \sigma_s r^2 \tag{7-15}$$

当磨粒在试样表面滑动了距离 l 后，磨粒从试样表面犁削的体积（即磨损体积）V 为

$$V = r^2 l \tan \theta \tag{7-16}$$

将式（7-15）中 r^2 代入式（7-16）可得

$$V = \frac{Fl \tan \theta}{\pi \sigma_s} \tag{7-17}$$

由于受压屈服极限 σ_s 与金属材料的硬度 H 成比例，可以用一个系数表示这个比例，这个系数同时也包括了常数 π 和磨粒几何因数 $\tan \theta$，这样式（7-17）又可表示为

$$V = K \frac{Fl}{H} \tag{7-18}$$

式中，K 为磨粒磨损系数。可见磨粒磨损量与法向力和摩擦距离成正比，与材料硬度成反比，磨损量还与磨粒的形状有关。

② 磨粒磨损机理

a. 微观切削磨损机理：磨粒在材料表面的作用力可以分解为法向分力和切向分力。法向分力使磨粒刺入材料表面，切向分力使磨粒沿平行于表面的方向滑动。如果磨粒棱角锐利，又具有合适的角度，那么就可以对表面切削，形成切削屑，表面留下犁沟。这种切削的宽度和深度都很小，切屑也很小，但在显微镜下观察，切屑仍具有机床切屑的特点，所以称为微观切削。并非所有的磨粒都可以产生切削。实际中，有的磨粒无锐利的棱角，有的磨粒棱角的棱边不对着构件表面运动方向，有的磨粒和被磨表面之间的夹角太小，有的表面材料塑性很高。所以微观切削类型的磨损虽然经常可见，但由于上述原因，在一个磨损面上，切削的分量不多。

b. 多次塑变磨损机理：如果磨粒的棱角不适合切削，只能在被磨金属表面滑行，将金属推向磨粒运动的前方或两侧，产生堆积，这些堆积物没有脱离母体，但使表面产生很大塑性变形，这种不产生切削的犁沟称为犁皱。当磨粒继续运动时，有可能把原来产生的堆积物压平，也可能使得母体遭受二次犁皱变形，如此反复塑变，导致材料上产生加工硬化或其它强化作用，最终从母体剥落而成为磨屑。当不同硬度的钢遭受磨粒磨损后，表面可以观察到反复塑变和碾压后的层状折痕以及一些台阶、压坑及二次裂纹；亚表层有硬化现象；多次塑变后被磨损的磨屑呈块状或片状，这些现象与多次塑变磨损机理的分析相吻合。

c. 疲劳磨损机理：该观点认为，疲劳磨损机理在一般磨粒磨损中起主导作用。磨损是由材料表层微观组织受磨料施加的反复应力作用所致。但对此也有相反的观点。有实验表明，疲劳极限与耐磨性之间的关系非常复杂，数学上不是单值函数关系，证明疲劳极限不是耐磨粒磨损的基本判据。所以疲劳在磨粒磨损中可能起一定作用，但不是唯一的机理。

d. 微观断裂磨损机理：对于脆性材料，在压痕试验中可以观察到材料表面压痕伴有明显的裂纹，裂纹从压痕的四角出发向材料内部伸展，裂纹平面垂直于表面，呈辐射状态，压痕附近还有另一类横向的无出口裂纹，断裂韧性低的材料裂纹较长。根据这一实验现象，微观断裂磨损机理认为，脆性材料在磨粒磨损时会使横向裂纹互相交叉或扩散到表面，造成材料剥落。

由以上分析可知，各种机理都可以解释部分磨损特征或者存在某些实验支持，但均不能解释所有磨粒磨损现象，所以磨粒磨损过程可能是这几种机理综合作用的反映，而以某一磨损作用为主。

（3）影响磨粒磨损的因素

① 材料的硬度　从磨粒磨损模型方程［式（7-17）］分析，若磨损系数为常数，则磨损率与载荷成正比，与材料硬度成反比，但在一些实验中发现磨损系数并不是常数，而是与磨粒硬度 H_a 和被磨材料硬度 H_m 的相对大小有关，一般分为以下三个区：

低磨损区：在 $H_m > 1.25H_a$ 的范围内，磨损系数 $K \propto H_m^{-6}$；

过渡磨损区：在 $0.8H_a \leqslant H_m \leqslant 1.25H_a$ 的范围内，磨损系数 $K \propto H_m^{-2.5}$；

高磨损区：在 $H_m < 0.8H_a$ 的范围内，磨损系数 K 基本保持恒定。

② 磨粒尺寸与几何形状　磨粒尺寸存在一个临界值，当磨粒的大小在临界值以下时，体积磨损量随磨粒尺寸的增大而按比例增加；当磨粒的大小超过临界尺寸时，磨损体积增加的幅度明显降低。

磨粒的几何形状对磨损率也有较大影响，特别是磨粒为尖锐棱角时更为明显。

7.2.3 冲蚀磨损

（1）冲蚀磨损的定义和分类

冲蚀磨损是指流体或固体以松散的小颗粒按一定的速度和角度对材料表面进行冲击所

造成的磨损。冲蚀磨损的松散颗粒一般小于 1000μm，冲击速度在 550m/s 内，超过这个范围出现的破坏通常称为外来物损伤，不属冲蚀磨损讨论的内容。

冲蚀是由多相流动介质冲击材料表面而造成的一类磨损。介质可分为气流和液流两大类。气流或液流携带固体粒子冲击材料表面造成的破坏分别称为喷砂式冲蚀和泥浆冲蚀。流动介质中携带的第二相也可以是液滴或气泡，它们有的直接冲击材料表面，有的（如气泡）则在表面上溃灭，从而对材料表面施加机械力。按流动介质及第二相排列组合，可把冲蚀分为四种类型（见表 7-4）。

表 7-4　冲蚀现象的分类及实例

冲蚀类型	介质	第二相	损坏实例
喷砂式冲蚀	气体	固体粒子	燃气轮机、锅炉管道
雨蚀、水滴冲蚀	气体	液滴	高速飞行器、汽轮机叶片
泥浆冲蚀	液体	固体粒子	水轮机叶片、泥浆泵轮
气蚀（空泡腐蚀）	液体	气泡	水轮机叶片、高压阀门密封面

（2）冲蚀磨损机理

① 喷砂式冲蚀机理　到目前为止，尚未建立完整的材料冲蚀理论，但已发现塑性材料与脆性材料冲蚀破坏的形式不同。当粒子以一定的角度冲蚀材料时，粒子运动轨迹与被冲蚀材料表面（也称作靶面）的夹角称为攻角或冲击角。依粒子性质和攻角不同，靶面上出现不同的破坏。

如图 7-7 所示，对于塑性材料可将单点冲蚀的形貌分为四类：

a. 点坑：类似于硬度压头的对称性菱锥体粒子正面冲击所造成的蚀坑。

b. 犁削：类似于犁铧对土地造成的沟，凹坑的长度大于宽度，材料被挤到沟侧面。

c. 铲削：在凹坑出口堆积材料而铲痕两侧几乎不出现变形。

d. 切片：凹坑浅，由粒子斜掠而造成的痕迹。

此外，还包括磨粒嵌入凹坑的情况。磨屑存在三种类型：切削屑，棱边锋利的粒子在合适的角度和方向时对靶面切削，这和磨粒磨损的切削作用相似；薄片屑，单次冲击时靶面受冲点处的材料仅被推到受冲点附近，并未发生材料流失，随后连续不断冲出，揉搓表面层，形成强烈变形的表面层结构，最后表面加工硬化，造成脆性断裂，形成薄片屑；簇团状屑，冲蚀造成极不平整的表面形貌，表面凸起部分受粒子冲击时，受冲击局部产生高温，凸起部分软化断裂脱离靶面，形成簇团状屑。

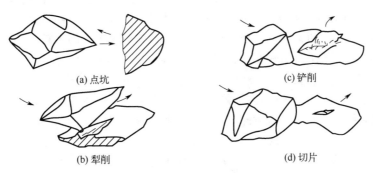

(a) 点坑　　　　　　　　　　　　　(c) 铲削

(b) 犁削　　　　　　　　　　　　　(d) 切片

图 7-7　冲蚀破坏的四种基本类型

脆性材料与塑性材料规律不同。理论上，脆性材料不产生塑性变形。当单颗粒冲击脆性靶材时，依冲击粒子形状不同，可能产生两类不同的裂纹，这些裂纹一般萌生于受粒子冲击部位附近存在缺陷的地方。钝头粒子冲击时，裂纹呈环形，出现在接触圆周稍外侧，反复冲击，这些环形裂纹会与横向裂纹交互，从而产生材料流失；尖角粒子冲击靶面时，会出现垂直于靶面的初生径向裂纹和平行于靶面的横向裂纹，前一种裂纹使靶材强度退化，而后一种裂纹是冲蚀中材料流失的根源。

尚有多种喷砂式冲蚀理论，这些理论都有实验依据，也能在一定范围内解释实验现象，但各种模型都存在一定的局限性。

② 泥浆冲蚀机理　泥浆冲蚀比喷砂式冲蚀复杂得多。泥浆冲蚀过程往往伴随材料腐蚀。虽然在两类冲蚀中都存在固体粒子冲击材料表面造成磨损的过程，但材料流失可能以不同的方式进行，这点可以从入射粒子速度对材料冲蚀率及攻角影响上得到证实。喷砂式冲蚀中发生材料流失的速度临界值大约为 10m/s，而泥浆冲蚀中 10m/s 流速已能造成明显的冲蚀。泥浆冲蚀中，除攻角和速度外，固体粒子性质（如硬度、形状、粒度、密度）、固体粒子用量（固液比）、流体的密度和黏度等对材料冲蚀均有影响，用一个物理模型或从设想的单元过程推导出数量表达来描述泥浆冲蚀还比较困难。

③ 气蚀机理　气蚀是由材料表面附近的液体中存在气泡产生及破灭过程而造成的。当构件与高速流体相对运动时，如果流速较高则工作面附近的某局部区域压力就可能下降至等于或小于流体在该温度下的饱和蒸气压，这样该局部区域因发生"沸腾"现象而产生气泡。气泡由低压区形成并随流体运动，当气泡周围压力大于气泡内蒸气压时，气泡内蒸汽就会迅速冷凝，降低泡内压力，流动液体的各向压力不均使气泡变形，最后溃灭。在溃灭瞬间，冷凝液滴及气泡周围介质以非常高的速度冲向材料表面，使材料表面受到非常高速的水锤冲击，这种多次水锤冲击作用而造成的材料破坏就是气蚀。流体中腐蚀物质引起的电化学反应会和冲击联合作用，加剧气蚀造成的破坏。

气蚀破坏的基本过程：金属表面钝化膜上生成气泡，气泡破灭，其冲击波使金属发生塑性变形，导致膜破裂；裸露金属表面腐蚀，随后再发生钝化成膜，在同一位点生成新气泡，气泡破灭，膜再次破裂；裸露的金属表面进一步腐蚀，表面再次钝化……这些步骤反复进行，金属表面便形成空穴。

（3）影响冲蚀磨损的因素

① 冲蚀粒子　粒子粒度对冲蚀磨损存在明显影响。一般粒子尺寸在 20～200μm 范围内，材料磨损率随粒子尺寸增大而上升。当粒子尺寸增加到某一临界值时，材料磨损率几乎不变或变化缓慢，这一现象称为"尺寸效应"。粒子的形状对冲蚀磨损也有很大影响，多角形粒子与圆形粒子相比，在相同条件下，45°冲击角时，多角形粒子比圆形粒子的磨损大 4 倍，甚至低硬度的多角形粒子比较高硬度的圆形粒子产生的磨损还要大。粒子的硬度和可破碎性对冲蚀率有影响，因为粒子破碎后会产生二次冲蚀。

② 攻角　材料的冲蚀失重和粒子的攻角有密切关系。当粒子攻角为 20°～30° 时，典型的塑性材料冲蚀率达最大值，而脆性材料最大冲蚀率出现在攻角接近 90° 处。攻角与冲蚀率关系几乎不随入射粒子种类、形状及速度而改变。

③ 速度　粒子的速度存在一个临界值。低于临界值，粒子与靶面之间只出现弹性碰撞观察不到破坏，即不发生冲蚀。速度临界值与粒子尺寸和材料有关。

④ 冲蚀时间　冲蚀磨损存在一个较长的潜伏期或孕育期。磨粒冲击靶面后先是使表面粗糙，产生加工硬化，此时未发生材料流失，经过一段时间的损伤积累后才逐步产生冲蚀磨损。

⑤ 环境温度　温度对冲蚀磨损的影响比较复杂。有些材料在冲蚀磨损中随温度升高磨损率上升；但也有些材料随温度升高磨损有所降低，这可能是高温时形成的氧化膜提高了材料的抗冲蚀磨损能力，也有可能是温度升高，材料塑性增加，抗冲蚀性能提高。

⑥ 靶材　靶材对冲蚀磨损的影响更为复杂。就靶材本身性能而言，主要影响因素是硬度。一是金属本身的基本硬度，二是加工硬化的硬度，而且加工硬化的硬度与冲蚀磨损的关系更为突出。此外，材料的组织对冲蚀磨损的影响也不可忽视。

7.2.4　微动磨损

（1）微动磨损的定义和分类

两个配合表面之间由一微小振幅的相对振动所引起的表面损伤，包括材料损失、表面形貌变化、表面或亚表层塑性变形或出现裂纹等，称为微动磨损。

微动磨损可以分为两类：第一类是该构件原设计的两物体接触面是静止的，由于受到振动或交变应力作用，两个匹配面之间产生微小的相对滑动，由此造成磨损；第二类是各种运动副在停止运转时，由环境振动所产生的微振而造成磨损。这两类磨损方式的差别如下：第一类垂直负荷较大，因而滑动振幅较小，微动以受循环应力引起居多，损坏的主要危险是接触处产生微裂纹，降低构件的疲劳强度，其次才是因材料损失造成配合面松动，而松动又可能加速磨损和疲劳裂纹的扩展；第二类主要是磨损造成表面粗糙和磨屑聚集使运动阻力增加或振动加大，严重时导致运动副咬死。

（2）微动磨损过程及机理

微动磨损是一个复杂的过程，包含黏着、氧化、磨粒和疲劳等的综合作用，下面介绍微动磨损的相关过程与机理。

① 微动磨损过程　相互接触的两个物体表面，接触压力的作用使微凸体产生塑性变形和黏着，在微小振幅振动作用下，黏着点可能被剪切并脱落，剪切表面被氧化。由于表面紧密配合，脱落的磨屑不易排出，在两表面间起着磨粒作用，加速微动磨损过程。

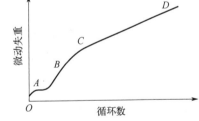

图 7-8　微动磨损失重与循环数的曲线

微动循环次数与磨损失重存在一定关系，如图 7-8 所示。根据曲线的形状，可把微动磨损过程分为四个阶段：

a．OA 阶段称黏着磨损阶段，表示由于微凸体的黏着作用，金属从一表面迁移到另一表面。

b．AB 阶段称磨粒磨损阶段，被加工硬化的磨损碎屑磨蚀金属表面，是具有较高磨损速率的阶段。

c．BC 阶段称加工硬化阶段，磨损表面被加工硬化，磨粒磨损速率下降。

d．CD 阶段称稳态磨损阶段，这一阶段产生磨屑的速率基本不变。

② 微动磨损机理　微动磨损表面常见到大深坑，对此可按以下模型进行解释。

a．由载荷引起微凸体的黏着作用，在接触表面滑动时产生少量磨损碎屑，落入接触凸峰之间，如图 7-9（a）所示。

b. 随着磨屑增加，该空间逐步被充满，微动作用因此由普通磨损变成磨粒磨损，在磨料的作用下，一个小区域的接触点合成一个小平台，如图7-9（b）所示。

c. 磨屑随着磨粒磨损过程而增加，最后磨屑开始流进邻近的低洼区，并在边缘溢出，如图7-9（c）所示。

d. 磨损过程中，接触区压力再分布，由于中心区粒子密实而不易溢出，中心垂直区压力变高，边缘压力降低，中心的磨粒磨损比边缘强烈，坑也迅速加深，而且溢出的磨屑逐步充满邻近的低洼区并形成新坑，最终许多相邻的小坑合并成较大的坑，如图7-9（d）所示。

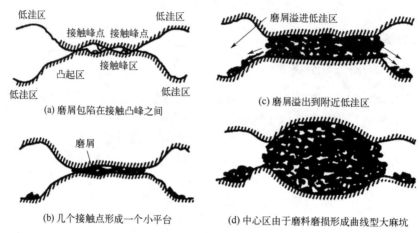

图 7-9　微动磨损中大深坑形成过程

微动磨损进入稳态阶段后磨损的性质变成磨粒磨损，这一模型得到很多学者认同。但也有人为了修正稳态阶段材料流失，提出脱层理论：

a. 两个滑动面之间的表面切应力促使材料表面发生塑性变形，较软表面的凸峰点变形较大，在周期性反复应力作用下，塑性变形逐渐积累，变形区将沿着材料中存在的应力场扩展至表面下一定深度。

b. 由于材料塑性变形而产生位错，在距表面一定距离存在位错积累，若这些位错与某些障碍（如夹杂、孪晶、相界）相遇，就聚集成空穴。

c. 在连续滑动的剪切作用下，上述空穴（也可能是原有的孔洞）成为萌生裂纹的核心，裂纹一旦萌生并和邻近裂纹相连便形成平行于表面的裂纹，随着过程进展裂纹在表面下某一深度不断扩展。

d. 当裂纹达到某一临界长度时将沿着某些薄弱点向表面剪切，使材料脱离母体，形成长方形的薄片。

脱层理论被普遍认为是磨损机理之一，但对该理论在微动磨损中的适用程度或所占比重存在争议。也有研究者对脱层的过程提出不同解释。此外，一些研究者对微动磨损和氧化的关系进行研究，按氧化情况将微动磨损分成四种类型：

a. 完全无氧化膜的微动，这时主要破坏是黏着及塑性变形。

b. 薄的氧化膜在前半次循环间隔内形成，而在后半次循环中被刮去，这时是氧化和机械联合作用。

c. 氧化和疲劳相互作用。微动使表面疲劳，疲劳产生的微裂纹有利于氧扩散进入，氧化加速裂纹的扩展和脱层。

d. 氧化膜足以支持接触负荷而不破裂，由于氧化膜的存在，没有裸金属之间的接触，以黏着为开始阶段的微动磨损受阻止。

综上，微动磨损可能按以下机理进行。微动磨损初始阶段材料流失机制主要是黏着和转移，其次是凸峰点的犁削作用，对于较软材料可出现严重塑性变形，由挤压直接撕裂材料，这个阶段摩擦因数及磨损率均较高。当产生的磨屑足以覆盖表面后，黏着减弱，逐步进入稳态阶段，这时摩擦因数及磨损率均明显降低，磨损量和循环数呈线性关系。由于微动的反复切应力作用，造成亚表面裂纹萌生，形成脱层损伤，材料以薄片形式脱离母体。刚脱离母体的材料主要是金属形态，它们在二次微动中变得越来越细，并吸收足够的机械能以致具有较高的化学活性，在接触空气瞬间即完成氧化过程，成为氧化物。氧化磨屑既可作为磨料加速表面损伤，又可分开两表面，减少金属间接触，起缓冲作用，大部分情况下，后者作用更显著，即磨屑的主要作用是减轻表面损伤。

（3）微动磨损的特征与判断

① 微动磨损的表面特征　钢的微动磨损表面黏附着一层红棕色粉末，将其除去后可观察到许多小麻坑，其形状不同于点蚀，存在两种类型：一种为深度不到 $5\mu m$ 的不规则的长方形浅平坑；另一种为较深（可达 $50\mu m$ 左右）且形状较规则的圆坑。

微动初期常可观察到因形成冷焊点和材料转移而产生的不规则突起。表面形貌和微动条件存在密切关系。振幅较大时，表面出现和微动方向一致的划痕，痕间常有正在经受二次微动的粒子。振幅较小（$<2\mu m$）时，表面不出现任何划痕，反而显得更光滑，但仍可观察到碾压痕迹。低振幅高负荷下，平面对弧面微动时往往呈现中心无相对位移，边缘则为环状磨痕。当较软材料微动时，由于反复挤压，一般出现严重塑性变形。

高温条件下微动，某些材料的塑性变形会加重，有的材料在微动作用下形成釉质氧化膜，此时表面变得极光滑，若这种氧化膜在高负荷下破裂，则出现龟裂的形貌。

微动磨损引起表面硬化，表面可产生硬结斑痕，其厚度可达 $100\mu m$。有时也会出现硬度降低，这是由加工软化或高温引起再结晶等变化造成的。

微动区域可发现大量表面裂纹，大都垂直于滑动方向且常起源于滑动和未滑动的交界处，裂纹有时被磨屑或塑性变形掩盖，抛光后方可发现。在垂直于表面的剖面上也可发现大量微裂纹。

② 磨屑的特征　大多数情况下，磨屑为该种金属的最终氧化态，如铁基金属是 Fe_2O_3。铜最初出现的磨屑是未被氧化的铜，随着微动过程的进展，黑色 CuO 的数量逐渐增加。铝和铝合金的磨屑是黑色的，含有少量金属铝和较多的氧化铝。镁的黑色磨屑主要是氧化镁，含有少量氢氧化镁和极少量金属镁。钛合金的片状磨屑存在高度择优取向，其组成为 TiO_2 及大量金属钛。镍表面的磨屑是黑色的，分析表明含有少量金属镍和较多氧化镍。不活泼金属（如金和铂）的磨屑由纯金属组成。磨屑的大小和成分与振幅有关，振幅较大时，磨屑直径较大，金属的比例也较高。材料的硬度影响磨损量，也影响磨屑的大小和成分，材料越硬，磨屑越细，氧化物的比例也越大。

③ 微动磨损的判断

a. 是否存在可引起微动的振动源或交变应力。除机械作用外，电磁作用、噪声、冷热循环及流体运动也可导致微动。

b. 是否存在破坏的表面形貌。主要检查表面粗糙度的变化、方向一致的划痕、塑性变形或硬结斑、硬度或结构变化、表面或亚表层的微裂纹等。

c. 磨屑是重要的依据。各种材料磨屑的组成、颜色和形状等。

7.2.5 腐蚀磨损

（1）腐蚀磨损的定义和分类

两物体表面产生摩擦时，工作环境中的介质如液体、气体或者润滑剂等与材料表面起化学反应或电化学反应，形成腐蚀产物，这些产物往往黏附不牢，在摩擦过程中剥落下来。其后新的表面又继续与介质发生反应。这种腐蚀和磨损的反复过程称为腐蚀磨损。材料在某种介质环境中工作时，磨损可能是轻微的，但当温度变化或介质变化时，材料的流失会大大加剧。

腐蚀磨损可分为化学腐蚀磨损和电化学腐蚀磨损。化学腐蚀磨损又可分为氧化磨损和特殊介质腐蚀磨损。

腐蚀磨损是一种极为复杂的磨损形式，它是材料受腐蚀和磨损综合作用的磨损过程，受环境、温度、介质、滑动速度、载荷大小及润滑条件等因素影响，各因素稍有变化就可使腐蚀磨损发生较大变化。当腐蚀成为主要原因时，通常存在几种磨损机理，各种机理之间还存在着复杂的相互作用。如金属与金属之间的磨损，开始可能是黏着磨损和腐蚀磨损，但因磨损产物具有磨粒特性，会出现磨粒磨损或者其它磨损。因此在腐蚀磨损过程中，既要考虑腐蚀的作用，也不能忽视磨损的作用，甚至还要考虑到其它磨损存在的综合作用。多种磨损间相互作用使磨损量产生较大变化。

（2）腐蚀磨损模型与原理

① 化学腐蚀磨损　化学腐蚀磨损中最常见的是氧化磨损。氧化磨损的实质是金属表面与气体介质发生氧化反应，生成氧化膜。

② 脆性氧化膜的氧化磨损　脆性氧化膜与金属基体差别较大，在达到一定厚度时，脆性氧化膜很容易被摩擦表面微凸体的机械作用去除，暴露出新的基体表面，开始新的氧化过程，膜的生长与去除反复进行，膜厚度随时间变化的关系如图 7-10 所示。

③ 韧性氧化膜的氧化磨损　氧化膜是韧性且比金属基体还软时，若受摩擦表面微凸体机械作用，可能有部分被去除，在继续磨损过程中，氧化仍然在原有氧化膜的基础上发生，这种磨损较脆性氧化膜的磨损轻，膜厚度随时间变化的关系如图 7-11 所示。

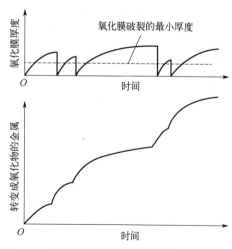

图 7-10　脆性膜氧化磨损时膜厚度与时间关系

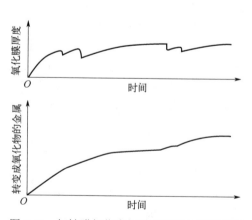

图 7-11　韧性膜氧化磨损时膜厚度与时间关系

（3）腐蚀磨损的特征

腐蚀磨损过程中，氧化膜断裂和剥落，形成了新的磨粒，使腐蚀磨损兼有腐蚀与磨损双重作用。但腐蚀磨损又不同于一般的磨粒磨损。腐蚀磨损不产生显微切削和表面变形，它的主要特征是磨损表面有化学反应膜或小麻点，麻点比较光滑，磨屑多是细粉末状的氧化物，也有薄的碎片。钢摩擦副相互滑动的氧化磨损，沿滑动方向呈现出均匀的磨痕和暗色的片状或丝状物，片状磨屑为红褐色的 Fe_2O_3，而丝状的是灰黑色的 Fe_2O_3。

（4）影响腐蚀磨损的因素

① pH 值　pH<7 时，随酸性增加腐蚀磨损量增加。7<pH<12 时，相对运动速度不太高的情况下，随碱性增加，腐蚀磨损量下降。

② 温度　其它条件相同时，腐蚀磨损的速度一般随温度升高而增加。

7.2.6　疲劳磨损

（1）疲劳磨损的定义

当两个接触体相对滚动或滑动时，接触区形成的循环应力超过材料疲劳强度，在表面层将引发裂纹并逐步扩展，最后使裂纹以上的材料断裂剥落下来的磨损过程称为疲劳磨损。疲劳磨损可以作为一种独立的磨损机制，且具有普遍性。在其它磨损形式（如磨粒磨损、微动磨损、冲击磨损等）中也都不同程度地存在着疲劳过程。只不过有些情况下疲劳磨损是主导机制，而在另一些情况下则是次要机制，当条件改变时，磨损机制也会发生变化。

（2）疲劳磨损与整体疲劳的区别

疲劳磨损与整体疲劳具有不同的特点。其一，裂纹源与裂纹扩展不同。整体疲劳的裂纹源都是从表面开始的，一般沿着表面与外加应力呈 45°的方向扩展，超过两三个晶粒以后，即转向与应力垂直的方向。疲劳磨损裂纹除来源于表面外，也产生于亚表面内，裂纹扩展的方向是平行于表面，或与表面呈一定角度，一般为 10°～30°，而且只限于在表面层内扩展。其二，疲劳寿命不同。整体疲劳一般存在一个明显的疲劳极限，低于这个极限，疲劳寿命可以认为是无限的。而疲劳磨损尚未发现这样的疲劳极限，疲劳磨损的零件寿命波动很大。其三，疲劳磨损除循环应力作用外，还经受复杂的摩擦过程，可能引起表面层一系列物理化学变化及各种力学性能与物理性能变化等，所以其比整体疲劳处于更复杂更恶劣的工作条件中。

（3）疲劳磨损的特征

疲劳磨损常发生在滚动接触的机器零件表面上，如滚动轴承、齿轮、车轮和轧辊等，其典型特征是零件表面出现深浅不同、大小不一的痘斑状凹坑，或较大面积的表面剥落，即点蚀及剥落。点蚀裂纹一般从表面开始，向内倾斜扩展（与表面呈 10°～30°角），最后二次裂纹折向表面，裂纹以上的材料折断脱落形成点蚀，因此单个点蚀坑的表面形貌常为"扇形"。当点蚀充分发展后，这种形貌特征难以辨别。剥落的裂纹一般起源于亚表层内部较深的层面。研究表明，滚动疲劳磨损经历两个阶段，即裂纹的萌生阶段和裂纹扩展至剥落阶段。纯滚动接触时，裂纹发生在亚表层最大切应力处，裂纹扩展较慢，经历时间比裂纹萌生长，裂纹断口颜色比较光亮。对剥落表面进行扫描电子显微镜形貌观察，可以看到剥落坑两端的韧窝断口及坑底部的疲劳条纹特征。滚动加滑动的疲劳磨损，因存在切应力和压应力，易在表面上产生微裂纹，微裂纹的萌生阶段往往大于扩展阶段，断口较暗。对于经过表面强化处理的零件，裂纹起源于表面硬化层和芯部的交界处，裂纹的发展一般先平行于表面，待扩展一段后再垂直或倾斜向外发展。

（4）疲劳磨损的基本原理

疲劳磨损表面接触处应力的性质和数值变化趋势可通过理论判定。最大正应力发生在表面，最大切应力发生在离表面一定距离处。滚动接触时在交变应力的影响下裂纹容易在表面接触处形成和扩展。若除滚动接触外还存在滑动接触，破坏位置就逐渐移向表面，这是因为滑动时最大切应力发生在表面。上述分析是针对理想材料而言，实际中由于构件表面粗糙度、材料组织结构不均匀、夹杂物、微裂纹及硬质点等因素，疲劳破坏的位置也会改变，所以有些裂纹从表面开始，而有些从次表面开始。

（5）影响疲劳磨损的因素

① 材质　材料纯度越高寿命越长。钢中的非金属夹杂物，特别是脆性的带有棱角的氧化物、硅酸盐以及其它各种复杂成分的点状、球状夹杂物，破坏了基体的连续性，对疲劳磨损产生严重不良影响。此外，还需严格控制金属的组织结构。有观点认为，增加残余奥氏体会提高耐疲劳磨损，因为残余奥氏体可增大接触面积，使接触应力下降，且会发生变形强化和应变诱发马氏体相变，提高表面残余压应力，阻碍疲劳裂纹的萌生扩展。增加材料的加工硬化硬度对疲劳磨损有重要影响，硬度越高裂纹越难形成，降低表面粗糙度可有效提高抗疲劳磨损的能力。表层内一定深度的残余压应力可提高对接触疲劳磨损的抗力，表面渗碳、淬火、喷丸、滚压等处理都可使表面产生压应力。

② 载荷　是影响疲劳磨损寿命的主要原因之一。例如，一般认为球轴承的寿命与载荷的立方成反比。

③ 润滑油膜厚度　润滑油黏度高且油膜足够厚时，可使表面微凸体不发生接触，从而不容易产生接触疲劳磨损。由于接触表面压力很大，要选择在超高压下黏度高的润滑油。

④ 环境　周围环境如空气中的水、海水中的盐、润滑油中有腐蚀性的添加剂，对材料的疲劳磨损有不利影响。如润滑油中的水会加速轴承钢的接触疲劳失效，甚至很少量的水也危害重大。

7.3　疲劳环境下材料结构和性能的变化与失效机理

疲劳断裂是金属零件断裂的主要形式之一，目前已对不同材料在各种不同载荷和环境条件下的疲劳性能开展了较多研究，并在金属零件疲劳断裂失效分析基础上形成了疲劳学说。

7.3.1　疲劳断裂失效的基本形式和特征

7.3.1.1　疲劳断裂失效的基本形式

机械零件疲劳断裂存在较多失效形式，按交变载荷形式的不同可分为拉压疲劳、弯曲疲劳、扭转疲劳、接触疲劳、振动疲劳等；按疲劳断裂总周次（N_f）的大小可分为高周疲劳（$N_f \geq 10^5$）和低周疲劳（$N_f < 10^5$）；按服役温度及介质条件可分为机械疲劳（常温、空气中的疲劳）、高温疲劳、低温疲劳、冷热疲劳及腐蚀疲劳等。但其基本形式只有两种，即由切应力引起的切断疲劳和由正应力引起的正断疲劳，其它形式的疲劳断裂都是这两种基本形式在不同条件下的复合。

（1）切断疲劳失效

切断疲劳初始裂纹由切应力引起。切应力引起疲劳初裂纹萌生的力学条件是：切应力/缺口切断强度≥1；正应力/缺口正断强度＜1。

切断疲劳的特点：疲劳裂纹起源处的应力应变场为平面应力状态；初裂纹所在平面与应力轴约成45°角，并沿其滑移面扩展。

由于面心立方结构的单相金属材料的切断强度一般略低于正断强度，而在单向压缩、拉伸及扭转条件下，最大切应力和最大正应力的比值（即软性系数）分别为2.0、0.5和0.8。所以对于这类材料，零件的表层比较容易满足上述力学条件，因此多以切断形式破坏。例如，铝、镍、铜及其合金的疲劳初裂纹，绝大多数以这种方式形成和扩展。

（2）正断疲劳失效

正断疲劳的初裂纹是由正应力引起的。初裂纹产生的力学条件是：正应力/断口正断强度≥1；切应力/缺口切断强度＜1。

正断疲劳的特点：疲劳裂纹起源处的应力应变场为平面应变状态，初裂纹所在平面大致与应力轴相垂直，裂纹沿非结晶平面或不严格地沿着结晶平面扩展。

大多数工程金属零件的疲劳失效是由此种形式导致，特别是体心立方金属及其合金以这种形式破坏的比例更大。上述力学条件在零件的内部裂纹处容易得到满足，但当表面加工比较粗糙或具有较深的缺口、刀痕、蚀坑、微裂纹等应力集中现象时，正断疲劳裂纹也易在表面产生。

某些特殊条件下裂纹尖端的力学条件同时满足切断疲劳和正断疲劳的情况。此时，初裂纹也将同时以切断和正断疲劳的方式产生及扩展，从而出现混合断裂的特征。

7.3.1.2　疲劳断裂失效的一般特征

金属零件的疲劳断裂失效无论从工程应用的角度出发，还是从断裂力学本质及断口的形貌方面来看，都与过载断裂失效存在较大差异。金属零件在使用中发生的疲劳断裂具有突发性、高度局部性及对各种缺陷敏感等特点。引起疲劳断裂的应力一般很低，断口上经常可以观察到特殊的、反映断裂各阶段宏观及微观过程的特殊花样。

（1）疲劳断裂的突发性

疲劳断裂虽然经过疲劳裂纹的萌生、亚临界扩展、失稳扩展三个过程，但是断裂前无明显的塑性变形和其它征兆，所以断裂具有很强的突发性。即使在静拉伸条件下具有大量塑性变形的塑性材料，在交变应力作用下也会显示出宏观脆性断裂特征。

（2）疲劳断裂应力较低

循环应力中最大应力值一般远低于材料的强度极限和屈服强度。例如，对于旋转弯曲疲劳来说，经 10^7 次应力循环破坏的应力仅为静弯曲应力（R_m）的 20%~40%；对于对称拉压疲劳来说，疲劳破坏的应力水平更低。对于钢制零件，其疲劳断裂应力 σ_{-1} 在工程设计中可采用式（7-19）进行近似计算：

$$\sigma_{-1} = (0.4\sim 0.6)\,R_m \qquad\qquad (7\text{-}19)$$

（3）疲劳断裂是一个损伤积累过程

疲劳断裂不是立即发生的，往往经过很长时间才完成。疲劳初裂纹的萌生与扩展均是多次应力循环损伤积累的结果。

工程上通常把零件上产生一条可见初裂纹的应力循环周次 N_0 与试件的疲劳断裂总周次 N_f 的比值 N_0/N_f 作为表征材料疲劳裂纹萌生孕育期的参量。部分材料的 N_0/N_f 值见表 7-5。

表 7-5　部分材料 N_0/N_f 值

材料	试件形状	N_f/次	初始可见裂纹长度/mm	N_0/N_f
纯铜	光滑	2×10^6	2.03×10^{-3}	0.05
纯铝	光滑	2×10^5	5×10^{-4}	0.10
纯铝	切口	2×10^5	4×10^{-4}	0.005
2024-T3 铝合金	光滑	5×10^4	1.01×10^{-1}	0.40
		1×10^4	1.01×10^{-1}	0.70
2024-T4 铝合金	切口	1×10^5	2.03×10^{-2}	0.05
		3×10^4	1.0×10^{-2}	0.07
7075-T6 铝合金	切口	1×10^5	7.62×10^{-2}	0.40
		5×10^4	7.62×10^{-2}	0.20
40CrNiMoA 钢	切口	2×10^4	3×10^{-3}	0.30
		1×10^3	7.62×10^{-2}	0.25

疲劳裂纹萌生孕育期与应力幅大小、零件形状、应力集中状况、材料质量、温度与介质等因素有关。各因素对 N_0/N_f 值影响的趋势见表 7-6。

表 7-6　各因素对 N_0/N_f 值影响的趋势

影响因素	变化	对 N_0/N_f 值影响的趋势
应力幅	增加	降低
应力集中	加大	降低
材料强度	增加	升高
材料塑性	增加	降低
温度	升高	降低
腐蚀介质	强	降低

（4）疲劳断裂对材料缺陷的敏感性

金属材料疲劳失效具有对材料各种缺陷均较为敏感的特点。疲劳断裂总是起源于微裂纹处。这些微裂纹可能来自冶金缺陷、加工制造或使用过程。

例如，纯金属及单相金属中，滑移带中侵入应力集中形成的微裂纹，或驻留滑移带内大量点缺陷凝聚形成的微裂纹是常见的疲劳裂纹萌生地；合金和多相金属材料中存在的第二相质点及非金属夹杂物，因应力集中作用引起局部塑性变形，导致相界面开裂或第二相质点及夹杂物断裂而成为疲劳裂纹的发源地；同样，零件表面或内部各种加工缺陷，往往其本身就是一条可见的裂纹，其在很小的交变应力作用下就得以扩展。总之，无论是材料本身原有的缺陷，还是加工制造或使用过程中产生的"类裂纹"，均显著降低在交变应力作用下零件的使用性能。

（5）疲劳断裂对腐蚀介质的敏感性

金属材料疲劳断裂除了取决于材料本身的性能外，还与零件服役环境条件有着密切关系。大量实验数据表明，在腐蚀环境下材料的疲劳极限比在大气条件下低很多，甚至不出现疲劳极限。即使对不锈钢来说，在交变应力下，由于金属表面的钝化膜易被破坏而极易产生裂纹，其疲劳断裂抗力也比在大气环境下低很多。

7.3.2 疲劳断口形貌及其特征

7.3.2.1 疲劳断口的宏观特征

（1）疲劳断口的宏观结构

疲劳断裂过程不同于其它断裂，因此形成了疲劳断裂特有的断口形貌，这是疲劳断裂分析时的根本依据。

典型的疲劳断口宏观形貌结构可分为疲劳核心、疲劳源区、疲劳裂纹的选择发展区、裂纹的加速扩展区及瞬时断裂区五个区域，如图 7-12 所示。一般疲劳断口在宏观上也可粗略地分为疲劳源区、疲劳裂纹扩展区和瞬时断裂区，大多数工程零件的疲劳断裂断口上一般可观察到这三个区域，因此这一划分更具有实际意义。

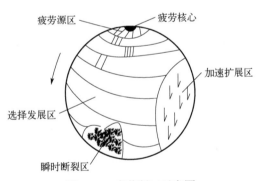

图 7-12 疲劳断口示意图

① 疲劳源区 疲劳源区是疲劳裂纹的萌生区，通常是由多个疲劳裂纹萌生点扩散并相遇而形成的区域。该区由于裂纹扩展缓慢以及反复张开闭合效应引起断口表面磨损，存在光亮和细晶表面结构，在整个疲劳断口中所占比例较小，实际断口通常是指放射源的中心点［见图 7-13（a）］或贝纹线的曲率中心点［见图 7-13（b）］。

一般情况下，一个疲劳断口只有一个疲劳源，但在反复弯曲时可出现两个疲劳源；而在腐蚀环境中，由于滑移使金属表面膜破裂而形成许多活性区域，故可出现更多的疲劳源；当在低的交变载荷下工作零件发生疲劳断裂时，由于金属零件表面的多处缺陷，也可形成多个疲劳源。

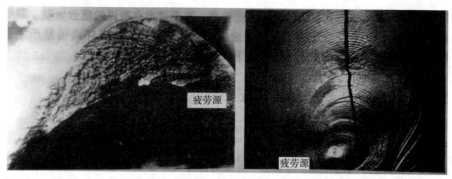

(a) 叶片的疲劳断口　　　　　　　　(b) 疲劳断口的贝纹线和疲劳源区

图 7-13　疲劳断口形貌

一般情况下，应力集中系数越高或者交变应力水平越高，则疲劳源区的数目也越多。对于表面存在类裂纹的零件，其疲劳断口上往往不存在疲劳源区，而只有裂纹扩展区和瞬时断裂区。

② 疲劳裂纹扩展区　疲劳裂纹扩展区是疲劳裂纹的亚临界扩展区，是疲劳断口上最重要的特征区域。该区域形态多种多样，可以是光滑的，也可以是贝壳状的；可以有贝纹线，也可以没有；可以是晶粒状的，也可以是撕裂脊状等。具体形态将取决于零件所受的应力状态及运行情况。

③ 瞬时断裂区　瞬时断裂区即快速静断区。当疲劳裂纹扩展到一定程度时，零件的有效承载面不能承受载荷而发生快速断裂。断口平面基本与主应力方向垂直，粗糙的晶粒状脆断或呈放射线状，对于高塑性材料也可能出现纤维状结构。

（2）疲劳断口形貌的基本特征

疲劳弧线是疲劳断口宏观形貌的基本特征，它是以疲劳源为中心，与裂纹扩展方向相垂直的呈半圆形或扇形的弧形线，又称贝纹线（贝壳花样）。疲劳弧线是裂纹扩展过程中顶端应力大小或状态发生变化时在断面上留下的塑性变形痕迹。对于光滑试样，疲劳弧线的圆心一般指向疲劳源区。当疲劳裂纹扩展到一定程度时，也可能出现疲劳弧线的转向现象。当试样表面存在尖锐缺口时，疲劳弧线的圆心指向疲劳源区的相反方向，这些特征可作为判定疲劳源区位置的依据或表面缺口影响的判据。

疲劳弧线的数量（密度）主要取决于加载情况。启动和停机或载荷发生较大变化，均可留下疲劳弧线。不是在所有的疲劳断口上都可以观察到疲劳弧线，疲劳弧线的清晰度不仅与材料性质有关，而且与介质情况、温度条件等有关。材料的塑性好，温度高，存在腐蚀介质时，则弧线清晰。材料的塑性低或裂纹扩展速度快，以及断裂后断口受到污染和不当清洗等都难以在断口上观察到清晰的疲劳弧线，但这并不意味着断裂过程中不形成疲劳弧线。

疲劳台阶为疲劳断口上另一基本特征。一次疲劳台阶出现在疲劳源区，二次台阶出现在疲劳裂纹的扩展区，它指明了疲劳裂纹扩展方向，并与疲劳弧线相垂直，呈辐射状。

疲劳断口上的光亮区也是疲劳断裂宏观断口形貌的基本特征。实际上，疲劳断口典型宏观形貌的三个区就是疲劳断裂断口的基本宏观特征。有时断口上观察不到疲劳弧线及台阶而仅有光亮区与粗糙区之分，则光亮区为疲劳源区，粗糙区为瞬时断裂区。有时光亮区仅为疲劳源区。

7.3.2.2　疲劳断口各区域的位置与形状

在实际疲劳断裂失效分析中，一般是以零件服役方式来进行分类和分析的，以便对断裂影响因素进行分析和控制。疲劳裂纹扩展区的大小和形状取决于零件的应力状态、应力幅及零件的形状。

（1）拉压（拉）疲劳断裂

拉压疲劳断裂最典型的例子是各种蒸汽锤活塞杆在使用中发生的疲劳断裂。通常情况下，拉压疲劳断裂的疲劳核心多源于表面而不是内部，这一点与静载拉伸断裂时不同。当零件内部存在明显缺陷时，疲劳初裂纹将起源于缺陷处，此时在断口上将出现两个明显的不同区域：光亮的圆形疲劳区（疲劳核心在此中心附近）和圆形疲劳区周围的瞬时断裂区。在疲劳区内一般看不到疲劳弧线，而在瞬时断裂区存在明显放射花样。

应力集中和材料缺陷将影响疲劳核心的数量及其所在位置，瞬时断裂区的相对大小与载荷大小及材料性质有关。光滑表面出现的疲劳源数量少，瞬时断裂区多为新月形；有缺口表面产生的疲劳源数目多，瞬时断裂区逐步变成近似椭圆形。

（2）弯曲疲劳断裂

金属零件在交变弯曲应力作用下发生的疲劳破坏称为弯曲疲劳断裂。弯曲疲劳又可分为单向弯曲疲劳、双向弯曲疲劳及旋转弯曲疲劳三类，其共同点是零件截面受力不均匀，初裂纹一般源于表面，然后沿着与最大正应力垂直的方向向内扩展，当剩余截面不能承受外加载荷时发生断裂。

① 单向弯曲疲劳断裂　类似起重机悬臂之类的零件，在工作时承受单向弯曲载荷，其疲劳核心一般发生在受拉侧的表面上。疲劳核心一般为一个，断口上可以看到呈同心圆状的贝纹花样，且呈凸向。最后断裂区在疲劳源区的对面，外围存在剪切唇。载荷的大小、材料的性能及环境条件等对断口疲劳区与瞬时断裂区的相对大小均有影响。载荷越大、材料塑性越低及环境温度越低，则瞬时断裂区所占比例越大。

零件的次表面存在较大缺陷时，疲劳核心也可能在次表面产生。受到较大应力集中影响时，疲劳弧线可能出现反向（呈凹状），并可能出现多个疲劳源区。

② 双向弯曲疲劳断裂　某些齿轮的齿根承受双向弯曲应力作用。零件在双向弯曲应力作用下产生疲劳断裂，其疲劳源区可能在零件的两侧表面，断裂区在截面的内部。

材料性质、载荷大小、结构特征及环境因素等都对断口形貌产生影响，其影响趋势与单向弯曲疲劳断裂基本相同。

较高应力下，光滑和有缺口的零件瞬时断裂区的面积都大于扩展区，且位于中心部位，形状似腰鼓形。随着载荷水平和应力集中程度的提高，瞬时断裂区的形状逐渐变成椭圆形。

较低应力下，两个疲劳核心并非同时产生，扩展速度也不一样。因此，断口上的疲劳断裂区一般不完全对称，瞬断区偏离中心位置。

③ 旋转弯曲疲劳断裂　轴类零件的断裂多属于旋转弯曲疲劳断裂。旋转弯曲疲劳断裂时，疲劳源区一般出现在表面，无固定位置。疲劳源的数量可以是一个也可以是多个。疲劳源区和最后断裂区相对位置一般总是相对于轴的旋转方向而逆转一定角度。由此可以根据疲劳源区与最后断裂区的相对位置推知轴的旋转方向。

当轴的表面存在较大应力集中时，轴件可以出现多个疲劳源区。此时最后断裂区将移至轴件内部。应力越大，最后断裂区越靠近轴件中心。内部存在较大的夹杂物及其它缺陷时，疲劳核心也可能产生在次表面或内部区域。

阶梯轴在循环弯曲应力作用下，由弯曲疲劳引起的裂纹扩展方向与拉伸正应力相垂直，所以疲劳断面往往不是一个平面，而是一个像碟子一样的曲面，其断口称为碟形疲劳断口。碟形断口的形成过程如图 7-14 所示。

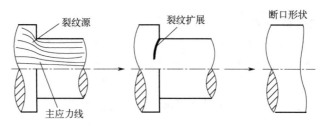

图 7-14　碟形疲劳断口的形成过程

（3）扭转疲劳断裂

各类传动轴件的断裂主要是扭转疲劳断裂。扭转疲劳断裂的断口形貌主要有以下三种类型。

① 正向断裂　断裂面与轴向成 45° 角，即沿最大正应力作用的平面发生断裂。单向脉动扭转时断裂面为螺旋状；双向扭转时，其断裂面呈星状，应力集中较大的呈锯齿状。

② 切向断裂　断裂面与轴向垂直，即沿着最大切应力所在平面断裂，横断面齐平。

③ 混合断裂　即沿着最大切应力所在平面起裂并在正应力作用下扩展引起的断裂，断裂面呈阶梯状。

正向断裂的宏观形貌一般为纤维状，不易出现疲劳弧线。切向断裂较易出现疲劳弧线。

有缺口（应力集中）的零件在交变扭转应力作用下会形成两种特殊的扭转疲劳断口，即棘轮状断口或锯齿状断口。棘轮状断口一般是在单向交变扭转应力作用下产生的，其形成过程如图 7-15 所示。首先在相应点形成微裂纹，此后疲劳裂纹沿最大切应力方向扩展，最后形成棘轮状断口（也称为星状断口），这种断口在旋转弯曲载荷作用下也发生。

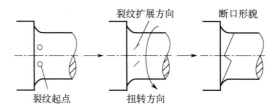

图 7-15　棘轮状断口的形成过程

锯齿状断口是在双向扭转作用下产生的，其形成过程如图 7-16 所示。裂纹在相应多个点上形成，然后沿最大切应力方向（±45°）扩展，从而形成类似锯齿状的断口。

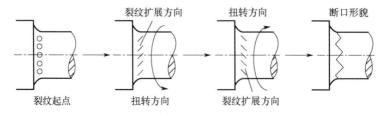

图 7-16　锯齿状断口的形成过程

一旦在实际断裂件中发现了上述形态的锯齿状或棘轮状断口，就可以判断为交变扭转疲劳断口。

7.3.2.3　疲劳断口的微观特征

疲劳断口微观形貌的基本特征是在电子显微镜下观察到条状花样，这些条状花样通常称为疲劳条痕、疲劳条带、疲劳辉纹等。塑性疲劳辉纹是具有一定间距的、垂直于裂纹扩展方向、明暗相交且互相平行的条状花样；脆性疲劳纹形态较复杂。

疲劳辉纹中暗区的凹坑为细小的韧窝花样。在某种特定条件下，每条辉纹与一次应力循环周期相对应。疲劳辉纹的间距大小与应力幅的大小有关。晶界、第二相质点及夹杂物等对疲劳辉纹的微观扩展方向有影响，因此也对辉纹的分布产生影响。

疲劳辉纹的形貌随金属材料的组织结构、晶粒取向及载荷性质的不同而发生多种变化，其一般特征如下。

① 疲劳辉纹的间距在裂纹扩展初期较小，而后逐渐变大。每一条疲劳辉纹间距对应一个应力循环过程中疲劳裂纹向前的推进量。

② 疲劳辉纹的形状多为向前凸出的弧形条痕。随着裂纹扩展速度的增加，弧线的曲率加大。裂纹扩展过程中，如果遇到大块第二相质点的阻碍也可能出现反弧形或 S 形弧线疲劳辉纹。

③ 疲劳辉纹的排列方向取决于各段疲劳裂纹的扩展方向。不同晶粒或同一晶粒双晶界的两侧或同一晶粒不同区域的扩展方向不同，产生的疲劳辉纹方向也不同。

④ 面心立方结构材料比体心立方结构材料易于形成疲劳辉纹，平面应变状态比平面应力状态易于形成疲劳辉纹。一般应力太小时观察不到疲劳辉纹。

⑤ 并非在所有的疲劳断口上都能观察到疲劳辉纹，疲劳辉纹的产生与否取决于材料性质、载荷条件及环境等诸多影响因素。

⑥ 疲劳辉纹在常温下往往是穿晶的，而在高温下也可以出现沿晶的辉纹。

⑦ 疲劳辉纹有延性和脆性两种类型。

a. 延性疲劳辉纹是指金属材料疲劳裂纹扩展时裂纹尖端金属发生较大的塑性变形。疲劳辉纹通常是连续的，并向一个方向弯曲成波浪形。通常在疲劳辉纹间存在滑移带，在电子显微镜下可以观察到微孔花样。高周疲劳断裂时，其疲劳辉纹通常是延性的。

b. 脆性疲劳辉纹是指疲劳裂纹沿解理平面扩展，尖端没有或很少存在塑性变形，故又称解理辉纹。在电子显微镜下既可观察到与裂纹扩展方向垂直的疲劳辉纹，又可观察到与裂纹扩展方向一致的河流花样及解理台阶。脆性金属材料及在腐蚀介质环境下工作的高强度塑性材料发生的疲劳断裂，或缓慢加载的疲劳断裂，其疲劳辉纹通常是脆性的。面心立方金属一般不发生解理断裂，故不产生脆性疲劳辉纹，但在腐蚀环境下也可以形成脆性疲劳辉纹，如高强铝合金在腐蚀介质中的疲劳断裂就存在脆性疲劳辉纹。

7.3.3　疲劳断裂的类型与鉴别

判断某零件的断裂是不是疲劳性质的，利用断口的宏观分析方法结合零件受力情况一般不难确定。结合断口的微观特征，可以进一步分析载荷性质及环境条件等因素的影响，对零件疲劳断裂的具体类型进行判别。

7.3.3.1 机械疲劳断裂

（1）高周疲劳断裂

多数情况下，零件光滑表面发生高周疲劳断裂断口上只有一个或有限个疲劳源，只有在零件应力集中处或在较高水平的循环应力下发生的断裂，才出现多疲劳源。对于那些承受低的循环载荷零件，断口上的大部分面积为疲劳扩展区。

高周疲劳断口的微观基本特征是细小的疲劳辉纹。此外，有时还可观察到疲劳沟线和轮胎花样，依此即可判定断裂的性质是高周疲劳断裂。前述疲劳断口宏观、微观形态，大多数是高周疲劳断口。但也要注意载荷性质、材料结构和环境条件的影响。

（2）低周疲劳断裂

发生低周疲劳失效的零件所承受的应力水平接近或超过材料的屈服强度，即循环应变进入塑性应变范围，加载频率一般比较低，频率周期以分钟、小时、日甚至更长的时间计算。

宏观断口上存在多疲劳源是低周疲劳断裂的特征之一。整个断口很粗糙且高低不平，与静拉伸断口存在某些相似之处。

低周疲劳断口的微观基本特征是存在粗大的疲劳辉纹或粗大的疲劳辉纹与微孔花样。同样，低周疲劳断口的微观特征随着材料性质、组织结构及环境条件的不同而存在较大差别。

断口扩展区有时呈现轮胎花样，这是裂纹在扩展过程中匹配面上硬质点在循环载荷作用下向前跳跃式运动留下的压痕。轮胎花样的出现往往局限于某一局部区域，它在整个断口扩展区上的分布远不如疲劳辉纹那样普遍，但它却是高应力低周疲劳断口上所独有的特征形貌。

（3）振动疲劳（微振疲劳）断裂

许多机械设备及零部件在工作时常出现在其平衡位置附近做往复运动的现象，即机械振动。机械振动在许多情况下是有害的，除了产生噪声和有损于设备的动载荷外，还会显著降低设备的性能及工作寿命。由往复机械运动引起的断裂称为振动疲劳断裂。

当外部振动频率接近系统的固有频率时，系统将出现激烈的共振现象。共振疲劳断裂是机械设备振动疲劳断裂的主要形式，除此之外，还有颤振疲劳及喘振疲劳。

振动疲劳断裂的断口形貌与高频率低应力疲劳断裂相似，具有高周疲劳断裂的所有基本特征。振动疲劳断裂的疲劳核心一般源于最大应力处，但引起断裂的原因主要是结构设计不合理，因此可以通过改变零件形状、尺寸及调整设备的自振频率等措施予以避免。

微振磨损引起大量表面微裂纹之后，在循环载荷作用下以此裂纹群为起点开始萌生疲劳裂纹。因此，微振疲劳最为明显的特征是在疲劳裂纹的起始部位通常可以观察到磨损痕迹、压伤、微裂纹、掉块及带色粉末。

金属微振疲劳断口的基本特征是细密的疲劳辉纹，金属共振疲劳断口的特征与低周疲劳断口相似。

（4）接触疲劳

材料表面在较高接触压应力作用下，经过多次应力循环，其接触面的局部区域产生小片或小块金属剥落，形成麻点或凹坑，最后导致零件失效的现象称为接触疲劳。接触疲劳主要产生于滚动接触的机器零件（如滚动轴承、齿轮、凸轮、车轮等）的表面。

接触疲劳产生的原因至今还没有统一说法，一般认为可分为在材料表面或表层形成疲劳裂纹和裂纹扩展两个阶段。当两个接触体相对滚动或滑动时，在接触区造成较大应力和塑性变形。交变接触应力长期反复作用，便在材料表面或表层薄弱环节处引发疲劳裂纹，并逐步扩展，最后材料以薄片形式断裂剥落。如果接触疲劳源在材料表面产生，裂纹进一步扩展，出现麻点，导致表面金属剥落；如果接触疲劳源在材料的次表面产生，则引起表面层碎裂，导致工作面剥落。接触面上的麻点、凹坑和局部剥落是接触疲劳典型宏观形态。

接触疲劳断口上的疲劳辉纹因摩擦而呈现断续状和不清晰特征。

影响接触疲劳的主要因素：应力条件（载荷、相对运动速度、摩擦力、接触表面状态、润滑及其它环境条件等）、材料的成分、组织结构、冶金质量、力学性能及其匹配关系等。

7.3.3.2 腐蚀疲劳断裂

金属零件在交变应力和腐蚀介质的共同作用下产生的断裂称为腐蚀疲劳断裂，它既不同于应力腐蚀破坏也不同于机械疲劳，同时也不是腐蚀和机械疲劳两种因素的简单叠加。

（1）腐蚀疲劳断裂机制

金属材料在腐蚀介质的作用下形成覆盖层，在交变应力作用下覆盖层破裂，局部发生化学侵蚀形成腐蚀坑，在交变应力作用下产生应力集中进而形成初裂纹。由于交变应力的作用，环境介质能够与不断产生的新金属表面发生作用，使得腐蚀疲劳初裂纹以比恒定载荷下的应力腐蚀快很多的速度进行扩展。

（2）腐蚀疲劳断裂特点

① 腐蚀疲劳不需要特定的腐蚀系统，与应力腐蚀破坏不同，它在不含任何特定腐蚀离子的蒸馏水中也能发生。

② 任何金属材料均可能发生腐蚀疲劳，即使纯金属也能产生腐蚀疲劳。

③ 材料的腐蚀疲劳不存在疲劳极限。金属材料在任何给定的应力条件下，经无限次循环作用后终将导致腐蚀疲劳破坏，如图 7-17 所示，这已被众多实验证实。

④ 腐蚀介质的影响，使 σ-N 曲线明显地向低值方向推移，即材料的疲劳强度显著降低，疲劳初裂纹形成的孕育期显著缩短。

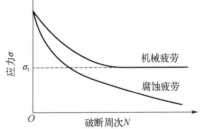

图 7-17　机械疲劳与腐蚀疲劳

⑤ 腐蚀疲劳初裂纹的扩展受应力循环周次的影响，不循环时裂纹不扩展。低应力频率和低载荷交互作用时，裂纹扩展速度加快。温度升高可加速裂纹扩展。一般腐蚀介质的含量越高，则腐蚀疲劳的裂纹扩展速度越快。

（3）腐蚀疲劳断裂的断口特征

腐蚀疲劳断裂的断口兼有机械疲劳断口与腐蚀断口的双重特征。除一般的机械疲劳断口特征外，在分析时要注意腐蚀疲劳断口特征。

① 腐蚀疲劳断裂为脆性断裂，断口附近无塑性变形。断口上也有纯机械疲劳断口的宏观特征，但疲劳源区一般不明显。断裂多源自表面缺陷或腐蚀坑底部。

② 微观断口可见疲劳辉纹，疲劳辉纹由于腐蚀介质的作用而模糊不清；二次裂纹较多并具有泥纹花样。随着加载频率的降低，断口上的疲劳特征花样逐渐减少，而静载腐蚀断裂（应力腐蚀）特征花样则逐渐增多。当频率下降到 1Hz 时，腐蚀疲劳断口的形貌逐渐接近应力腐蚀断口的形貌，断口上出现较多的类解理断裂花样，同时还呈现更多的腐蚀产物。

③ 腐蚀疲劳属于多源疲劳，裂纹的走向可能是穿晶型的也可能是沿晶型的，穿晶型的比较常见。加载频率低时，腐蚀疲劳易出现沿晶分离断裂，而且裂纹通常是成群的。在单纯机械疲劳的情况下，多源疲劳的各条裂纹通常分布在同一个平面（或等应力面）上不同的部位，然后向内扩展、相互连接直至断裂。在腐蚀疲劳情况下，一条主裂纹附近往往出现多条次裂纹，它们分布于靠近主裂纹的不同截面上，大致平行，各自向内扩展，达到一定长度之后便停下来，而只有主裂纹继续扩展直至断裂。因此，主裂纹附近出现多条次裂纹的现象是腐蚀疲劳失效的表面特征之一。

④ 断口上的腐蚀产物与环境中的腐蚀介质相一致。利用扫描电子显微镜或电子探针对断口表面的腐蚀产物进行分析以确定腐蚀介质成分是失效分析常用的方法。腐蚀产物也给分析工作带来不便，许多断裂的细节特征被覆盖，需要仔细清洗断口。

当断口上既有疲劳特征又有腐蚀疲劳痕迹时，可以判断为腐蚀疲劳破坏。但是，当断口未见明显宏观腐蚀迹象，而又无腐蚀产物时，不能认为此种断裂就一定是机械疲劳。例如，不锈钢在活化态的腐蚀疲劳受到严重腐蚀，但在钝化态的腐蚀疲劳，通常并不能观察到明显的腐蚀产物，而后者在不锈钢工程事故中却是常见的。

由于影响腐蚀疲劳的因素很多，且在很多情况下腐蚀疲劳与应力腐蚀的断口存在许多相似之处，因此，不能单凭断口特征来判断是否是腐蚀疲劳，必须综合分析各种因素的作用做出准确判断。

7.3.3.3　热疲劳断裂

（1）热疲劳的基本概念

金属材料由温度梯度循环引起的热应力循环（或热应变循环）而产生的疲劳破坏现象，称为热疲劳。

金属零件在高温条件下工作时，环境温度并非恒定，有时急剧反复变化，造成的膨胀和收缩若受到约束则在零件内部产生热应力（又称温差应力）。温度反复变化，热应力也随着反复变化，从而使金属材料受到疲劳损伤。热疲劳实质上是应变疲劳，热疲劳由材料内部膨胀和收缩产生的循环热应变引起。

塑性材料抗热应变的能力较强，故不易发生热疲劳。相反，脆性材料抗热应变的能力较差，热应力容易达到材料的断裂应力，故易发生热疲劳。对于长期在高温下工作的零件，由于材料组织的变化，原始状态是塑性的材料，可能转变成脆性或材料塑性降低，从而发生热疲劳断裂。

高温下工作的零件通常要经受蠕变和疲劳的共同作用。在蠕变和疲劳共同作用下，材料损伤和破坏方式完全不同于单纯蠕变或疲劳加载，因为蠕变和疲劳分别属于两种不同类型的损伤过程，产生不同形式的微观缺陷。蠕变和疲劳共同作用下损伤的发展过程和相互影响的机制至今仍不清楚，即使对于简单的高温疲劳，其损伤演变和寿命也会受到诸如加载波形、频率、环境等在常温下可以忽略的因素影响。

（2）热疲劳裂纹的特征

① 典型的表面疲劳裂纹呈龟纹状。根据热应力方向，也形成近似相互平行的多裂纹形态。

② 裂纹走向可以是沿晶型的也可以是穿晶型的。一般裂纹端部较尖锐，裂纹内存在氧化物。

③ 宏观断口呈深灰色，并为氧化物覆盖。

④ 由于热腐蚀作用，微观断口上的疲劳辉纹粗大，有时还存在韧窝花样。

⑤ 裂纹源于表面，裂纹扩展深度与应力、时间及温差变化相对应。

⑥ 疲劳裂纹为多源。

（3）热疲劳的影响因素

① 环境的温度梯度及变化频率越大越容易产生热疲劳。

② 热膨胀系数不同的材料组合时易出现热疲劳。

③ 晶粒粗大且不均匀时易产生热疲劳。

④ 晶界分布的第二相质点对热疲劳的产生具有促进作用。

⑤ 塑性差的材料易产生热疲劳。

⑥ 零件的几何结构对其膨胀和收缩的约束作用大时易产生热疲劳。

7.3.4 疲劳断裂的原因与预防措施

7.3.4.1 疲劳断裂的原因

金属零件发生疲劳断裂的实际原因有很多，主要包括结构设计不合理、材料选择不当、加工制造缺陷、使用环境因素的影响以及载荷频率或方式的变化。

（1）零件的结构形状

零件的结构形状不合理，主要表现在该零件中最薄弱的部位存在转角、孔、槽、螺纹等，形状的突变造成过大应力集中，疲劳微裂纹最易在此处萌生，这也是零件疲劳断裂的最常见原因。

（2）表面状态

不同的切削加工方式（车、铣、刨、磨、抛光）会形成不同粗糙度的表面，即形成不同大小尺寸和尖锐程度的小缺口，这种小缺口与零件几何形状突变所造成的应力集中效果是相同的。尖锐的小缺口起"类裂纹"的作用，疲劳断裂不需要经过疲劳裂纹萌生期而直接进入裂纹扩展期，极大地缩短零件的疲劳寿命。表面状态不良导致疲劳裂纹的形成是金属零件发生疲劳断裂的另一重要原因。

（3）材料及其组织状态

材料选用不当或在生产过程中由于管理不善而错用材料造成的疲劳断裂也时有发生。

金属材料的组织状态不良是造成疲劳断裂的常见原因。一般来说，回火马氏体比其它混合组织，如珠光体及贝氏体具有更高的疲劳强度；铁素体加珠光体组织钢材的疲劳强度随珠光体组织相对含量的增加而增加；增加材料抗拉强度的热处理通常能提高材料的疲劳强度。

表面处理（表面淬火、化学热处理等）均可提高材料的疲劳强度，但处理工艺控制不当，导致马氏体组织粗大、碳化物聚集和过热等，从而导致零件的早期疲劳失效，这也是常见的问题。

组织的不均匀性（如非金属夹杂物、疏松、偏析、混晶等缺陷）使疲劳强度降低而成为疲劳断裂的重要原因。失效分析时，夹杂物引起的疲劳断裂是比较常见的，但分析时要找到真正的疲劳源难度较大。

（4）装配与连接效应

装配与连接效应对零件的疲劳寿命产生较大影响，比如，在一些螺纹连接件的安装过程中，正确的拧紧力矩可使其疲劳寿命提高 5 倍以上。一般认为，越大的拧紧力对提高连接的可靠性越有利，实践经验和疲劳试验表明，这种看法具有很大的片面性。

（5）使用环境

环境因素（温度及腐蚀介质等）的变化使材料的疲劳强度显著降低，常常引起零件过早地发生断裂失效。

（6）载荷频谱

许多重要的工程结构件大多承受复杂循环加载，不同材质、构型的工件，载荷频谱对其疲劳断裂的影响也不相同。

7.3.4.2　疲劳断裂的预防措施

预防疲劳断裂的措施与疲劳断裂发生的原因是相对应的。预防措施为改善零件的结构设计，提高表面精度，尽量减少或消除应力集中，提高零件的疲劳强度。提高金属零件的疲劳强度是防止零件发生疲劳断裂的根本措施，基本途径如下。

（1）延缓疲劳裂纹萌生的时间

延缓金属零件疲劳裂纹萌生时间的措施及方法主要有喷丸强化、细晶强化以及通过形变热处理使晶界成锯齿状或使晶粒定向排列并与载荷方向垂直等。

喷丸强化是提高材料疲劳寿命的最有效方法之一，其作用超过表面涂层和改性技术及其复合处理。镀铬之前进行有效喷丸强化可以抵消由镀铬引起的材料疲劳强度降低。研究表明，喷丸强化的各因素对 Ti 合金微动疲劳强度均有改善作用，且改善效果按照表面加工硬化、降低表面粗糙度和引入表面残余压应力的顺序递增。在应力集中程度较严重的接触载荷下，残余压应力的作用更为显著。

各种能够提高零件表面强度但不损伤零件表面加工精度的表面强化工艺，如表面淬火、渗碳、氮化、碳氮共渗、涂层、激光强化和等离子处理等，都可以提高零件的疲劳强度，延缓疲劳裂纹的萌生时间。

（2）降低疲劳裂纹的扩展速率

对于一定的材料及一定形状的金属零件，当其产生疲劳微裂纹后，为了防止或降低疲劳裂纹的扩展，可采用如下措施：对于板材零件上的表面局部裂纹，可采取止裂孔法，即在裂纹扩展前沿钻孔以阻止裂纹进一步扩展；对于零件内孔表面裂纹，可采用扩孔法将其消除；对于表面局部裂纹，采取刮磨修理法等。除此之外，对于零件局部表面裂纹，也可采用局部增加有效截面或补金属条等措施以降低应力水平，从而达到阻止裂纹继续扩展的目的。

（3）提高疲劳裂纹扩展门槛值

当疲劳裂纹扩展速率趋向于零时，裂纹尖端的应力强度因子变程 ΔK 趋向于一个极小值，这个对应零裂纹扩展速率的应力强度因子变程的极小值是一个与加载应力相关的材料参数，被称作疲劳裂纹扩展门槛值，记作 ΔK_{th}。ΔK_{th} 主要取决于材料的性质，且 ΔK_{th} 值很小，通常只有材料断裂韧度的 5%～10%。例如，碳素结构钢和低合金结构钢的 ΔK_{th} = 5.58～6.82MPa·m$^{1/2}$，铝合金和高强度钢的 ΔK_{th} = 1.1～22MPa·m$^{1/2}$。ΔK_{th} 是材料的一个重要性能参数。对于一些要求无限寿命、绝对安全可靠的零件，就需要它们的工作 ΔK 值低于 ΔK_{th}。

正确选择材料和制订热处理工艺是十分重要的。静载荷状态下材料的强度越高，所能承受的载荷越大。但材料的强度和硬度越高，对缺陷敏感性越大，这对疲劳强度是不利的，承受循环载荷的零件应特别注意这一问题。从疲劳强度对材料的要求来考虑，一般应从下列几方面进行选材：使用期内允许达到的应力值；材料的应力集中敏感性；裂纹扩展速度和断裂时的临界裂纹扩展尺寸；材料的塑性、韧性和强度指标；材料的耐蚀性、高温性能和微动磨损疲劳性能等。

7.4 辐照环境下材料结构和性能的变化与失效机理

辐照损伤是核电材料最常见的损伤机制之一。中子将它们的能量转移到原子，促使原子跳跃产生空位和间隙原子，进而导致缺陷团簇的形成或微观结构的变化（偏析、相反应），这些效应可显著损坏材料的性能并限制部件的使用寿命。

7.4.1 辐照损伤概述

高能粒子（中子、离子和电子）的辐照会在材料中产生多种效应，比如产生间隙原子和空位等点缺陷、位错环、层错四面体等缺陷团簇以及空腔（孔洞和气泡）。

辐照材料科学是描述材料对高能粒子或光子冲击的响应。辐照损伤起源于高能粒子（中子、离子、电子）向靶材的能量转移。高能粒子与固体中原子存在三类相互作用：弹性碰撞（d）造成原子的位移；电子的激发，也就是轰击粒子和固体中电子的非弹性碰撞（e）以及核反应（n）。设一个初始能量为 E 的高能粒子，在固体中通过的距离为 dx，这些相互作用造成的损失能量为 dE，则阻止功 dE/dx 见式（7-20）。

$$\frac{dE}{dx} = \left(\frac{dE}{dx}\right)_d + \left(\frac{dE}{dx}\right)_e + \left(\frac{dE}{dx}\right)_n \tag{7-20}$$

弹性碰撞（d）：轰击粒子（中子、离子、电子）将反冲能量 T 转移给点阵原子。若 T 超过了位移的阈值 T_{th}，则将形成一个空位-间隙原子对（Frenkel 对）。

核反应（n）：高速粒子引起的核反应能在材料中产生可观浓度（α）的外生元素。特别是在快中子辐照下，由（n，α）反应产生的惰性气体氦对金属和合金的性能将产生重要影响。

电子激发（e）：对金属和辐照损伤过程只产生非常有限的影响。

辐照损伤早期的一个主要特征是高能粒子与物质的碰撞导致点缺陷过饱和，并由此产生一些不同的反应。点缺陷会向阱处扩散，它们也可能重新组合。残留的点缺陷会形成团簇，或通过触发物质以扩散的形式迁移从而导致类似于温度升高所发生的偏析或相变。在更长的辐照时间内，空位会聚集成孔洞，从而造成宏观的三维体积变化（肿胀）；如果存在外加载荷的话，也会造成定向尺寸变化（辐照蠕变）。表7-7列举了部分辐照损伤类型及其产生的技术后果，这些后果会对部件的设计寿命和安全运行产生限制。

表 7-7　辐照损伤的类型及其产生的技术后果

影响因素	对材料造成的后果	部件性能劣化机制
位移损伤	点缺陷团簇及位错环的形成	硬化，脆化
辐照诱发的偏析	有害元素向晶界的扩散	脆化，晶界开裂
辐照诱发的相变	形成按相图不应出现的相，相的溶解	脆化，软化
肿胀	位错团簇和孔洞引起的体积膨胀	局部变形并导致残余应力
辐照蠕变	不可逆变形	变形，蠕变寿命降低
氦的形成和扩散	（晶间和晶内）孔洞的形成	脆化，持久寿命和蠕变塑性降低

7.4.2　辐照损伤的早期阶段

位移损伤通常是由轰击原子通过弹性碰撞将反冲能量 T 传送给点阵原子而开始的。当反冲能量超过了材料的位移能阈值 E_{th} 时，该原子将从其初始位置跳跃至一个间隙位置，这就形成了一个空位-间隙（原子）对，即 Frenkel 对。如果反冲能量比 E_{th} 大很多（例如，在快中子的情况下），首先被中子撞击的那个原子（称为初级离位原子或初级反冲原子）会通过进一步深入晶体内部的运动而将能量向点阵转移，造成更多的 Frenkel 对，即所谓的"位移级联"（见图 7-18）。

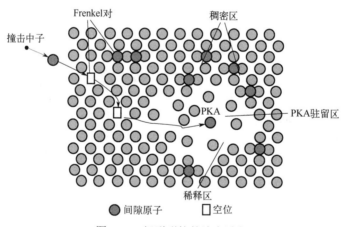

图 7-18　级联碰撞的演变过程

辐照损伤定量化的度量是粒子通量和粒子注量：粒子通量是衡量某一确定时间间隔内通过某个面积的粒子数目，大多采用"中子数/(cm²·s)"作为单位；粒子注量被定义为在某一确定时间段内粒子通量的时间积分，表示这时段内通过单位面积的中子数（中子数/cm²）。

初级离位原子在固体内产生的位移损伤总数用 $v(T)$ 表示，如果 T 是转移到初级离位原子的能量，E 为将一个原子从其点阵位置脱离所需的能量，则 $v(T)$ 可通过式（7-21）计算。

$$v(T) = T / 2 \times E_{th} \tag{7-21}$$

单位时间和单位体积内能量为 E_i，通量为 $\Phi(E_i)$ 的入射粒子所产生的位移损伤量 R 是一个重要的参量，它是一个有关剂量和剂量率的度量，可以表示为

$$R = N \int_{E_0}^{E} \int_{T_0}^{T} \Phi(E_i)\sigma(E_i,T)v(T)dTdE_i \tag{7-22}$$

位移率或单位时间每个原子的位移损伤量为 R/N，单位为 dpa/s。反应堆内典型的位移率为 $10^{-9} \sim 10^{-7}$ dpa/s。至少在第一级近似程度下，"dpa" 体现了在辐照下与中子能量相关的材料响应。

总之，辐照损伤过程可分成不同的阶段：开始于初级离位原子，将能量的转移进一步推进到固体内部从而形成位移级联，由此产生了空位-间隙原子的排布和点缺陷的过饱和状态。辐照损伤的不同阶段及相应时间见表 7-8。

表 7-8　辐照损伤的不同阶段及相应时间

持续时间/ps	事件	结果
10^{-6}	由辐照粒子转移反冲能量	初级离位原子
$10^{-6} \sim 0.2$	初级离位原子减速，发生碰撞级联	空位和低能反冲，次生级联
$0.2 \sim 0.3$	形成热峰	低密度热熔，激波前沿
$0.3 \sim 3$	热峰弛豫，弹射间隙原子，从热态向过冷液体的核心过渡	稳定的自间隙原子混合
$3 \sim 10$	热峰核心凝固并冷却至环境温度	贫化区，无序区，非晶区，空位崩塌
大于 10	热级联的恢复，级联产生点缺陷的热迁移，点缺陷在迁移中发生的反应	缺陷残留，间隙原子和空位的迁移，空位和间隙原子向缺陷阱稳态迁移，点缺陷团簇的长大和萎缩，溶质的偏析

7.4.3　辐照产生点缺陷的反应

热平衡状态的空位浓度 C_v 及间隙原子浓度 C_i 由下式给出：

$$C_v = e^{\frac{S_v^f}{k}} \times e^{-\frac{E_v^f}{kT}} \tag{7-23}$$

$$C_i = e^{\frac{S_i^f}{k}} \times e^{-\frac{E_i^f}{kT}} \tag{7-24}$$

式中，S_v^f、S_i^f、E_v^f、E_i^f 分别为形成空位和间隙的熵和焓。

空位浓度 C_v 及间隙原子浓度 C_i 的变化是在一些变化速率之间的平衡，即它们的产生率、空位-间隙复合率、空位-阱复合率、间隙-阱复合率以及能够形成点缺陷聚合体或位错环的残留间隙和空位之间的平衡。扩散流动以 Fick 第一定律来描述：

$$J = -D\frac{dc}{dx} \tag{7-25}$$

扩散系数 D 是温度 T、跳跃率 Γ（或跳跃频率 w）、跳跃距离（即原子间距）以及空位或间隙扩散的激活能 E 的函数。对于立方晶格来说，可以写为

$$D = \frac{1}{6}\lambda^2\Gamma = \frac{1}{6}\lambda^2 w e^{-\frac{E}{kT}} \tag{7-26}$$

对于辐照引起的点缺陷，扩散系数变为

$$D_{rad} = D_v C_v + D_i C_i \qquad (7\text{-}27)$$

较低温度下辐照扩散系数 D_{rad} 远高于热扩散系数，说明辐照引起的位移损伤占优势，意味着较低温度下辐照引起的点缺陷浓度超过了平衡浓度，此时辐照诱发的扩散系数很重要。

产生的点缺陷能以不同的方式（复合、扩散迁移、扩散至阱）发生反应。位移损伤的进一步发展主要是由这些扩散过程引起的。Fick 第二定律预测了扩散如何导致浓度场随时间的变化。辐照条件下点缺陷的动力学必须从点缺陷的产生、复合以及向阱的迁移方面考虑，速率方程的求解可以预测辐照导致的纤维结构演变。

损耗项表示所有可能导致空位和间隙原子损失的阱，这些阱又可分为以下三种类型。

① 无偏向性的阱　对于捕获不同类型缺陷并不显示偏好性，如孔洞、非共格的析出物和晶界。

② 有偏向性的阱　表现出对捕获间隙原子比捕获空位较强的偏好性，如位错。

③ 偏向性可变的阱　会将捕获到的缺陷保持其属性，直至这个缺陷被相反类型缺陷湮灭为止。例如，杂质原子和共格析出物，它们就可以作为一个缺陷复合的中心。

显微组织的演变取决于辐照缺陷与其它缺陷（已有的或者由辐照产生的）的交互作用，在反应的参与方之间存在着相互吸引的作用并且其中至少有一方是可移动的情况下，此类交互作用将发生。表 7-9 汇总了可能发生的反应及其后果。空位和间隙原子的复合将导致湮灭而不产生进一步后果。某些类型的点缺陷可能聚集成多重的点缺陷、位错环、层错四面体或孔洞。点缺陷也可以与已有的缺陷聚集在一起。如果形成了氦原子，则氦原子的积聚将发展成氦气泡。

表 7-9　金属在高温下发生缺陷反应的一些例子

反应	结果
间隙原子和空位的再结合	点缺陷消失
间隙原子团簇化	双间隙原子 三间隙原子 位错环
空位团簇化	双空位 三空位 位错环，层错四面体，空洞
间隙原子和空位被捕获	缺陷的混合排布 位错攀移 空洞扩大 显微组织损伤
氦原子团簇	氦气泡

辐照对材料力学性能的影响主要在于点缺陷团簇、位错环或新产生的位错如何阻碍位错运动，这些过程会受到热激活的影响，因此造成的损伤将强烈依赖于温度和微观组织。

7.4.3.1　温度的影响

对于扩散驱动效应，温度是一个非常重要的参数。辐照诱发的微观组织演变在很大程度上取决于相关缺陷的热可动性或热稳定性。通常在低温辐照后的恢复研究中加以测定。图 7-19 为采用电阻率测量方法获得的快中子辐照后纯 Cu 的典型等时退火曲线。

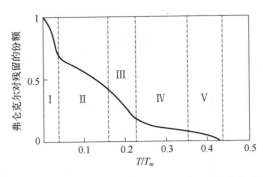

图 7-19　纯铜在 4.2K 经典型剂量 10^{-5}dpa 快中子辐照后的典型等时退火曲线

从图中可以看出，恢复存在五个阶段：

Ⅰ．间隙原子开始迁移；

Ⅱ．间隙原子团簇及间隙原子-杂质原子复合体的长程迁移；

Ⅲ．空位迁移的加入；

Ⅳ．空位团簇、间隙原子团簇及空位-固溶原子复合体的迁移；

Ⅴ．空位团簇的热离解。

其中，Ⅰ、Ⅲ和Ⅴ是最重要的阶段；Ⅱ和Ⅳ并不是真实的阶段，只是一般性恢复阶段的间隔。恢复阶段的温度不是唯一的，温度取决于退火时间或位移损伤速率。辐照后金属和合金的显微组织对温度的依从关系可分为三个宽泛的类型：低于Ⅴ恢复阶段温度区间、空洞肿胀温度区间和高的温度区间。

在低于Ⅴ恢复阶段的温度下，低温辐照期间将有高密度的小缺陷团簇被引入。由 TEM（透射电子显微镜）观察可见，主要的缺陷团簇由低于Ⅴ恢复阶段温度下生成的空位型缺陷（层错四面体或空位位错环）向高于Ⅴ恢复阶段温度下生成的间隙位错环和空腔的混合缺陷变化。

在高于Ⅴ恢复阶段的温度下，过饱和空位与由级联所产生的空位团簇中释放出来的空位联合将形成大量空腔。空腔肿胀阶段可延续至约 $0.6T_m$，在空腔热蒸发处的温度将变得更高（接近 $0.6T_m$）。对奥氏体不锈钢而言，空腔的肿胀可延续至 300～650℃。与面心立方金属相比，体心立方金属中大空位团簇的级联形成并不占优势，所以体心立方金属中孔洞肿胀阶段温度边界的下限通常会延伸至较低温度（约 $0.2T_m$），而在面心立方金属中则为（0.3～0.35）T_m。

金属在 200～700℃（取决于材料）范围内辐照引起的扩散过程是重要的。在较高温度下，热诱发的过量点缺陷密度将显著超过辐照诱发的点缺陷密度，这就意味着对于高温运行的部件来说，位移损伤不一定需要作为一种相关的损伤机制加以考虑。

7.4.3.2　点阵类型的影响

显微组织的演变也取决于点阵类型和合金化学成分。位移级联中初始损伤状态的分子动力学模拟和有关缺陷累积的实验研究发现了面心立方和体心立方金属行为存在若干基本区别。对于原子质量相近的典型过渡金属，与体心立方金属相比，面心立方金属在位移级联过程中产生的平均团簇尺寸要大得多。但是，在面心立方和体心立方金属中，总的缺陷产生率（约化至单位为 dpa 的值）和级联中缺陷团簇化的数量是差不多的。级联中的缺陷团簇化的程度（和平均团簇尺寸）随原子质量的增大而增高。对高于恢复阶段Ⅰ的温度，辐照温度对辐照金属的初始损伤状态的影响很小。

在很低剂量（<0.0001dpa）下，缺陷团簇的聚集速率与剂量成正比。在可能发生点缺陷长程迁移的温度和中等辐照剂量下，不同位移级联过程中产生的缺陷间交互作用常常导致缺陷团簇的聚集偏离线性关系，如变为与剂量的平方根呈线性关系。对高于 0.1dpa 的损伤水平而言，在高于恢复状态 V 的辐照温度下，缺陷团簇的密度取决于剂量率和辐照温度的恒定值（高剂量和低辐照温度下获得的团簇密度较高）。低温下，缺陷团簇密度的饱和值随着被轰击金属原子质量的增加而增加。对不同金属来说，缺陷团簇的尺寸和主要形状与辐照剂量间的关系是不一样的。例如，在高于 10dpa 的剂量下，纯铜中堆垛层错四面体是占优势的缺陷团簇，平均团簇尺寸约为 2.5nm，这已经被看作是铜在中子位移级联过程中能够高效直接产生堆垛层错四面体的证据。相反地，其它中等原子质量的面心立方金属（镍或奥氏体不锈钢）的缺陷团簇尺寸和密度变化表现得更为复杂。例如，在低剂量（<0.1dpa）下，纯镍中主要的缺陷团簇是堆垛层错四面体，而在高剂量下则变为位错环。对于大多数金属而言，中子辐照条件下堆垛层错四面体的尺寸通常是恒定的，而位错环尺寸却随剂量的增加而增大。

7.4.3.3 化学成分的影响

合金的化学成分也对辐照导致的显微组织演变产生影响。纯金属中添加溶质元素通常会增加点缺陷团簇（在低于恢复阶段 V 的辐照温度下的位错环）的成核。图 7-20 标出了纯 Cu 和 Cu-5%Ni 合金中位错环密度的比值。结果表明，在所有辐照损伤速率下合金中位错环密度比纯 Cu 中高得多；二者差别随损伤速率的增加而减小。从定性方面分析，在许多其它材料（如纯 Fe 和铁素体钢对比时）中也观察到类似现象。合金元素最重要的作用是产生可提高力学性能和辐照抗力的第二相。细小弥散分布且高度稳定的纳米尺度析出相可以高效提供对辐照损伤导致的性能降级劣化的抗力，如析出相可以为辐照缺陷的复合提供一个高缺陷阱强度，从而改善对孔洞肿胀的抗力。

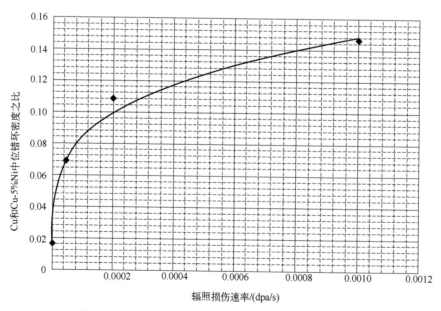

图 7-20   在 Cu 中添加 5%Ni 后对辐照位错环密度的影响

7.4.4 其它类型的辐照损伤

因能量的转移和点缺陷的产生,辐照增加了晶格的无序度。这与升高温度具有相似性,因此由热暴露产生的那些效应也会在辐照暴露下发生,它们也与化学成分、晶体结构、自由能和相空间等有关。

7.4.4.1 辐照诱发的偏析

热致偏析是一种与温度相关的合金组分在点缺陷阱(如晶界)处的重新分布。钢的回火脆性是众所周知的与韧性恶化相关的偏析例子。磷、硫或锰等元素扩散到晶界,使晶界结合力弱化,从而导致韧性降低(断裂韧性降低或者韧脆转变温度升高),此种晶界也可能成为应力腐蚀开裂的优先腐蚀位置。辐照诱发的偏析所描述的效应与辐照诱发的点缺陷所引起的效应相同,可通过所谓的逆 Kirkendall 效应进行解释。逆 Kirkendall 效应指的是点缺陷的流动会影响 A 原子和 B 原子之间的互扩散。均匀的 A-B 合金中辐照诱发偏析的原因是辐照产生了过量的点缺陷,从而引发了点缺陷的流动。

图 7-21 详细解释了二元合金的辐照偏析机理。纵坐标分别是用任意单位表示的空位和间隙原子浓度;横坐标(x 轴)是离晶界的距离。一个空位朝一个方向的移动等效于一个原子朝另一个方向(相反方向)的运动。所以,空位流 J_v 的箭头指向与材料流 J_A 和 J_B 的方向相反。

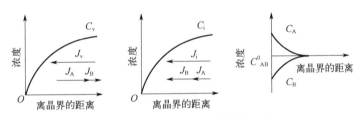

图 7-21 二元合金辐照偏析的机理

7.4.4.2 辐照诱发的(共格)沉淀

辐照诱发的相变导致在该温度下出现新相的沉淀、溶解和(或)非晶化。与辐照偏析类似,这些微观结构变化背后的驱动力是大量过饱和点缺陷(特别是在 250~550℃下),或者是逆 Kirkendall 效应。辐照诱发的点缺陷阱,如 Frank 间隙原子环、氦气泡和孔洞也能促进沉淀。共格和非共格析出物都可能形成,共格粒子起着溶质原子阱的作用,而非共格粒子则可以让溶质原子被捕获,也可以被释放。

7.4.4.3 非晶化

非晶态金属没有原子尺度的有序结构,它们可以通过从液态快速冷却制备,制品常被称为金属玻璃。非晶化也可能在机械合金化或者物理气相沉积过程中发生。在辐照下,石墨或 SiC 也可能发现非晶化现象,SiC 之类的陶瓷发生非晶化可能导致硬度明显降低。辐照诱发的非晶化发生在较低温度,此时热平衡的点缺陷浓度还很低。

7.4.4.4 外生原子的产生

辐照导致异质外生原子的产生是一种重要的损伤类型,产生的气体能进一步与材料发生反应。因为气体原子，特别是氦会严重降低某些反应堆部件的长期机械完整性。

7.4.5 辐照诱发的尺寸变化

7.4.5.1 孔洞肿胀

已有研究表明，在辐照条件下晶体内真空（空位团簇）或者含有气体（氦）的孔洞或气泡会扩大。孔洞和气泡的区别是气泡会通过气体的聚集而缓慢长大，孔洞是全部或部分为真空的，无须进一步添加气体就能通过空位的聚集而快速长大。孔洞肿胀是指 $0.3T_\mathrm{m} < T < 0.5T_\mathrm{m}$ 温度区间内辐照导致材料三维尺寸发生变化的效应。孔洞的形成必须考虑两个阶段：孔洞的形核和孔洞的长大。从原理上说，孔洞的形成速率可用下式计算：

$$\rho_\mathrm{h} = \beta_\mathrm{h} \rho_0 \mathrm{e}^{\frac{-w_\mathrm{h}}{kT}} \tag{7-28}$$

式中，ρ_h 为稳态的孔洞形核率；ρ_0 为未被占据的成核位置的密度；β_h 为空位撞击临界核子的比率；w_h 为核子的形成自由能。孔洞的形成率取决于不同的参数，比如空位的过饱和度、内压和孔洞的表面能等。

虽然孔洞形成从能量学的角度看并不尽合理，真正的原因在于辐照期间存在异质成分（如非常小的氦气泡）会促进空位聚集成簇。不同于间隙原子向位错的迁移，空位更易被孔洞吸引。空位向孔洞的净流入使孔洞长大并导致宏观上的肿胀。图 7-22 显示了孔洞肿胀的不同阶段：成核阶段、瞬态肿胀和饱和阶段。随着孔洞尺寸的进一步增大，辐照导致的缺陷对宏观肿胀的贡献逐渐降低，直至饱和状态。

7.4.5.2 辐照蠕变

孔洞肿胀是在没有机械载荷的情况下三维体积的变化。如果存在辐照和机械载荷叠加作用，材料会在远低于屈服应力的载荷下及较低温度下发生变形，而在该温度下是不可能观察到热蠕变的。

图 7-23 是奥氏体钢辐照蠕变与热蠕变的对比图。从图中可以看出，454℃下分别在无辐照和快堆内中子辐照条件下，对变形量为 20%冷加工的奥氏体钢施加恒定载荷（138MPa），无辐照的试条没有伸长，而辐照后的试条明显伸长。

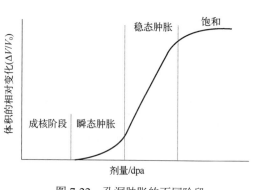

图 7-22 孔洞肿胀的不同阶段

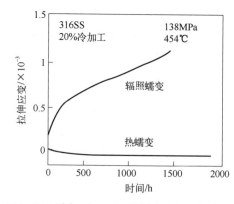

图 7-23 20%冷加工 316SS 热蠕变和辐照蠕变比较

实际上，肿胀和辐照蠕变并不是相互独立的过程，这两种现象都是由辐照导致的点缺陷引起的。肿胀更倾向于各向同性，而辐照蠕变则倾向于质量（物质）的各向异性流动。辐照蠕变可能在肿胀产生之前就已经发生，只是当肿胀开始时蠕变被加速了。辐照蠕变也是一种扩散控制的过程。

7.4.6 高温下的辐照效应

高温下与辐照有关的最重要的损伤是氦。基质金属中的核嬗变反应产生的氦能形成充满氦的空腔，它们对热退火存在较高抗力。基体中的氦气泡可能与高温下的硬化有关。在施加拉伸应力作用下，这些空腔倾向于优先在晶界形成，它们将通过"高温氦脆"现象显著降低晶界结合力。如果金属中存在氦，就会在高于 $0.45T_m$ 的温度下形成氦气泡。形成氦气泡期间发生的不同过程随时间的变化如图 7-24 所示。

图 7-24 中示出了可移动氦的溶质浓度、平均孔腔或孔洞浓度以及空腔的平均半径随时间的变化。通常，在很短时间内就会达到最大的气泡形核率，气泡或孔洞的密度也会持续增加直至饱和。在饱和阶段，主要是已存在的孔洞会进一步长大。

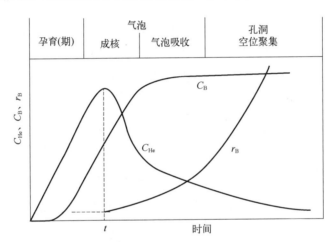

图 7-24　氦气泡和孔洞随时间的变化
（C_{He}—氦的浓度；C_B—气泡浓度；r_B—空洞和气泡半径的比值）

7.4.7 辐照对力学性能的影响

7.4.7.1 强度和韧性

辐照诱发的位错运动障碍（点缺陷团簇、位错环、层错四面体，充满氦气的孔洞）对材料的力学性能会产生影响。辐照硬化通常伴随着拉伸试验中均匀延伸率的降低，这由高度局域化的塑性流变所造成。辐照硬化的另一个后果（对于 bcc 合金特别重要）是降低断裂韧性，并存在将韧脆转变温度提高到超过运行温度的潜在风险。图 7-25 和图 7-26 为铁素体马氏体钢辐照硬化和脆化。为了更加容易分析，已将图 7-25 中某些应力-应变曲线的起始点沿应变轴做了移动。相对于未进行辐照的材料，辐照后屈服应力有了明显增加（高达两倍多）。冲击试验（图 7-26）也揭示辐照后材料的韧脆转变温度有了明显升高，其吸收能量的"上平台"也明显下降。

7.4.7.2 辐照对疲劳及疲劳裂纹扩展的影响

辐照会提高金属材料的屈服强度，降低其延展性（韧性）。根据 S/N 曲线的形状与强度和塑性的关系，可以预期辐照会降低低周疲劳寿命，但会提高高周疲劳性能。辐照硬化将提高高周（疲劳）模式下的疲劳寿命，但对有些材料效果不显著。辐照对疲劳寿命极限的影响可能取决于高周疲劳开裂机制，且常常与疲劳裂纹扩展的阈值以及材料中典型的缺陷尺寸有关。如果疲劳裂纹扩展不受辐照影响，那么就可以理解为什么在裂纹扩展驱动的情况下未经辐照和经辐照材料的疲劳（寿命）极限是相同的。

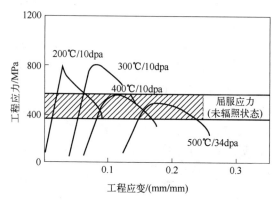

图 7-25　铁素体马氏体钢的辐照硬化
（在高于 400℃下由于退火作用，硬化效果开始消失）

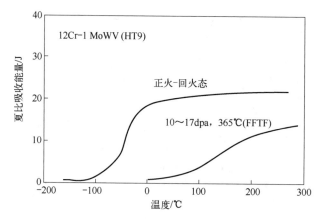

图 7-26　辐照脆化导致断裂出现的温度发生改变

7.4.7.3　蠕变和蠕变疲劳

在高温和辐照双重环境条件下施加载荷会导致两种类型的蠕变：热蠕变和辐照诱发的蠕变。虽然已有报道称辐照会使材料应力断裂寿命下降，但该论点还有待商榷，因为一般情况下辐照和热蠕变是同时发生的。特别是高温下材料晶界处形成的氦气泡，不仅会促进蠕变损伤，还会促进晶界处孔洞的长大。因此，晶界处的氦气泡可能降低应力断裂韧性和蠕变断裂强度。

习题

1．进行材料失效分析的主要作用是什么？
2．金属材料腐蚀失效的类型有哪些？各自有何特点？

3．产生应力腐蚀断裂需要具备哪些条件？

4．简述高分子材料腐蚀失效的机理。

5．高分子材料的溶胀和溶解过程有什么区别？

6．材料磨损失效的机制有哪些？各自有何特征？

7．黏着磨损有哪几种类型？各自有何特点？

8．材料疲劳磨损与整体疲劳的区别是什么？

9．如何对磨粒磨损进行分类？

10．影响冲蚀磨损的因素有哪些？

11．微动磨损过程分为哪几个阶段？各有何特点？

12．材料疲劳断裂失效的特征有哪些？

13．疲劳断口的特征有哪些？

14．如何鉴别疲劳断裂的类型？

15．材料产生疲劳断裂的原因有哪些？有哪些预防措施？

16．简述辐照环境对材料力学性能的影响。

17．整理一个材料失效案例，并对该案例进行失效分析。

参考文献

[1] 师昌绪，钟群鹏，李成功. 中国材料工程大典. 第1卷：材料工程基础[M]. 北京：化学工业出版社，2006.

[2] 周达飞. 材料概论[M]. 北京：化学工业出版社，2001.

[3] 曹茂盛. 材料合成与制备方法[M]. 哈尔滨：哈尔滨工业大学出版社，2001.

[4] 唐伟忠. 薄膜材料制备原理、技术及应用[M]. 2版. 北京：冶金工业出版社，2003.

[5] 史铁钧，吴德峰. 高分子流变学基础[M]. 北京：化学工业出版社，2009.

[6] Tadmor Zehev, Gogos Costas G. Principles of Polymer Processing[M]. 2nd ed. New Jersey: John Wiley & Sons Inc, 2006.

[7] 庄礼贤，尹协远，马晖扬. 流体力学[M]. 2版. 合肥：中国科学技术大学出版社，2009.

[8] 邓文英，郭晓鹏. 金属工艺学[M]. 5版. 北京：高等教育出版社，2008.

[9] 董湘怀，吴树森，魏伯康，等. 材料成形理论基础[M]. 北京：化学工业出版社，2008.

[10] 魏尊杰. 金属液态成形工艺[M]. 北京：高等教育出版社，2010.

[11] 赵立红. 材料成形技术基础[M]. 哈尔滨：哈尔滨工程大学出版社，2018.

[12] 吕广庶，张远明. 工程材料及成形技术基础[M]. 3版. 北京：高等教育出版社，2021.

[13] 黄天佑. 材料加工工艺[M]. 北京：清华大学出版社，2004.

[14] Iterrante L, Hampden-Smith M. 先进材料化学[M]. 郭兴伍，译. 上海：上海交通大学出版社，2013.

[15] 曾燕伟. 无机材料科学基础[M]. 2版. 武汉：武汉理工大学出版社，2015.

[16] 陈国清，祖宇飞. 陶瓷材料微观组织形成理论[M]. 北京：科学出版社，2022.

[17] 齐龙浩，姜忠良. 精细陶瓷工艺学[M]. 北京：清华大学出版社，2021.

[18] 张朝晖. 放电等离子烧结技术及其在钛基复合材料制备中的应用[M]. 北京：国防工业出版社，2018.

[19] Kingery W D, Bowen H K, Uhlmann D R. 陶瓷导论[M]. 清华大学新型陶瓷与精细工艺国家重点实验室，译. 北京：高等教育出版社，2010.

[20] Kang Suk-Joong L. Sintering: densification. grain growth and microstructure[M]. Amsterdam: Elsevier Butterworth-Heinemann, 2005.

[21] 施敏，梅凯瑞. 半导体制造工艺基础[M]. 吴秀龙，彭春雨，陈军宁，译. 合肥：安徽大学出版社，2005.

[22] 贺福. 碳纤维及其应用技术[M]. 北京：化学工业出版社，2004.

[23] 张兴祥，韩娜，王宁. 新型与特种纤维[M]. 北京：化学工业出版社，2014.

[24] 应宗荣. 高分子材料成形工艺学[M]. 北京：高等教育出版社，2010.

[25] 肖力光，赵洪凯. 复合材料[M]. 北京：化学工业出版社，2016.

[26] 吴超群，孙琴. 增材制造技术[M]. 北京：机械工业出版社，2020.

[27] 廖景娱. 金属构件失效分析[M]. 北京：化学工业出版社，2003.

[28] 罗纳德 A 麦考利. 陶瓷腐蚀[M]. 高南，张启富，顾宝珊，译. 北京：冶金工业出版社，2003.

[29] 孙智，任耀剑，隋艳伟. 失效分析——基础与应用[M]. 2版. 北京：机械工业出版社，2017.

[30] 陶春虎，何玉怀，刘新灵. 失效分析新技术[M]. 北京：国防工业出版社，2011.

[31] 郁金南. 材料辐照效应[M]. 北京：化学工业出版社，2007.